Über dieses Buch

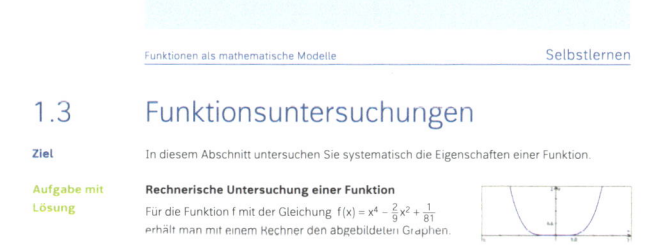

Funktionen als mathematische Modelle — Selbstlernen

1.3 Funktionsuntersuchungen

Ziel In diesem Abschnitt untersuchen Sie systematisch die Eigenschaften einer Funktion.

Aufgabe mit Lösung **Rechnerische Untersuchung einer Funktion**
Für die Funktion f mit der Gleichung $f(x) = x^4 - \frac{2}{9}x^2 + \frac{1}{81}$ erhält man mit einem Rechner den abgebildeten Graphen.

Die **Selbstlernen-Seiten** ermöglichen ein eigenständiges Erarbeiten von neuen Inhalten, die sich dafür besonders eignen.

Fokus

Ausbreitung von Epidemien

Ab März 2020 haben sich in Europa und der ganzen Welt so viele Menschen so

In einem **Fokus** werden Inhalte zur Geschichte der Mathematik, zusätzliche mathematische Inhalte oder fachübergreifende Themen angesprochen.

Das Wichtigste auf einen Blick

Skalarprodukt Das **Skalarprodukt** zweier Vektoren $\vec{u}$ und $\vec{v}$ wird wie folgt berechnet:

$$\vec{u} \bullet \vec{v} = \begin{pmatrix} u_1 \\ u_2 \\ u_3 \end{pmatrix} \bullet \begin{pmatrix} v_1 \\ v_2 \\ v_3 \end{pmatrix} = u_1 v_1 + u_2 v_2 + u_3 v_3$$

$$\vec{u} = \begin{pmatrix} -2 \\ 3 \\ 1 \end{pmatrix};\ \vec{v} = \begin{pmatrix} 4 \\ -1 \\ 8 \end{pmatrix}$$

$$\vec{u} \bullet \vec{v} = (-2) \cdot 4 + 3 \cdot (-1) + 1 \cdot 8 = -3$$

Das **Wichtigste auf einen Blick** zeigt eine übersichtliche Zusammenstellung der wesentlichen Inhalte des Kapitels mit Beispielen.

Klausurtraining Lösungen im Anhang

Teil A Lösen Sie die folgenden Aufgaben ohne Formelsammlung und ohne Taschenrechner.

1 Eine Gerade g ist gegeben durch $g: \vec{x} = \begin{pmatrix} 2 \\ -3 \\ 4 \end{pmatrix} + k \cdot \begin{pmatrix} 4 \\ 1 \\ -2 \end{pmatrix}$

Das **Klausurtraining** bietet Aufgaben zur Vorbereitung auf eine Klausur, unterteilt in Aufgaben ohne und mit Hilfsmittel. Die Lösungen sind im Anhang abgedruckt.

Wiederholung Punkte und Vektoren im Raum

Punkte und Vektoren im Raum

Aktivieren 1 Das Schrägbild zeigt eine gerade quadratische Pyramide mit der Höhe h = 4 in einem Koordinatensystem. Der Punkt D liegt im Ursprung, die Punkte A und C liegen auf den Koordinatenachsen.

Wiederholungen zu bekannten Inhalten findet man dort, wo diese anschließend benötigt werden.

Symbole

 Die Übungsaufgaben werden in 3 Anforderungsniveaus ausgewiesen.

   Bei einer Aufgabe mit Lupe werden typische Schülerfehler angesprochen.

▦ ▦ Diese Arbeitsaufträge sind für die Bearbeitung in Partner- oder Gruppenarbeit konzipiert.

westermann

Herausgegeben von
Daniel Frohn
Andreas Gundlach
Friedrich Suhr

Qualifikationsphase
Grundkurs

ELEMENTE
der Mathematik

der Mathematik

Herausgegeben von
Dr. Daniel Frohn, Dr. Andreas Gundlach, Friedrich Suhr

Bearbeitet von
Karin Benecke, Sibylle Brinkmann, Martin Brüning, Benno Burbat, Roman Deeken, Gabriele Denkhaus, Gabriele Dybowski, Thorsten Eßeling, Dr. Daniel Frohn, Martina Groß, Dr. Andreas Gundlach, Stephan Hoffeld, Jakob Langenohl, Matthias Lösche, Dr. Holger Reeker, Sigrid Schwarz, Gudrun Sobotka, Friedrich Suhr, Frank Wackeroth

Zum Schülerband erscheinen:
Lösungen: Best.-Nr. 978-3-14-101409-9
Arbeitsheft mit Lösungen: Best.-Nr. 978-3-14-101410-5
Unterrichtsmaterialien: Best.-Nr. 978-3-14-101432-7

Vorbereiten. Organisieren. Durchführen.
BiBox ist das umfassende Digitalpaket zu diesem Lehrwerk mit zahlreichen Materialien und dem digitalen Schulbuch. Für Lehrkräfte und für Schülerinnen und Schüler sind verschiedene Lizenzen verfügbar. Nähere Informationen unter **www.bibox.schule**

westermann GRUPPE

© 2021 Westermann Bildungsmedien Verlag GmbH, Georg-Westermann-Allee 66, 38104 Braunschweig
www.westermann.de

Druck A[1] / Jahr 2021
Alle Drucke der Serie A sind im Unterricht parallel verwendbar.

Redaktion: Manjing Bi
Umschlagentwurf und Innenlayout: Lio Designagentur, Braunschweig
Technische Zeichnungen: imprint, Zusmarshausen
BiBox-Logo: Enrico Casper, Braunschweig
Druck und Bindung: Westermann Druck GmbH, Georg-Westermann-Allee 66, 38104 Braunschweig

ISBN 978-3-14-**101408**-2

Inhalt

3

Wachstum mithilfe der e-Funktion beschreiben

4

Analytische Geometrie mit Geraden und Ebenen

Inhalt

5

Wahrscheinlichkeitsverteilungen

6

Beurteilende Statistik

7

ABITUR

Aufgaben zur Vorbereitung auf das Abitur

Anhang

Funktionen als mathematische Modelle

In diesem Kapitel

▲ *Bei Brücken und anderen Bauwerken findet man Bögen, die oft durch Funktionsgraphen modelliert werden können.*

In diesem Kapitel
lernen Sie weitere Eigenschaften von Funktionen kennen und erfahren, wie man Funktionen in Sachzusammenhängen anwendet. ▶

Differenzialrechnung

Aktivieren

1 Die Höhe einer Rakete in den ersten 20 Sekunden nach dem Start kann näherungsweise durch die Funktion h mit $h(t) = 4t^2$ beschrieben werden (mit t in s und h in m).

a) Bestimmen Sie die mittlere Geschwindigkeit der Rakete in den ersten 20 Sekunden nach dem Start.

b) Wie groß ist die Momentangeschwindigkeit der Rakete 20 Sekunden nach dem Start?

Erinnern

Mittlere Änderungsrate – Sekantensteigung

Mit dem **Differenzenquotienten** $\frac{f(b) - f(a)}{b - a}$ wird die **mittlere Änderungsrate** einer Funktion f über dem Intervall [a; b] berechnet. Geometrisch gedeutet gibt dieser Quotient die **Steigung der Sekante** durch die Punkte $P(a \,|\, f(a))$ und $Q(b \,|\, f(b))$ auf dem Graphen von f an.

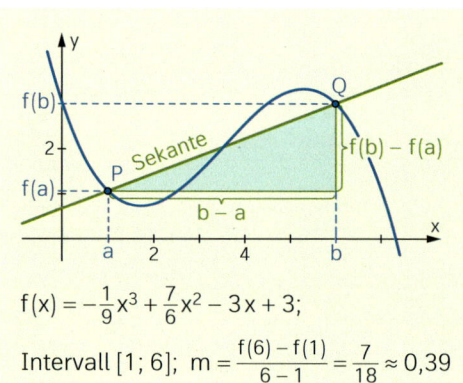

$$f(x) = -\frac{1}{9}x^3 + \frac{7}{6}x^2 - 3x + 3;$$

Intervall [1; 6]; $m = \dfrac{f(6) - f(1)}{6 - 1} = \dfrac{7}{18} \approx 0{,}39$

Ableitung an einer Stelle – Lokale Änderungsrate

Kommt der Differenzenquotient $\frac{f(x_0 + h) - f(x_0)}{h}$ bei Annäherung von h an null einer Zahl beliebig nah, so wird diese Zahl **Grenzwert des Differenzenquotienten** genannt und mit $\lim\limits_{h \to 0} \frac{f(x_0 + h) - f(x_0)}{h}$ bezeichnet. Man schreibt dafür kurz $f'(x_0)$ und nennt dies die **Ableitung von f an der Stelle x_0** oder in Sachsituationen auch die **lokale Änderungsrate**.

Die **Tangente** an den Graphen einer Funktion f im Punkt $P(x_0 \,|\, f(x_0))$ des Graphen ist die Gerade durch P mit der Steigung $f'(x_0)$. Man sagt: Der Graph von f hat an der Stelle x_0 die Steigung $f'(x_0)$.

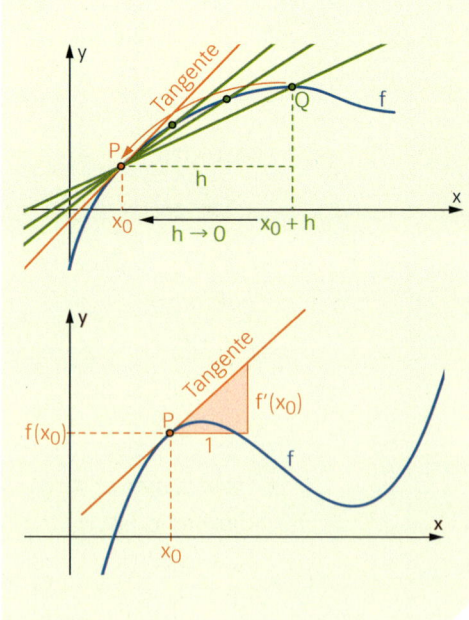

Ableitungsfunktion – Hoch-, Tief- und Sattelpunkte

Die Funktion, die jeder Stelle x die Ableitung $f'(x)$ der Funktion f an dieser Stelle zuordnet, wird als **Ableitungsfunktion f'** bezeichnet.

Hochpunkte, **Tiefpunkte** oder **Sattelpunkte** liegen an Stellen, an denen der Funktionsgraph eine waagerechte Tangente hat. An diesen Stellen liegen Nullstellen der Ableitungsfunktion.

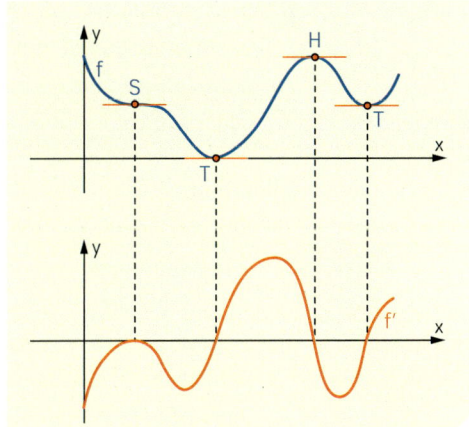

Monotonie

Gegeben ist eine in einem Intervall I definierte Funktion f.

(1) Wenn **$f'(x) > 0$** für alle x aus dem Intervall I gilt, dann ist die Funktion f im Intervall I **streng monoton wachsend**.

(2) Wenn **$f'(x) < 0$** für alle x aus dem Intervall I gilt, dann ist die Funktion f im Intervall I **streng monoton fallend**.

Der Wechsel der strengen Monotonie einer Funktion erfolgt in Hoch- oder Tiefpunkten des Funktionsgraphen von f.

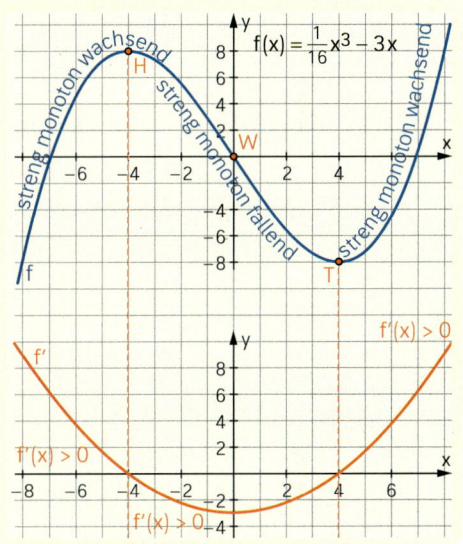

Ableitungsregeln

Potenzregel

$f(x) = x^n, \ n \in \mathbb{N}$ $f'(x) = n \cdot x^{n-1}$ $f(x) = x^5$ $f'(x) = 5 \cdot x^4$

Faktorregel

$f(x) = k \cdot u(x), \ k \in \mathbb{R}$ $f'(x) = k \cdot u'(x)$ $f(x) = -3 \cdot x^5$ $f'(x) = -15 \cdot x^4$

Summenregel

$f(x) = u(x) + v(x)$ $f'(x) = u'(x) + v'(x)$ $f(x) = -2x^7 - 3x + 1$ $f'(x) = -14 \cdot x^6 - 3$

Ableitung der Sinus- und der Kosinusfunktion

$f(x) = \sin(x)$ $f'(x) = \cos(x)$ $f(x) = 3\sin(x)$ $f'(x) = 3\cos(x)$

$g(x) = \cos(x)$ $g'(x) = -\sin(x)$ $g(x) = \frac{1}{2}\cos(x)$ $g'(x) = -\frac{1}{2}\sin(x)$

Festigen

2 Bei einer Überschwemmung wurden die Wasserstände notiert.
Bestimmen Sie die mittlere Änderungsrate des Wasserstands von 7 Uhr bis 10 Uhr und von 9 Uhr bis 17 Uhr.

Uhrzeit	7	9	10	13	17
Wasserstand in m	1,10	1,40	1,80	2,70	2,90

3 Der abgebildete Funktionsgraph beschreibt den Temperaturverlauf an einem Tag im Spätsommer.
Skizzieren Sie den Graphen der Ableitung dieser Funktion und erläutern Sie die Bedeutung der Ableitung im Sachzusammenhang. Beginnen Sie mit den markanten Punkten.

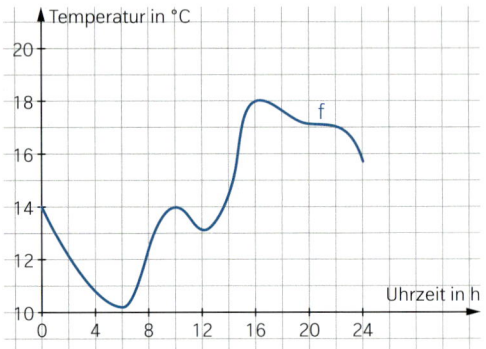

4 In der oberen Bildzeile sind Graphen von vier Funktionen, in der unteren sind die Graphen der vier zugehörigen Ableitungsfunktionen abgebildet.

(A) 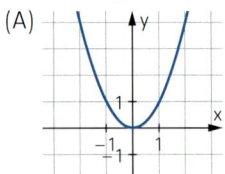 (B) 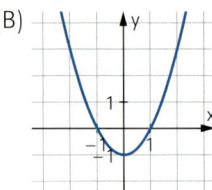 (C) 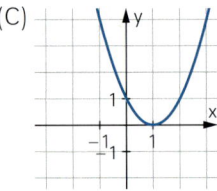 (D)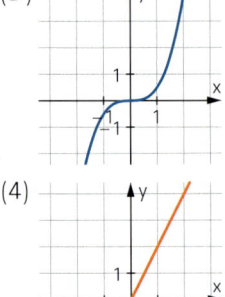

(1) 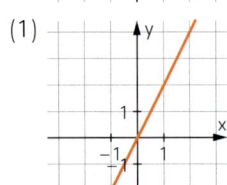 (2) 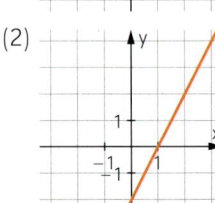 (3) 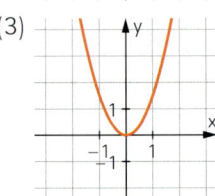 (4)

a) Begründen Sie, welcher Ableitungsgraph zu welchem Funktionsgraphen gehört.
b) Ermitteln Sie die Funktionsterme der Funktionen und der Ableitungen.

5 Bestimmen Sie die Ableitung der Funktion f.

a) $f(x) = 2x^3 - 3x^2 + 4$ b) $f(x) = 3x^5 - 2x^2$

c) $f(x) = 2x - 3x^2$ d) $f(x) = 4\cos(x) - x$

e) $f(x) = 2\sin(x) - x^2$ f) $f(x) = \sqrt{3}\,x^3 - x^2 + 1$

6 Berechnen Sie die Ableitung von f an der angegebenen Stelle.

a) $f(x) = 2x^3 - 3x^2 + 4$; $x_0 = 1$ b) $f(x) = x^5 + 6x^3 - 7x$; $x_0 = 0$

c) $f(x) = 2x - \sin(x)$; $x_0 = \pi$ d) $f(x) = 3\cos(x) - \sin(x)$; $x_0 = \frac{\pi}{2}$

7 Ermitteln Sie, an welchen Stellen der Funktionsgraph die Steigung 1 hat.

a) $f(x) = \frac{1}{2}x^4$ b) $f(x) = -x^3 + x$ c) $f(x) = \sin(x)$ d) $f(x) = x + 2$

Funktionsuntersuchungen

Aktivieren

1 Die Abbildung zeigt den Graphen der Ableitungsfunktion f' einer Funktion f in einem Intervall. Nennen Sie die Bereiche, in denen der Graph von f streng monoton wachsend bzw. streng monoton fallend ist. Wo hat er Extrempunkte? Skizzieren Sie einen möglichen Graphen von f.

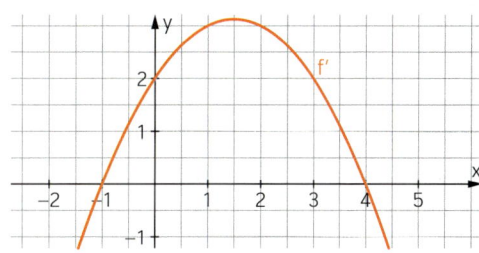

2 Ordnen Sie den Graphen die Funktionsterme $f(x) = \frac{1}{3}x^3 - 2x$, $g(x) = \frac{1}{2}x^4 - 4x^2 + 3$, $h(x) = \frac{1}{5}x^5 - \frac{3}{4}x^4$ und $k(x) = 2x^4 + 4x^3 + 3$ zu. Begründen Sie Ihre Entscheidung.

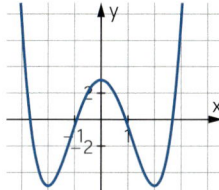 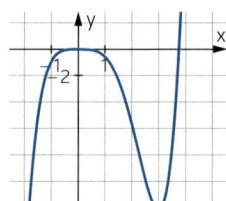 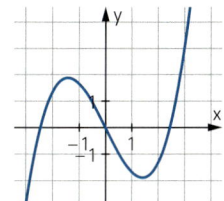 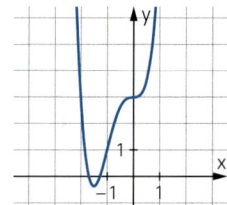

Erinnern

Globalverlauf

Bei einer ganzrationalen Funktion f mit $f(x) = a_n x^n + a_{n-1} x^{n-1} + \ldots + a_1 x + a_0$ mit $a_n \neq 0$, ist der Summand $a_n x^n$ **für das Verhalten von f(x) für x → ∞** bzw. **x → −∞** entscheidend.

$f(x) = \frac{1}{16}x^3 - 3x$

Entscheidend ist der Summand $\frac{1}{16}x^3$.

Für x → ∞ gilt: f(x) → ∞

Für x → −∞ gilt: f(x) → −∞

Symmetrie des Funktionsgraphen

Der Graph einer Funktion f ist **achsensymmetrisch zur y-Achse**, falls gilt: **f(−x) = f(x)**.

Bei ganzrationalen Funktionen enthält der Funktionsterm nur Potenzen von x mit **geraden Exponenten**.

Der Graph einer Funktion f ist **punktsymmetrisch zum Koordinatenursprung**, falls gilt: **f(−x) = −f(x)**.

Bei ganzrationalen Funktionen enthält der Funktionsterm nur Potenzen von x mit **ungeraden Exponenten**.

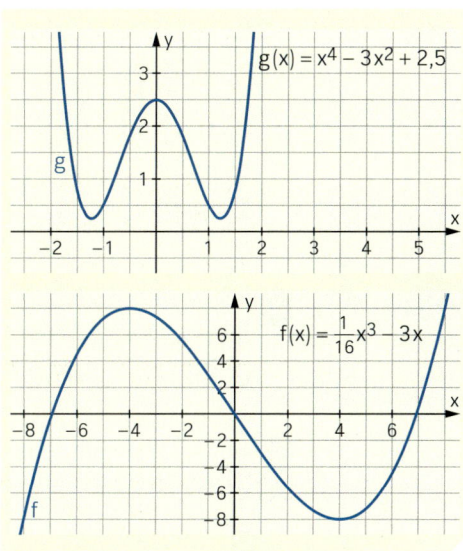

Nullstellen einer ganzrationalen Funktion

Eine Stelle x_0 heißt **Nullstelle** der Funktion f, falls gilt: $f(x_0) = 0$.
Ist der Funktionsterm $f(x)$ ein Produkt, so ist jede Nullstelle von f auch Nullstelle eines der Faktoren. An einfachen, dreifachen … Nullstellen wechseln die Funktionswerte das Vorzeichen, an doppelten, vierfachen … Nullstellen wechseln sie es nicht.

Eine ganzrationale Funktion f vom Grad n hat höchstens n Nullstellen. Ist n ungerade, so hat f mindestens eine Nullstelle.

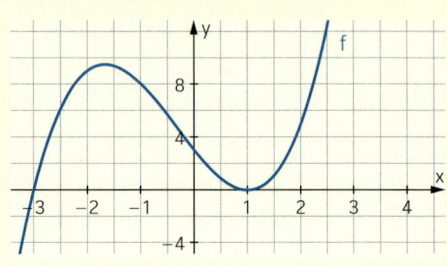

$f(x) = (x + 3) \cdot (x - 1)^2$
Faktoren: $(x + 3)$ und $(x - 1)^2$
-3 ist eine einfache Nullstelle.
1 ist eine doppelte Nullstelle.

Kriterien für Extremstellen

Stellen, an denen der Graph einer Funktion f Hoch- oder Tiefpunkte hat, heißen **Extremstellen** von f.

Notwendiges Kriterium
An jeder Extremstelle x_e gilt: $f'(x_e) = 0$
Aber nicht bei allen Nullstellen von f' müssen Extremstellen von f vorliegen.

Ein **hinreichendes Kriterium** ist das **Vorzeichenwechsel-Kriterium**:
(1) Ist **$f'(x_e) = 0$** und wechselt f' an der Stelle x_e das Vorzeichen **von + nach –**, so hat der Graph von f an der Stelle x_e einen **Hochpunkt**.
(2) Ist **$f'(x_e) = 0$** und wechselt f' an der Stelle x_e das Vorzeichen **von – nach +**, so hat der Graph f an der Stelle x_e einen **Tiefpunkt**.

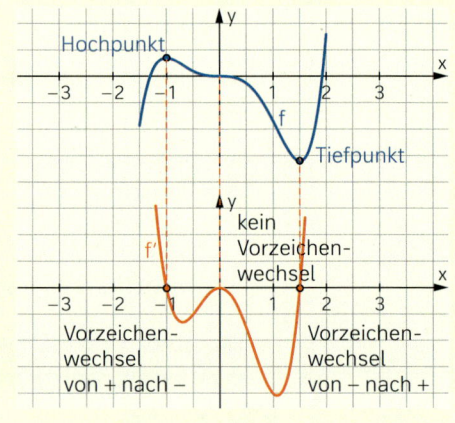

$f(x) = 8x^5 - 5x^4 - 20x^3$
$f'(x) = 40x^4 - 20x^3 - 60x^2$

$f'(x) = 0$: $20x^2 \cdot (2x^2 - x - 3) = 0$

$x = 0$ oder $x = -1$ oder $x = \frac{3}{2}$

Festigen

3 Bestimmen Sie den Globalverlauf der Funktion f.
a) $f(x) = x^4 + 3x^2 - 2$
b) $f(x) = 2x^3 + x$
c) $f(x) = -x^6 + x^4 - 2x^2$
d) $f(x) = -2x^5 + x^3 + 4x$

4 Untersuchen Sie den Funktionsgraphen auf Symmetrie.
a) $f(x) = \frac{1}{2}x^5 - x^3 + x$
b) $f(x) = -x^4 + 2x^2 + 1$
c) $f(x) = 3x^3 + x$
d) $f(x) = x^3 - x - 1$

5 Ermitteln Sie rechnerisch die Nullstellen der Funktion f.

a) $f(x) = x \cdot (x - 4) \cdot (x^2 - 4)$

b) $f(x) = x \cdot (x^2 + 1{,}5x - 1)$

c) $f(x) = (x - 1) \cdot (x^2 + 2x + 2)$

d) $f(x) = 2x^3 + 2x^2 - 12x$

e) $f(x) = 2x^5 - 4x^3$

f) $f(x) = 2x^8 + x^7$

g) $f(x) = (x^4 + 1) \cdot (x^2 - 4)$

h) $f(x) = 8x^4 + 6x^2 - 54$

6 Skizzieren Sie den Graphen der Funktion f.

a) $f(x) = (x + 5)^2 \cdot (x - 1) \cdot (x + 2)^3$

b) $f(x) = (x - 2)^2 \cdot x \cdot (x + 2)^2$

c) $f(x) = -(x + 1) \cdot x \cdot (x - 3)^4$

d) $f(x) = -2(x - 3)^2 \cdot x^4 \cdot (x + 3)^3$

7 Ordnen Sie den Abbildungen die Funktionsterme zu.

(1) $f(x) = x^4 - 33x^2 + 90$

(2) $g(x) = 0{,}1x^5 - 1{,}1x^3 + x$

(3) $h(x) = x^3 + x^2 - 9x - 9$

(4) $k(x) = x^5 - x^3$

(A)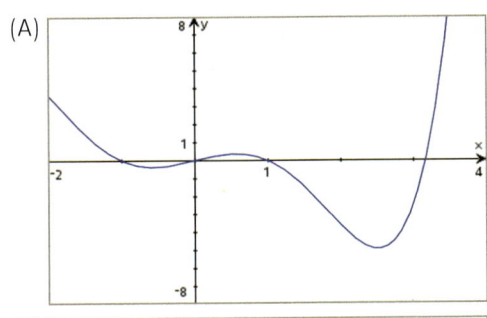

(B)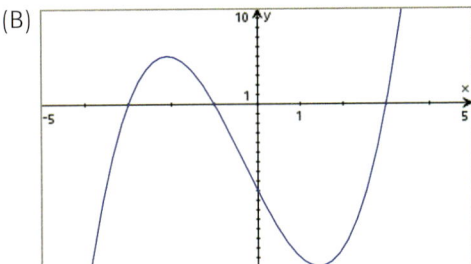

(C)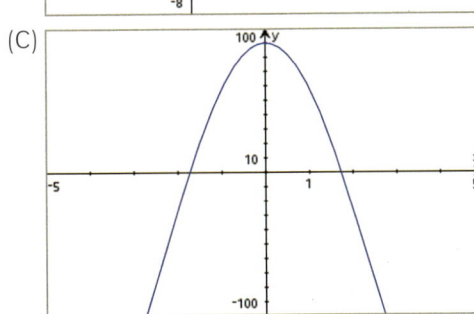

(D)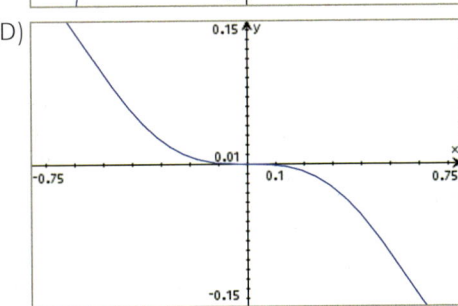

Entscheiden Sie, ob der Verlauf des Graphen im Wesentlichen vollständig zu sehen ist.

8 Die Abbildung zeigt den Graphen der
Ableitungsfunktion f' einer Funktion f.

a) Geben Sie die Intervalle an, in denen die
Funktion f streng monoton wachsend bzw.
streng monoton fallend ist.

b) Schließen Sie vom Verlauf des Graphen
der Ableitungsfunktion f' und von der
Lage der Nullstellen von f' auf die Lage und
die Art der Extremstellen von f.

c) Skizzieren Sie einen möglichen Funktionsgraphen von f.

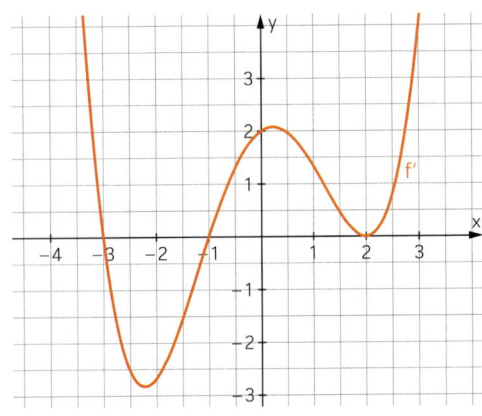

9 Gegeben ist die Funktion f mit $f(x) = x^3 - 4x^2 + 4x$.

a) Bestimmen Sie eine Gleichung der Tangente an den Graphen von f im Ursprung.

b) Es gibt einen Punkt des Graphen, in dem die Tangente parallel zur Tangente im Ursprung ist. Berechnen Sie die Koordinaten dieses Punktes.

10 Der Graph einer ganzrationalen Funktion f verläuft durch die Punkte P (1|2) und Q (6|8). Skizzieren Sie einen möglichen Graphen der Funktion f so, dass der Graph zwischen den Punkten P und Q

a) einen Tiefpunk hat;

b) einen Tiefpunkt und einen Hochpunkt hat;

c) einen Sattelpunkt und einen Tiefpunkt hat;

d) sein Monotonieverhalten von streng monoton wachsend in streng monoton fallend ändert;

e) eine dreifache Nullstelle hat.

11 Der Graph einer ganzrationalen Funktion f ist im Intervall $[-4,5; 5,5]$ dargestellt. Untersuchen Sie, ob die Aussagen richtig, falsch oder nicht zu beurteilen sind. Begründen Sie Ihre Entscheidung.

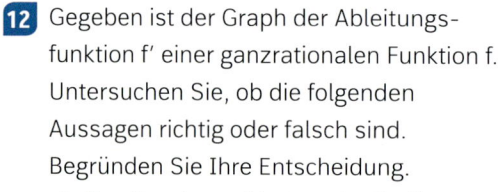

(1) Die Funktion f ist im Intervall $]-2; 3[$ streng monoton fallend.

(2) Im Intervall $]-3; 0[$ gilt $f'(x) > 0$.

(3) Der Grad der Funktion f ist 3.

(4) Es gilt $f'(3) = 0$.

(5) Der Graph der Ableitungsfunktion f' verläuft im Intervall $[-4; -3]$ unterhalb der x-Achse.

12 Gegeben ist der Graph der Ableitungsfunktion f' einer ganzrationalen Funktion f. Untersuchen Sie, ob die folgenden Aussagen richtig oder falsch sind. Begründen Sie Ihre Entscheidung.

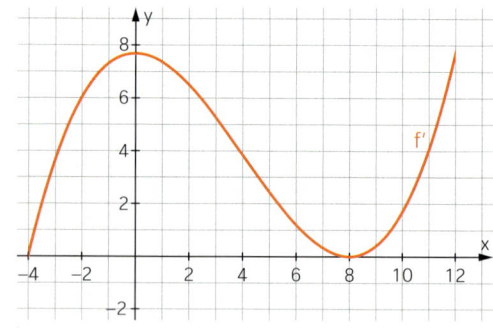

a) Der Graph von f hat an der Stelle $x = -4$ einen Tiefpunkt.

b) Der Graph von f hat an der Stelle $x = 8$ einen Extrempunkt.

c) Die Funktion f ist für $-4 \leq x \leq 12$ streng monoton wachsend.

d) Die Steigung des Graphen von f ist an der Stelle $x = 0$ maximal.

13 Gegeben ist eine ganzrationale Funktion f mit $f(x) = a_n x^n + a_{n-1} x^{n-1} + \ldots + a_1 x + a_0$, $a_n \neq 0$. Begründen Sie folgende Aussage.

a) Ist n gerade und $n \geq 2$, so hat die Funktion f entweder einen größten Funktionswert oder einen kleinsten Funktionswert.

b) Ist n ungerade, so hat f mindestens eine Nullstelle.

14 Die Abbildung zeigt den Graphen einer ganzrationalen Funktion 4. Grades.

a) Sind in der Abbildung alle Punkte mit waagerechter Tangente zu sehen? Begründen Sie Ihre Entscheidung.

b) Skizzieren Sie den Graphen der Ableitungsfunktion f′.
Erläutern Sie Ihr Vorgehen.

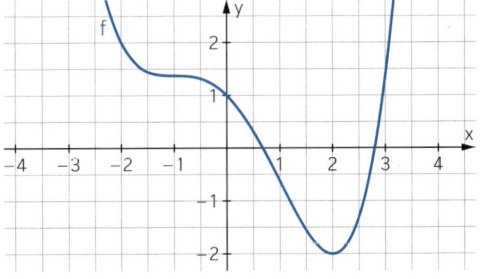

15 In einer Kleinstadt wird der Ausbruch einer Salmonelleninfektion festgestellt. Die Anzahl der Erkrankten kann näherungsweise durch die Funktion f mit

$$f(x) = -\frac{1}{25}x^3 + x^2 \text{ für } 0 \le x \le 25$$

mit x in Tagen beschrieben werden.

a) Skizzieren Sie den Graphen von f.

b) Ermitteln Sie rechnerisch, wie viele Personen am 6. Tag erkrankt sind.

c) Weisen Sie rechnerisch nach, dass am 25. Tag keine Person mehr erkrankt ist.

d) Berechnen Sie, an welchem Tag die meisten Personen erkrankt sind.
Um wie viele Personen handelt es sich?

e) Berechnen Sie, wann die Zunahme an erkrankten Personen am größten, wann am kleinsten ist.

f) An welchen Tagen beträgt die Erkrankungsrate 7 Personen pro Tag?

16 Durch effektives Düngen kann man den Ertrag von Erdbeerpflanzen deutlich steigern. Überdüngen führt jedoch zu verringerten Erträgen. Die Funktion f mit

$$f(x) = -\frac{1}{8}x^3 + \frac{3}{4}x^2 + 8 \text{ beschreibt für}$$

$0 \le x \le 7$, x Düngermenge in Dezitonnen, den Ertrag f(x) in Tonnen pro Hektar.

a) Skizzieren Sie den Graphen von f im angegebenen Intervall.

b) Welchen Ertrag erzielt man auf einem ungedüngten Feld?

c) Berechnen Sie, bei welcher Düngermenge man den maximalen Ertrag erzielt.
Wie hoch ist dieser?

d) Bei welcher Düngermenge wird der größte Ertragszuwachs erreicht?

e) Ermitteln Sie die Düngermenge, bei der nur noch der gleiche Ertrag wie auf einem ungedüngten Feld erreicht wird.

1.1 Zweite Ableitung – Extremstellen

Einstieg

Ein Schiff in Seenot macht durch ein Leuchtsignal auf sich aufmerksam. Dazu wird die Leuchtkugel senkrecht nach oben geschossen. Die Höhe $h(t)$ des Signals in Metern nach t Sekunden kann näherungsweise durch die Funktionsgleichung $h(t) = -4{,}9\,t^2 + 29{,}4\,t + 4$ beschrieben werden.

Bestimmen Sie die größte Höhe des Leuchtsignals. Berechnen Sie h' und auch die Ableitung h'' der Funktion h'. Deuten Sie diese Funktionen im Sachzusammenhang.

Aufgabe mit Lösung

Extremstellen und die zweite Ableitung einer Funktion

Gegeben ist die Funktion f mit $f(x) = 0{,}5\,x^3 - 1{,}5\,x^2 + 1$.

→ Erklären Sie den Verlauf des Graphen von f an den Extremstellen mithilfe der Eigenschaften des Graphen von f'.

Lösung

An den Extremstellen $x = 0$ und $x = 2$ hat der Graph von f die Steigung 0. Somit sind dort Nullstellen von f'.

An der Stelle $x = 0$ wechselt f' das Vorzeichen von + nach –. Also hat der Graph von f dort einen Hochpunkt, d. h., $f(0)$ ist lokales Maximum.

An der Stelle $x = 2$ ist es umgekehrt:

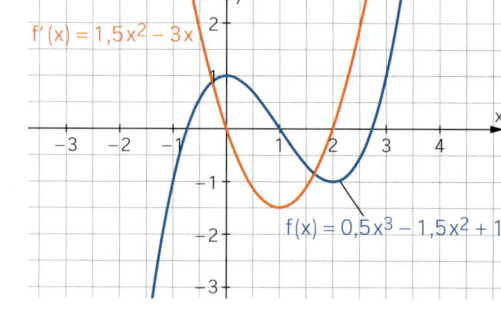

Der Vorzeichenwechsel von f' geht von – nach +; daher hat der Graph von f dort einen Tiefpunkt, d. h., $f(2)$ ist lokales Minimum.

→ Die Funktion f'' ist die Ableitung der Funktion f'. Erklären Sie, wie man am Graphen von f'' den Vorzeichenwechsel von f' an den Extremstellen von f erkennen kann.

Lösung

Da $f''(0) = -3$ negativ ist, hat f' an der Stelle $x = 0$ eine negative Ableitung. Deshalb fällt der Graph von f' beim Durchgang durch die x-Achse, sodass f' dort das Vorzeichen von + nach – wechselt.

An der Stelle $x = 2$ dagegen steigt f' beim Durchgang durch die x-Achse, da $f''(2) = 3$ positiv ist. Somit wechselt f' dort das Vorzeichen von – nach +.

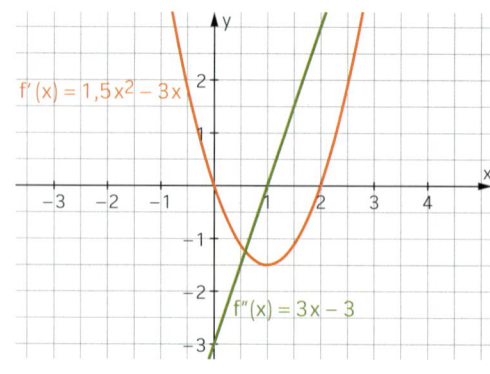

Information

Zweite Ableitung

Definition

Hat die Ableitung f' einer Funktion f ebenfalls eine Ableitung, so nennt man diese die **zweite Ableitung** der Funktion f und bezeichnet sie mit **f''**. Entsprechend ist f''' die Ableitung von f'' bzw. die dritte Ableitung von f usw.

f''-Kriterium für Extremstellen

Satz

Für eine Funktion f und ihre Ableitungen f' und f'' gilt:

(1) Wenn $f'(x_H) = 0$ und zugleich $f''(x_H) < 0$, dann hat der Graph von f an der Stelle x_H einen Hochpunkt.

(2) Wenn $f'(x_T) = 0$ und zugleich $f''(x_T) > 0$, dann hat der Graph von f an der Stelle x_T einen Tiefpunkt.

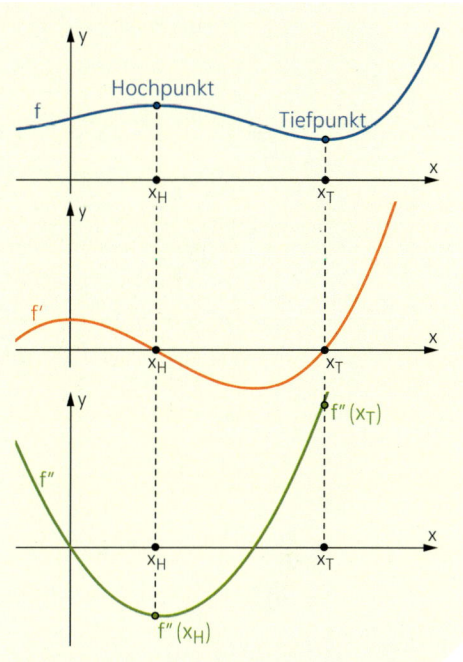

Begründung: Der Satz folgt aus dem Vorzeichenwechsel-Kriterium auf folgende Weise:

(1) $f'(x_H) = 0$ und $f''(x_H) < 0$ bedeutet, dass f' an der Stelle x_H eine Nullstelle mit negativer Steigung hat. Also hat f' an der Stelle x_H einen Vorzeichenwechsel von + nach –.

(2) $f'(x_T) = 0$ und $f''(x_T) > 0$ bedeutet, dass f' an der Stelle x_T eine Nullstelle mit positiver Steigung hat. Also hat f' an der Stelle x_T einen Vorzeichenwechsel von – nach + .

Hinweis:

Es gibt Funktionen mit Extremstellen x_e, bei denen $f'(x_e) = 0$ und $f''(x_e) = 0$ ist.

Die Bedingung $f'(x_e) = 0$ und $f''(x_e) \neq 0$ ist also **hinreichend**, aber **nicht notwendig** dafür, dass f an der Stelle x_e eine Extremstelle besitzt.

Ein Beispiel dafür ist $f(x) = x^4$.
Es gilt $f'(x) = 4x^3$ und $f''(x) = 12x^2$.
Bei $x_e = 0$ ist $f'(0) = 0$ und $(0|0)$ ist ein Tiefpunkt von f, obwohl auch $f''(0) = 0$ ist.

Im Fall, dass $f'(x) = 0$ und $f''(x) = 0$ gilt, sollte man also wieder auf das Vorzeichenwechsel-Kriterium zurückgreifen.

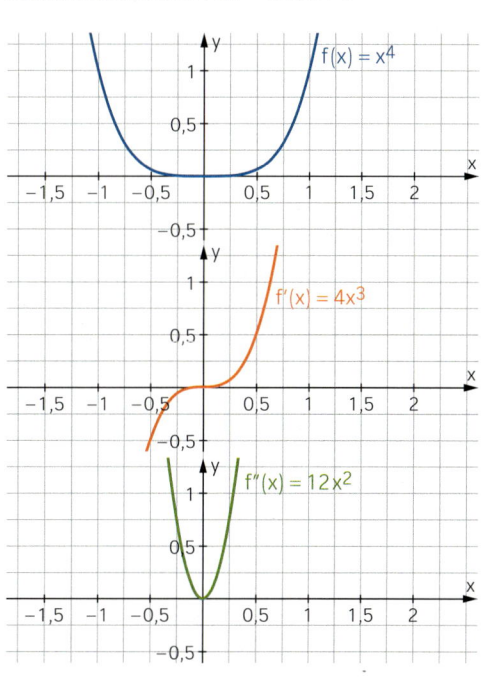

17

Üben

1 ≡ Berechnen Sie die erste Ableitung f′ und die zweite Ableitung f″ von f.

a) $f(x) = 4x^3 - 12x^2 + 7x + 3$

b) $f(x) = -\frac{1}{2}x^8 - \frac{4}{3}x^6 + 7x^3 + 3$

c) $f(t) = -5t^2 + 4t - 7$

d) $f(s) = 12s^4 - s^3 + s - 5$

2 ≡ Berechnen Sie die Koordinaten der Extrempunkte und entscheiden Sie, ob es sich um einen Hoch- oder einen Tiefpunkt handelt.

a) $f(x) = x^3 + 3x^2 - 4$

b) $f(x) = x^4 - 2x^2 - 8$

c) $f(x) = \frac{1}{6}x^3 - x^2 + 3$

d) $f(x) = \frac{1}{4}x^4 - 2$

e) $f(x) = \frac{1}{5}x^5 - x^4 + \frac{4}{3}x^3$

f) $f(x) = \frac{1}{7}x^7 - \frac{1}{5}x^5 - 4x^3 + 1$

> $f(x) = 3x^5 - 20x^3$
> $f'(x) = 15x^4 - 60x^2;\ f''(x) = 60x^3 - 120x$
> Nullstellen von f′: 0, 2, −2
>
> $f''(2) = 240 > 0$
> Also: Tiefpunkt T $(2\,|-64)$
> $f''(-2) = -240 < 0$
> Also: Hochpunkt H $(-2\,|\,64)$
>
> $f''(0) = 0$; daher ist das f″-Kriterium an der Stelle 0 nicht anwendbar!
> f′ hat an der Stelle $x = 0$ eine doppelte Nullstelle, also dort keinen Vorzeichenwechsel. Somit hat f an der Stelle $x = 0$ keinen Extrempunkt.

3 ≡ Zeigen Sie: Die Funktion f mit $f(x) = x^3 - 6x^2 + 12x + 5$ hat keine Extremstelle.

4 ≡ Skizzieren Sie die Graphen der ersten und der zweiten Ableitung.

a)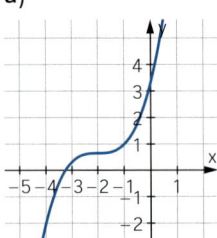

b)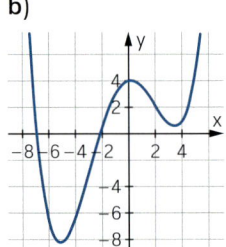

c)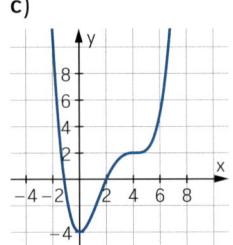

d)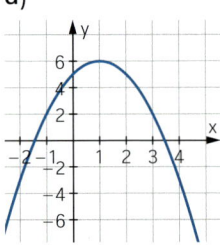

5 ≡ Die Funktion f gibt die Höhe eines Hubschraubers in Abhängigkeit von der Zeit an.

a) Beschreiben Sie die Bedeutung der Funktionen f′ und f″ in diesem Kontext.

b) Die Ableitungen f′ und f″ können in einem bestimmten Zeitintervall jeweils positiv oder negativ sein.

Übertragen Sie die Tabelle in Ihr Heft und deuten Sie die vier Möglichkeiten im Sachzusammenhang.

	f′ > 0	f′ < 0
f″ > 0	Der Hubschrauber steigt immer schneller auf.	
f″ < 0		

c) Begründen Sie das f″-Kriterium für Extremstellen inhaltlich in diesem Kontext.

6 ≡ Laura behauptet: „Der Graph der Funktion f mit $f(x) = x^4 + 4x^3 + 6x^2 + 4x - 1$ hat an der Stelle $x = -1$ einen Sattelpunkt, da sowohl $f'(-1) = 0$ als auch $f''(-1) = 0$ gilt."
Nehmen Sie zu dieser Aussage Stellung.

7 ≡ Berechnen Sie.
(1) $f''(x)$ für $f(x) = x^2$ (2) $f'''(x)$ für $f(x) = x^3$ (3) $f''''(x)$ für $f(x) = x^4$

Für eine natürliche Zahl n bezeichnet man die **n-te Ableitung** von f mit $f^{(n)}(x)$.

Bestimmen Sie $f^{(n)}(x)$ für $f(x) = x^n$.

8 ≡ Zur Erinnerung: Für $f(x) = \sin(x)$ ist $f'(x) = \cos(x)$, und für $g(x) = \cos(x)$ ist $g'(x) = -\sin(x)$.
Berechnen Sie die höheren Ableitungen von f und g und formulieren Sie jeweils eine Gesetzmäßigkeit.

9 ≡ Entscheiden und begründen Sie jeweils für die folgenden Graphen von f, ob f' bzw. f'' in dem abgebildeten Bereich positiv oder negativ ist.

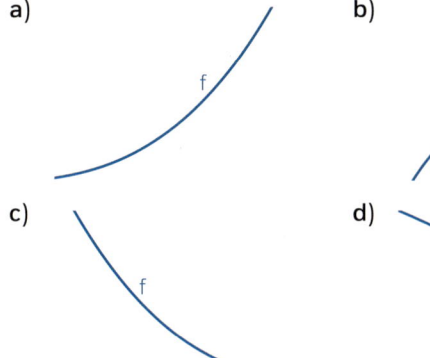

a)
b)
c)
d)

> Für das Vorzeichen von **f'** betrachtet man die **Steigung** des Graphen von f.
>
> Für das Vorzeichen von **f''** betrachtet man die **Änderung der Steigung** des Graphen von f.

Weiterüben

10 ≡ Gegeben ist die Funktion f mit $f(x) = 2x^4 - 3x^2 + 2x + 1$.
a) Berechnen Sie $f'(x)$ und $f''(x)$.
b) Zeichnen Sie mit Ihrem grafikfähigen Taschenrechner die Graphen von f, f' und f'' und vollziehen Sie daran das hinreichende Kriterium für Extremstellen mit f'' nach.
c) Verwenden Sie auch andere Funktionen vierten Grades und erkunden Sie die Zusammenhänge zwischen f, f' und f''.

11 Nena sucht die Extremstellen der Funktion f mit $f(x) = \frac{1}{4}x^4 - x^3 + 4x + 5$ mit ihrem Rechner, indem sie die Nullstellen der Ableitungsfunktion $f'(x) = x^3 - 3x^2 + 4$ mit dem Befehl polyRoots bestimmt.
Der Rechner zeigt das Ergebnis $\{-1, 2, 2\}$.
Nena sagt: „Die Stellen -1 und 2 sind Extremstellen von f."
Erläutern Sie, wie Nena die Extremstellen bestimmt hat. Was hat sie dabei übersehen?
Korrigieren Sie Nenas Aussage.

1.2   Linkskurve, Rechtskurve – Wendepunkte

Einstieg

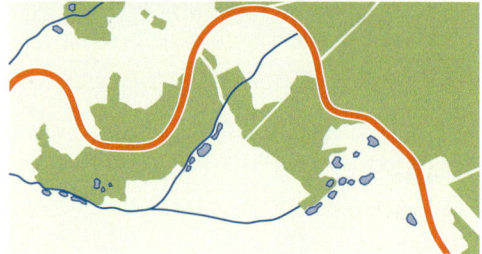

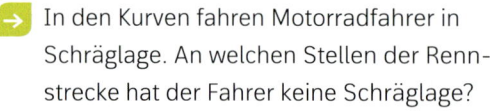

Der Schottenring ist eine der ältesten Rennstrecken in Hessen, auf der von 1925 bis 1955 Motorradrennen veranstaltet wurden. Heutzutage wird der Schottenring nur noch für Rennen mit historischen Fahrzeugen genutzt. Die Grafik zeigt einen Teil der Strecke.

Stellen Sie sich vor, ein Motorradfahrer fährt darauf von West nach Ost. In welchen Bereichen durchfährt er eine Rechts-, in welchen eine Linkskurve?

Fassen Sie den Ausschnitt als Graphen einer Funktion f auf und skizzieren Sie die Graphen der ersten und der zweiten Ableitung von f. Beschreiben Sie, wie man anhand dieser Graphen erkennen kann, ob in einem Intervall eine Links- oder eine Rechtskurve vorliegt.

Aufgabe mit Lösung

Linkskurven – Rechtskurven

Der Kurs einer Rennstrecke kann von oben betrachtet vereinfacht durch den Graphen einer Funktion f dargestellt werden. Ein Motorradfahrer fährt die Strecke von links nach rechts.

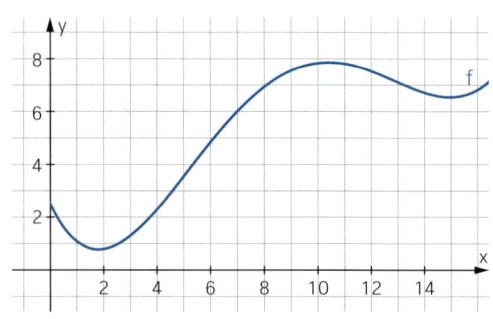

→ In den Kurven fahren Motorradfahrer in Schräglage. An welchen Stellen der Rennstrecke hat der Fahrer keine Schräglage?

Lösung

In einer Linkskurve sind sowohl Fahrer als auch Motorrad sehr stark nach links, also in die Kurve hinein, geneigt. In einer Rechtskurve ist die Neigung stark nach rechts in die Kurve. Wenn die Linkskurve in eine Rechtskurve wechselt oder umgekehrt, muss der Fahrer schnell seine Position wechseln. Dabei stehen Fahrer und Motorrad für einen Moment aufrecht. Diese Stellen liegen bei dem Graphen etwa bei $x \approx 5$ und $x \approx 13$.

→ Skizzieren Sie die Graphen der ersten und der zweiten Ableitung von f. Geben Sie die Intervalle an, in denen der Graph von f links- bzw. rechtsgekrümmt ist. Wie verhalten sich die Graphen von f′ bzw. f″ in diesen Intervallen und an den Stellen, an denen sich das Krümmungsverhalten von f ändert?

Lösung

Ungefähr im Intervall [0; 5] beschreibt der Graph eine Linkskurve. Im Intervall [5; 13] schließt sich eine Rechtskurve an, auf die eine Linkskurve im Intervall [13; 16] folgt.

An den Stellen, an denen sich das Krümmungsverhalten des Graphen von f ändert, hat der Graph von f′ Extremstellen. Dementsprechend hat f″ dort Nullstellen.

In den Intervallen, in denen der Graph von f linksgekrümmt ist, ist f′ streng monoton wachsend. Somit ist f″ dort positiv.

In den Intervallen, in denen der Graph von f rechtsgekrümmt ist, ist f′ streng monoton fallend. Also ist f″ dort negativ.

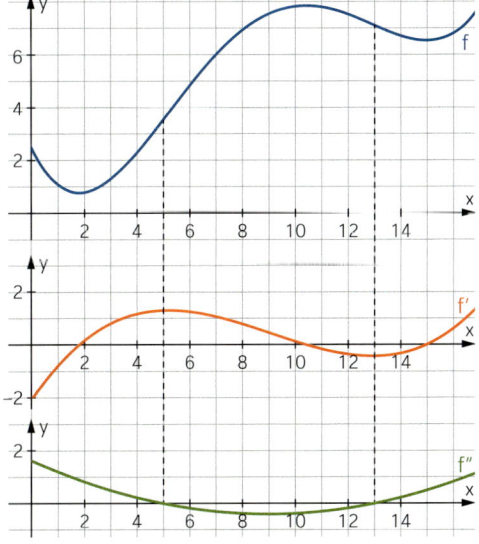

Information

Links- bzw. Rechtskurven

Der Graph von f bildet im Intervall I

(1) eine **Linkskurve**, falls die Ableitung **f′** im Intervall I **streng monoton wächst**.
(2) eine **Rechtskurve**, falls die Ableitung **f′** im Intervall I **streng monoton fällt**.

Nach dem Monotoniesatz gilt somit:

(1) Ist $f''(x) > 0$ für alle $x \in I$, so bildet der Graph von f im Intervall I eine Linkskurve.
(2) Ist $f''(x) < 0$ für alle $x \in I$, so bildet der Graph von f im Intervall I eine Rechtskurve.

Wendepunkte

Definition: In einem **Wendepunkt** geht der Graph einer Funktion f von einer Linkskurve in eine Rechtskurve über oder umgekehrt.

Satz: Jede Wendestelle von f ist eine lokale Extremstelle von f′.

Notwendiges Kriterium

Hat die Funktion f an der Stelle x_w eine Wendestelle, so ist $f''(x_w) = 0$.

Hinreichendes Kriterium

Hat die zweite Ableitung f″ an der Stelle x_w eine Nullstelle mit Vorzeichenwechsel, so ist x_w eine Wendestelle von f.

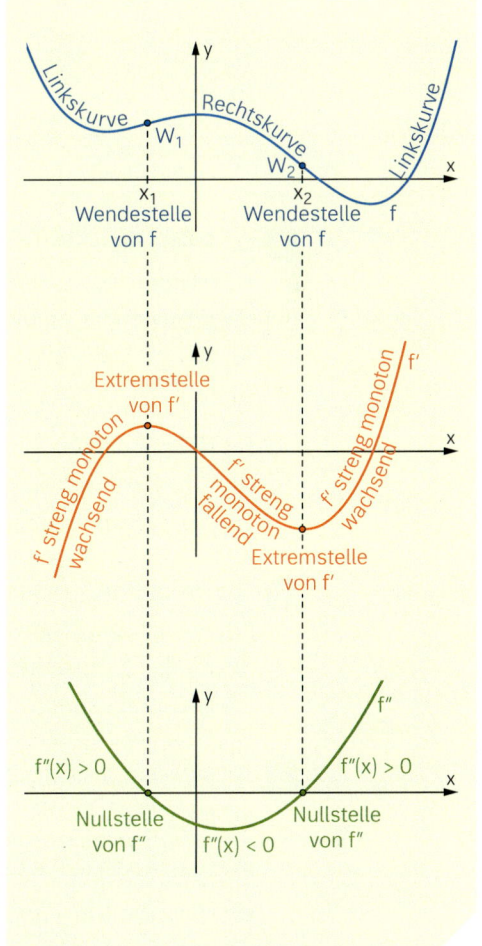

Hinweis:

Wenn $f''(x_0) = 0$ ist, so muss x_0 nicht unbedingt eine Wendestelle von f sein. Die Bedingung $f''(x_0) = 0$ ist also **notwendig**, aber **nicht hinreichend** dafür, dass f an der Stelle x_0 eine Wendestelle besitzt. Ein Beispiel dafür ist $f(x) = x^4$. Es gilt $f'(x) = 4x^3$ und $f''(x) = 12x^2$, daher ist $f''(0) = 0$. Die Stelle $x_0 = 0$ ist aber eine Extrem- und keine Wendestelle von f. Das liegt daran, dass f'' an der Stelle $x_0 = 0$ nicht das Vorzeichen wechselt.

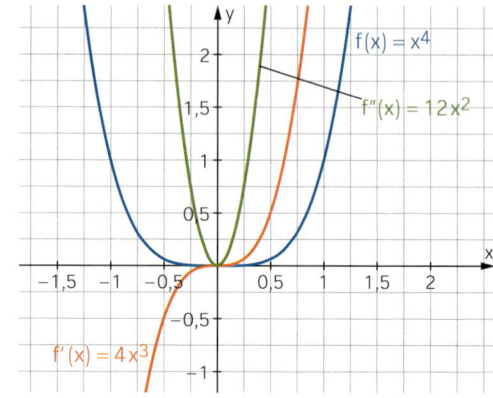

Üben

1 ≡ Bestimmen Sie die Intervalle, in denen der Graph von f eine Linkskurve bzw. eine Rechtskurve beschreibt.

a) $f(x) = x^3$

b) $f(x) = \frac{1}{3}x^3 - x$

c) $f(x) = \frac{1}{4}x^4 - \frac{3}{2}x^2$

d) $f(x) = \frac{1}{2}x^4 - 12x^2 + x - 2$

$f(x) = 2x^3 - x^2 + 2x - 4$

$f'(x) = 6x^2 - 2x + 2$

$f''(x) = 12x - 2$; Nullstellen von f'': $x = \frac{1}{6}$

	$x < \frac{1}{6}$	$x = \frac{1}{6}$	$x > \frac{1}{6}$
Vorzeichen von f''	−		+
Krümmungsverhalten von f	Rechtskurve ⌢	Wendepunkt	Linkskurve ⌣

2 ≡ Bestimmen Sie die Extrem- und Wendepunkte des Graphen der Funktion f ohne Verwendung eines Rechners.

a) $f(x) = x^3 - 6x^2 + 9x - 4$

b) $f(x) = \frac{1}{9}x^4 - 2x^2 + 8$

c) $f(x) = x^4 - 6x^2 + 5$

d) $f(x) = \frac{1}{6}x^3 - x^2 + 2x - 1$

$f(x) = \frac{1}{3}x^3 - \frac{1}{2}x^2 - 2x + 1$

$f'(x) = x^2 - x - 2$; $f''(x) = 2x - 1$

Nullstellen von f': -1; 2

$f''(-1) = -3 < 0$: Hochpunkt $H\left(-1 \mid \frac{13}{6}\right)$

$f''(2) = 3 > 0$: Tiefpunkt $T\left(2 \mid -\frac{7}{3}\right)$

Nullstellen von f'': $\frac{1}{2}$

f'' hat an der Stelle $x = \frac{1}{2}$ einen Vorzeichenwechsel, denn f'' ist eine lineare Funktion.

Also: Wendepunkt $W\left(\frac{1}{2} \mid -\frac{1}{12}\right)$

3 ≡ Von einer Funktion f ist ihre zweite Ableitung f'' mit $f''(x) = \frac{1}{2}x^2 + 3$ bekannt. Begründen Sie, weshalb der Graph von f überall linksgekrümmt ist.

4 ≡ Berechnen Sie die Wendestellen der Funktion f mithilfe des hinreichenden Kriteriums.

a) $f(x) = \frac{1}{3}x^3 - x^2 + \frac{8}{3}$

b) $f(x) = \frac{1}{4}x^3 + \frac{3}{2}x^2$

c) $f(x) = \frac{1}{3}x^4 - 8x^2 + 1$

d) $f(x) = \frac{1}{5}x^5 + \frac{1}{2}x^4$

e) $f(x) = \frac{1}{2}x^4 - x^3 - 18x^2 + 5$

f) $f(x) = \frac{3}{10}x^5 - 4x^3 + 24x$

5 ≡ Begründen Sie folgende Aussage grafisch für eine Funktion f.

a) Geht der Graph von f von einer Linkskurve in eine Rechtskurve über, so hat f' an
dieser Stelle ein Maximum.

b) Geht der Graph von einer Rechtskurve
in eine Linkskurve über, so hat f' an dieser
Stelle ein Minimum.

c) Eine Wendetangente durchsetzt den
Graphen im Wendepunkt.

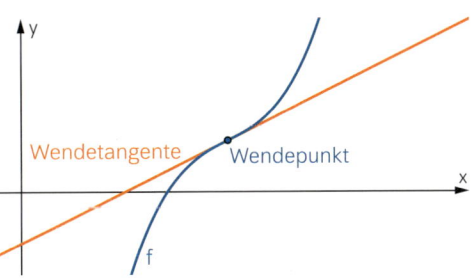

6 ≡ Sattelpunkte sind spezielle Wendepunkte. Erläutern Sie dies anhand der Abbildung.

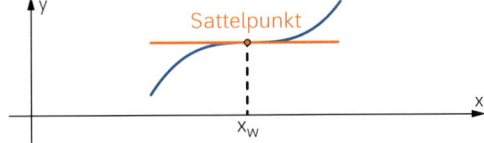
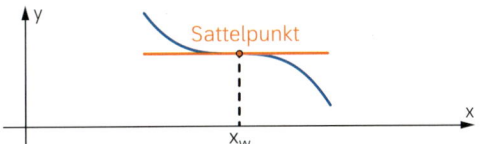

7 ≡ Beim Bungee-Jumping springt ein
Mensch an einem Gummiseil befestigt
kopfüber in die Tiefe. Nach einer Phase des
freien Falls wird die Person durch das Seil
abgebremst und durch die Elastizität des
Seils wieder nach oben zurückgefedert.
Dieser Vorgang wiederholt sich dann noch
einige Male. Wird die Höhe des Springers in
Abhängigkeit von der Zeit durch eine
Funktion f beschrieben, so erhält man in
etwa den abgebildeten Graphen.

a) Beschreiben Sie den Verlauf des
Sprunges, wie er in dem Graphen dargestellt wird.

b) Schätzen Sie anhand des Graphen, wo
der Springer seine maximale Geschwindigkeit erreicht und wie groß diese ist.

c) Skizzieren Sie die Graphen von f' und f''
und deuten Sie den Verlauf im Sachzusammenhang.

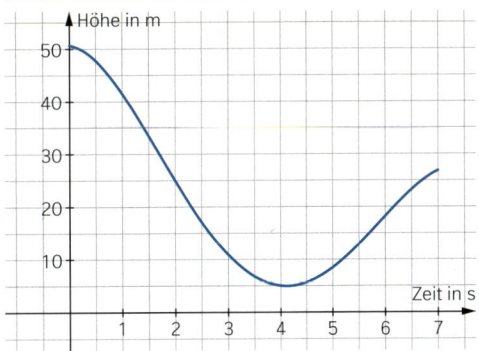

8 ≡ Erklären Sie die Bedeutung eines Wendepunktes von f im Sachkontext:

a) f gibt den Temperaturverlauf während eines Tages an.

b) f gibt die Wassermenge an, die sich während eines Jahres in einem Stausee befindet.

c) f gibt Höhe eines Baumes im Verlaufe seines Lebens an.

d) f gibt die Tiefe eines Tauchers während eines Tauchgangs an.

23

9 ≡ Erläutern Sie verschiedene Möglichkeiten, wie Sie mit Ihrem Taschenrechner die Wendestellen einer Funktion f bestimmen können.

Ermitteln Sie die Koordinaten der Wendepunkte des Graphen von f mit $f(x) = \frac{1}{3}x^5 - 3x^3 + 4x$ mit einer dieser Möglichkeiten.

10 ≡ Ordnen Sie den vier Funktionsgraphen (A) bis (D) die zugehörigen Funktionsterme der zweiten Ableitung der Funktion zu. Begründen Sie.

$f''(x) = \frac{27}{32}x^2 + \frac{9}{2}x + \frac{9}{2}$ $g''(x) = -2$ $h''(x) = -2x + 4$ $i''(x) = \frac{x^2}{4} - \frac{x}{4} - \frac{3}{2}$

(A)   (B)   (C)   (D)

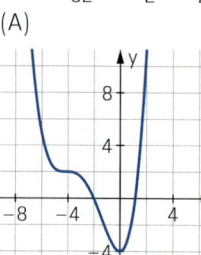 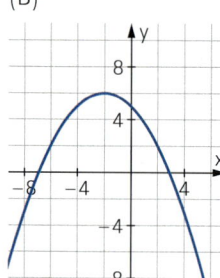 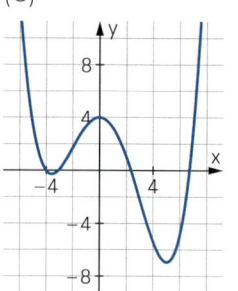 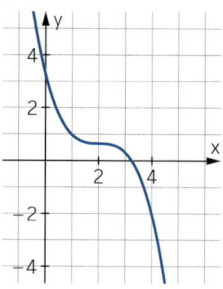

11 ≡ Das Wachstum einer Schimmelpilzkultur wird im Zeitintervall [0; 2,3] durch die Funktion f mit $f(x) = 9x^3 - x^5$ beschrieben. Dabei bezeichnet x die Zeit nach Beobachtungsbeginn in Tagen und f(x) die Größe der von der Kultur bedeckten Fläche in cm². Untersuchen Sie, wann die Änderungsrate des bedeckten Flächeninhalts maximal ist. Welche Bedeutung hat der entsprechende Zeitpunkt für den Wachstumsprozess?

12 ≡ Ein großer Wassertank eines Garten-baubetriebs wird durch Regenwasser gespeist. Bei einem heftigen, lange andauernden Regen kann die momentane Zuflussrate des Wassers durch die Funktion z mit $z(x) = 1{,}16x^3 - 26{,}1x^2 + 148{,}3x$ für $0 \le x \le 12$ (x in Stunden nach Beginn des Regens, z(x) in Liter pro Stunde) beschrieben werden.

a) Begründen Sie, weshalb die Wassermenge im Tank während der ersten 12 Stunden nach Beginn des Regens ständig zunimmt. Bestimmen Sie die maximale momentane Zuflussrate.

b) In welchem Zeitraum ist die momentane Zuflussrate größer als 150 Liter pro Stunde? Zu welchem Zeitpunkt nimmt die momentane Zuflussrate am stärksten ab?

13 ≡ Begründen Sie folgende Aussage für eine ganzrationale Funktion f.

a) Zwischen zwei Extrempunkten von f liegt mindestens ein Wendepunkt.

b) Ist f vom Grad 3, so hat f hat genau eine Wendestelle.

c) Jede doppelte Nullstelle von f′ ist eine Wendestelle von f.

14 ≡ Von einer Funktion f ist der Graph der Ableitungsfunktion f' gegeben.
Untersuchen Sie die folgenden Aussagen auf ihre Richtigkeit.
Begründen Sie Ihre Entscheidung.

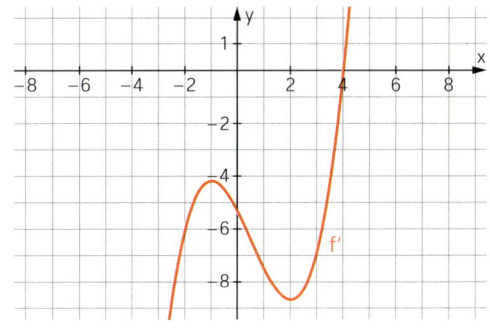

(1) Der Graph von f hat an der Stelle $x = 2$ einen Wendepunkt mit negativer Steigung

(2) f ist für $2 < x < 4$ streng monoton wachsend.

(3) Der Graph von f ist für $x \in [-1; 2]$ rechtsgekrümmt.

(4) Der Graph von f hat an den Stellen $x_1 = -1$ und $x_2 = 2$ jeweils einen Wendepunkt.

(5) Der Graph von f hat an der Stelle $x = 4$ einen Tiefpunkt.

15 ≡ Bestimmen Sie die Koordinaten der Wendepunkte des Graphen der Funktion f.
Geben Sie an, ob ein Maximum oder ein Minimum der Steigung von f vorliegt.

a) $f(x) = x^3 - 3x^2 - 2x$

b) $f(x) = \frac{1}{6}x^4 - x^2$

c) $f(x) = \frac{1}{12}x^4 - \frac{1}{6}x^3 - 3x^2 + 2x - 3$

d) $f(x) = 2x^4 - 5x^3 + 2x - 7$

16 ≡ Gegeben ist der Graph der zweiten Ableitungsfunktion f″.
Geben Sie die Intervalle an, in denen der Graph von f eine Links- bzw. eine Rechtskurve aufweist. Skizzieren Sie jeder für sich einen möglichen Verlauf der Ableitungsfunktion f'.
Vergleichen Sie Ihre Graphen miteinander.

a)

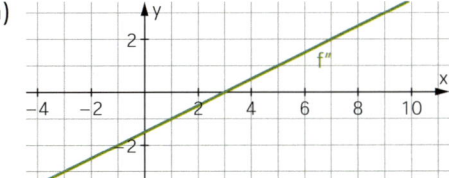

b)

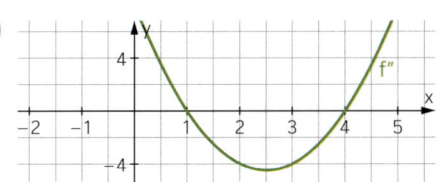

Weiterüben **17** ≡ **f‴-Kriterium für Wendestellen**

Für eine Funktion f und ihre Ableitungen f', f″ und f‴ gilt:

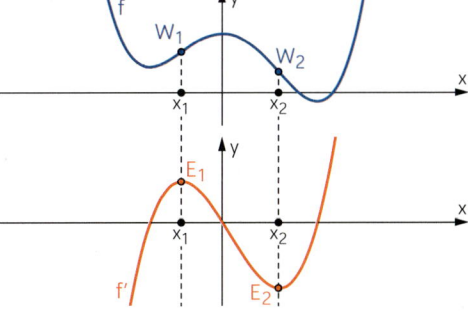

- Ist $f''(x_w) = 0$ und $f'''(x_w) \neq 0$, so ist x_w eine Wendestelle von f.
- Ist $f''(x_w) = 0$ und $f'''(x_w) < 0$, so ist an der Stelle x_w ein lokales Maximum von f'.
- Ist $f''(x_w) = 0$ und $f'''(x_w) > 0$, so ist an der Stelle x_w ein lokales Minimum von f'.

a) Begründen Sie das f‴-Kriterium für Wendestellen, indem Sie wie bei der Begründung des f″-Kriteriums für Extremstellen auf Seite 17 argumentieren.

b) Zeigen Sie für die Funktion f mit $f(x) = x^5$, dass es eine Wendestelle x_w mit $f'''(x_w) = 0$ gibt. Man sagt: Die Bedingung $f''(x_w) = 0$ und $f'''(x_w) \neq 0$ ist *nicht notwendig* für das Vorliegen einer Wendestelle.

1.3 Funktionsuntersuchungen

Ziel

In diesem Abschnitt untersuchen Sie systematisch die Eigenschaften einer Funktion.

Aufgabe mit Lösung

Rechnerische Untersuchung einer Funktion

Für die Funktion f mit der Gleichung $f(x) = x^4 - \frac{2}{9}x^2 + \frac{1}{81}$
erhält man mit einem Rechner den abgebildeten Graphen.
In dem gewählten Ausschnitt lässt sich aber nicht gut
erkennen, wie viele Nullstellen, Extremstellen und Wendestellen die Funktion hat.

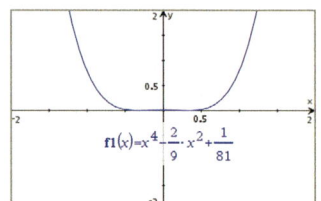

→ Untersuchen Sie die Funktion f rechnerisch. Stellen Sie den Graphen besser erkennbar dar.

Lösung

• *Symmetrie:*

Für alle $x \in \mathbb{R}$ gilt $f(-x) = (-x)^4 - \frac{2}{9}(-x)^2 + \frac{1}{81} = x^4 - \frac{2}{9}x^2 + \frac{1}{81} = f(x)$, da im Funktionsterm nur
gerade Exponenten von x auftreten. Der Graph von f ist damit symmetrisch zur y-Achse.

• *Globalverlauf:*

Für $x \to \infty$ verhält sich $f(x)$ wie x^4, da der Summand mit dem höchsten Exponenten von x
über den Globalverlauf entscheidet. Damit gilt $f(x) \to \infty$ für $x \to \infty$ und wegen der Achsensymmetrie auch $f(x) \to \infty$ für $x \to -\infty$.

• *Nullstellen:*

Die Gleichung $f(x) = x^4 - \frac{2}{9}x^2 + \frac{1}{81} = 0$ ist eine biquadratische Gleichung, die durch die
Substitution $x^2 = u$ (und damit $x^4 = u^2$) gelöst werden kann. Die quadratische Gleichung
$u^2 - \frac{2}{9}u + \frac{1}{81} = 0$ hat nur die Lösung $u = \frac{1}{9}$. Aus $x^2 = u = \frac{1}{9}$ ergeben sich die beiden Nullstellen $x_1 = \frac{1}{3}$ und $x_2 = -\frac{1}{3}$ von f.

• *Extrempunkte:*

Es ist $f'(x) = 4x^3 - \frac{4}{9}x = 4x\left(x^2 - \frac{1}{9}\right)$. Die Gleichung $f'(x) = 0$ hat die drei Lösungen $x_1 = \frac{1}{3}$,
$x_2 = -\frac{1}{3}$ und $x_3 = 0$. Weiterhin ist $f''(x) = 12x^2 - \frac{4}{9}$. Daraus ergibt sich $f''\left(\frac{1}{3}\right) = f''\left(-\frac{1}{3}\right) = \frac{8}{9} > 0$
und $f''(0) = -\frac{4}{9} < 0$. f hat also die Tiefpunkte $T_1\left(\frac{1}{3}\middle|0\right)$ und $T_2\left(-\frac{1}{3}\middle|0\right)$ sowie den Hochpunkt
$H\left(0\middle|\frac{1}{81}\right)$. (Es ist ebenso möglich, mit dem Vorzeichenwechsel von f' zu argumentieren.)

• *Wendepunkte:*

Die Gleichung $f''(x) = 12x^2 - \frac{4}{9} = 0$ hat die beiden Lösungen $\sqrt{\frac{1}{27}} \approx 0{,}19$ und $-\sqrt{\frac{1}{27}} \approx -0{,}19$.
Bei zwei verschiedenen Nullstellen der quadratischen Funktion f'' muss ein Vorzeichen-
wechsel vorliegen. Daher sind $W_1\left(\sqrt{\frac{1}{27}}\middle|\frac{4}{729}\right)$ und $W_2\left(-\sqrt{\frac{1}{27}}\middle|\frac{4}{729}\right)$ die beiden Wendepunkte
von f. (Es ist ebenso möglich, mit dem f'''-Kriterium für Wendestellen zu argumentieren.)

• *Graph der Funktion:*

Die berechneten Eigenschaften werden im Graphen
deutlicher, wenn man die y-Achse feiner skaliert, da die
Funktionswerte im Bereich der Extrem- und Wendepunkte
alle sehr nahe bei 0 liegen.

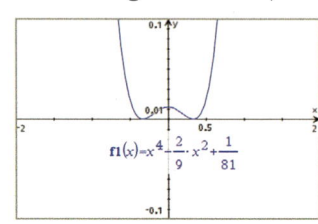

Information

Aspekte der Untersuchung einer Funktion

$f(x) = 0,3x^5 - x^3$

(1) Graph der Funktion darstellen (Rechner):

Sich einen Überblick verschaffen und darauf achten, dass ein passender Ausschnitt gewählt wird.

(1)

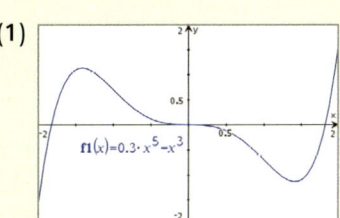

(2) Symmetrie:

Bei manchen Funktionsgraphen liegt eine der folgenden Symmetrien vor:

- Achsensymmetrie zur y-Achse:
  $f(-x) = f(x)$ für alle $x \in \mathbb{R}$
  Bei ganzrationalen Funktionen hat die Funktionsvariable nur gerade Exponenten.

- Punktsymmetrie zum Koordinatenursprung: $f(-x) = -f(x)$ für alle $x \in \mathbb{R}$
  Bei ganzrationalen Funktionen hat die Funktionsvariable nur ungerade Exponenten.

(2) Der Graph von f ist punktsymmetrisch zum Koordinatenursprung:
$$f(-x) = 0,3 \cdot (-x)^5 - (-x)^3$$
$$= -0,3x^5 + x^3 = -f(x)$$
Die Variable x hat nur ungerade Exponenten.

(3) Globalverlauf:

Das Verhalten von $f(x)$ für $x \to \infty$ und für $x \to -\infty$ untersuchen.

Bei ganzrationalen Funktionen: Der Summand mit dem höchsten Exponenten der Funktionsvariable bestimmt den Globalverlauf.

(3) Für $x \to \infty$ verhält sich $f(x)$ wie $0,3x^5$. Es gilt also $f(x) \to \infty$ für $x \to \infty$ und wegen der Punktsymmetrie $f(x) \to -\infty$ für $x \to -\infty$.

(4) Nullstellen:

Die Gleichung $f(x) = 0$ lösen.

(4) $f(x) = 0,3x^5 - x^3 = 0,3x^3 \cdot \left(x^2 - \frac{10}{3}\right)$

f hat die Nullstellen 0, $\sqrt{\frac{10}{3}} \approx 1,83$ und $-\sqrt{\frac{10}{3}} \approx -1,83$.

(5) Extremstellen:

Die Gleichung $f'(x) = 0$ lösen und prüfen, welche Lösungen Extremstellen sind.

(5) $f'(x) = 1,5x^4 - 3x^2 = 1,5x^2 \cdot (x^2 - 2)$
f' hat die Nullstellen 0, $\sqrt{2}$ und $-\sqrt{2}$.
$\sqrt{2}$ und $-\sqrt{2}$ sind Extremstellen (Vorzeichenwechsel von f').
0 ist eine Sattelstelle, da es eine Wendestelle ist (s. u.).

(6) Wendestellen:

Die Gleichung $f''(x) = 0$ lösen und prüfen, welche Lösungen Wendestellen sind.

(6) $f''(x) = 6x^3 - 6x = 6x \cdot (x^2 - 1)$
f'' hat die Nullstellen 0, 1 und -1.
Dies sind alles Wendestellen von f (Vorzeichenwechsel von f'').

Üben

1 ≡ Untersuchen Sie die Funktion f ohne Verwendung eines Rechners.

a) $f(x) = x^3 + 3x^2 - 9x$ b) $f(x) = 2x^3 - 6x$

c) $f(x) = x^4 - 2x^2$ d) $f(x) = 0,6x^5 - 2x^3 + 3x$

2 ≡ Gegeben ist die Funktion f mit $f(x) = -\frac{1}{4}x^3 + \frac{3}{2}x^2$.

Zeigen Sie, dass die Gerade durch den Hoch- und den Tiefpunkt des Graphen von f diesen im Wendepunkt schneidet.

3 ≡ Untersuchen Sie, ob der Graph von f achsensymmetrisch zur y-Achse oder punktsymmetrisch zum Ursprung ist oder ob keine dieser Symmetrien vorliegt.

a) $f(x) = -x^4 + 6x^2 - 3$ b) $f(x) = x^4 - 3x^2 + x$

c) $f(x) = 3x^5 - x^3 - x$ d) $f(x) = x + 1$

e) $f(x) = (x + 1)^3 - x$ f) $f(x) = (x + 1)^2 - 2x$

4 ≡ Leon sagt: „Der Graph der Funktion f mit $f(x) = x^3 - x + 1$ ist punktsymmetrisch zum Ursprung, denn es gibt nur ungerade Exponenten bei x."

a) Erklären Sie den Fehler in Leons Argumentation.

b) Florian sagt: „Der Graph von f ist punktsymmetrisch, aber nicht zum Ursprung."
Hat er recht?

5 ≡ Die Funktion f mit $f(x) = x^4 - 2x^2 + 3$ hat einen Extrempunkt bei $(1|2)$.
Skizzieren Sie den Graphen von f mithilfe von Symmetrie und Globalverlauf.

6 ≡ Gegeben ist die Funktion f mit
$f(x) = 0,25x^4 + x^3 - 4,5x^2$.
Das Rechnerfenster zeigt einen Ausschnitt des Funktionsgraphen.

a) Begründen Sie, dass die Funktion f genau drei Nullstellen und genau drei Extrempunkte hat.

b) Geben Sie ohne zu rechnen an, wie viele Wendepunkte die Funktion f hat. Begründen Sie.

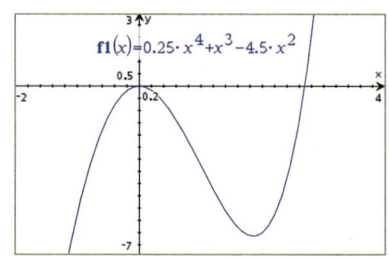

7 ≡ Der Graph der Funktion f mit
$f(x) = x^4 - 6,8x^3 - 52x^2 + 530,4x$
wurde mithilfe eines Rechners gezeichnet.
Es liegt die Vermutung nahe, dass ein Sattelpunkt vorliegt.

a) Untersuchen Sie rechnerisch, ob hier tatsächlich ein Sattelpunkt vorliegt.

b) Erläutern Sie, wie Sie das Problem mithilfe eines Rechners untersuchen können.

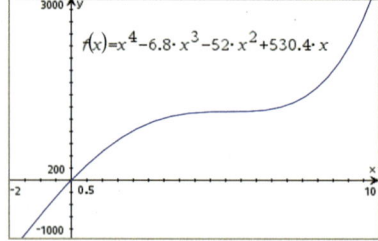

8 ≡ Gegeben ist eine Funktion f mit $f(x) = -\frac{2}{3}x^3 - x^2 + 4x$.
Wie weit sind der Hochpunkt und der Tiefpunkt des Graphen von f voneinander entfernt?

9 ≡ Die momentane Änderungsrate der Wassermenge in einem Staubecken kann innerhalb eines Jahres näherungsweise durch die Funktion g mit $g(t) = \frac{1}{4}t^3 - \frac{11}{4}t^2 - 4t + 44$ beschrieben werden, mit t in Monaten ab Beobachtungsbeginn und g(t) in 10000 m³ pro Monat.

a) Wann erreicht die momentane Änderungsrate von g ihren tiefsten Wert? Beschreiben Sie, welche Bedeutung dieser Zeitpunkt für die Funktion f hat, die die Wassermenge zum Zeitpunkt t angibt. In welchen Zeiträumen nimmt die Wassermenge im Stausee zu? Zu welchem Zeitpunkt nimmt die Wassermenge am stärksten zu?

b) Bei Beobachtungsbeginn waren ca. 1,8 Millionen m³ Wasser im Staubecken. Skizzieren Sie einen möglichen Graphen der Funktion g.

10 ≡ Der Graph der Funktion f mit $f(x) = \frac{1}{3}x^3 - x^2 + \frac{8}{3}$ besitzt einen Wendepunkt. Bestimmen Sie eine Gleichung der Tangente in diesem Wendepunkt.
Die Wendetangente schließt zusammen mit den beiden Koordinatenachsen ein Dreieck ein. Berechnen Sie seinen Flächeninhalt.

Mehrfache Nullstellen

11 ≡ Erstellen Sie eine grobe Skizze des Graphen von f nur mithilfe der Nullstellen und des Globalverlaufs.
Prüfen Sie Ihr Ergebnis mit einem Rechner.

a) $f(x) = (x+1) \cdot (x-2) \cdot (x-4)$

b) $f(x) = -2x \cdot (x+2)^2$

c) $f(x) = -(x+1)^2 \cdot (x-2)^2$

d) $f(x) = \frac{1}{2}x^3 \cdot (x-1)$

e) $f(x) = (x-1)^3 \cdot (x+1)^2$

f) $f(x) = (1-x)^3 \cdot (x+1)^2$

$f(x) = -\frac{1}{4}(x+2) \cdot (x-1)^2 \cdot (x-3)$
Nullstellen von f: -2, 1 und 3
An den Stellen $x = -2$ und $x = 3$ wechselt f das Vorzeichen (einfache Nullstellen), an der Stelle $x = 1$ wechselt f das Vorzeichen nicht (doppelte Nullstelle).
Zwischen den Nullstellen sind Extremstellen.

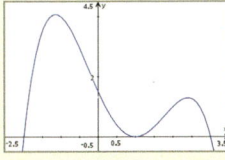

f ist eine Funktion vierten Grades; der Globalverlauf wird also durch $-\frac{1}{4}x^4$ bestimmt: $f(x) \to -\infty$ für $x \to \pm\infty$.

12 ≡ Berechnen Sie die Nullstellen von f' und begründen Sie mithilfe der Vielfachheit der Nullstellen, ob es sich um Extremstellen von f handelt.

a) $f(x) = x^3 - 3x^2 + 3x - 5$

c) $f(x) = 3x^4 + 8x^3 + 6x^2 - 7$

b) $f(x) = 4x^5 + 5x^4$

d) $f(x) = 3x^5 - 15x^4 + 20x^3 - 4$

13 ≡ Untersuchen Sie die Funktion f ohne Verwendung eines Rechners.

a) $f(x) = 12(x-1)^2 \cdot (x+3)$

b) $f(x) = -x^3 \cdot (3x+4)$

1.4 Funktionen mit einem Parameter

Einstig

Die Flughöhe $f_d(x)$ einer Drohne in m beim Testflug wird für die Zeit x in min bis 30 min nach dem Start beschrieben durch $f_d(x) = d \cdot (x^3 - 60x^2 + 900x)$. Der Parameter d mit $0{,}01 \le d \le 0{,}03$ ist abhängig vom Typ der Drohne. Wann landen die Drohnen? Untersuchen Sie, für welche Werte von d die maximale Flughöhe von 100 m überschritten wird.

Aufgabe mit Lösung

Funktion mit Parameter

Ein Autohersteller verkauft jährlich etwa 14 000 Fahrzeuge eines Modells zum Preis von 30 000 €. Durch eine Verbesserung der Abgaswerte steigt jedoch der Fahrzeugpreis. Ein Manager behauptet: „Selbst wenn das Fahrzeug 2 500 € teurer wird und wir pro 1 000 Euro Preiserhöhung 400 Kunden verlieren, machen wir trotzdem noch mehr Umsatz als zuvor."

→ Überprüfen Sie die Aussage des Managers.

Lösung

Vor der Preiserhöhung wurden jährlich 14 000 Autos zu 30 000 € verkauft. Das ergibt einen Umsatz von 420 Mio. € im Jahr. Mit der Preiserhöhung würde das Auto dann 32 500 € kosten. Durch die Preissteigerung rechnet man nun mit $14\,000 - \frac{400}{1\,000} \cdot 2\,500 = 13\,000$ Verkäufen im Jahr. Der Jahresumsatz würde dann $13\,000 \cdot 32\,500\,€ = 422{,}5$ Mio. € betragen. Die Aussage des Managers ist also richtig.

→ Welche Bedeutung haben in diesem Sachzusammenhang der Funktionsterm $u_a(x) = (30\,000 + x) \cdot \left(14\,000 - \frac{a}{1\,000} \cdot x\right)$ und die dargestellten Graphen?

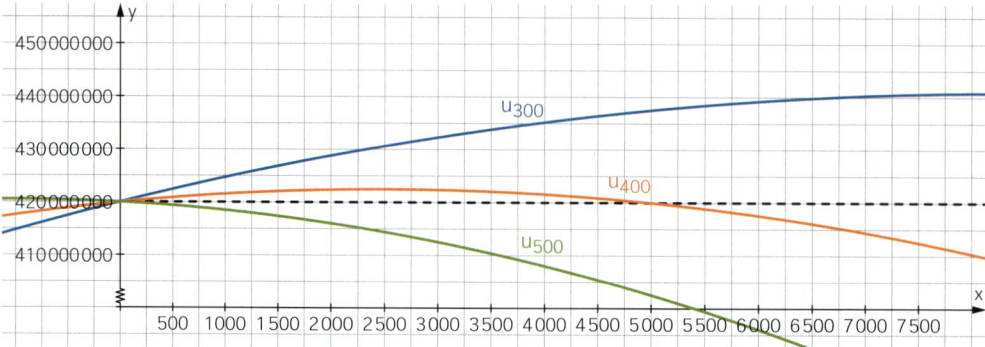

Lösung

Im Funktionsterm gibt x die Preiserhöhung in € an und a die Anzahl der Kunden, die der Autohersteller pro 1 000 € Preiserhöhung verliert. Der Umsatz in € ist durch $u_a(x)$ gegeben. Die Graphen gehören zu u_{300}, u_{400} und u_{500} und zeigen somit den Umsatz in Abhängigkeit von der Preiserhöhung x, wenn man 300, 400 bzw. 500 Kunden pro 1 000 € Preiserhöhung verlieren würde. Die gestrichelte Linie kennzeichnet den Umsatz von 420 Mio. € vor der Preiserhöhung.

Am Graphen von u_{500} erkennt man, dass man in diesem Fall stets deutlich unter 420 Mio. € bleibt. Bei einem Verlust von 300 Kunden pro 1 000 € Preiserhöhung darf die Preiserhöhung dagegen auch deutlich höher ausfallen, ohne dass der Umsatz sinkt.

Der Graph von u_{400} schneidet die gestrichelte Linie bei 5 000, d. h., ab einer Preissteigerung über 5 000 € würde der Umsatz geringer ausfallen als vor der Preiserhöhung.

Information

Funktionen mit einem Parameter

In manchen Situationen ist es hilfreich, wenn Funktionen neben der Funktionsvariable noch einen **Parameter**, also eine zweite Variable (z. B. a), enthalten. Man schreibt die Funktionsterme dann in der Form $f_a(x)$, bei der die Funktionsvariable in Klammern steht und der Parameter als Index geschrieben wird.

Bei der Untersuchung solcher Funktionen wendet man die bekannten Mittel der Differenzialrechnung an. Dabei behandelt man den Parameter wie einen konstanten Wert.

$f_a(x) = x^3 - a x^2 + 3$

mit $x \in \mathbb{R}$ und $a \in \mathbb{R}$

Für die Ableitungen gilt:
$f_a'(x) = 3x^2 - 2 a x$
$f_a''(x) = 6 x - 2 a$

Wegen $f_a'(x) = 0$

für $x_1 = 0$ und $x_2 = \frac{2}{3}a$ und

wegen $f_a''(0) \neq 0$ und $f_a''\left(\frac{2}{3}a\right) \neq 0$ für

$a \neq 0$ sind $x_1 = 0$ und $x_2 = \frac{2}{3}a$ die

Extremstellen von f_a.

Üben

1 ≡ Für sogenannte High Heels gibt es keine einheitliche Definition. Häufig spricht man bei Schuhen mit einer Absatzhöhe von 10 Zentimetern und höher von High Heels. Die seitliche Profillinie der abgebildeten High Heels, die durch Absatz und Sohle gebildet wird, kann in einem geeigneten

Koordinatensystem mit der Einheit cm beschrieben werden durch den Graphen einer Funktion f_a mit $f_a(x) = ax^3 - 20ax^2 + 100ax$, $a > 0$.

a) Zeichnen Sie die Graphen für $a = 0{,}06$, $a = 0{,}07$ und $a = 0{,}08$ im Bereich $0 \leq x \leq 10$ und beschreiben Sie den Einfluss des Parameters a auf den Verlauf des Graphen.

b) Zeigen Sie, dass die x-Koordinate des Hochpunktes nicht von a abhängt.

c) Ermitteln Sie, für welchen Wert von a die Höhe des Bogens 10 cm beträgt.

2 ≡ Zwei Masten A und B einer Seilbahn
stehen 500 m auseinander. Die Mastspitze
B liegt um 100 m höher als die Mastspitze A.
Ein unbelastetes Seil zwischen den beiden
Masten kann durch die Graphen der Funktionen f_t mit $f_t(x) = t x^2 + (0,2 - 500 t) x$
beschrieben werden (Einheiten in m).

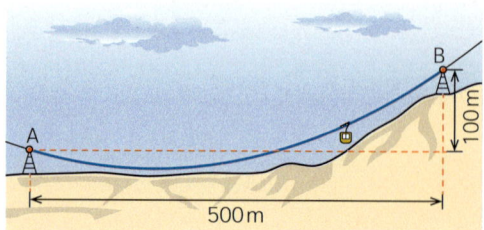

a) Zeichnet man eine Gerade g durch die Punkte A und B, so versteht man unter dem
Durchhang des Seils an einer Stelle x die Differenz zwischen den Funktionswerten der
linearen Funktion g und der quadratischen Funktion f_t an dieser Stelle.
Der maximale Durchhang des Seils zwischen A und B beträgt 50 m.
Bestimmen Sie den Wert für t und geben Sie die Stelle an, an der der Durchhang am
größten ist.

b) Stellen Sie den Verlauf des Seils grafisch dar.

c) Unter welchem Winkel kommt das Seil im Punkt B an?

3 ≡ Beim Testen von Blattfedern aus Metall
werden diese einseitig eingeklemmt, und
am freien Ende wirkt eine Kraft und verbiegt
die Blattfeder. Die Auslenkung $f_L(x)$ in cm
im Abstand x in cm vom eingeklemmten
Ende kann beschrieben werden durch
$f_L(x) = \frac{3}{20 L^2} x^3 - \frac{9}{20 L} x^2$. Der Parameter L gibt
die Stelle x an, an der die Auslenkung des
freien Endes der Blattfeder liegt.

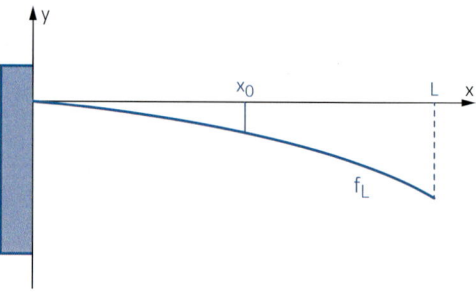

a) Welche Auslenkung hat eine Blattfeder mit dem Parameter L = 8 am freien Ende und
wie groß ist die Auslenkung dieser Feder bei 6 cm?

b) Bestimmen Sie die Auslenkung einer Blattfeder am freien Ende in Abhängigkeit vom
Parameter L. Wie groß ist die Auslenkung an der Stelle $\frac{L}{2}$?

c) Zeigen Sie, dass auf dem Graphen einer Funktion f_L an der Stelle L immer ein Wendepunkt liegt. Bestimmen Sie die Steigung des Graphen in diesem Wendepunkt.

4 ≡ Die Funktion v_k mit $v_k(t) = -k^2 t^2 + k t + 95$ beschreibt die Sinkgeschwindigkeit v_k eines
Tauchroboters in $\frac{m}{min}$ beim direkten Abtauchen in Abhängigkeit von der Zeit t in min.
Der Wert des Parameters k mit $k \in \mathbb{R}$ und $0 < k < 1$ hängt vom verwendeten Motor ab.

a) Skizzieren Sie die Graphen von $v_{0,3}$, $v_{0,6}$ und $v_{0,8}$ in einem Koordinatensystem.

b) Unabhängig vom verwendeten Motor ist die Sinkgeschwindigkeit zu Beginn eines
Tauchgangs immer gleich. Geben Sie diese Anfangsgeschwindigkeit an. Welche Eigenschaft
der Funktionsgraphen von v_k ergibt sich daraus?

c) Damit das Tauchboot manövrierfähig bleibt, darf die Sinkgeschwindigkeit den Wert null
nicht erreichen. Untersuchen Sie, wann dies in Abhängigkeit vom Parameter k der Fall ist.

d) Bestimmen Sie die mittlere Sinkgeschwindigkeit vom Beginn des Abtauchens bis zur
Sinkgeschwindigkeit null in Abhängigkeit von k und berechnen Sie diese für k = 0,3.

1.5 Ableitung von Potenzfunktionen mit ganzzahligen Exponenten

Einstig

▦ Das Foto zeigt Zylinderkopfventile eines Motors. Um Randfunktionen auf der Mantelfläche technischer Bauteile zu beschreiben, kann z. B. die Funktion f mit $f(x) = x^{-2} = \frac{1}{x^2}$ verwendet werden. Oft muss dabei die Steigung der Randfunktion berücksichtigt werden.
Skizzieren Sie den Graphen von f und untersuchen Sie, ob man die Funktion f mithilfe der Potenzregel ableiten kann.

Aufgabe mit Lösung

Ableitung einer Potenzfunktion mit negativen Exponenten

Mila möchte die Ableitung der Funktion f mit $f(x) = x^{-3} = \frac{1}{x^3}$ mithilfe des Differenzenquotienten bestimmen. Potenzfunktionen mit natürlichen Exponenten kann sie mithilfe der Potenzregel ableiten. Sie hat deshalb versucht, den Differenzenquotienten von f so umzuformen, dass der bekannte Differenzenquotient $\frac{(x+h)^3 - x^3}{h}$ der Kubikfunktion vorkommt.

$$\frac{f(x+h) - f(x)}{h} = \frac{\frac{1}{(x+h)^3} - \frac{1}{x^3}}{h} = \ldots$$
$$= \frac{-\left[\frac{(x+h)^3 - x^3}{h}\right]}{(x+h)^3 \cdot x^3}$$

→ Ergänzen Sie die Lücke in Milas Berechnungen und bestimmen Sie die Ableitung von f.

Lösung

Für den Differenzenquotienten von f gilt:

$$\frac{\frac{1}{(x+h)^3} - \frac{1}{x^3}}{h} = \frac{1}{h} \cdot \left(\frac{1}{(x+h)^3} - \frac{1}{x^3}\right) = \frac{1}{h} \cdot \frac{x^3 - (x+h)^3}{(x+h)^3 x^3} = \frac{x^3 - (x+h)^3}{(x+h)^3 x^3 h} = \frac{-\left[\frac{(x+h)^3 - x^3}{h}\right]}{(x+h)^3 x^3}$$

Wenn $h \to 0$, dann $\frac{(x+h)^3 - x^3}{h} \to 3x^2$ und $(x+h)^3 x^3 \to x^6$.

> Ableitung der Kubikfunktion

Damit ergibt sich $\lim\limits_{h \to 0} \frac{\frac{1}{(x+h)^3} - \frac{1}{x^3}}{h} = \frac{-3x^2}{x^6} = -\frac{3}{x^4}$. Für $f(x) = x^{-3} = \frac{1}{x^3}$ gilt somit $f'(x) = -\frac{3}{x^4}$.

→ Angenommen, die Potenzregel für natürliche Exponenten gilt auch für negative ganzzahlige Exponenten. Zu welchem Ergebnis kommt man, wenn man die Regel anwendet?

Lösung

Anwenden der Potenzregel auf den Funktionsterm $f(x) = x^{-3}$ ergibt: $f'(x) = -3x^{-4} = -\frac{3}{x^4}$

Information

Potenzregel für

ganzzahlige Exponenten

Satz

Für alle ganzen Zahlen $r \neq 0$ gilt:

Die Funktion f mit $f(x) = x^r$ hat die Ableitung

$f'(x) = r \cdot x^{r-1}$.

$$f(x) = \frac{1}{x^5} = x^{-5}$$

$$f'(x) = -5x^{-6} = -\frac{5}{x^6}$$

$$g(x) = x^{-3} + \frac{2}{x^2}$$

$$g'(x) = -\frac{3}{x^4} - \frac{4}{x^3}$$

Das heißt: Die Potenzregel, die man bei Potenzfunktionen mit natürlichen Exponenten verwendet, kann auch bei negativen ganzzahligen Exponenten verwendet werden.

Üben

1 ☰ Bestimmen Sie die Ableitung der Funktion f.

a) $f(x) = x^{-4}$ **b)** $f(x) = 3x^{-5}$ **c)** $f(x) = \frac{5}{x}$ **d)** $f(x) = -\frac{0,5}{x^2}$

2 ☰ Ermitteln Sie die Ableitung folgender Funktionen.

a) $f(x) = 2x^{-3} + x$ **b)** $f(x) = 2 - \frac{1}{x^2}$ **c)** $f(x) = \frac{1}{3x} - 2x^{-4}$ **d)** $f(x) = 3x^3 - \frac{5}{4x^2}$

 3 ☰ Welche Fehler wurden gemacht?

(1)	$f(x) = x^{-2}$	$f'(x) = -2x^{-1}$
(2)	$g(x) = \frac{3}{x}$	$g'(x) = -\frac{1}{3x^2}$
(3)	$h(x) = \frac{1}{2x^2} = 2x^{-2}$	$h'(x) = -4x^{-3}$

4 ☰ Welche Steigung hat die Funktion f an der angegebenen Stelle x_0?

a) $f(x) = \frac{1}{2x^2}$ $x_0 = 2$ **b)** $f(x) = 2x^{-3}$ $x_0 = -1$

c) $f(x) = \frac{4}{5x^3} + x$ $x_0 = 1$ **d)** $f(x) = \frac{1}{x^9}$ $x_0 = 0,1$

5 ☰ Der Querschnitt des Fußes einer Lampe kann für $-10 \leq x \leq -2$ und $2 \leq x \leq 10$ durch die Funktion f mit $f(x) = \frac{50}{x^2}$ (x und f(x) in cm) beschrieben werden.

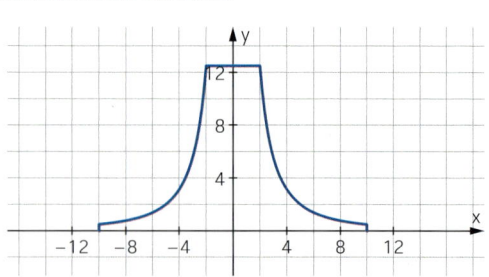

a) Berechnen Sie die Höhe des Fußes der Lampe sowie die Höhe am Rand.

b) Berechnen Sie die Steigung für $x = 10$.

Wie groß ist der Steigungswinkel an dieser Stelle?

c) Untersuchen Sie, ob es eine Stelle gibt, an der der Steigungswinkel 45° beträgt.

6 ≡ Beweisen Sie die Potenzregel für negative ganzzahlige Exponenten mithilfe des Differenzenquotienten und der Potenzregel für natürliche Exponenten für die Funktion f.

a) $f(x) = \frac{1}{x}$ b) $f(x) = \frac{1}{x^2}$ c) $f(x) = \frac{1}{x^8}$ d) $f(x) = \frac{1}{x^r}$; $r \in \mathbb{N}$

Weiterüben

7 ≡ Bestimmen Sie eine Funktion f mit der angegebenen Ableitung f'.

a) $f'(x) = -5x^{-6}$ b) $f'(x) = 3x^{-4} + 1$

c) $f'(u) = -2u^{-3} + u$ d) $f'(x) = \frac{6}{x^4}$

8 ≡ Bestimmen Sie die Gleichung der Tangente an den Graphen der Funktion f im Punkt P.

a) $f(x) = \frac{2}{x^2}$ $P(1|2)$ b) $f(x) = \frac{2}{3x^3}$ $P\left(1 \mid \frac{2}{3}\right)$

c) $f(x) = 3x^{-1} + 2x$ $P(2|f(2))$ d) $f(x) = \frac{-0{,}25}{x^4}$ $P(0{,}25|f(0{,}25))$

9 ≡ Die Tangente an den Graphen der Funktion f mit $f(x) = \frac{a}{x^3}$ im Punkt $P(-1|f(-1))$ hat die Gleichung $y = -9x - 12$.
Bestimmen Sie den Wert von a.

10 ≡ Gegeben ist die Funktion f mit $f(x) = \frac{1}{x}$.

a) Zeigen Sie, dass zu einer Tangente t_a an den Graphen von f an der Stelle $a > 0$ die Gleichung $t_a(x) = -\frac{x}{a^2} + \frac{2}{a}$ gehört.

b) Bestimmen Sie die Schnittpunkte dieser Tangente mit den Koordinatenachsen in Abhängigkeit von a.

c) Zeigen Sie, dass der Flächeninhalt, den die Tangente t_a mit den Koordinatenachsen einschließt, unabhängig von a ist.

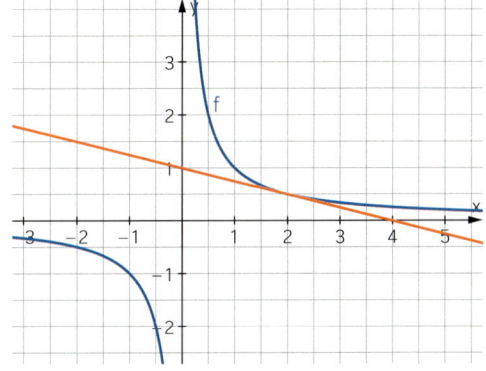

11 ≡ Wie geht der Graph der Funktion g mit $g(x) = \frac{1}{x+1}$ aus dem Graphen der Funktion f mit $f(x) = \frac{1}{x}$ hervor?
Bestimmen Sie f'(x) und g'(x).

Das kann ich noch!

A Berechnen Sie den Oberflächeninhalt und das Volumen des Körpers.

1)

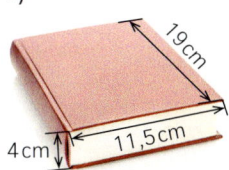

2)

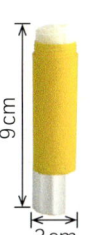

3)

4)

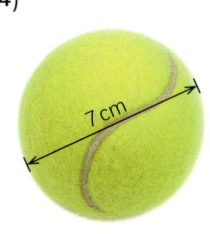

1.6   Extremwertprobleme

Einstig

⊞ Viele zylinderförmige Konservendosen mit 850 ml Fassungsvermögen haben – unabhängig von ihrem Inhalt – dieselben Abmessungen. Untersuchen Sie, welche Gründe es hierfür geben könnte.
Entwerfen Sie dazu verschiedene Dosen mit 500 ml Fassungsvermögen und vergleichen Sie deren Materialbedarf.

Aufgabe mit Lösung

Größtmögliches Volumen einer Schachtel

Aus einem quadratischen Stück Pappe mit der Seitenlänge von 20 cm soll eine oben offene Schachtel hergestellt werden. Dazu werden an allen vier Ecken gleich große Quadrate aus der Pappe ausgespart und anschließend die vier Ränder nach oben gebogen.

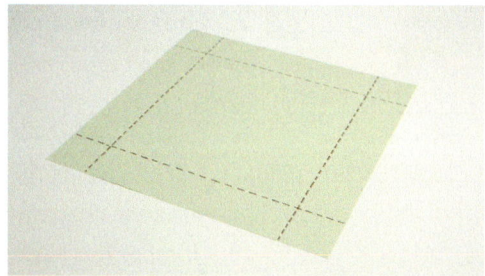

→ Stellen Sie eine solche Schachtel her und ermitteln Sie ihr Volumen.

Lösung

Wählt man als Höhe der Schachtel z. B. 1 cm, so hat die quadratische Grundfläche eine Seitenlänge von $20\,\text{cm} - 2 \cdot 1\,\text{cm} = 18\,\text{cm}$.

Das Volumen der Schachtel beträgt dann $V = (18\,\text{cm})^2 \cdot 1\,\text{cm} = 324\,\text{cm}^2$.

Für andere Höhen ergibt sich:

Höhe in cm	1	2	3	4	5	6
Volumen in cm³	324	512	588	576	500	384

Bei einer Höhe zwischen 2 cm und 3 cm scheint das Volumen der Schachtel maximal zu sein.

→ Erstellen Sie eine Funktionsgleichung für die Funktion
Höhe x der Schachtel in cm → Volumen V der Schachtel in cm³
Geben Sie den Definitionsbereich für diese Funktion an.

Lösung

Beträgt die Höhe der Schachtel x, so ergibt sich für die Seitenlänge der quadratischen Grundfläche a = 20 − 2 x.

Das Volumen der Schachtel beträgt dann

$V(x) = (20 − 2x)^2 \cdot x$.

Durch Ausmultiplizieren ergibt sich daraus

$V(x) = (20 − 2x)^2 \cdot x = 4x^3 − 80x^2 + 400x$.

Da die Höhe der Schachtel positiv ist und kleiner als die Hälfte von 20 cm sein muss, gilt: 0 < x < 10.

Nimmt man die Randwerte 0 und 10 mit dazu, so erhält man den Defintionsbereich [0; 10].

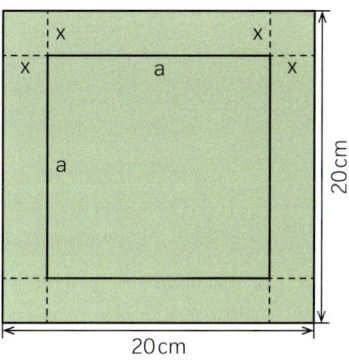

→ Zeichnen Sie den Graphen der Funktion und beschreiben Sie ihn.

Lösung

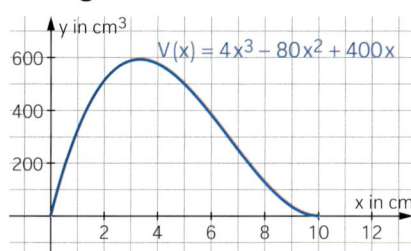

Der Graph der Funktion V hat im Intervall [0; 10] in der Nähe der Stelle 3,5 einen Hochpunkt.

An dieser Stelle nimmt die Funktion das globale Maximum an.

→ Berechnen Sie die Extrema der Funktion V mithilfe der Ableitung.

Lösung

Die Ableitung der Funktion V ist $V'(x) = 12x^2 − 160x + 400$. Deren Nullstellen sind mögliche Extremstellen der Funktion V.

Die Gleichung $12x^2 − 160x + 400 = 0$ hat die Lösungen $\frac{10}{3}$ und 10. Die Lösung 10 liefert den Tiefpunkt am rechten Rand des Intervalls, die Lösung $\frac{10}{3}$ den gesuchten Hochpunkt.

Da die Funktionswerte alle positiv und am Rand des Intervalls 0 sind, muss an der Stelle $\frac{10}{3}$ ein Hochpunkt vorliegen.

$$12x^2 − 160x + 400 = 0 \quad |:12$$
$$x^2 − \frac{40}{3}x + \frac{100}{3} = 0$$
$$x = \frac{20}{3} \pm \sqrt{\left(\frac{20}{3}\right)^2 − \frac{100}{3}}$$
$$= \frac{20}{3} \pm \sqrt{\frac{100}{9}} = \frac{20}{3} \pm \frac{10}{3}$$
$$x_1 = 10; \quad x_2 = \frac{10}{3} = 3\frac{1}{3}$$

Somit kann auf den Nachweis mithilfe des Vorzeichenwechsel-Kriteriums oder des hinreichenden Kriteriums mit der 2. Ableitung verzichtet werden.

Der Funktionswert an der Stelle $\frac{10}{3}$ beträgt:

$$V\left(\frac{10}{3}\right) = 4 \cdot \left(\frac{10}{3}\right)^3 − 80 \cdot \left(\frac{10}{3}\right)^2 + 400 \cdot \left(\frac{10}{3}\right) = \frac{16\,000}{27} \approx 592,6$$

Die Schachtel hat bei einer Höhe von $3\frac{1}{3}$ cm das größte Volumen, es beträgt ca. 592,6 cm³. Die quadratische Grundfläche der Schachtel hat dann die Seitenlänge $\frac{40}{3}$ cm = $13\frac{1}{3}$ cm.

Information

Lösen von Extremwertproblemen

Bei **Extremwertproblemen** wird ein Sachverhalt durch eine Funktion beschrieben, deren kleinster oder größter Funktionswert gesucht wird.

(1) Erstellen einer Funktionsgleichung für die zu optimierende Größe

(a) Wichtige Größen mit Variablen bezeichnen, möglichst in einer Skizze

Im Dachboden eines Satteldaches soll ein möglichst großes quaderförmiges Zimmer eingerichtet werden. Der Dachgiebel ist 8 m breit, 12 m lang und 4,80 m hoch.

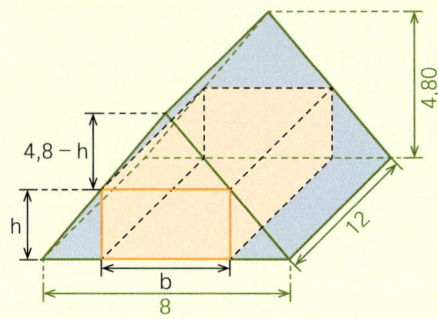

Zur Übersicht werden die Maßeinheiten weggelassen.

(b) Gleichung für die zu optimierende Größe angeben (**Extremalbedingung**)

(c) Falls die zu optimierende Größe von mehreren Variablen abhängt, eine **Nebenbedingung** für den Zusammenhang zwischen diesen Variablen erstellen und nach einer auflösen

(d) Einsetzen dieser Variablen in die Extremalbedingung, um die Zielfunktion zu erhalten

(e) Definitionsbereich der Zielfunktion ermitteln

(f) Graphen der Zielfunktion skizzieren

Das Volumen $V = b \cdot h \cdot 12$ soll maximal werden.

b und h sind über die Dachform voneinander abhängig: Das kleine Dreieck oben ist ähnlich zum Giebeldreieck:

$\dfrac{b}{8} = \dfrac{4,8 - h}{4,8}$ also $b = \dfrac{8(4,8 - h)}{4,8} = 8 - \dfrac{5}{3}h$

$V(h) = \left(8 - \dfrac{5}{3}h\right) \cdot h \cdot 12 = 96h - 20h^2$

Das Dach ist 4,8 m hoch, also:

$0 < h < 4,8$

(2) Ermitteln der Extremstellen der Zielfunktion

(a) Nullstellen der Ableitung ermitteln

(b) Prüfen, ob am Rand des Definitionsbereichs größere oder kleinere Funktionswerte vorliegen als an den Nullstellen der Ableitung

(3) Ergebnis mit allen relevanten Größen angeben und am Sachverhalt prüfen

$V'(h) = 96 - 40h = 0$, also $h = 2,4$

Sowohl für $h \to 0$ als auch für $h \to 4,8$ gilt: $V(h) \to 0$

Also liegt bei $h = 2,4$ das absolute Maximum.

$b = 8 - \dfrac{5}{3} \cdot 2,4 = 4$; $V = 4 \cdot 2,4 \cdot 12 = 115,2$

Das größtmögliche Zimmer ist 115,2 m³ groß; 12 m lang, 4 m breit und 2,4 m hoch.

Üben

1 ☰ Aus einem rechteckigen Stück Pappe mit den Seitenlängen 30 cm und 21 cm soll eine Schachtel ohne Deckel hergestellt werden, indem man an jeder Ecke ein Quadrat ausschneidet und anschließend die vier verbliebenen Randstücke nach oben biegt. Berechnen Sie, wie man die Höhe der Schachtel wählen muss, damit ihr Volumen möglichst groß wird.

2 ☰ Ein rechteckiges Plakat hat einen Flächeninhalt von $A = 35\ dm^2$. Es wird so bedruckt, dass die Ränder an den Seiten jeweils 4 cm, oben und unten jeweils 5 cm betragen. Bei welchen Maßen des Plakats ist unter diesen Bedingungen die bedruckte Fläche am größten?

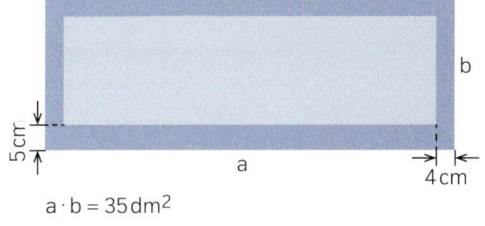

$a \cdot b = 35\ dm^2$

3 ☰ Aus 26 cm Draht soll das Kantenmodell eines Quaders mit quadratischer Seitenfläche hergestellt werden. Wie lang sind die Kanten zu wählen, damit der Quader das maximale Volumen hat?

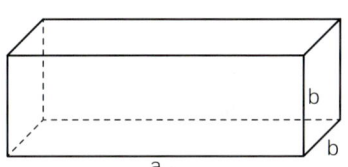

4 ☰ Eine quaderförmige Schachtel mit quadratischer Grundfläche soll bei einer Oberflächengröße von 486 cm² maximales Volumen haben. Wie sind die Kantenlängen des Quaders zu wählen?

5 ☰ Eine quaderförmige Schachtel mit quadratischer Grundfläche hat ein Volumen von 343 cm³. Wie sind die Kantenlängen zu wählen, damit die Oberfläche möglichst klein wird?

6 ☰ Eine 400-Meter-Laufbahn in einem Sportstadion besteht aus zwei Halbkreisen, die durch zwei parallele Strecken miteinander verbunden sind.

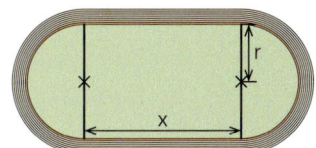

a) Wie müssen der Radius r der Halbkreise und die Länge x der parallelen Strecken gewählt werden, damit die mittlere Rechteckfläche maximalen Flächeninhalt hat?

b) Recherchieren Sie, ob Stadien in der Nähe Ihres Wohnortes diese Abmessungen haben.

7 ☰ Messzylinder mit einem Volumen von 65 cm³ sollen so produziert werden, dass der Glasverbrauch möglichst gering wird. Welchen Radius und welche Höhe sollte man wählen? Beurteilen Sie Ihr Ergebnis.

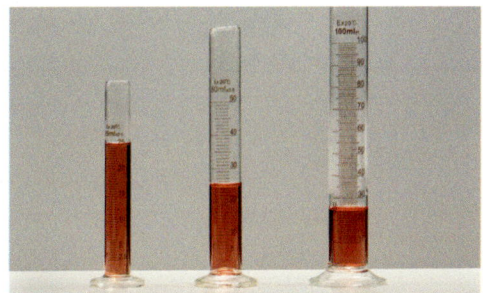

8 ≡ Eine 330-ml-Getränkedose hat einen Durchmesser von 5,6 cm und eine Höhe von 14,5 cm. Nina und Tom wollen untersuchen, welche Maße eine Dose haben muss, damit man bei gleichem Volumen möglichst wenig Aluminium benötigt.

Nina meint:
„Meine Zielfunktion lautet
$O(r) = 2\pi r^2 + \frac{660}{r}$."

Tom sagt:
„Ich erhalte als Zielfunktion
$O(h) = \frac{660}{h} + 2\sqrt{330\pi} \cdot \sqrt{h}$."

a) Zeigen Sie, dass beide Zielfunktionen richtig aufgestellt wurden.
b) Begründen Sie, dass Ninas Zielfunktion für die Lösung des Problems besser geeignet ist. Führen Sie ihren Lösungsweg zu Ende.

Randextrema

9 ≡ Von einer wertvollen Glas-Tischplatte mit den Abmessungen 64 cm mal 144 cm ist eine Ecke abgestoßen. Die Bruchkante kann als parabelförmig mit der Gleichung $y = -\frac{1}{16}x^2 + 64$ modelliert werden, wobei x und y in cm angegeben werden.
Aus dem Rest soll eine möglichst große rechteckige achsenparallele Platte herausgeschnitten werden.
Ermitteln Sie die Abmessungen dieser rechteckigen Platte.

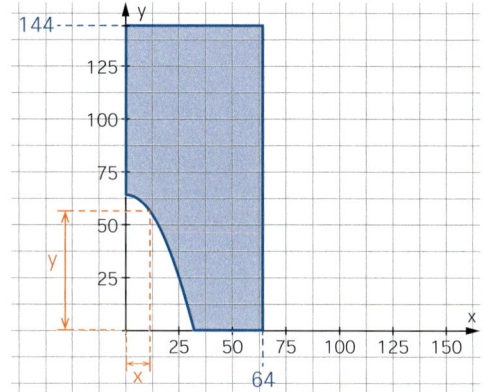

10 ≡ Modellieren Sie ein Reagenzglas mithilfe einfacher Körper. Es soll ein Fassungsvermögen von 40 cm³ aufweisen.
Bestimmen Sie, bei welchen Abmessungen sich ein minimaler Materialverbrauch ergibt. Bewerten Sie Ihr Ergebnis.

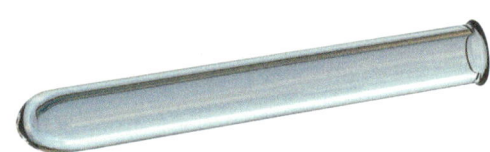

11 ≡ Ein Landwirt möchte ein neues Getreidesilo bauen, das die Form eines Zylinders mit einer aufgesetzten Halbkugel hat und 80 m³ Getreide fassen soll.
Die gesamte Innenfläche des Silos soll mit einem teuren Isolationsmaterial verkleidet werden.
Untersuchen Sie, ob es Maße für die geplante Form gibt, bei denen die Kosten für die Isolation möglichst gering sind.

12 ≡ Einem Kegel mit Radius $r = 30\,cm$
und Höhe $h = 60\,cm$ soll ein zweiter Kegel
so einbeschrieben werden, dass die Spitze
des zweiten Kegels im Mittelpunkt des
Grundkreises des ersten Kegels liegt.
Wie sind Radius und Höhe des zweiten
Kegels zu wählen, sodass sein Volumen
maximal wird?

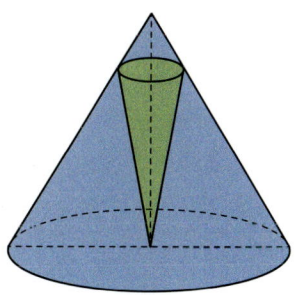

13 ≡ Einer Halbkugel mit Radius $r = 30\,cm$ soll ein Zylinder mit maximalem Volumen so
einbeschrieben werden, dass der Zylinder auf dem Boden der Grundfläche der Halbkugel
steht. Wie sind Radius und Höhe des Zylinders zu wählen?

Weiterüben

14 ≡ Gegeben ist die Funktion f mit
$f(x) = \frac{1}{6}x^3 - \frac{3}{2}x$. Der Punkt P liegt im
2. Quadranten auf dem Graphen von f.
Die Gerade OP, die x-Achse sowie die
Parallele zur y-Achse durch P begrenzen ein
Dreieck OPQ.
Untersuchen Sie, ob es eine Lage des Punk-
tes P gibt, für die der Flächeninhalt dieses
Dreiecks einen extremalen Wert annimmt,
und bestimmen Sie gegebenenfalls die Art
des Extremums.

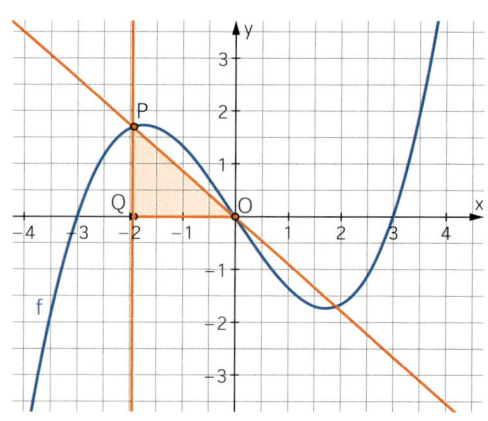

15 ≡ Die Funktion f ist gegeben durch die Gleichung $f(x) = 24 - x^2$. Die Punkte $A\left(u\,|\,f(u)\right)$,
$B\left(-u\,|\,f(-u)\right)$ und $C\left(0\,|\,0\right)$ sind für $u \geq 0$ die Eckpunkte eines Dreiecks, das zwischen dem
Graphen von f und der x-Achse einbeschrieben ist.
Für welche Werte von u erfüllt das Dreieck die angegebene Voraussetzung und für welche
Werte von u wird die Fläche des Dreiecks maximal?

16 ≡ Die Gerade g hat die Nullstelle 10 und den y-Achsenabschnitt 16.
Bestimmen Sie die Geradengleichung von g. Beschreiben Sie zwischen der Geraden g und
den positiven Koordinatenachsen ein größtmögliches, achsenparalleles Rechteck ein.

17 ≡ Beschreiben Sie zwischen dem Graphen der Funktion f mit $f(x) = 6 - x^2$ und der x-Achse
ein flächenmäßig größtes achsenparalleles Rechteck ein.

18 ≡ Gegeben ist die Funktion f mit $f(x) = \frac{1}{6}x^2 \cdot (6 - x)$. Der Punkt $P\left(u\,|\,f(u)\right)$ mit $0 < u < 6$ liegt
auf dem Graphen von f. Die Koordinatenachsen und die Parallelen zu den Achsen durch P
bilden ein Rechteck.
Bestimmen Sie u so, dass der Flächeninhalt des Rechteckes maximal ist.
Ist für diesen Wert von u der Umfang des Rechtecks ebenfalls maximal?

Realistischer beschreiben – Modelle variieren

Getränke wie Milch oder Saft werden häufig in quaderförmigen Verpackungen angeboten. Das Verpackungsmaterial verursacht Kosten in der Herstellung, aber auch Gebühren an das Duale System Deutschland für die Entsorgung.

Es ist daher sinnvoll, Verpackungslösungen zu finden, die bei vorgegebenem Volumen einen möglichst geringen Materialbedarf aufweisen.

1 Frischmilch wird in quaderförmigen Milchtüten mit quadratischer Grundfläche und einem Liter Inhalt verkauft. Es sollen die Abmessungen gefunden werden, für die möglichst wenig Material benötigt wird.

a) Betrachten Sie die Milchtüte als einfachen Quader, ohne Überlappungen und Falze zu berücksichtigen. Berechnen Sie, bei welchen Abmessungen sich der minimale Materialbedarf ergibt, und vergleichen Sie diese mit der handelsüblichen Milchtüte.

b) Wenn man eine handelsübliche Milchtüte auseinanderfaltet, erkennt man, dass sie durch bloßes Falten aus einem rechteckigen Stück Verpackungsmaterial hergestellt wird.

Untersuchen Sie, bei welchen Abmessungen sich der minimale Materialbedarf ergibt, wenn die Klebefalze sowie die Aussparung für die Öffnung nicht berücksichtigt werden.

c) Ermitteln Sie nun den minimalen Materialverbrauch für die Milchtüte, indem Sie auch die nötigen Klebefalze von 0,5 cm Breite berücksichtigen.

Berechnen Sie die Abmessungen der optimalen Milchtüte und vergleichen Sie mit einer realen Verpackung.

d) In der Realität wird eine solche Milchtüte nicht bis zum oberen Rand gefüllt, sondern es ist ein Luftraum z. B. von 1 cm Höhe oberhalb der Milch vorgesehen, damit die Tüte unproblematisch geöffnet werden kann.

Bestimmen Sie nun die optimale Milchtüte.

Modellieren

Gegenstände in der Umwelt sind keine mathematischen Objekte. Unter gewissen Vereinfachungen lassen sie sich aber als solche beschreiben (**modellieren**). Entsprechendes gilt für Kurven und Funktionsgraphen sowie vieles andere mehr.

Ein **mathematisches Modell** ist ein vereinfachtes Abbild eines realen Gegenstands oder Vorgangs, das die Wirklichkeit nur in Teilaspekten, aber nicht vollständig beschreibt. Es kann als anfänglicher Versuch gute Dienste leisten, um Ergebnisse zu erhalten. Diese müssen dann an der Realität überprüft werden.

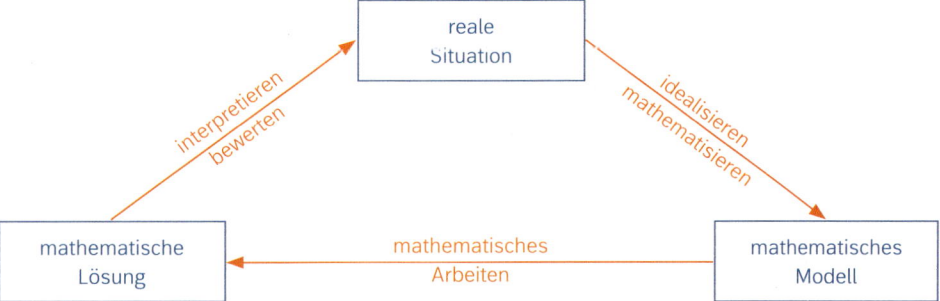

Bei zu groben Abweichungen kann man eine genauere Beschreibung der Realität vornehmen und so ein besseres Modell erhalten. Gegebenenfalls muss man diesen Prozess mehrfach durchführen, um ein für die Realität befriedigendes Ergebnis zu erhalten.

2 Viele Konserven werden in genormten Dosen mit dem Volumen 314 ml verkauft.

a) Untersuchen Sie, warum bei diesen Dosen ein Durchmesser von 7,3 cm und eine Höhe von 7,7 cm gewählt wurden. Benutzen Sie dabei ein möglichst einfaches Modell.

b) Verändern Sie das Modell, indem Sie nun die 3 mm breiten Falzränder zum Verbinden von Deckel und Boden mit dem Mantel berücksichtigen. Vergleichen Sie Ihr Modell mit der genormten Dosenform.

Schweißnaht des Dosenrumpfs

Versiegelungsnaht
Dosenrumpf/Deckel

3 Konservendosen mit einem Volumen von 425 ml werden häufig mit zwei verschiedenen Maßen verkauft:
(1) Durchmesser 7,3 cm und Höhe 10,2 cm;
(2) Durchmesser 8,4 cm und Höhe 7,8 cm;
jeweils ohne Berücksichtigung der Falze.

a) Berechnen Sie für beide Dosen den Materialverbrauch.

b) Berechnen Sie die Maße einer 425-ml-Dose bei minimalem Blechverbrauch. Notieren Sie hierbei die Zielfunktion in Abhängigkeit vom Radius r.

c) Skizzieren Sie den Graphen der Zielfunktion aus Teilaufgabe b) und bestimmen Sie damit den Materialverbrauch, wenn der Radius um 0,4 cm nach oben oder nach unten vom optimalen Wert abweicht. Kommentieren Sie das Ergebnis.

4 Eine Streichholzschachtel soll eine Länge von 5 cm und ein Volumen von 20 cm³ besitzen. Bei welcher Breite und Höhe ist der Materialverbrauch am kleinsten? Gehen Sie bei Ihrer Rechnung von der vereinfachenden Annahme aus, dass Länge, Breite und Höhe bei Hülle und Schachtel übereinstimmen.

a) Vernachlässigen Sie die Klebeflächen.

b) Berücksichtigen Sie auch mögliche Klebeflächen.

5 In einem Autotunnel in Norwegen ist die Geschwindigkeit auf $50\,\frac{km}{h}$ beschränkt. „Dieses Schneckentempo verursacht einen Stau nach dem anderen!", behauptet ein Automobilclub und fordert eine Heraufsetzung der Geschwindigkeit.

Ein Gegner gibt zu bedenken: „Bei kleineren Geschwindigkeiten sind aber die Sicherheitsabstände zwischen den Fahrzeugen kürzer und daher könnten mehr Fahrzeuge den Tunnel pro Zeiteinheit passieren."

a) Es ist naheliegend, den Verkehrsfluss durch die Anzahl von Autos, die den Tunnel pro Zeiteinheit passieren, zu beschreiben. Diese Größe bezeichnet man als *Verkehrsdurchsatz*. Rechnerisch einfacher zu handhaben ist jedoch die *Taktzeit*, d. h. die Zeit, die vergeht, bis nach einem Auto das nächste in den Tunnel einfährt.

Welcher Zusammenhang besteht zwischen den beiden Größen Verkehrsdurchsatz und Taktzeit?

b) Es soll nun die Taktzeit bestimmt werden. Grob vereinfachend geht man dazu von folgenden Annahmen aus:

- Alle Autofahrer fahren in einer einspurigen Kolonne mit der gleichen Geschwindigkeit v.
- Alle Fahrzeuge in der Kolonne halten den gleichen Abstand $s_A(v)$ gemäß der *Anhalteweg-Regel* voneinander.
- Alle Fahrzeuge in der Kolonne haben die einheitliche Länge $L = 4{,}50\,m$.

Anhalteweg-Regel: Fährt ein Fahrzeug mit der Geschwindigkeit v in $\frac{km}{h}$, so beträgt sein Anhalteweg s_A in m: $s_A(v) = \frac{1}{3}v + \left(\frac{v}{10}\right)^2$

Hält ein Autofahrer diesen Abstand zum Fahrzeug davor ein, so kommt sein Fahrzeug an der Stelle zum Stehen, an der das vordere zu bremsen begann.

Begründen Sie, dass für die aus der Anhalteweg-Regel folgende Taktzeit gilt: $t_A(v) = \frac{L}{v} + \frac{s_A(v)}{v}$.

Bestimmen Sie dann, welche Geschwindigkeit v die minimale Taktzeit liefert.

Was bedeutet dies für den dazugehörigen Verkehrsdurchsatz?

Welche Antwort ist für die Entscheidung zwischen den beiden obigen Positionen zu geben?

c) Führen Sie dieselben Überlegungen für die Taktzeit $t_T(v)$ durch, wenn man als Abstand zwischen den Fahrzeugen nicht den Anhalteweg, sondern den Sicherheitsabstand gemäß der *Tacho-Halbe-Regel* fordert. Welches (ganz andere) Ergebnis erhalten Sie nun?

Tacho-Halbe-Regel: Diese Regel geht davon aus, dass beim Bremsen auch das vordere Fahrzeug beim Bremsen nicht sofort zum Stillstand kommt, und fordert als Sicherheitsabstand s_T in m: $s_T(v) = \frac{v}{2}$

1.7 Lineare Gleichungssysteme

Einstieg

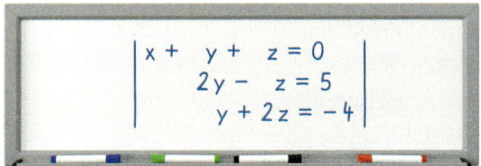

👥 Lösen Sie das lineare Gleichungssystem. Beschreiben Sie, wie Sie dabei vorgegangen sind, und vergleichen Sie Ihre Lösungswege miteinander.

Aufgabe mit Lösung

Verschiedene Formen eines linearen Gleichungssystems

➡ Entscheiden Sie, welches der beiden linearen Gleichungssysteme leichter zu lösen ist. Begründen Sie Ihre Entscheidung und lösen Sie dann dieses Gleichungssystem.

System (1)
$$\begin{vmatrix} x + 3y + z = 2 \\ -2x - 4y + 2z = 6 \\ 3x + y + z = 8 \end{vmatrix}$$

System (2)
$$\begin{vmatrix} x + 3y + z = 2 \\ 2y + 4z = 10 \\ z = 3 \end{vmatrix}$$

Lösung

Das lineare Gleichungssystem (2) ist leichter zu lösen, da man $z = 3$ in die beiden oberen Gleichungen einsetzen und diese dadurch vereinfachen kann:

$$\begin{vmatrix} x + 3y + z = 2 \\ 2y + 4z = 10 \\ z = 3 \end{vmatrix}$$ ← Einsetzen und Vereinfachen
$$\begin{vmatrix} x + 3y = -1 \\ y = -1 \\ z = 3 \end{vmatrix}$$

Nun kann man $y = -1$ in die obere Gleichung einsetzen und vereinfachen:

$$\begin{vmatrix} x + 3y = -1 \\ y = -1 \\ z = 3 \end{vmatrix}$$ ← Einsetzen und Vereinfachen
$$\begin{vmatrix} x = 2 \\ y = -1 \\ z = 3 \end{vmatrix}$$ $L = \{(2 \mid -1 \mid 3)\}$

➡ Erläutern Sie die Umformungsschritte für das Gleichungssystem (1) und begründen Sie, dass beide Gleichungssysteme (1) und (2) dieselbe Lösungsmenge haben.

$$\begin{vmatrix} x + 3y + z = 2 \\ -2x - 4y + 2z = 6 \\ 3x + y + z = 8 \end{vmatrix} \begin{matrix} \cdot 2 \quad \cdot(-3) \\ \oplus \qquad \oplus \end{matrix}$$

$$\begin{vmatrix} x + 3y + z = 2 \\ 2y + 4z = 10 \\ -8y - 2z = 2 \end{vmatrix} \cdot 4 \;\oplus$$

$$\begin{vmatrix} x + 3y + z = 2 \\ 2y + 4z = 10 \\ 14z = 42 \end{vmatrix}$$ Gleichungssystem in Dreiecksgestalt

$$\begin{vmatrix} x + 3y + z = 2 \\ y + 2z = 5 \\ z = 3 \end{vmatrix}$$

Lösung

Das Zweifache der ersten Gleichung wird zur zweiten Gleichung addiert. Das Dreifache der ersten Gleichung wird von der dritten Gleichung subtrahiert. Dadurch verschwindet in der zweiten und dritten Gleichung die Variable x.

Bei den neuen Gleichungen wird das Vierfache der zweiten Gleichung zur dritten Gleichung addiert. Dadurch verschwindet die Variable y.

Dividiert man in der zweiten Gleichung beide Seiten durch 2 und in der dritten Gleichung beide Seiten durch 14, erhält man das lineare Gleichungssystem (2).

Das Gleichungssystem (1) wurde in das Gleichungssystem (2) durch Umformungen einzelner Gleichungen bzw. durch Addieren von Gleichungen überführt. Beide Gleichungssysteme haben somit dieselbe Lösungsmenge $L = \{(2 \mid -1 \mid 3)\}$.

Information

Carl
Friedrich
Gauß
(1777–1855)

Gauß-Algorithmus

Jedes lineare Gleichungssystem kann man systematisch lösen, indem man es in eine **Dreiecksgestalt** umformt. In dieser Gestalt hat jede Gleichung mindestens eine Variable weniger als die vorhergehende Gleichung. Zum Umformen wendet man das Additionsverfahren wiederholt an:

- Multiplikation beider Seiten einer Gleichung mit einer geeigneten Zahl ungleich null;
- Addition einer Gleichung zu einer anderen, sodass eine Variable wegfällt;
- gegebenenfalls Vertauschen der Reihenfolge der Gleichungen.

Die nicht veränderten Gleichungen führt man weiter mit.

$$\begin{vmatrix} 2x + 2y + 3z = & 15 \\ -x + y + 2z = & 1 \\ -x - 3y - 3z = & -10 \end{vmatrix} \begin{matrix} \\ \cdot 2 \\ \cdot 2 \end{matrix}$$

$$\begin{vmatrix} 2x + 2y + 3z = & 15 \\ 4y + 7z = & 17 \\ -4y - 3z = & -5 \end{vmatrix}$$

$$\begin{vmatrix} 2x + 2y + 3z = 15 \\ 4y + 7z = 17 \\ 4z = 12 \end{vmatrix} : 4 \qquad \boxed{\text{Dreiecksgestalt}}$$

$$\begin{vmatrix} 2x + 2y + 3z = 15 \\ 4y + 7z = 17 \\ z = 3 \end{vmatrix} \begin{matrix} \leftarrow \text{Einsetzen} \\ \text{und Vereinfachen} \end{matrix}$$

$$\begin{vmatrix} 2x + 2y = & 6 \\ y = & -1 \\ z = & 3 \end{vmatrix} \begin{matrix} \leftarrow \text{Einsetzen} \\ \text{und Vereinfachen} \end{matrix}$$

$$\begin{vmatrix} x & = & 4 \\ y & = & -1 \\ z = & 3 \end{vmatrix}$$

Lösungsmenge: $L = \{(4 \mid -1 \mid 3)\}$

Vereinfachte Schreibweise

Man kann lineare Gleichungssysteme einfacher notieren, indem man die Variablen weglässt und nur die Koeffizienten und die Zahlen auf der rechten Seite notiert. Ein solches Zahlenschema wird als **erweiterte Koeffizientenmatrix** bezeichnet.

$$\begin{pmatrix} 2 & 2 & 3 & \vdots & 15 \\ -1 & 1 & 2 & \vdots & 1 \\ -1 & -3 & -3 & \vdots & -10 \end{pmatrix} \begin{matrix} \\ \cdot 2 \\ \cdot 2 \end{matrix} \qquad \boxed{\begin{matrix}\text{erweiterte} \\ \text{Koeffizientenmatrix}\end{matrix}}$$

$$\begin{pmatrix} 2 & 2 & 3 & \vdots & 15 \\ 0 & 4 & 7 & \vdots & 17 \\ 0 & -4 & -3 & \vdots & -5 \end{pmatrix}$$

$$\begin{pmatrix} 2 & 2 & 3 & \vdots & 15 \\ 0 & 4 & 7 & \vdots & 17 \\ 0 & 0 & 4 & \vdots & 12 \end{pmatrix} : 4$$

Üben

1 ≡ Lösen Sie das lineare Gleichungssystem, ohne einen Rechner zu verwenden.

a) $\begin{vmatrix} x - 3y = -8 \\ 2x + y = 5 \end{vmatrix}$

b) $\begin{vmatrix} 3x + 4y = 7 \\ x + y = 2 \end{vmatrix}$

c) $\begin{vmatrix} x + 2y = 6 \\ 3x - y = 4 \end{vmatrix}$

d) $\begin{vmatrix} x - y = 1 \\ x + y = 199 \end{vmatrix}$

e) $\begin{vmatrix} x + y + z = 6 \\ 2x - y + 3z = 9 \\ 2y + z = 7 \end{vmatrix}$

f) $\begin{vmatrix} 2x - y + z = 4 \\ 10x - 2y + z = 13 \\ x + y = -1 \end{vmatrix}$

g) $\begin{vmatrix} 7a - 3b + c = 16 \\ a + 2b = -3 \\ b - c = -5 \end{vmatrix}$

h) $\begin{vmatrix} 3x + 2y - z = -5 \\ 6x + 2z = -10 \\ x + y = -1 \end{vmatrix}$

2 ≡ Im Lager einer Versandfirma sind 1890 Taschenbücher, 2400 Hörbücher und 1690 CDs. Um das Lager zu räumen, bietet die Firma drei Sortimente aus Taschenbüchern, Hörbüchern und CDs an. Kann damit das Lager vollständig geräumt werden?

	Taschenbücher	Hörbücher	CDs
Sortiment 1	2	2	4
Sortiment 2	3	6	1
Sortiment 3	4	2	1

3 ≡ Antonia und Theo haben jeweils ein lineares Gleichungssystem in eine Dreiecksgestalt umgeformt.

Antonia:

$$\begin{vmatrix} -2x + 4y + 5z = 9 \\ 2x - 3y - z = 5 \\ 4x - 6y - 2z = 7 \end{vmatrix}$$

$$\begin{vmatrix} -2x + 4y + 5z = 9 \\ y + 4z = 14 \\ 0 = 3 \end{vmatrix}$$

Theo:

$$\begin{vmatrix} x - y - z = -1 \\ 2x + 2y - 10z = 2 \\ x + 3y - 9z = 3 \end{vmatrix}$$

$$\begin{vmatrix} x - y - z = -1 \\ y - 2z = 1 \\ 0 = 0 \end{vmatrix}$$

a) Interpretieren Sie das Ergebnis von Antonia.

b) Theo hat als Lösungsmenge $L = \{(3z \mid 2z + 1 \mid z) \mid z \in \mathbb{R}\}$ notiert. Erläutern Sie, wie er zu diesem Ergebnis kommt.

Information

Anzahl von Lösungen bei linearen Gleichungssystemen

Ein lineares Gleichungssystem kann

(1) genau eine Lösung;

(2) unendlich viele Lösungen;

(3) keine Lösung

haben.

$$(1) \begin{vmatrix} x & = 1 \\ y & = 2 \\ z & = -3 \end{vmatrix}$$

$$L = \{(1 \mid 2 \mid -3)\}$$

$$(2) \begin{vmatrix} x - 5z = 2 \\ y - 4z = 3 \\ 0 = 0 \end{vmatrix}$$

$$L = \{(2 + 5z \mid 3 + 4z \mid z) \mid z \in \mathbb{R}\}$$

$$(3) \begin{vmatrix} x - 2y - 2{,}5z = -4{,}5 \\ y + 4z = 14 \\ 0 = -3 \end{vmatrix}$$

$$L = \{ \ \}$$

Die Lösungsmenge ist leer, da die Gleichung $0 = -3$ nie erfüllt ist.

Lösen eines linearen Gleichungssystems mit einem Rechner

Bei vielen Rechnern muss man nur die Anzahl der Gleichungen und der Variablen festlegen und kann danach die Gleichungen eingeben.

Falls das lineare Gleichungssystem mehrere Lösungen hat, gibt es Variablen, für die beliebige reelle Zahlen eingesetzt werden können. Diese Variablen bezeichnet der Rechner z. B. mit c1 und c2.

$$\text{linSolve} \begin{pmatrix} 2 \cdot x - 2 \cdot y - 2 \cdot z = -2 \\ x + 2 \cdot y - 13 \cdot z = 8 \quad, \{x, y, z\} \\ x + y - 9z = 5 \end{pmatrix}$$

$$\{5 \cdot \boldsymbol{c1} + 2, 4 \cdot \boldsymbol{c1} + 3, \boldsymbol{c1}\}$$

Verwendet man statt c1 die Variable z als Parameter, so erhält man aus dem Ergebnis des Rechners die Lösungsmenge $L = \{(5z + 2 \mid 4z + 3 \mid z) \mid z \in \mathbb{R}\}$.

4 ≡ Lösen Sie das Gleichungssystem ohne Verwendung eines Rechners.

a) $\begin{vmatrix} x + & y + & z = 2 \\ 2x - & y + & 3z = 1 \\ & 3y - & z = 3 \end{vmatrix}$

b) $\begin{vmatrix} x + y + & z = 3 \\ x - y + & 3z = 3 \\ y - & z = 0 \end{vmatrix}$

c) $\begin{vmatrix} x + & y + & z = 1 \\ 2x - & 3y - & z = 0 \\ 5x & & + 2z = 2 \end{vmatrix}$

d) $\begin{vmatrix} x + & y + 2z = 2 \\ 2x - & y + 3z = 1 \\ x - & 2y + z = -1 \end{vmatrix}$

e) $\begin{vmatrix} x - 3y + 4z = 1 \\ 3x - y + 2z = 1 \\ x + 5y - 6z = 1 \end{vmatrix}$

f) $\begin{vmatrix} x + & y - & z = 5 \\ 3x + & 2y + & z = 13 \\ 2x - & 3y + & 4z = 0 \end{vmatrix}$

g) $\begin{vmatrix} 2x + 3y - z = 6 \\ x - y + z = 1 \\ x + 4y - 2z = 5 \end{vmatrix}$

h) $\begin{vmatrix} x + 2y + 4z = 6 \\ 2x - y + 3z = 2 \\ x - 3y - z = 4 \end{vmatrix}$

i) $\begin{vmatrix} x + y & = 3 \\ y + z = 5 \\ x & + z = 4 \end{vmatrix}$

j) $\begin{vmatrix} x + & y + & z = 2 \\ x - & y & = 4 \\ & 5y + & 4z = 0 \end{vmatrix}$

k) $\begin{vmatrix} 3x - 2y + 2z = 7 \\ x + 4y + 4z = -1 \\ x - 2y + 2z = 1 \end{vmatrix}$

l) $\begin{vmatrix} 4x - y + 6z = 0 \\ 2x - 3y - 5z = 0 \\ 3x + y + 6z = 0 \end{vmatrix}$

5 ≡ Berechnen Sie ausgehend von der erweiterten Koeffizientenmatrix die Lösung des zugehörigen linearen Gleichungssystems.

a) $\begin{pmatrix} 3 & -1 & 2 & | & 35 \\ 6 & -3 & & | & -21 \\ & & -4 & | & -12 \end{pmatrix}$

b) $\begin{pmatrix} 2 & 0 & 4 & | & 10 \\ & 5 & 1 & | & 6 \\ & & 3 & | & 9 \end{pmatrix}$

c) $\begin{pmatrix} 6 & 2 & 1 & | & -4 \\ & 3 & 5 & | & 6 \\ & & 2 & | & 2 \end{pmatrix}$

6 ≡ Bei einem linearen Gleichungssystem kann die Anzahl der Gleichungen von der Anzahl der Variablen verschieden sein. Bestimmen Sie die Lösungsmengen folgender Gleichungssysteme. Was fällt auf?

(1) $\begin{vmatrix} x + & y = 3 \\ 2x - & 3y = -4 \\ 4x - & y = 2 \end{vmatrix}$

(2) $\begin{vmatrix} x + & y = 3 \\ 2x - & 3y = -4 \\ 4x - & y = 1 \end{vmatrix}$

(3) $\begin{vmatrix} x + & y - & z = 2 \\ x + & 2y - & 3z = 1 \end{vmatrix}$

7 ≡ Wo steckt der Fehler in dieser Rechnung?

$\begin{vmatrix} x + & y = 9 \\ 2x + & y = 7 \\ & 3y = 12 \end{vmatrix} :3 \quad \begin{vmatrix} x + y = 9 \\ 2x + y = 7 \\ y = 4 \end{vmatrix} \begin{matrix} \text{Einsetzen} \\ \text{und Ver-} \\ \text{einfachen} \end{matrix} \quad \begin{vmatrix} x + y = 9 \\ x \quad = 1,5 \\ y = 4 \end{vmatrix} \quad L = \{(1,5 \,|\, 4)\}$

Weiterüben

8 ≡ 🎲 Stellen Sie ein Gleichungssystem mit drei Variablen x, y und z auf, das die angegebenen Bedingungen erfüllt. Tauschen Sie Ihr Gleichungssystem untereinander aus und lösen Sie es. Überprüfen Sie die Richtigkeit Ihrer Rechnungen mit einem Rechner.

a) Das Gleichungssystem hat drei Gleichungen und die eindeutig bestimmte Lösung x = 1, y = 2 und z = 3.

b) Das Gleichungssystem hat drei Gleichungen und keine Lösung.

c) Das Gleichungssystem hat zwei Gleichungen und keine Lösung.

d) Das Gleichungssystem hat drei Gleichungen und $L = \{(2 + z \,|\, 3z - 1 \,|\, z) \,|\, z \in \mathbb{R}\}$ ist die Lösungsmenge des Systems.

e) Das Gleichungssystem hat drei Gleichungen und $L = \{(2y + z \,|\, y \,|\, z) \,|\, y, z \in \mathbb{R}\}$ ist die Lösungsmenge des Systems.

1.8 Bestimmen ganzrationaler Funktionen

Einstieg

 Zur Herstellung von Relaxliegen soll die obere Profillinie des Gestells durch eine Funktion beschrieben werden. Das Mustergestell weist folgende Maße auf:

- Die Gesamthöhe beträgt 80 cm.
- Der tiefste Punkt der Sitzfläche befindet sich 25 cm über dem Boden und ist 60 cm vom linken Rand entfernt.
- In 100 cm Entfernung vom linken Rand ist das Gestell 32 cm hoch.
- Die Gesamtlänge beträgt 145 cm.

Bestimmen Sie eine ganzrationale Funktion möglichst niedrigen Grades, die die Profillinie des Gestells beschreibt.

Aufgabe mit Lösung

Funktionsgleichung bestimmen

Im Rahmen der Computersimulation eines Abschnitts einer Mountainbike-Strecke soll deren Höhenprofil durch eine ganzrationale Funktion möglichst niedrigen Grades beschrieben werden. Der Graph hat auf dem ausgewählten Stück einen Hochpunkt $H(0|2{,}5)$ und einen Tiefpunkt $T(5|0)$.

→ Bestimmen Sie die Funktionsgleichung.

Lösung

Durch die genannten Punkte lassen sich insgesamt vier Gleichungen aufstellen: Zwei für die Funktionswerte an den Stellen 0 und 5 sowie zwei für den Wert 0 der Ableitung an diesen Stellen. Daher wählt man als Ansatz eine ganzrationale Funktion dritten Grades, deren allgemeine Gleichung $f(x) = ax^3 + bx^2 + cx + d$ die vier Parameter a, b, c, d enthält.

(I)	Der Graph verläuft durch den Punkt $(0|2{,}5)$:	$f(0) = 2{,}5$	$0a + 0b + 0c + d = 2{,}5$
(II)	Die Ableitung an der Stelle 0 ist 0:	$f'(0) = 0$	$0a + 0b + c \quad = 0$
(III)	Der Graph verläuft durch den Punkt $(5|0)$:	$f(5) = 0$	$125a + 25b + 5c + d = 0$
(IV)	Die Ableitung an der Stelle 5 ist 0:	$f'(5) = 0$	$75a + 10b + c \quad = 0$

Die erste Gleichung liefert $d = 2{,}5$ und aus der zweiten Gleichung folgt $c = 0$.

Setzt man dies in die beiden unteren Gleichungen des Gleichungssystems ein, so bleibt nur noch ein Gleichungssytem mit zwei Gleichungen und zwei Unbekannten übrig.

Dieses hat die Lösung $a = \frac{1}{25}$ und $b = -\frac{3}{10}$.

Die Gleichung der gesuchten Funktion lautet daher: $f(x) = \frac{1}{25}x^3 - \frac{3}{10}x^2 + 2{,}5$

Die Probe am Graphen zeigt, dass die Funktionsgleichung zu den Bedingungen passt.

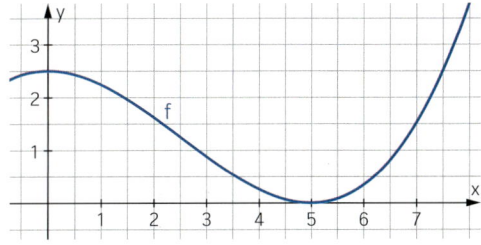

Information

Bestimmen ganzrationaler Funktionen mit vorgegebenen Eigenschaften

Vorgehensweise:

(1) Bei Sachsituationen: Modellieren mit geeigneten Vereinfachungen und Festlegen eines Koordinatensystems

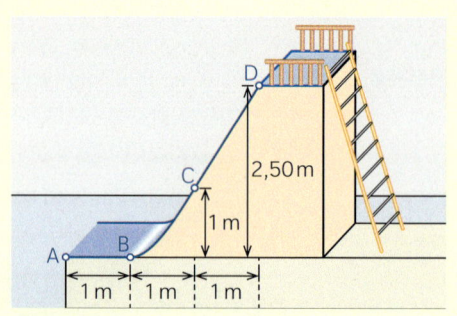

(1) Für eine Rutsche soll zwischen den Punkten B und C ein gebogenes Blechteil knickfrei an die geradlinigen Bleche zwischen A und B sowie C und D anschließen. Für das Koordinatensystem wird B als Ursprung gewählt.

(2) Formulieren der Bedingungen an die Funktion bzw. an ihre Ableitungen

(2) $f(0) = 0$ Punkt B$(0|0)$
  $f(1) = 1$ Punkt C$(1|1)$
  $f'(0) = 0$ waagerechte Tangente in B
  $f'(1) = 1{,}5$ Steigung 1,5 in C

(3) Festlegen einer allgemeinen Funktionsgleichung möglichst niedrigen Grades

(3) Aufgrund der vier Bedingungen wird eine Funktion dritten Grades verwendet:
$f(x) = a x^3 + b x^2 + c x + d$

(4) Erstellen eines linearen Gleichungssystems mithilfe der Bedingungen und der Gleichung der Funktion bzw. ihrer Ableitungen

(4) $f'(x) = 3a x^2 + 2b x + c$; daraus folgt:

$$\left| \begin{array}{l} d = 0 \\ a + \ b + c + d = 1 \\ c \quad\quad = 0 \\ 3a + 2b + c \quad = 1{,}5 \end{array} \right|$$

(5) Bestimmen der Koeffizienten der Funktionsgleichung durch Lösen des linearen Gleichungssystems

(5) $a = -0{,}5$; $b = 1{,}5$; $c = 0$; $d = 0$

(6) Probe am Graphen mithilfe eines Rechners und ggf. Rückbezug auf die Sachsituation

(6)

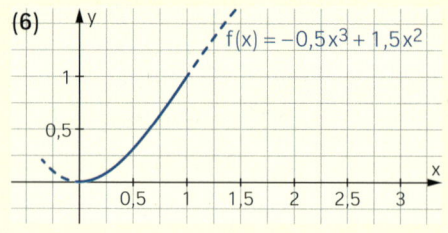

$f(x) = -0{,}5x^3 + 1{,}5x^2$

Üben

1 ≡ Bestimmen Sie die Gleichung einer ganzrationalen Funktion dritten Grades, deren Graph den Tiefpunkt T und den Hochpunkt H hat. Überprüfen Sie Ihr Ergebnis anhand einer Skizze.

a) T$(4|-32)$ und H$(0|0)$ **b)** T$(1|0)$ und H$(3|4)$

2 ≡ Für eine Spielzeug-Eisenbahnbrücke müssen gebogene Schienen produziert werden. Für die maschinelle Herstellung soll die Form dieser Schienen durch eine ganzrationale Funktion dritten Grades beschrieben werden.

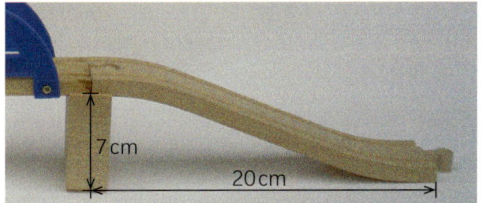

Ermitteln Sie den Funktionsterm einer Funktion, die den unteren Rand der gebogenen Schiene modelliert.

3 ≡ Eine Rutsche an der Kopenhagener Hafenpromenade *Kalvebod Bølge* ist aus drei Teilstücken montiert: zunächst ein gebogenes Stück, dann ein geradliniges Stück und dann wieder ein gebogenes Stück.
Das erste Stück schließt knickfrei im Punkt A an den waagerechten Zugang und im Punkt B an das zweite Teilstück an. Das geradlinige zweite Teilstück fällt auf einer Länge von 4,50 m um 2,50 m ab.

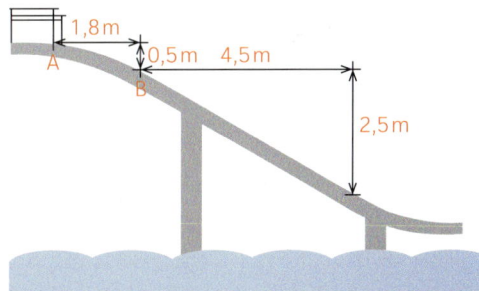

Bestimmen Sie eine ganzrationale Funktion möglichst niedrigen Grades, deren Graph die vordere obere Kante des ersten Teilstücks modelliert.

4 ≡ Bei der Leichtathletik-WM 2019 in Doha wurde Christina Schwanitz Dritte im Kugelstoßen der Frauen mit einer Weite von 19,17 m.
a) Bestimmen Sie eine quadratische Funktion für die Flugbahn der Kugel, wenn noch bekannt ist, dass die Abstoßhöhe 1,97 m und der Abstoßwinkel 38° betrugen.
b) Berechnen Sie die maximale Höhe der Flugbahn und ermitteln Sie, unter welchem Winkel die Kugel auf dem Boden auftrifft.

5 ≡ Ermitteln Sie die Funktionsgleichung.
a) Der Graph einer ganzrationalen Funktion dritten Grades verläuft punktsymmetrisch zum Koordinatenursprung und hat in T(3|−54) einen Tiefpunkt.
b) Der Graph einer ganzrationalen Funktion vierten Grades verläuft achsensymmetrisch zur y-Achse, schneidet diese bei y = 16 und berührt die x-Achse an der Stelle 2.

Symmetrien im Ansatz berücksichtigen
Ansatz für Graphen, die achsensymmetrisch zur y-Achse sind:
$f(x) = a + b x^2 + c x^4 + \dots$
Ansatz für Graphen, die punktsymmetrisch zum Ursprung sind:
$f(x) = a x + b x^3 + \dots$

6 ≡ Die eingezeichnete Profillinie des Fensterrahmens soll durch den Graphen einer ganzrationalen Funktion vierten Grades beschrieben werden.
Legen Sie hierzu ein geeignetes Koordinatensystem fest und nutzen Sie die Achsensymmetrie des Fensters aus.

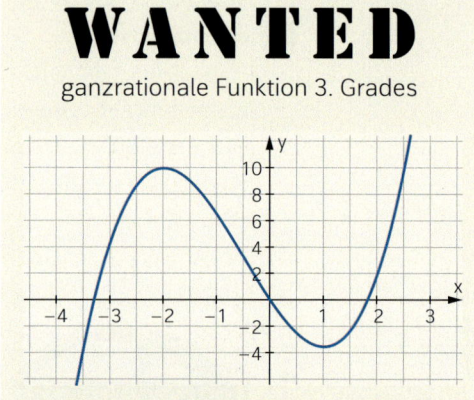

7 ≡ Ermitteln Sie den Funktionsterm der im Steckbrief gesuchten Funktion.

8 ≡ 👥 Erstellen Sie selbstständig ähnliche „Steckbriefaufgaben".
Tauschen Sie die Aufgaben untereinander aus und vergleichen Sie.

9 ≡ 👥 Überlegen Sie sich mögliche Strategien, wie man möglichst einfach solche „Steckbriefaufgaben" verschiedenen Schwierigkeitsgrades erstellen kann.

WANTED

ganzrationale Funktion 3. Grades

- Graph verläuft durch O (0 | 0) mit der Steigung −6
- Graph hat einen Hochpunkt H (−2 | 10)

10 ≡ Gegeben ist eine Funktion f mit $f(x) = a x^2 + b x$.
Bestimmen Sie a und b so, dass der Graph von f im Punkt P (1 | 2) einen Hochpunkt hat.

11 ≡ Bestimmen Sie eine ganzrationale Funktion dritten Grades, deren Graph punktsymmetrisch zum Koordinatenursprung ist, durch den Punkt P (3 | −3) verläuft und dort eine Tangente mit der Steigung 5 hat.

12 ≡ Das Bild zeigt den Entwurf einer Metallrutsche für Spielplätze. Das seitliche Profil der Rutsche soll durch den Graphen einer ganzrationalen Funktion modelliert werden und durch deren Extrempunkte begrenzt sein.
a) Bestimmen Sie einen geeigneten Funktionsterm.

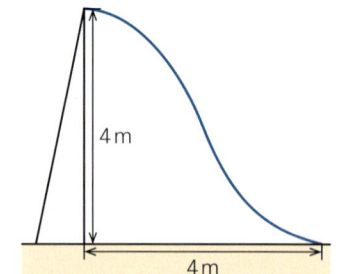

b) Der TÜV fordert von den Herstellern, dass Spielzeugrutschen an keiner Stelle steiler sein dürfen als 50° gegen die Horizontale. Entspricht die Rutsche dieser Anforderung?
c) Entwerfen Sie eine Rutsche, deren Länge wie im Bild horizontal 4 Meter beträgt und deren Steigung an der steilsten Stelle genau 45° ist. Wie hoch ist die neue Rutsche?

13 ≡ Bestimmen Sie eine ganzrationale Funktion dritten Grades, deren Graph die angegebenen Eigenschaften hat. Skizzieren Sie zunächst einen möglichen Verlauf des Graphen per Hand.

a) Der Koordinatenursprung ist Wendepunkt, der Punkt $H(3|2)$ ist Hochpunkt.

b) Der Graph verläuft durch den Koordinatenursprung und hat in $S(2|1)$ einen Sattelpunkt.

14 ≡ Bestimmen Sie eine ganzrationale Funktion vierten Grades, deren Graph die angegebenen Eigenschaften hat. Kontrollieren Sie Ihr Ergebnis, indem Sie den Graphen mit einem Rechner zeichnen.

a) Der Koordinatenursprung ist Extrempunkt, $W(-1|-3)$ ist Wendepunkt mit der Steigung 5.

b) Der Graph hat an der Stelle $x = 1$ eine Nullstelle mit der Steigung 8, an der Stelle $x = -1$ einen Sattelpunkt sowie einen Extrempunkt auf der y-Achse.

c) Der Graph ist achsensymmetrisch zur y-Achse. Im Wendepunkt $W(1|3)$ beträgt die Steigung -2.

Der Graph einer ganzrationalen Funktion dritten Grades verläuft durch $P(0|4)$ und hat im Punkt $W(2|5)$ einen Wendepunkt. Die Wendetangente hat die Steigung $-1{,}5$.

$f(x) = a x^3 + b x^2 + c x + d$
$f'(x) = 3 a x^2 + 2 b x + c$
$f''(x) = 6 a x + 2 b$

Bedingungen: Gleichungssystem:

$f(0) = 4$	$d = 4$
$f(2) = 5$	$8a + 4b + 2c + d = 5$
$f'(2) = -1{,}5$	$12a + 4b + \ c \ = -1{,}5$
$f''(2) = 0$	$12a + 2b \ = 0$

Lösung:
$a = 0{,}5$; $b = -3$; $c = 4{,}5$ und $d = 4$,
also $f(x) = 0{,}5 x^3 - 3 x^2 + 4{,}5 x + 4$.
Die Probe am Graphen zeigt, dass in $W(2|5)$ tatsächlich ein Wendepunkt vorliegt.

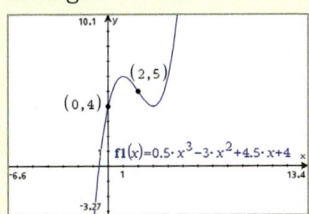

15 ≡ Bestimmen Sie eine ganzrationale Funktion vierten Grades, deren Graph die angegebenen Eigenschaften hat.

a) Der Koordinatenursprung ist Extrempunkt, $W(-1|-3)$ ist Wendepunkt. Die zugehörige Wendetangente hat die Steigung 5.

b) Der Graph hat an der Stelle $x = 1$ eine Nullstelle mit der Steigung 8, an der Stelle $x = -1$ einen Sattelpunkt und einen Extrempunkt auf der y-Achse.

16 ≡ Bestimmen Sie eine ganzrationale Funktion, deren Graph mit dem gegebenen Graphen übereinstimmt. Überlegen Sie zunächst, welchen Grad die Funktion haben kann.

a)

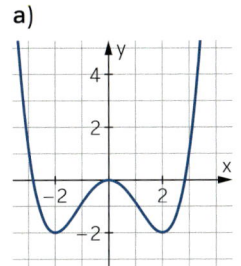

b)

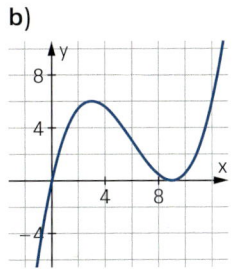

c)

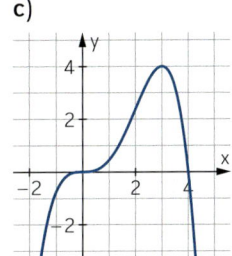

d)

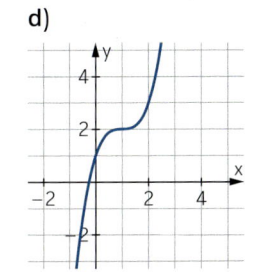

17 ≡ Der Graph zeigt die Leistung eines
Motors in Abhängigkeit von der Drehzahl.
a) Wählen Sie fünf geeignete Punkte auf
dem Graphen und bestimmen Sie eine
ganzrationale Funktion möglichst niedrigen
Grades, auf deren Graph die gewählten
Punkte liegen.
b) Verwenden Sie für die Bestimmung
eines geeigneten Funktionsterms die

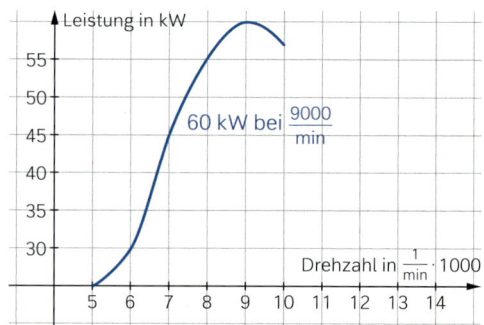

Koordinaten des Wendepunktes und des Hochpunktes sowie die Steigung im Wendepunkt.
c) Zeichnen Sie beide Graphen und beurteilen Sie Ihre Modellierung.

18 ≡ Gesucht ist eine ganzrationale Funktion
dritten Grades, deren Graph einen Tiefpunkt
in $T(2|8)$ und einen Wendepunkt an der
Stelle $x = 4$ mit der Steigung -3 hat.
Carlotta zeigt André das Ergebnis ihrer
Rechnung: $f(x) = \frac{1}{4}x^3 - 3x^2 + 9x$
André zeichnet den Graphen der Funktion f
mit dem Rechner und sagt: „Die Zeichnung
passt aber nicht zu den Bedingungen."

> Wenn in der Aufgabenstellung Extrem-
> oder Wendepunkte gefordert sind,
> verwendet man beim Aufstellen des
> linearen Gleichungssystems nur die
> notwendigen, aber keine hinreichenden
> Bedingungen. Daher ist es erforderlich,
> das Ergebnis am Graphen oder in einer
> Rechnung zu überprüfen.

Überprüfen Sie Carlottas Ergebnis und Andrés Aussage und nehmen Sie Stellung.

19 ≡ Begründen Sie, dass es keine ganzrationale Funktion dritten Grades mit folgenden
Eigenschaften gibt: Der Graph hat an der Stelle $x = 2$ die Tangente mit der Gleichung
$y = -3x + 8$ und einen Hochpunkt in $H(3|0)$.

Weiterüben

20 ≡ Von einer ganzrationalen Funktion f vierten Grades sind folgende Bedingungen bekannt:
(1) $f(2) = 4$ (2) $f'(2) = 0$ (3) $f(0) = 0$ (4) $f''(0) = 0$ (5) $f'(0) = 1$

> David: „$T(2|4)$ ist Tiefpunkt des Graphen
> von f, $W(0|0)$ ist Wendepunkt mit der
> Steigung 1."

> Anna: „Der Graph der Funktion f hat im
> Koordinatenursprung einen Wendepunkt.
> Die Wendetangente hat die Gleichung
> $y = x$. Im Punkt $P(2|4)$ hat der Graph
> eine waagerechte Tangente."

Entscheiden Sie, ob die von David und von Anna formulierten Aufgaben zu den gegebenen
Bedingungen passen. Überprüfen Sie anschließend, ob die Aufgaben lösbar sind.

21 ≡ Formulieren Sie mithilfe der gegebenen Bedingungen eine Aufgabe zur Bestimmung
einer ganzrationalen Funktion f. Überlegen Sie, welchen Grad die Funktion mindestens
haben muss.
a) (1) $f(1) = 2$ (2) $f'(1) = 0$ (3) $f''(-2) = 0$ (4) $f'(-2) = 1$ (5) $f''(1) \neq 0$
b) (1) $f(2) = 0$ (2) $f(4) = 2$ (3) $f'(4) = 0$ (4) $f''(4) = 0$ (5) $f'''(4) \neq 0$

Interpolation und Regression

Um einen Graphen zu vorgegebenen Punkten zu bestimmen, gibt es verschiedene Ansätze, die am Beispiel der Punkte A $(0\,|\,1)$, B $(2\,|\,2,5)$, C $(3\,|\,1,2)$, D $(3,5\,|\,3)$ und E $(4\,|\,3,2)$ einander gegenübergestellt werden.

Bei der **Interpolation** ist die Gleichung einer (ganzrationalen) Funktion gesucht, deren Graph exakt durch die vorgegebenen Punkte verläuft. Die Anzahl n dieser Punkte ergibt die Anzahl der Bedingungen und damit den Grad $n-1$ der gesuchten ganzrationalen Funktion.

Im vorliegenden Beispiel wählt man daher den Ansatz $f(x) = a x^4 + b x^3 + c x^2 + d x + e$ und setzt für jeden Punkt die Koordinaten ein. Dadurch erhält man ein lineares Gleichungssystem mit fünf Gleichungen, dessen Lösung die Werte für die gesuchten Parameter a, b, c, d und e ergibt. Auf 2 Stellen nach dem Komma gerundet erhält man hier:

$f(x) = -1,09 x^4 + 10,4 x^3 - 31,95 x^2 + 31,79 x + 1$

Die Probe am Graphen zeigt, dass alle Punkte wie gefordert auf dem Graphen liegen. Allerdings ergibt sich insgesamt ein sehr welliger Verlauf zwischen den Punkten, der im Sachzusammenhang oft unerwünscht ist.

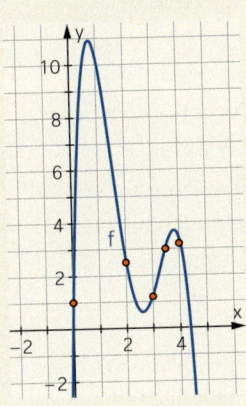

Bei der **Regression** gibt man je nach Sachzusammenhang den Funktionstyp vor und sucht dabei die Funktion, die am besten zu den Datenpunkten passt.

Die Regression wird benutzt, weil man bei größeren Datenmengen nicht erwarten kann, dass alle Punkte exakt auf der gesuchten Kurve liegen. In manchen Fällen kann es darüber hinaus keine Funktion geben, weil zum selben x-Wert mehrere y-Werte vorliegen.

Je nach zur Verfügung stehender Rechnertechnologie werden verschiedene Regressionsfunktionen angeboten. Sehr verbreitet ist die lineare Regression.

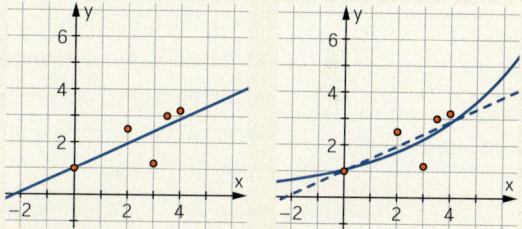

Zum Vergleich ist hier noch das Ergebnis einer exponentiellen Regression abgebildet.

Zwar liegen die Punkte bei der Regression nicht auf dem Graphen, aber die Kurven sind wesentlich glatter und geben den Sachzusammenhang deutlicher wieder. Welches Regressionsmodell hier angemessener ist, ergibt sich aus dem Sachzusammenhang, in dem die Daten gewonnen wurden.

1. Informieren Sie sich, welche Regressionsmöglichkeiten Ihr Rechner bietet. Ändern Sie dann gezielt die Lage eines Datenpunkts (z. B. indem Sie Punkt C um 1 nach oben verschieben) und vergleichen Sie, welche unterschiedlichen Auswirkungen dies einerseits auf die Veränderung des Interpolationsgraphen und andererseits auf die Veränderung des Regressionsgraphen hat.

2. Unter Laborbedingungen wird das Wachstum einer Pflanze untersucht. Die Angaben beziehen sich auf die Höhe über dem Nährboden.

Zeit in Tagen	0	3	5	8	10	14
Höhe in cm	0	1,8	3,2	5,5	9,2	16,5

Vergleichen Sie die Graphen von Funktionen, die zu diesen Messdaten einerseits mit der Interpolation und andererseits mit der Regression gewonnen wurden.

Potenzregel für ganzzahlige Exponenten

$f(x) = x^r$ mit $r \in \mathbb{Z}$

$f'(x) = r \cdot x^{r-1}$

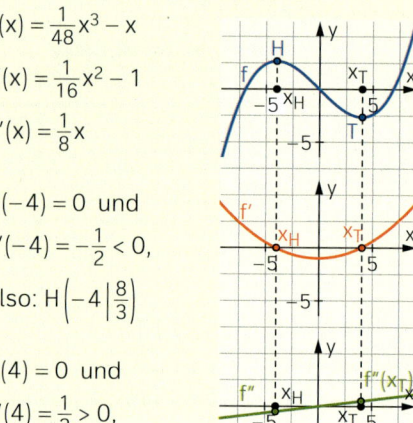

$$f(x) = \frac{2}{x^4} = 2x^{-4}$$

$$f'(x) = -8x^{-5} = -\frac{8}{x^5}$$

Zweite Ableitung

Hat die Ableitung f' einer Funktion f ebenfalls eine Ableitung, so nennt man diese die **zweite Ableitung der Funktion f** und bezeichnet sie mit **f''**.
Entsprechend ist f''' die Ableitung von f'' bzw. die dritte Ableitung von f usw.

$$f(x) = \frac{1}{48}x^3 - x$$

$$f'(x) = \frac{1}{16}x^2 - 1$$

$$f''(x) = \frac{1}{8}x$$

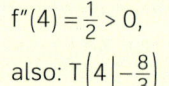

f''-Kriterium für Extremstellen

Für eine Funktion f und ihre Ableitungen f' und f'' gilt:
(1) Wenn $f'(x_H) = 0$ und zugleich $f''(x_H) < 0$, dann hat der Graph von f an der Stelle x_H einen **Hochpunkt**.
(2) Wenn $f'(x_T) = 0$ und zugleich $f''(x_T) > 0$, dann hat der Graph von f an der Stelle x_T einen **Tiefpunkt**.

$f'(-4) = 0$ und

$f''(-4) = -\frac{1}{2} < 0$,

also: $H\left(-4 \,\middle|\, \frac{8}{3}\right)$

$f'(4) = 0$ und

$f''(4) = \frac{1}{2} > 0$,

also: $T\left(4 \,\middle|\, -\frac{8}{3}\right)$

Links- bzw. Rechtskurve, Wendepunkte

Der Graph von f bildet im Intervall I
(1) eine **Linkskurve**, falls die Ableitung **f'** im Intervall I **streng monoton wächst**.
(2) eine **Rechtskurve**, falls die Ableitung **f'** im Intervall I **streng monoton fällt**.

Nach dem Monotoniesatz gilt:
(1) Ist $f''(x) > 0$ für alle $x \in I$, so bildet der Graph von f im Intervall I eine **Linkskurve**.
(2) Ist $f''(x) < 0$ für alle $x \in I$, so bildet der Graph von f im Intervall I eine **Rechtskurve**.

In einem **Wendepunkt** geht der Graph einer Funktion von einer Linkskurve in eine Rechtskurve über oder umgekehrt.
Jede Wendestelle von f ist eine lokale Extremstelle von f'.

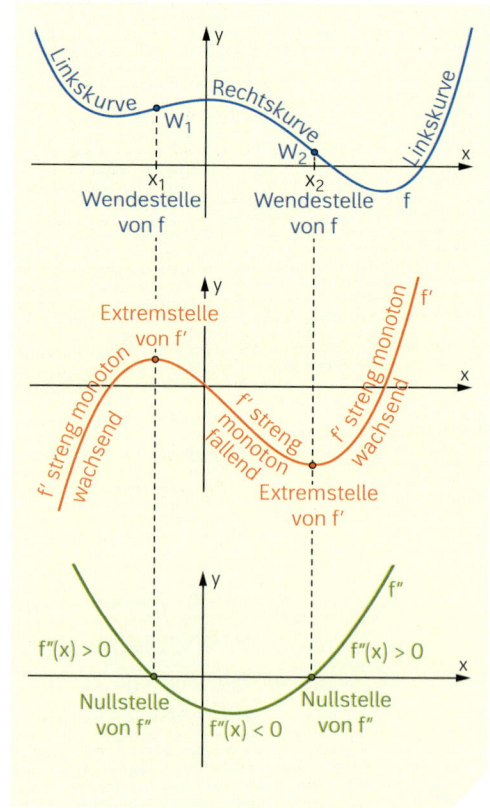

Kriterien für Wendestellen

Notwendiges Kriterium

Hat die Funktion f an der Stelle x_W eine **Wendestelle**, so ist $f''(x_W) = 0$.

Hinreichendes Kriterium

Hat die zweite Ableitung f'' an der Stelle x_W eine **Nullstelle mit Vorzeichenwechsel**, so hat f an der Stelle x_W eine Wendestelle.

$f(x) = 3x^5 + 5x^4$
$f'(x) = 15x^4 + 20x^3$
$f''(x) = 60x^3 + 60x^2$

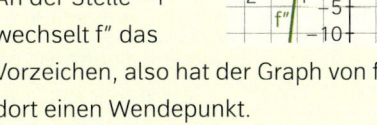

$60x^2(x+1) = 0$
$x = 0$ oder $x = -1$

An der Stelle 0 liegt kein Wende-punkt vor.
An der Stelle -1 wechselt f'' das Vorzeichen, also hat der Graph von f dort einen Wendepunkt.

Extremwert-probleme lösen

Vorgehensweise:

(1) Erstellen einer Funktionsgleichung für die zu optimierende Größe

(a) Wichtige Größen mit Variablen bezeichnen, möglichst in einer Skizze

(b) Gleichung für die zu optimierende Größe angeben (**Extremalbedingung**)

(c) Falls die zu optimierende Größe von mehreren Variablen abhängt, eine **Nebenbedingung** für den Zusammenhang zwischen diesen Variablen erstellen und nach einer auflösen

(d) Einsetzen dieser Variablen in die Extremalbedingung, um die Zielfunktion zu erhalten

(e) Definitionsbereich der Zielfunktion ermitteln

(f) Graphen der Zielfunktion skizzieren

(2) Ermitteln der Extremstellen der Zielfunktion

(a) Nullstellen der Ableitung ermitteln

(b) Prüfen, ob am Rand des Definitions-bereichs größere oder kleinere Funktionswerte vorliegen als an den Nullstellen der Ableitung

(3) Ergebnis mit allen relevanten Größen angeben und am Sachverhalt prüfen

Gesucht: das größtmögliche Rechteck, das zwischen dem Graphen zu $f(x) = -\frac{1}{3}x^2 + 3$ und der x-Achse liegt

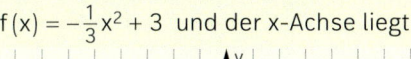

$A = a \cdot b$
$a = 2u; \ b = f(u) = -\frac{1}{3}u^2 + 3$
$A(u) = 2u \cdot \left(-\frac{1}{3}u^2 + 3\right) = -\frac{2}{3}u^3 + 6u$
Es gilt $0 \le u \le 3$, also $D = [0; 3]$.

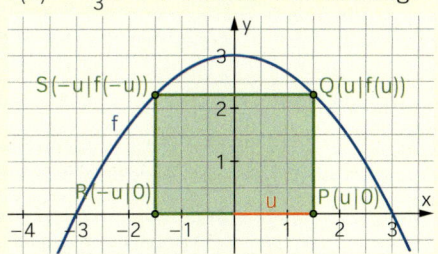

$A'(u) = -2u^2 + 6$
$A''(u) = -4u$
$0 = -2u^2 + 6$,
also $u = \sqrt{3}$ oder $u = -\sqrt{3}$
$A''(\sqrt{3}) = -4 \cdot \sqrt{3} < 0$, also lokales Maximum an der Stelle $\sqrt{3}$
$A(0) = 0, \ A(3) = 0$; kein Randextremum

$-\sqrt{3}$ ist nicht im Definitions-bereich.

Das Rechteck mit dem Eckpunkt $Q\left(\sqrt{3} \mid 2\right)$ hat den maximalen Flächen-inhalt von $A = 2 \cdot \sqrt{3} \cdot 2 = 4\sqrt{3} \approx 6,93$.

Gauß-Algorithmus

Lineare Gleichungssysteme können mit dem **Gauß-Algorithmus** systematisch gelöst werden.

$$\begin{array}{rcrcrr} x &+& 2y &+& 6z &=& 9 \\ x &+& y &+& 4z &=& 5 \\ 2x &+& 3y &+& 13z &=& 23 \end{array} \quad \begin{array}{l} \cdot(-1) \quad \cdot(-2) \end{array}$$

Erster Schritt: das Gleichungssystem in eine **Dreiecksgestalt** umformen

> Die nicht veränderten Gleichungen muss man weiter mitführen.

$$\begin{array}{rcrcrr} x &+& 2y &+& 6z &=& 9 \\ && -y &-& 2z &=& -4 \quad \cdot(-1) \\ && -y &+& z &=& 5 \end{array}$$

Umformungsmöglichkeiten:

- Vertauschen der Reihenfolge der Gleichungen;
- Multiplikation beider Seiten einer Gleichung mit einer geeigneten von null verschiedenen Zahl;
- Addition einer Gleichung mit einer anderen, sodass eine Variable wegfällt.

$$\begin{array}{rcrcrr} x &+& 2y &+& 6z &=& 9 \\ && -y &-& 2z &=& -4 \\ &&&& 3z &=& 9 \end{array} \quad \boxed{\text{Dreiecksgestalt}}$$

$$\begin{array}{rcrcrr} x &+& 2y &+& 6z &=& 9 \\ && -y &-& 2z &=& -4 \\ &&&& z &=& 3 \end{array} \quad z = 3 \text{ einsetzen}$$

Zweiter Schritt: das System schrittweise durch Einsetzen auflösen

$$\begin{array}{rcrcr} x &+& 2y && &=& -9 \\ && y && &=& -2 \\ &&&& z &=& 3 \end{array} \quad y = -2 \text{ einsetzen}$$

$$\begin{array}{rcr} x &=& -5 \\ y &=& -2 \\ z &=& 3 \end{array} \quad L = \{(-5 \mid -2 \mid 3)\}$$

Lösungsmenge eines linearen Gleichungssystems

Ein lineares Gleichungssystem kann

- genau eine Lösung,
- keine Lösung,
- unendlich viele Lösungen

haben.

Keine Lösung:

$$\begin{array}{rcrcrr} x &-& 2y &+& 3z &=& 4 \\ && 2y &-& 4z &=& 8 \\ &&&& 0 &=& 2 \end{array} \quad L = \{ \ \}$$

Unendlich viele Lösungen:

$$\text{linSolve}\left(\begin{cases} 4\cdot x + 3\cdot y + z = 8 \\ -4\cdot x - 2\cdot y + 2\cdot z = -4, \{x,y,z\} \\ x + y + z = 3 \end{cases}\right)$$
$$\{2\cdot \mathbf{c2} - 1, -(3\cdot \mathbf{c2} - 4), \mathbf{c2}\}$$

$$L = \{(2z - 1 \mid 4 - 3z \mid z) \mid z \in \mathbb{R}\}$$

Bestimmen ganzrationaler Funktionen

Vorgehensweise:

- Aufstellen eines allgemeinen Funktionsterms mit variablen Koeffizienten, ggf. Berücksichtigung von Symmetrien
- Einsetzen der Koordinaten der Punkte in den allgemeinen Funktionsterm
- Lösen des erhaltenen linearen Gleichungssystems
- Probe am Sachverhalt und ggf. Wahl anderer Punkte oder eines anderen allgemeinen Funktionsterms, um ein passenderes Modell zu erhalten

Gesucht ist eine Funktion 3. Grades, deren Graph punktsymmetrisch zum Koordinatenursprung ist und durch die Punkte $P(1 \mid 2)$ und $Q(3 \mid 0)$ verläuft.

$f(x) = ax^3 + bx$ (wegen Punktsymmetrie)

$f(1) = a + b = 2$

$f(3) = 27a + 3b = 0$

Lineares Gleichungssystem:

$$\begin{array}{rcrcr} a &+& b &=& 2 \\ 27a &+& 3b &=& 0 \end{array}$$

Lösung: $a = -\frac{1}{4}$ und $b = \frac{3}{4}$

$f(x) = -\frac{1}{4}x^3 + \frac{3}{4}x$

Teil A **Lösen Sie die folgenden Aufgaben ohne Formelsammlung und ohne Taschen-rechner.**

1 Untersuchen Sie den Graphen der Funktion f mit $f(x) = \frac{1}{9}x^4 + \frac{8}{9}x^3 + 2x^2$ auf die wichtigsten Eigenschaften.

2 Gegeben ist die Funktion f mit $f(x) = \frac{1}{8}x^5 - x^2$.
a) Berechnen Sie die Nullstellen von f. Bestimmen Sie den Globalverlauf des Graphen von f.
b) Begründen Sie ohne weitere Rechnung, dass der Graph von f genau einen Hoch-, Tief- und Wendepunkt besitzt. Welche Koordinaten hat der Hochpunkt?
c) Skizzieren Sie den Funktionsgraphen.

3 Gegeben ist die Funktion f mit $f(x) = x^3 - 4x^2 + 4x$.
a) Bestimmen Sie eine Gleichung der Tangente im Ursprung.
b) Es gibt einen Punkt des Graphen, in dem die Tangente parallel zur Tangente im Ursprung ist. Berechnen Sie die Koordinaten dieses Punktes.

4 Gegeben ist die Funktion f mit $f(x) = x^3 - 6x^2 + 9x - 4$. Die Wendetangente des Graphen begrenzt zusammen mit den Koordinatenachsen ein Dreieck.
Berechnen Sie den Flächeninhalt dieses Dreiecks.

5 Gegeben ist der Graph der Ableitungsfunktion f′ einer ganzrationalen Funktion f im Intervall $[-1; 2,5]$.
Sind folgende Aussagen jeweils richtig, falsch oder nicht entscheidbar? Begründen Sie Ihre Entscheidung.
(1) An der Stelle $x = 2$ besitzt der Graph von f einen Tiefpunkt.
(2) Die Funktion f ist im Intervall $]0; 2[$ streng monoton fallend.
(3) Der Graph von f besitzt im Intervall $[-1; 2,5]$ keinen Hochpunkt.
(4) Der Punkt $W(0|0)$ ist Wendepunkt der Funktion.
(5) Der Funktionswert von f an der Stelle $x_1 = 0,5$ ist kleiner als der Funktionswert an der Stelle $x_2 = 1$.
(6) Im Intervall $[-1; 0]$ ist der Graph der Funktion f linksgekrümmt.

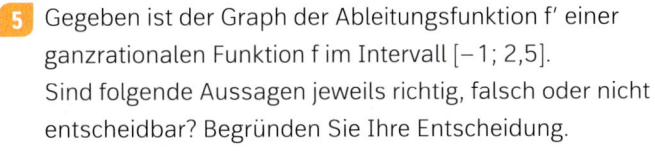

6 Bestimmen Sie die Lösungsmenge durch Anwenden des Gauß-Algorithmus.

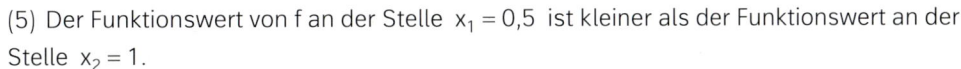

a) $\begin{vmatrix} x - y + z = -2 \\ 2x + y + z = 3 \\ -x + 2y - z = 4 \end{vmatrix}$ **b)** $\begin{vmatrix} x - 2y + z = 3 \\ 3x - 5y + 2z = 9 \\ x - 3y + 2z = 3 \end{vmatrix}$ **c)** $\begin{vmatrix} 4x - 3y - 3z = 3 \\ 2x - 5y - z = 1 \\ x + y - z = 2 \end{vmatrix}$

7 Ermitteln Sie rechnerisch eine Gleichung der Tangente an den Graphen der Funktion f mit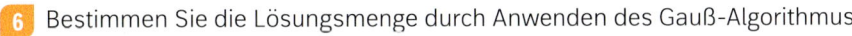
$f(x) = \frac{2}{x^2}$ im Punkt $P(1|f(1))$.

Teil B **Bei der Lösung dieser Aufgaben können Sie die Formelsammlung und den Taschenrechner verwenden.**

8 Der Temperaturverlauf an einem Frühlingstag kann näherungsweise beschrieben werden durch die Funktion f mit
$f(t) = -0,01\,t^3 + 0,34\,t^2 - 2,51\,t + 17,3$;
$0 \le t \le 24$ in Stunden; $f(t)$ Temperatur in °C.

a) Bestimmen Sie die Höchst- und die Tiefsttemperatur an diesem Tag.

b) An wie vielen Stunden lag die Temperatur an diesem Tag höher als 20 °C?

c) In welchen Zeiträumen stiegen die Temperaturen, in welchen fielen sie?

d) Wie groß war die maximale momentane Änderungsrate?

9 Bestimmen Sie die Nullstellen und die Lage und Art der Extrempunkte des Graphen von f. Skizzieren Sie den wesentlichen Verlauf des Funktionsgraphen.

a) $f(x) = x^3 - \dfrac{7}{2}x^2 - 6x$

b) $f(x) = x^4 - 10x^2 + 9$

10 Bestimmen Sie eine ganzrationale Funktion 3. Grades, die folgende Bedingungen erfüllt:

• Die Stelle $x = -1$ ist eine Nullstelle von f.

• Der Funktionsgraph hat an der Stelle $x = -2$ einen Wendepunkt.

• Die Gleichung der Wendetangente lautet $y = 3x + 2,5$.

11 Der Graph einer ganzrationalen Funktion 4. Grades verläuft symmetrisch zur y-Achse, geht durch den Punkt $P(0\,|\,2)$ und hat im Punkt $Q(2\,|\,0)$ eine Tangente mit der Steigung 2. Bestimmen Sie die Gleichung dieser Funktion.

12 In der Grafik ist der Verlauf einer Krankheit dargestellt. Man kann den Krankheitsverlauf mit einer ganzrationalen Funktion vierten Grades annähern.

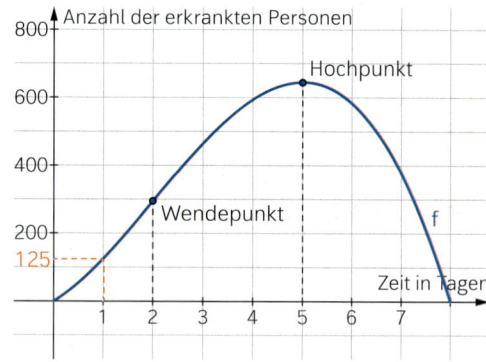

a) Beschreiben Sie anhand des Graphen den Verlauf der Krankheit.

b) Bestimmen Sie die zugehörige Funktionsgleichung.

c) Wie viele Personen waren erkrankt, als die Krankheitswelle ihren Höhepunkt hatte?

13 Eine Kartonagenfabrik stellt quaderförmige Pakete mit quadratischen Seitenflächen her. Damit die Pakete nicht zu unhandlich werden, sollen zwei Bedingungen erfüllt sein:

• Die Länge soll nicht größer als 200 cm sein.

• Länge plus Umfang der quadratischen Seitenfläche soll 360 cm groß sein.

Ermitteln Sie die Abmessungen des Pakets mit dem größten Volumen. Geben Sie das maximale Volumen an.

Integralrechnung

2

▲ *Taucher verändern während eines Tauch-gangs mehrfach ihre Tiefe. Beim Auftauchen müssen Taucher darauf achten, dass ihre Auftauchgeschwindigkeit $10\,\frac{m}{min}$ nicht über-steigt.*

In diesem Kapitel

erfahren Sie, wie man aus gegebenen Änderungsraten einer Größe die Änderung der Größe bestimmt und welche Rolle Flächeninhalte dabei spielen. ▶

2.1 Rekonstruktion eines Bestands aus Änderungsraten

Einstieg

In Pumpspeicherwerken wird Wasser mit überflüssigem Strom in das obere Becken gepumpt und bei Bedarf zur Stromgewinnung in das untere Becken geleitet. Die Tabelle zeigt die momentane Änderungsrate der Wassermenge im oberen Becken eines Pumpspeicherwerks.

Um 0 Uhr sind 120 Mio. m^3 Wasser im oberen Becken.

Skizzieren Sie die zeitliche Entwicklung der Wassermenge im oberen Becken.

0 bis 9 Uhr	9 bis 14 Uhr	14 bis 18 Uhr
$300\,000\,\frac{m^3}{h}$	$-600\,000\,\frac{m^3}{h}$	$200\,000\,\frac{m^3}{h}$

Aufgabe mit Lösung

Flughöhe mithilfe der Steiggeschwindigkeit bestimmen

Eine Drohne hat zu Beginn eine Flughöhe von 10 m. Die Abbildung zeigt die momentane Steiggeschwindigkeit der Drohne in Meter pro Sekunde in einem Zeitraum von 60 Sekunden.

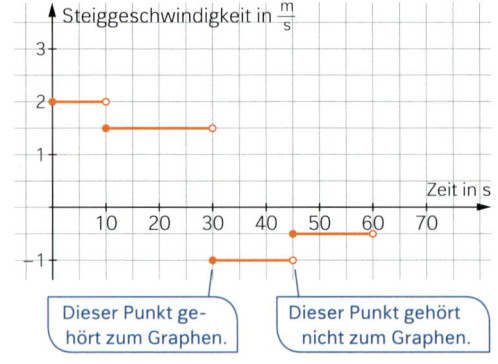

Bestimmen Sie die Flughöhe der Drohne am Anfang und am Ende folgender Zeitintervalle: 0 s bis 10 s; 10 s bis 30 s; 30 s bis 45 s und 45 s bis 60 s. Halten Sie die Ergebnisse in einer Tabelle fest.

Wie hat sich die Flughöhe im gesamten Intervall verändert?

Lösung

Die Drohne hat zu Beginn eine Flughöhe von 10 m.

Im Zeitraum 0 s bis 10 s steigt die Drohne 10 s lang mit der konstanten Steiggeschwindigkeit von $2\,\frac{m}{s}$. Die Flughöhe ändert sich somit um $10\,s \cdot 2\,\frac{m}{s}$, also um 20 m, und beträgt am Ende nach 10 s dann 30 m.

Entsprechend berechnet man die Flughöhe in den anderen gegebenen Zeiträumen.

Zeitraum	Flughöhe der Drohne zu Beginn in m	Änderung der Flughöhe in m	Flughöhe der Drohne am Ende in m
0 s bis 10 s	10	$10 \cdot 2 = 20$	$10 + 20 = 30$
10 s bis 30 s	30	$20 \cdot 1{,}5 = 30$	$30 + 30 = 60$
30 s bis 45 s	60	$15 \cdot (-1) = -15$	$60 - 15 = 45$
45 s bis 60 s	45	$15 \cdot (-0{,}5) = -7{,}5$	$45 - 7{,}5 = 37{,}5$

Da die Flughöhe der Drohne zu Beginn 10 m und am Ende 37,5 m beträgt, hat sie um 27,5 m zugenommen.

→ Stellen Sie die Flughöhe der Drohne grafisch dar. Welche Zusammenhänge zwischen der Steiggeschwindigkeit und der Flughöhe lassen sich anhand der beiden Graphen erkennen?

Lösung

Die Werte aus der Tabelle lassen sich in ein Koordinatensystem übertragen. Da die momentanen Steiggeschwindigkeiten in den Teilintervallen konstant sind, kann man den Graphen als Streckenzug zeichnen. Bei positiver Steiggeschwindigkeit nimmt die Flughöhe zu, bei negativer nimmt sie ab.

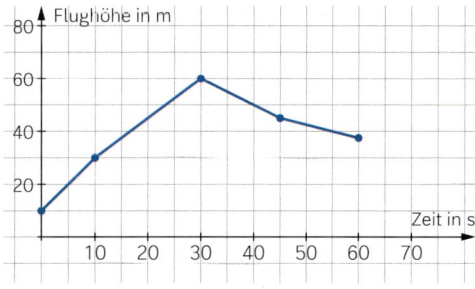

→ Welche Bedeutung haben die Flächeninhalte der gefärbten Flächen für den Sachzusammenhang?

Lösung

Die Flächeninhalte entsprechen der Zu- bzw. Abnahme der Flughöhe. Nimmt die Flughöhe zu, liegt die Fläche oberhalb der x-Achse und ihr Flächeninhalt wird zur vorherigen Flughöhe addiert. Nimmt die Flughöhe ab, liegt die Fläche unterhalb der x-Achse und ihr Flächeninhalt wird von der vorherigen Flughöhe subtrahiert.

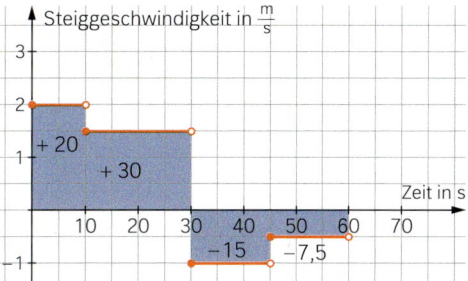

Information

Bestand einer Größe aus ihren Änderungsraten rekonstruieren

Die abgebildete abschnittsweise konstante Funktion f beschreibt die Änderungsrate einer Größe F über dem Intervall [a; b].

Die Änderung der Größe F über einem Teilintervall entspricht dann dem Flächeninhalt des zugehörigen Rechtecks über diesem Teilintervall, wobei Flächeninhalte unterhalb der x-Achse ein negatives Vorzeichen bekommen. Diese Flächeninhalte nennt man **orientierte Flächeninhalte**.

Für die Änderung $F(b) - F(a)$ der Größe F über dem Intervall [a; b] gilt:

$$F(b) - F(a) = A_1 + A_2 - A_3 + A_4$$

Kennt man neben den Änderungsraten auch den Anfangsbestand $F(a)$ einer Größe F, so lässt sich der Bestand $F(b)$ rekonstruieren:

$$F(b) = F(a) + A_1 + A_2 - A_3 + A_4$$

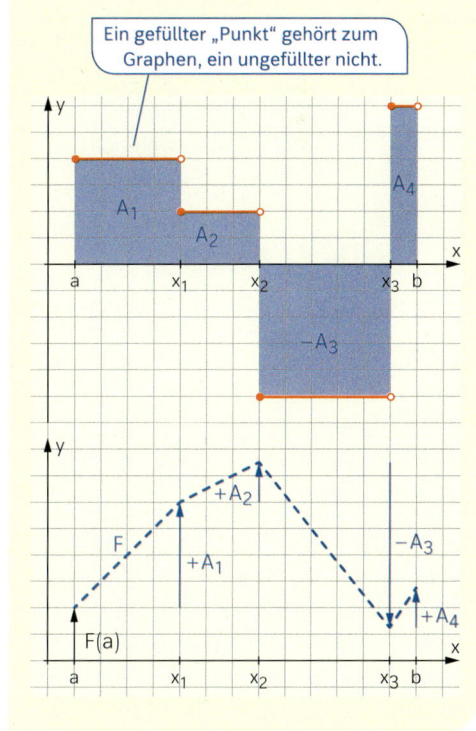

Üben

1 ≡ In einem Regenwasserspeicher befinden sich zu Beobachtungsbeginn 100 l Wasser. Die Abbildung zeigt die Veränderung der Wassermenge im Wasserspeicher in Liter pro Stunde in einem Zeitraum von 8 Stunden.

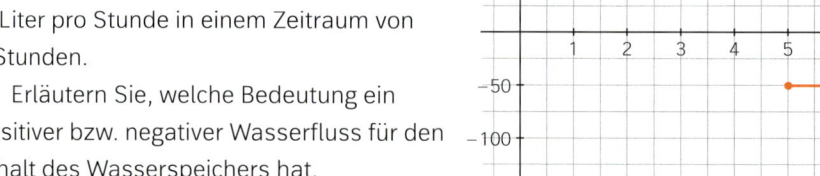

a) Erläutern Sie, welche Bedeutung ein positiver bzw. negativer Wasserfluss für den Inhalt des Wasserspeichers hat.

b) Bestimmen Sie die Wassermenge, die sich am Anfang und am Ende folgender Zeitintervalle im Wasserspeicher befand: 0 h bis 2 h, 2 h bis 5 h, 5 h bis 6 h und 6 h bis 8 h. Halten Sie die Ergebnisse in einer Tabelle fest.
Wie hat sich die Wassermenge im gesamten Zeitraum verändert?

c) Stellen Sie das Wasservolumen im Wasserspeicher grafisch dar.

2 ≡ Ein Taucher sollte innerhalb einer Minute nicht mehr als 10 m auftauchen, damit die Lunge genügend Zeit hat, auf die Verminderung des Drucks zu reagieren. Der Graph zeigt die Auftauchgeschwindigkeit eines Tauchers.

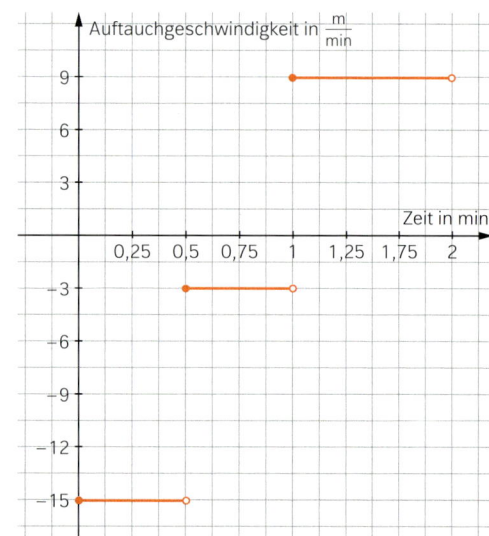

a) Wie tief ist der Taucher nach 0,5 Minuten getaucht, wenn er seinen Tauchgang an der Wasseroberfläche begonnen hat?

b) Wann erreicht der Taucher die tiefste Stelle und wie tief ist es dort?

c) Woran erkennt man am Graphen, wann der Taucher wieder auftaucht? Erreicht der Taucher nach zwei Minuten wieder die Wasseroberfläche?

ha: Hektar;
1 ha =
10000 m²;
1 km² = 100 ha

3 ≡ Eine Waldfläche wird durch Holzeinschlag um 10 ha pro Jahr verringert. Nach 5 Jahren wird der Einschlag beendet und die Fläche wird wieder aufgeforstet, sodass die Waldfläche dann um 7 ha pro Jahr zunimmt.

a) Die Funktion f beschreibt die Änderungsrate der Waldfläche in ha pro Jahr. Zeichnen Sie den Graphen von f.

b) Untersuchen Sie, wann die Waldfläche wieder ihre ursprüngliche Größe erreicht hat.

c) Bestimmen Sie die Änderungen der Waldfläche in der Zeit

(1) von 0 bis 5 Jahren;   (2) von 5 bis 15 Jahren;   (3) von 2 bis 10 Jahren.

4 ≡ Ein Navigationssystem rechnet für die Fahrt auf einer Autobahn mit einer durchschnittlichen Geschwindigkeit von $120\frac{km}{h}$ und für die Fahrt auf einer Landstraße mit einer durchschnittlichen Geschwindigkeit von $80\frac{km}{h}$.

a) Das Navigationssystem schlägt eine Route vor, die eine Stunde über Land, vier Stunden über die Autobahn und eine weitere halbe Stunde über Land führt.
Veranschaulichen Sie den Sachverhalt grafisch und berechnen Sie die Länge der Route.

b) Während der Fahrt kann die zugrunde gelegte Durchschnittsgeschwindigkeit wegen eines hohen Verkehrsaufkommens nicht erreicht werden. Die tatsächliche Durchschnittsgeschwindigkeit beträgt auf der Landstraße $65\frac{km}{h}$ und auf der Autobahn $100\frac{km}{h}$.
Veranschaulichen Sie dies ebenfalls grafisch und berechnen Sie die Fahrtzeit.

Bestand aus linearen Änderungsraten bestimmen

5 ≡ Die Grafik zeigt die momentane Änderungsrate des Gewichts von einem Igel innerhalb eines Jahres. Zu Beginn der Beobachtung hatte der Igel ein Gewicht von 250 g.
Berechnen Sie das Gewicht des Igels nach 3, 5, 11 und 12 Monaten.

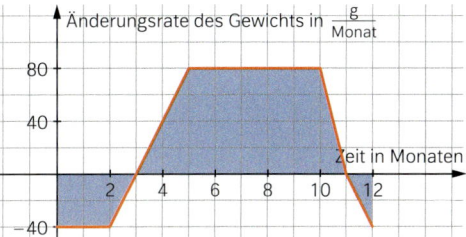

Information

Bestand aus linearen Änderungsraten rekonstruieren

Bei linearen Änderungsraten entsprechen die Flächeninhalte der Teilflächen zwischen dem Graphen und der x-Achse ebenfalls den Änderungen der Größe in dem zugehörigen Teilintervall.

Dies wird plausibel, wenn man beliebig kleine Intervallbreiten betrachtet und die Änderungsrate dort als konstant annimmt.

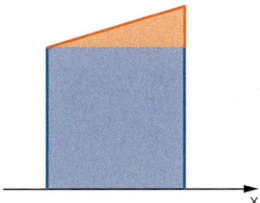

Der Flächeninhalt des Trapezes unterscheidet sich dann kaum noch von dem des Rechtecks.

Die Grafik zeigt die momentane Änderungsrate der Ausbreitungsgeschwindigkeit eines Feuers bei einem Waldbrand. Die Anfangsgeschwindigkeit lag bei $0{,}3\frac{km}{h}$.

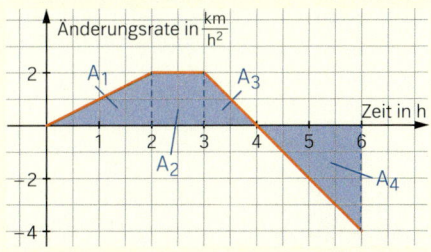

Ausbreitungsgeschwindigkeit nach 6 Stunden:

$0{,}3 + A_1 + A_2 + A_3 - A_4$
$= 0{,}3 + 2 + 2 + 1 - 4$
$= 1{,}3$

Nach 6 Stunden breitet sich das Feuer mit der Geschwindigkeit $1{,}3\frac{km}{h}$ aus.

6 ≣ Niederdruckgasbehälter (Gasometer) werden in der Industrie eingesetzt, um in Spitzenzeiten überschüssig produziertes Gas zwischenzuspeichern. Der Graph gibt die Änderungsrate f der Gasmenge in einem Gasometer an.

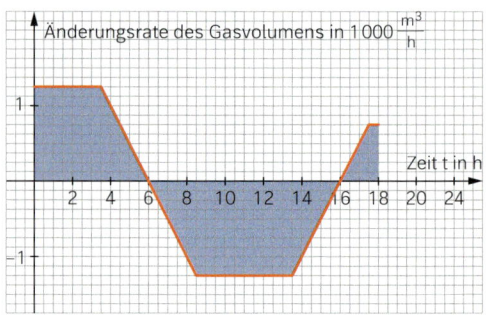

a) Deuten Sie für diesen Sachzusammenhang die Flächeninhalte der Teilflächen zwischen dem Graphen der Änderungsrate und der Zeit-Achse.

b) Bestimmen Sie die Änderungen der Gasmenge im Gasometer von 0 bis 6 Uhr, von 6 bis 16 Uhr und von 0 bis 18 Uhr.

MWh: Mega-
wattstunde;
1 MWh =
1 000 kWh

7 ≣ Ein Energiespeicher enthält zu Beginn 100 MWh Energie. In einem Zeitraum von drei Monaten werden ihm monatlich konstant 150 MWh Energie zugeführt. Dann erhöht sich die Energiezufuhr innerhalb von 2 Monaten gleichmäßig auf 200 MWh. Die Energiezufuhr von 200 MWh kann über einen Zeitraum von 4 Monaten beibehalten werden, bevor sie gleichmäßig innerhalb von drei Monaten bis auf einen Wert von 50 MWh gesenkt werden muss.

a) Stellen Sie den beschriebenen Sachverhalt grafisch dar.

b) Berechnen Sie, wie viel Energie sich am Ende des Zeitraums im Energiespeicher befindet.

Weiterüben

8 ≣ In einem Pumpspeicherwerk wird nachts, wenn der Strombedarf gering ist, Wasser aus einem unteren Becken in ein oberes Becken gepumpt. Am Tag, wenn der Strombedarf höher ist, wird das Wasser zur Stromerzeugung über Turbinen wieder in das untere Becken abgelassen.

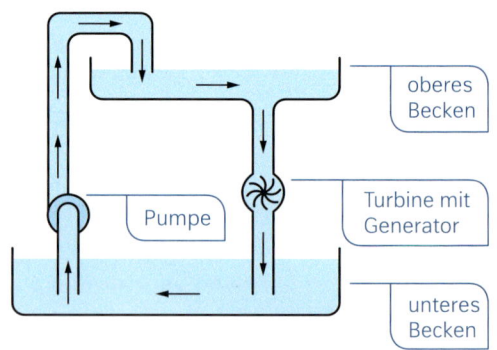

An einem Tag werden im oberen Becken für die Wassermenge folgende Zulaufstärken in m³ pro Minute aufgezeichnet:

Von 22 Uhr bis 3 Uhr steigt die Zulaufstärke gleichmäßig von 30 auf 50. Danach sinkt die Zulaufstärke bis 6 Uhr gleichmäßig auf 10. Von 6 Uhr bis 16 Uhr sinkt sie gleichmäßig auf – 40 und bleibt bis 22 Uhr konstant.

a) Stellen Sie die Daten grafisch dar.

b) Wie viel Wasser ist in den 24 Stunden in das obere Becken geflossen und wie viel in das untere Becken?

c) Zu Beginn der Aufzeichnungen befanden sich 7000 m³ Wasser im oberen Becken. Wie viel Wasser befand sich 24 Stunden später im oberen Becken?

9 ≡ KERS (Kinetic Energy Recovery System) ist ein elektrisches oder mechanisches System zur Energierückgewinnung, welches in der Formel 1 seit 2009 eingesetzt werden darf und dort vor allem in der elektrischen Variante genutzt wird.

Hierbei wird die beim Bremsen frei werdende Energie durch einen Generator in elektrische Energie umgewandelt, in Akkumulatoren gespeichert und zum Betreiben eines zusätzlich eingebauten Elektromotors genutzt. Dieser wird in Beschleunigungsphasen ergänzend zum Hauptmotor eingesetzt.

Der Energiefluss in den Akku hinein oder aus dem Akku heraus kann durch den Stromfluss beschrieben werden. Dabei wird die Stromstärke gemessen und mit einem positiven Vorzeichen versehen, wenn Strom in den Akku hineinfließt, und mit einem negativen Vorzeichen gekennzeichnet, wenn dem Akku Strom entnommen wird.

> Die elektrische Ladung wird in der Einheit Coulomb (C) angegeben.
>
> Die elektrische Stromstärke wird in der Einheit Ampère (A) gemessen:
> $1\,A = 1\,\frac{C}{s}$

a) Der Graph beschreibt den momentanen Stromfluss für eine stark vereinfachte Fahrsituation. Bestimmen Sie die Änderung der Ladung des Akkus für den dargestellten Zeitraum.

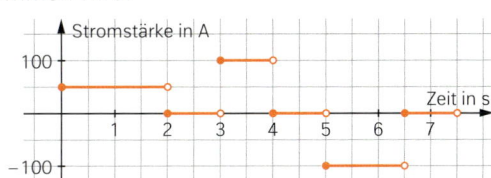

b) Angenommen, zu Beginn der Fahrt betrug die Akkuladung 2000 C. Stellen Sie die zeitliche Entwicklung der Ladung im Akku grafisch dar und erläutern Sie die Zusammenhänge mit dem Graphen zum Stromfluss.

c) Beschreiben Sie die Bedeutung des Flächeninhalts der einzelnen Rechtecke über dem jeweiligen Zeitintervall.

10 ≡ Die Graphen beschreiben jeweils die Änderungsrate einer Größe über einem Intervall.

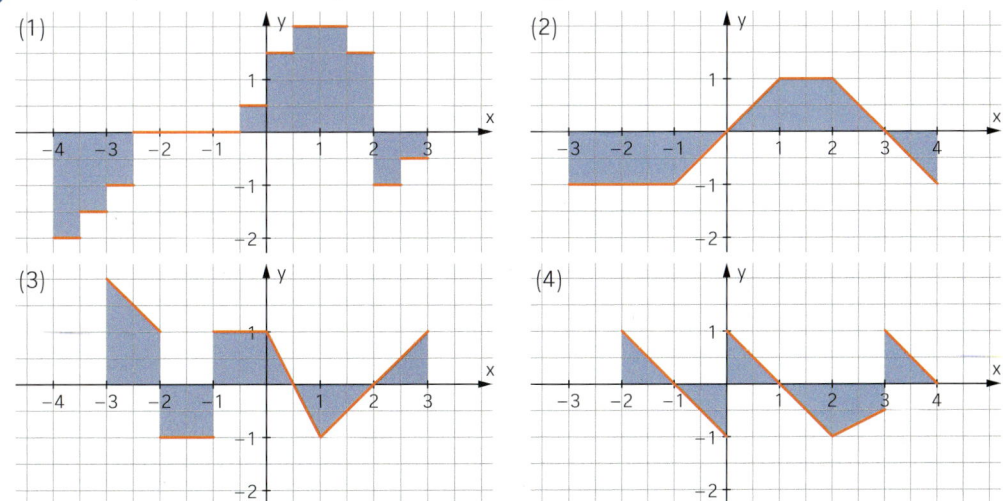

a) Bestimmen Sie die Veränderung der Größe im Intervall $[-1;\,1]$.

b) Bestimmen Sie die Veränderung der Größe im gesamten abgebildeten Intervall.

2.2 Integral als Grenzwert

Einstieg

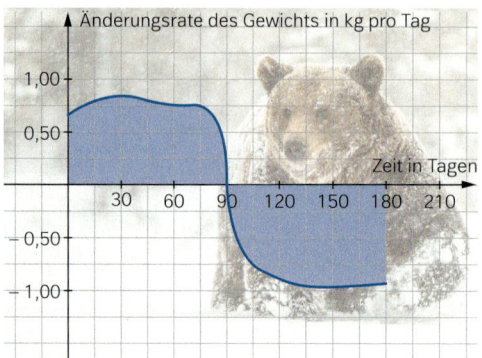

Änderungsrate des Gewichts in kg pro Tag

Zeit in Tagen

Braunbären fressen sich für die Winterruhe ein dickes Fettpolster an, das sie dann wieder verlieren. Die Grafik zeigt die Änderungsrate des Gewichts für 180 Tage. Bestimmen Sie näherungsweise die Gewichtszunahme in den ersten 90 Tagen und den Gewichtsverlust danach. Beschreiben Sie Ihre Vorgehensweise. Machen Sie Vorschläge, wie man die Näherungen verbessern kann.

Aufgabe mit Lösung

Änderung näherungsweise mithilfe von Rechteckflächen bestimmen

Die Funktion f mit $f(x) = -0,1 \cdot (x-3)^2 + 3$ beschreibt näherungsweise die Steiggeschwindigkeit eines Modellflugzeugs in $\frac{m}{s}$ in einem Zeitraum von 8 Sekunden.

→ Bestimmen Sie näherungsweise die Änderung der Flughöhe von 0 bis 8 Sekunden.
Lösung

Je kleiner ein Intervall, umso besser können gekrümmte Graphen durch lineare Graphen angenähert werden. Der Flächeninhalt zwischen Graph und x-Achse entspricht deshalb auch bei nichtlinearen Änderungsraten der Änderung der Größe.

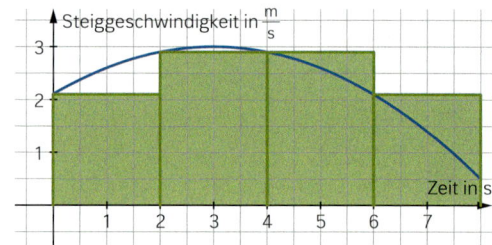

Steiggeschwindigkeit in $\frac{m}{s}$

Zeit in s

Bezeichnet man die Flughöhe mit F, dann ist $F(8) - F(0)$ die gesuchte Änderung. Sie entspricht dem Flächeninhalt unter dem Graphen über dem Intervall [0; 8]. Um diesen Flächeninhalt näherungsweise zu bestimmen, ersetzt man z. B. den Graphen von f durch die Graphen von vier abschnittsweise konstanten Funktionen. Die vier Teilflächen sind dann Rechtecke, deren oberer linker Eckpunkt auf dem Graphen von f liegt. Die Rechtecke haben jeweils die Breite 2; die Höhe entspricht dem Funktionswert von f am linken Rand.

$$F(8) - F(0) \approx 2 \cdot f(0) + 2 \cdot f(2) + 2 \cdot f(4) + 2 \cdot f(6) \approx 2 \cdot 2,1 + 2 \cdot 2,9 + 2 \cdot 2,9 + 2 \cdot 2,6 \approx 21$$

→ Bestimmen Sie einen genaueren Näherungswert für die Änderung im Intervall [0; 8].
Lösung

Man kann das Verfahren verbessern, indem man das Intervall [0; 8] in noch mehr Teilintervalle zerlegt. Dadurch erhält man mehr Rechtecke, deren Breite geringer ist.

Steiggeschwindigkeit in $\frac{m}{s}$

Zeit in s

Mit z. B. 8 Rechtecken ergibt sich:

$$F(8) - F(0) \approx 1 \cdot f(0) + 1 \cdot f(1) + 1 \cdot f(2) + 1 \cdot f(3) + 1 \cdot f(4) + 1 \cdot f(5) + 1 \cdot f(6) + 1 \cdot f(7)$$
$$\approx 1 \cdot 2,1 + 1 \cdot 2,6 + 1 \cdot 2,9 + 1 \cdot 3 + 1 \cdot 2,9 + 1 \cdot 2,6 + 1 \cdot 2,1 + 1 \cdot 1,4 \approx 19,6$$

Information

Das Integral als Grenzwert von Produktsummen

Definition: Gegeben ist eine Funktion f, die über einem Intervall [a; b] definiert ist.

Das **Integral der Funktion f von a bis b** ist eine Zahl, die man wie folgt erhält:

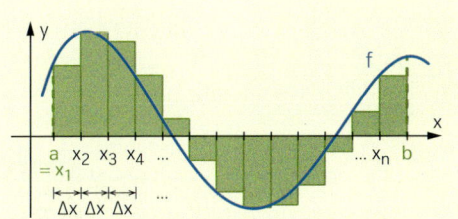

(1) Das Intervall [a; b] wird in n gleich breite Teilintervalle der Breite $\Delta x = \frac{b-a}{n}$ zerlegt.

> Gelesen: Delta x

(2) Man bildet eine **Produktsumme**:
$S_n = \Delta x \cdot f(x_1) + \Delta x \cdot f(x_2) + \ldots + \Delta x \cdot f(x_n)$
Dabei ist x_1 ein Wert im ersten Teilintervall, x_2 ein Wert im zweiten Teilintervall usw.
Die Werte x_1 bis x_n können am Rand oder im Inneren des jeweiligen Teilintervalls liegen.

(3) Streben alle Produktsummen für $n \to \infty$ gegen dieselbe Zahl, den Grenzwert der Produktsumme, so nennt man diese Zahl das Integral von f von a bis b.

Man schreibt: $\lim\limits_{n \to \infty} S_n = \int\limits_a^b f(x)\,dx$

Geometrische Deutung des Integrals

Das Integral von f von a bis b ergibt sich wie folgt: Flächeninhalte von Teilflächen oberhalb der x-Achse werden addiert und Flächeninhalte von Teilflächen unterhalb der x-Achse werden subtrahiert.

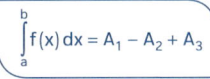
$$\int\limits_a^b f(x)\,dx = A_1 - A_2 + A_3$$

Geometrisch gedeutet ergibt sich die Produktsumme aus der Summe der Flächeninhalte aller Rechtecke über der x-Achse minus der Summe der Flächeninhalte aller Rechtecke unter der x-Achse. Hier wurde jeweils der linke Rand eines Teilintervalls als x-Wert für die Rechteckhöhe $f(x_i)$ gewählt.

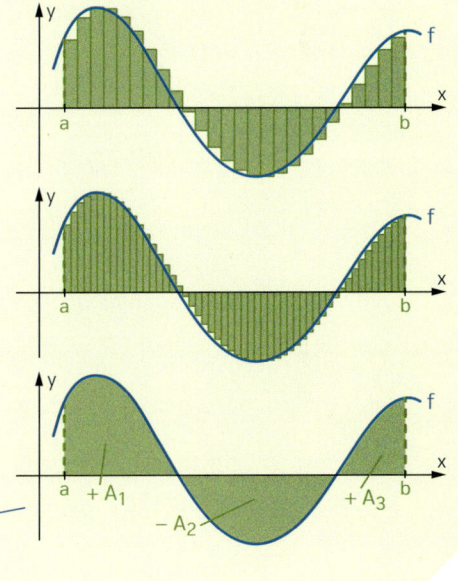

Das Integralzeichen ∫ ist ein lang gezogenes S und ist auf die Summe der Produkte $\Delta x \cdot f(x)$ zurückzuführen. Das dx erinnert an die beliebig kleinen Intervallbreiten Δx. Man bezeichnet a als *untere Intervallgrenze* und b als *obere Intervallgrenze*.

Bemerkung: Ist in jedem Teilintervall der Graph von f durchgehend, also ohne Sprünge, dann gilt: Je kleiner die Intervallbreite Δx, umso weniger unterscheiden sich die Funktionswerte eines Teilintervalls voneinander und es ist egal, welchen x-Wert eines Teilintervalls man für die Rechteckhöhe wählt. Bei Funktionen mit einem durchgehenden Graphen genügt z. B. der Funktionswert am linken Rand.

Es gibt Funktionen, bei denen die Produktsummen für $n \to \infty$ nicht alle gegen dieselbe Zahl streben (siehe Aufgabe 9).

Üben

1 ☰ Im folgenden Beispiel wurde für das Integral $\int_0^2 x^2\,dx$ ein Näherungswert bestimmt.

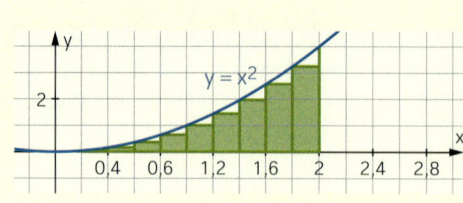

10 Rechtecke: $\Delta x = \dfrac{2-0}{10} = 0{,}2$

$S_{10} = \Delta x \cdot f(0) + \Delta x \cdot f(0{,}2) + \dots + \Delta x \cdot f(1{,}8)$
$\quad = 0{,}2 \cdot (0^2 + 0{,}2^2 + 0{,}4^2 + \dots + 1{,}8^2)$
$\quad = 2{,}28$

a) Erläutern Sie diese Rechnung und bestimmen Sie die Produktsumme S_{20}.

b) Bestimmen Sie einen Näherungswert für $\int_0^5 x^2\,dx$ mithilfe von Produktsummen.

Zerlegen Sie dazu das Intervall [0; 5] in

(1) 10 Teilintervalle;   (2) 20 Teilintervalle   und vergleichen Sie Ihre Ergebnisse.

Information

Integral der Quadratfunktion

Satz

Für die Funktion f mit $f(x) = x^2$ und $b > 0$

gilt: $\int_0^b x^2\,dx = \dfrac{1}{3} \cdot b^3$

$\int_0^2 x^2\,dx = \dfrac{1}{3} \cdot 2^3 = \dfrac{8}{3} = 2{,}\overline{6}$

Beweis:

(1) Das Intervall [0; b] wird in n Teilintervalle der Breite

$\Delta x = \dfrac{b-0}{n} = \dfrac{b}{n}$ geteilt. Die Intervallgrenzen der Teilintervalle sind:

$x_1 = 0,\ x_2 = \dfrac{b}{n},\ x_3 = 2 \cdot \dfrac{b}{n},\ x_3 = 3 \cdot \dfrac{b}{n},\ \dots,\ x_n = (n-1) \cdot \dfrac{b}{n}$ und b

(2) Die zugehörigen Produktummen S_n werden bestimmt:

$S_n = \dfrac{b}{n} \cdot \left(f(0) + f\left(\dfrac{b}{n}\right) + f\left(2 \cdot \dfrac{b}{n}\right) + \dots + f\left((n-1) \cdot \dfrac{b}{n}\right) \right)$

$\quad = \dfrac{b}{n} \cdot \left(0^2 + \left(\dfrac{b}{n}\right)^2 + \left(2 \cdot \dfrac{b}{n}\right)^2 + \dots + \left((n-1) \cdot \dfrac{b}{n}\right)^2 \right)$

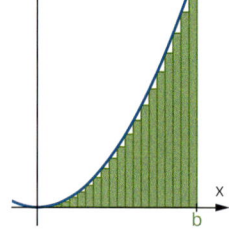

> Ausklammern von $\left(\dfrac{b}{n}\right)^2$

Für die **Summe der Quadratzahlen** gilt:
$0^2 + 1^2 + 2^2 + \dots + (n-1)^2$
$= \dfrac{(n-1) \cdot n \cdot (2n-1)}{6}$

$\quad = \left(\dfrac{b}{n}\right)^3 \cdot \left(0^2 + 1^2 + 2^2 + 3^2 \dots + (n-1)^2 \right)$

$\quad = \dfrac{b^3}{n^3} \cdot \dfrac{(n-1) \cdot n \cdot (2n-1)}{6} = \dfrac{b^3}{6} \cdot \dfrac{(n-1) \cdot n \cdot (2n-1)}{n^3}$

$\quad = \dfrac{b^3}{6} \cdot \left(\dfrac{n-1}{n}\right) \cdot \dfrac{n}{n} \cdot \left(\dfrac{2n-1}{n}\right) = \dfrac{b^3}{6} \cdot \left(1 - \dfrac{1}{n}\right) \cdot 1 \cdot \left(2 - \dfrac{1}{n}\right)$

(3) Grenzwertbestimmung:

Für $n \to \infty$ gilt: $S_n = \dfrac{b^3}{6} \cdot \underbrace{\left(1 - \dfrac{1}{n}\right)}_{\to 1} \cdot \underbrace{\left(2 - \dfrac{1}{n}\right)}_{\to 2} \to \dfrac{b^3}{6} \cdot 1 \cdot 2 = \dfrac{1}{3} \cdot b^3$

Also gilt: $\int_0^b x^2\,dx = \dfrac{1}{3} \cdot b^3$

2 ≡ Bestimmen Sie das Integral mithilfe der Formel aus dem Satz.

a) $\int_0^3 x^2\,dx$

b) $\int_0^8 x^2\,dx$

c) $\int_0^1 x^2\,dx$

d) $\int_0^{0,25} x^2\,dx$

3 ≡ Erläutern Sie die dargestellte Grafik mit Formel und bestimmen Sie damit die angegebenen Integrale.

(1) $\int_1^3 x^2\,dx$

(2) $\int_5^8 x^2\,dx$

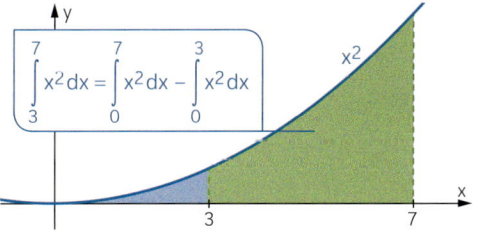

$$\int_3^7 x^2\,dx = \int_0^7 x^2\,dx - \int_0^3 x^2\,dx$$

4 ≡ Bestimmen Sie das Integral.

a) $\int_{-3}^0 x^2\,dx$

b) $\int_{-3}^{-1} x^2\,dx$

c) $\int_{-3}^1 x^2\,dx$

d) $\int_{-3}^3 x^2\,dx$

5 ≡ Überlegen Sie, wie der Graph von g mit $g(x) = x^2 + 3$ aus dem Graphen der Quadratfunktion hervorgeht, und berechnen Sie das Integral $\int_5^8 x^2 + 3\,dx$.

6 ≡ Fertigen Sie eine Skizze an und bestimmen Sie das Integral.

a) $\int_0^3 x\,dx$

b) $\int_2^4 x\,dx$

c) $\int_{-3}^1 3x\,dx$

d) $\int_a^b m x\,dx$

7 ≡ Skizzieren Sie den Graphen einer geeigneten Funktion f so, dass mit den Flächeninhalten A_1, A_2, A_3, A_4 gilt:

a) $\int_a^b f(x)\,dx = A_1 - A_2 + A_3 - A_4$

b) $\int_a^b f(x)\,dx = -A_1 + A_2 + A_3 - A_4$

Weiterüben

8 ≡ Skizzieren Sie den Graphen der Quadratfunktion.
Wie groß ist der Flächeninhalt der Fläche zwischen dem Graphen der Quadratfunktion, der y-Achse und der Geraden zu $y = 4$?

9 ≡ Gegeben ist die Funktion f über dem Intervall [0; 1] mit
$$f(x) = \begin{cases} 1, & \text{falls x eine rationale Zahl ist;} \\ 0, & \text{falls x eine irrationale Zahl ist.} \end{cases}$$

a) Beschreiben Sie den Funktionsgraphen. Welche Probleme gibt es bei der Darstellung des Graphen?

b) Begründen Sie, dass es für die Funktion f Produktsummen mit verschiedenen Grenzwerten gibt und deshalb das Integral $\int_0^1 f(x)\,dx$ nicht existiert.

2.3 Hauptsatz der Differenzial- und Integralrechnung

Einstig

Eine Patientin nimmt ein Medikament ein. Die Funktion f mit $f(t) = -\frac{1}{10}t^2 + t$, t in Stunden, beschreibt die Änderungsrate der Wirkstoffkonzentration im Blut in mg pro Stunde in einem Zeitraum von 6 Stunden.

Mit dem Integral $\int_0^4 f(t)\,dt$ kann man berechnen, wie groß die Änderung der Wirkstoffkonzentration in den ersten 4 Stunden ist.

Elea sagt: „Ich kann das Integral auch ohne Produktsummen berechnen! Ich weiß, dass f die momentane Änderungsrate der Wirkstoffkonzentration F ist. Damit kann ich F durch Aufleiten von f bestimmen!"

Erläutern Sie Eleas Idee und führen Sie diese weiter.

Aufgabe mit Lösung

Integral ohne Produktsummen berechnen

Bambus zählt zu den am schnellsten wachsenden Pflanzenarten auf unserem Planeten. Die Funktion f mit $f(x) = 0,1\,x^3 - 1,5\,x^2 + 5\,x + 10$ beschreibt modellhaft die momentane Wachstumsgeschwindigkeit einer Bambuspflanze in einem Zeitraum von 6 Tagen, die zu Beginn der Beobachtung eine Höhe von 25 cm hat. Dabei wird x in Tagen und f(x) in cm pro Tag angegeben.

→ Begründen Sie, dass die Funktion F mit $F(x) = 0,025\,x^4 - 0,5\,x^3 + 2,5\,x^2 + 10\,x + 25$ die Höhe der Pflanze in cm zum Zeitpunkt x angibt.

Lösung

Wenn die Funktion F die Höhe der Pflanze beschreibt, muss die Ableitung von F die Funktion f sein. Es gilt tatsächlich $F'(x) = 0,1\,x^3 - 1,5\,x^2 + 5\,x + 10 = f(x)$.

Außerdem muss F die Anfangshöhe der Pflanze korrekt angeben. Dies ist wegen $F(0) = 25$ der Fall.

→ Bestimmen Sie die Höhe der Pflanze 4 Tage nach Beginn der Beobachtung.

Lösung

Die Höhe der Pflanze 4 Tage nach Beobachtungsbeginn berechnet man durch
$F(4) = 0,025 \cdot 4^4 - 0,5 \cdot 4 + 2,5 \cdot 4^2 + 10 \cdot 4 + 25 = 79,4$.
Die Pflanze hat nach 4 Tagen eine Höhe von 79,4 cm.

→ Deuten Sie das Integral $\int_{2}^{6} f(x)\,dx$ im Sachkontext. Berechnen Sie es mithilfe der Funktion F.

Lösung

Das Integral $\int_{2}^{6} f(x)\,dx$ gibt an, um wie viel cm die Pflanze im Zeitraum von 2 bis 6 Tagen nach Beobachtungsbeginn gewachsen ist. Da die Funktion F die Höhe der Pflanze angibt, kann man das Integral einfach als Differenz der Funktionswerte von F berechnen:

$$\int_{2}^{6} f(x)\,dx = F(6) - F(2) = 99{,}4 - 51{,}4 = 48$$

In diesem Zeitraum hat die Höhe der Pflanze um 48 cm zugenommen.

Information

Stammfunktionen

Definition

Eine Funktion F heißt **Stammfunktion** einer Funktion f, wenn f die Ableitung von F ist:

$$F'(x) = f(x)$$

Alle Stammfunktionen einer Funktion f

Verschiedene Stammfunktionen F_1 und F_2 einer Funktion f haben an jeder Stelle x dieselbe Steigung $f(x)$ und können sich also nur um eine Konstante unterscheiden:

$$F_2(x) = F_1(x) + c \quad \text{mit } c \in \mathbb{R}$$

$$f(x) = 2x^3 - 3x^2 + 6x - 8$$
$$F(x) = \frac{1}{2}x^4 - x^3 + 3x^2 - 8x$$

F ist eine Stammfunktion von f.

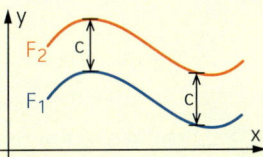

Weitere Stammfunktionen von f sind z. B. F_1 und F_2:

$$F_1(x) = \frac{1}{2}x^4 - x^3 + 3x^2 - 8x - 1$$
$$F_2(x) = \frac{1}{2}x^4 - x^3 + 3x^2 - 8x + 5$$

Hauptsatz der Differenzial- und Integralrechnung – erster Teil

Ist F eine Stammfunktion einer Funktion f im Intervall [a; b], so gilt: $\int_{a}^{b} f(x)\,dx = F(b) - F(a)$

Man schreibt kurz: $\left[F(x)\right]_{a}^{b} = F(b) - F(a)$

Dabei ist es egal, welche Stammfunktion gewählt wird, da bei der Differenz eine Konstante wegfällt.

> Dieses Klammerpaar kann auch weggelassen werden.

$$\int_{2}^{4} (2x^3 - 3x^2 + 6x - 8)\,dx$$
$$= \left[\frac{1}{2}x^4 - x^3 + 3x^2 - 8x\right]_{2}^{4}$$
$$= (128 - 64 + 48 - 32) - (8 - 8 + 12 - 16)$$
$$= 84$$

$$F(b) - F(a) = \left(F(b) + c\right) - \left(F(a) + c\right)$$

Stammfunktionen F zu bekannten Funktionen f

$f(x)$	m	x	x^2	x^n	$\frac{1}{x^2}$	$\sin(x)$	$\cos(x)$
$F(x)$	$m \cdot x$	$\frac{1}{2}x^2$	$\frac{1}{3}x^3$	$\frac{1}{n+1} \cdot x^{n+1}$	$-\frac{1}{x}$	$-\cos(x)$	$\sin(x)$

Üben

1 ≡ Zeigen Sie, dass F eine Stammfunktion von f ist, und geben Sie drei weitere Stammfunktionen von f an.

a) $F(x) = 2x^3$ $\qquad$ $f(x) = 6x^2$ $\qquad$ **b)** $F(x) = 5x^4 + 2$ $\qquad$ $f(x) = 20x^3$

c) $F(x) = \frac{2}{15}x^5 - 3$ $\qquad$ $f(x) = \frac{2}{3}x^4$ $\qquad$ **d)** $F(x) = -0,3x^4 + x$ $\qquad$ $f(x) = -1,2x^3 + 1$

e) $F(x) = 4x^3 + x + 12$ $\quad$ $f(x) = 12x^2 + 1$ $\qquad$ **f)** $F(x) = 2x^4 - 3x^3 + 5$ $\quad$ $f(x) = 8x^3 - 9x^2$

2 ≡ Bestimmen Sie drei Stammfunktionen von f.

a) $f(x) = 3x - 1$ $\qquad$ **b)** $f(x) = 5$ $\qquad$ **c)** $f(x) = x^6$ $\qquad$ **d)** $f(x) = 4x^3 - 7x + 6$

e) $f(x) = x^2 - 4x$ $\qquad$ **f)** $f(x) = \frac{1}{x^2} - x^2$ $\qquad$ **g)** $f(x) = \frac{3}{2}x^5 - \frac{4}{3}x^3 + 2$ $\qquad$ **h)** $f(x) = \sin(x)$

3 ≡ Berechnen Sie das Integral mithilfe einer Stammfunktion.

a) $\displaystyle\int_0^3 x^2 - 2\ dx$ $\qquad$ **b)** $\displaystyle\int_{-3}^6 5 - x^2\ dx$ $\qquad$ **c)** $\displaystyle\int_0^6 x^3 - 2x^2\ dx$ $\qquad$ **d)** $\displaystyle\int_0^{2\pi} \cos(x)\ dx$

4 ≡ Berechnen Sie das Integral mithilfe einer Stammfunktion.

a) $\displaystyle\int_{-2}^0 -2x^3 + 3x^2 - 4\ dx$ $\qquad$ **b)** $\displaystyle\int_{-1}^1 x^5 - 5x^4 + 2x - 3\ dx$

c) $\displaystyle\int_{-3}^6 \frac{x^2 - 3x}{5} + 1\ dx$ $\qquad$ **d)** $\displaystyle\int_{-2}^0 \frac{1}{3}x^3 - \frac{1}{2}x^2 + 1\ dx$

5 ≡ Anna und Karolin wollen das Integral $\displaystyle\int_{-5}^{10} x^4 - 2x\ dx$ berechnen.

Beide verwenden dazu Stammfunktionen. Anna wählt $F_A(x) = 0,2x^5 - x^2$; Karolin nimmt lieber $F_K(x) = 0,2x^5 - x^2 - 10$.
Überprüfen Sie, ob beide Varianten zum gleichen Ergebnis führen, und begründen Sie Ihre Beobachtung.

6 ≡ Noah rechnet:

$$\int_0^1 2x \cdot (6x - 1)\,dx = \left[x^2 \cdot (3x^2 - x)\right]_0^1 = 1 \cdot (3 - 1) = 2$$

Der Rechner liefert als Ergebnis aber 3. Was hat Noah falsch gemacht?

7 ≡ Begründen Sie mithilfe des Hauptsatzes die folgenden Rechenregeln für Integrale.

(1) Integral von a bis a

$$\int_a^a f(x)\,dx = 0$$

(2) Intervalladditivität

$$\int_a^b f(x)\,dx + \int_b^c f(x)\,dx = \int_a^c f(x)\,dx$$

(3) Faktorregel

$$\int_a^b k \cdot f(x)\,dx = k \cdot \int_a^b f(x)\,dx$$

(4) Summenregel

$$\int_a^b \big(f(x) + g(x)\big)\,dx = \int_a^b f(x)\,dx + \int_a^b g(x)\,dx$$

8 ≡ In einigen Windkraftanlagen wird die produzierte Energie in Form von Gas gespeichert.

Die Funktion f mit $f(t) = 0{,}4\,t^3 - 2\,t$ beschreibt die momentane Produktionsrate des produzierten Gases in m³ pro Tag in Abhängigkeit von der Zeit t in Tagen.

Für die Menge des Gases $F(a)$ in m³, das sich zum Zeitpunkt a im Speichertank befindet, gilt $F(100) = 0$.

Bestimmen Sie die Bestandsfunktion F.

$f(x) = 4x^3 - x$

$F(2) = 10$

Bestandsfunktion bestimmen:
Man benötigt diejenige Stammfunktion F von f mit $F(x) = x^4 - 0{,}5\,x^2 + c$, für die $F(2) = 10$ gilt. Durch Einsetzen erhält man $F(2) = 16 - 2 + c = 10$, somit ergibt sich $c = -4$.

Die gesuchte Bestandsfunktion lautet also $F(x) = x^4 - 0{,}5\,x^2 - 4$.

9 ≡ Bei einem Sprung vom 10-Meter-Turm eines Freibads kann man den Luftwiderstand vernachlässigen, also von einem freien Fall ausgehen. Dabei nimmt die Geschwindigkeit pro Sekunde um etwa $9{,}81\,\frac{m}{s}$ zu. Diese sogenannte Erdbeschleunigung ist nach unten gerichtet, daher kann die Geschwindigkeit $v(t)$ in Abhängigkeit von der Zeit t durch $v(t) = -9{,}81\,t$, t in Sekunden, v(t) in m pro Sekunde, beschrieben werden.

a) Bestimmen Sie die Funktion h, die die Höhe eines Springers nach t Sekunden angibt.

b) Wie lange dauert es etwa, bis der Springer die Wasseroberfläche erreicht? Mit welcher Geschwindigkeit taucht er ein?

c) Berechnen Sie $\int_0^1 v(t)\,dt$ und interpretieren Sie den Wert im Sachzusammenhang.

Weiterüben

10 ≡ Verdeutlichen Sie das Integral an einer Skizze und bestimmen Sie $b > 0$ so, dass die Gleichung erfüllt ist.

a) $\int_0^b x^2 - 3\,dx = 0$ **b)** $\int_1^b 4 - x\,dx = -4$ **c)** $\int_{-1}^b x^3\,dx = \frac{15}{4}$ **d)** $\int_0^b \sin(x)\,dx = 1$

11 ≡ Im abgebildeten Rechnerfenster ist zu sehen, wie man ein Integral mit einem Rechner bestimmen kann.

a) Untersuchen Sie, welche Möglichkeiten Ihr Rechner zur Berechnung von Integralen hat. Erläutern Sie die Eingaben.

$$\int_{-1}^3 \left(x^3 - 2\cdot x^2 + x - 4\right) dx \qquad \frac{-32}{3}$$

$$\int_\square^\square \square\,d\square$$

b) Berechnen Sie folgende Integrale mithilfe des Hauptsatzes für Differenzial- und Integralrechnung und kontrollieren Sie Ihr Ergebnis mit einem Rechner.

(1) $\int_1^3 0{,}4x^3 - 0{,}5x^4 - 7\,dx$ **(2)** $\int_{-1}^5 \frac{x^3}{4} - \frac{x^2}{3} + \frac{1}{5}\,dx$

(3) $\int_1^2 \frac{x}{2} + \frac{1}{x^2}\,dx$ **(4)** $\int_0^\pi \sin(x)\,dx$

75

2.4 Integralfunktionen

Einstieg

Ein Tauchroboter hat eine Sink- bzw. Steiggeschwindigkeit v in $\frac{m}{min}$, für die gilt: $v(t) = 0{,}25\,t^2 - 9\,t$; t in min und $0 \leq t \leq 45$. Zeichnen Sie den Graphen von v und den von I_0 mit $I_0(x) = \int_0^x v(t)\,dt$ im Intervall [0; 45] in zwei Koordinatensysteme untereinander. Beschreiben Sie die Bedeutung von $I_0(x)$ und stellen Sie Zusammenhänge zwischen den beiden Graphen her.

Aufgabe mit Lösung

Grafisches Integrieren

Gegeben ist der Graph einer Funktion f. Die Funktion F ist eine Stammfunktion von f. Der Graph von F soll durch den Punkt (1 | 0) verlaufen.

→ Rekonstruieren Sie den ungefähren Verlauf des Graphen von F im Intervall [1; 5].

Lösung

Der Flächeninhalt unter dem Graphen der Funktion f kann z. B. durch Zählen der Kästchen abgeschätzt werden. Hieraus ergeben sich die Werte $F(2) \approx 1{,}0$ und $F(3) \approx 1{,}4$.

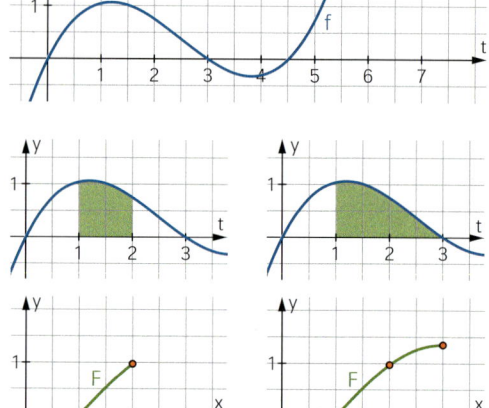

Im Intervall [3; 4,5] hat die Funktion f negative Werte. Die entsprechenden Flächeninhalte müssen daher subtrahiert werden. Daraus kann man folgern, dass die Funktion F an der Stelle 3 ein Maximum und an der Stelle 4,5 ein Minimum hat.

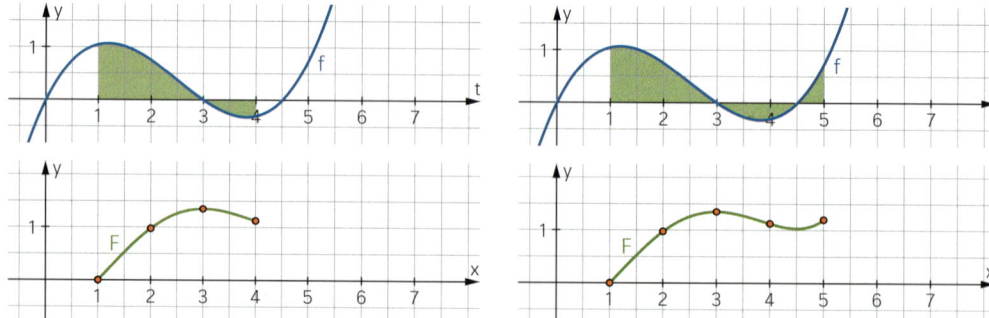

Den x-Werten wurde der orientierte Flächeninhalt der Fläche zwischen dem Graphen von f über dem Intervall [1; x] zugeordnet. Es ist also $F(x) = \int_1^x f(t)\,dt$.

Information

Integralfunktion

Definition

Ordnet man jeder Stelle $x \geq a$ den orientierten Flächeninhalt unter dem Graphen einer Funktion f über dem Intervall $[a; x]$ zu, so erhält man eine neue Funktion. Diese Funktion heißt **Integralfunktion** von f über dem Intervall $[a; x]$.

Man schreibt dafür kurz: $I_a(x) = \int\limits_a^x f(t)\,dt$

Für jede Integralfunktion gilt: $I_a(a) = \int\limits_a^a f(t)\,dt = 0$

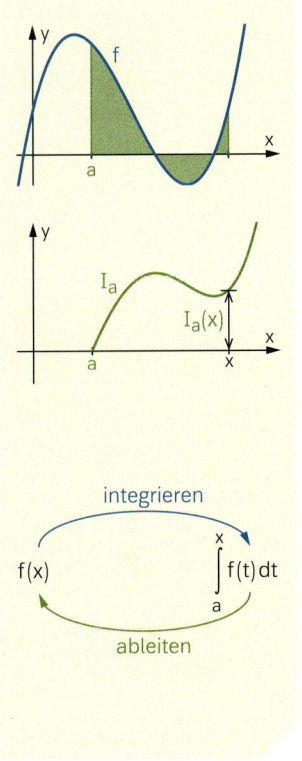

Hauptsatz der Differenzial- und Integralrechnung – zweiter Teil

Wenn der Graph einer Funktion f zusammenhängend gezeichnet werden kann, dann gilt für eine Integralfunktion

$I_a(x) = \int\limits_a^x f(t)\,dt$ von f: $I_a'(x) = f(x)$

Das heißt, die Ableitung einer Integralfunktion I_a von f ist die Funktion f. Somit ist jede Integralfunktion I_a von f eine Stammfunktion von f.

Begründung mithilfe des ersten Teils des Hauptsatzes:

Ist F eine Stammfunktion von f, so gilt $I_a(x) = \int\limits_a^x f(t)\,dt = F(x) - F(a)$.

Da $F(a)$ eine Konstante ist, folgt $I_a'(x) = F'(x) - 0 = F'(x) = f(x)$.

Anschauliche Begründung mithilfe des Differenzenquotienten:

Gesucht ist die Ableitung der Funktion I_a an der Stelle x. Der Differenzenquotient ergibt:

$$\frac{I_a(x+h) - I_a(x)}{h} = \frac{\int\limits_a^{x+h} f(t)\,dt - \int\limits_a^x f(t)\,dt}{h} = \frac{\int\limits_x^{x+h} f(t)\,dt}{h}$$

Ist h sehr klein, so unterscheidet sich die Fläche unter dem Graphen von f im Intervall $[x; x+h]$ kaum noch von einem Rechteck der Breite h und der Länge $f(x)$. Dividiert man aber den Flächeninhalt eines Rechtecks durch dessen Breite, so erhält man dessen Länge. Daher ist es plausibel, dass sich für den Grenzwert des Differenzenquotienten $f(x)$ ergibt:

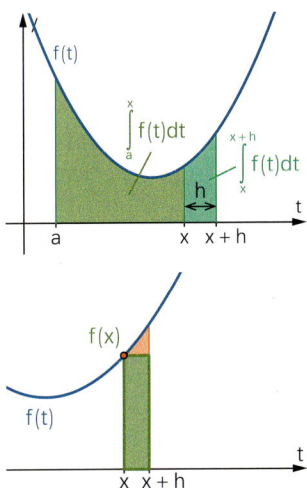

$$I_a'(x) = \lim_{h \to 0} \frac{\int\limits_x^{x+h} f(t)\,dt}{h} = f(x)$$

Üben

1 ☰ Die abgebildete Funktion f beschreibt die momentane Änderungsrate eines Tankinhalts.

a) Zeichnen Sie den Graphen der zugehörigen Integralfunktion $I_{-3}(x) = \int\limits_{-3}^{x} f(t)\,dt$.

b) Erläutern Sie die Bedeutung der Integralfunktion für den Sachzusammenhang.

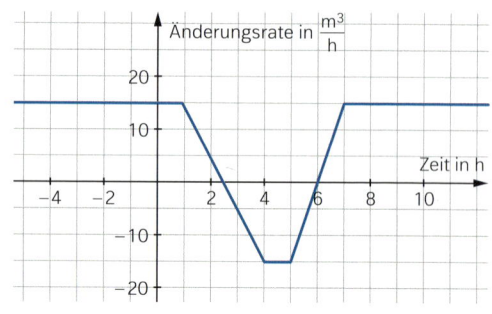

2 ☰ Unmittelbar nach einem Deichbruch fließen etwa 150 m³ Wasser pro Minute durch die Bruchstelle. Sie vergrößert sich durch den Wasserzufluss, sodass sich die Durchflussstärke innerhalb einer Minute immer um 30 m³ pro Minute erhöht.

a) Beschreiben Sie die Durchflussstärke t Minuten nach dem Deichbruch mit einem Funktionsterm f(t) und zeichnen Sie den Graphen.

b) Zeichnen Sie den Graphen der Integralfunktion I_0 von f und beschreiben Sie deren Bedeutung im Sachzusammenhang.

c) Bestimmen Sie einen Funktionsterm für $I_0(x)$.

> I_0: Integralfunktion von f mit der unteren Grenze 0

3 ☰ **Rote Welle**

Eine typische Situation im Stadtverkehr:

Man hält bei Rot an einer Ampel an, nach etwa einer Minute fährt man bei Grün mit zunächst konstanter Beschleunigung und anschließend mit konstanter Geschwindigkeit weiter.
Kaum hat man diese Geschwindigkeit erreicht, kommt die nächste Ampel, an der man stoppen muss.

a) Stellen Sie den zeitlichen Verlauf der Geschwindigkeit v = f(t) grafisch dar.

b) Welche Bedeutung hat hier die Integralfunktion I_0? Zeichnen Sie deren Graphen direkt unterhalb des Graphen von f.

c) Untersuchen Sie, welcher inhaltliche Zusammenhang zwischen den beiden Funktionen besteht. Erläutern Sie, welche Bedeutung die Ableitung der Integralfunktion hat.

4 ☰ Bestimmen Sie jeweils zum vorgegebenen Wert von a die Integralfunktion I_a von f. Zeichnen Sie die Graphen von f und I_a in ein Koordinatensystem. Erläutern Sie die Zusammenhänge beider Graphen.

a) $f(x) = 3x + 1$
   $a = 0;\ a = 2;\ a = -1$

b) $f(x) = 2x - 6$
   $a = 0;\ a = 3;\ a = -2$

c) $f(x) = \frac{1}{2}x - 1$
   $a = 0;\ a = 1;\ a = -4$

d) $f(x) = x^2 + 1$
   $a = 0;\ a = 1;\ a = -1$

5 ≡ Ein Wasserreservoir in einem Wüsten-
gebiet wird von einem Fluss gespeist, der
lange Zeit des Jahres trocken liegt. Die
Bewohner eines kleinen Dorfes nutzen
dieses Reservoir für ihre Wasserversorgung.
Sie möchten deshalb ungefähr wissen, wie
viel Wasser im Reservoir vorhanden ist.
Der Wasserzufluss kann näherungsweise
durch den Graphen beschrieben werden.

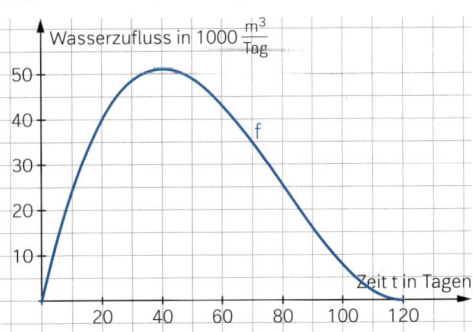

a) Bestimmen Sie ungefähr das Wasservolumen in m^3, das nach 10 Tagen,
20 Tagen, 30 Tagen, …, 120 Tagen in das
Reservoir geflossen ist.
Skizzieren Sie den Graphen der Funktion F,
die jedem Zeitpunkt t in Tagen das Wasservolumen in m^3 zuordnet.

b) Erläutern Sie, warum die Funktion F aus Teilaufgabe a) eine Stammfunktion von f ist.

c) Erläutern Sie die Zusammenhänge der beiden Graphen von f und F.

6 ≡ Für ein Segelflugzeug ist die Steig-
bzw. Sinkgeschwindigkeit v (t) in Abhängigkeit von der Zeit t im abgebildeten Graphen
dargestellt.

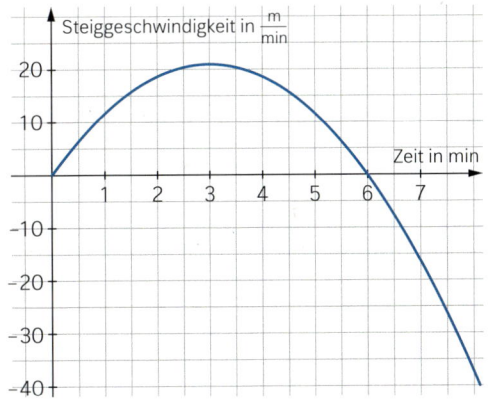

a) Übertragen Sie den Graphen der
Funktion v in Ihr Heft.
Erläutern Sie die Bedeutung der Integral-
funktion I_0 von v. Skizzieren Sie unter dem
Graphen von v in einem neuen Koordina-
tensystem den Graphen der Integralfunkti-
on I_0 von v.
Begründen Sie den Verlauf des Graphen der Integralfunktion.

b) Betrachten Sie die Graphen von v und I_0 und erläutern Sie die Zusammenhänge der
beiden Funktionen v und I_0.

7 ≡ Die Abbildung zeigt die Graphen einer
Funktion f und einer zugehörigen Integralfunktion I_{-2}.

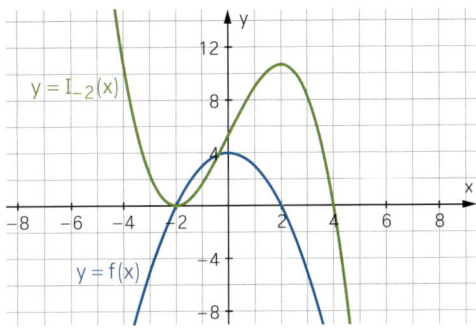

a) Erläutern Sie die Zusammenhänge
beider Graphen.

b) Skizzieren Sie per Hand weitere
Integralfunktionen I_a von f für $a = -1$,
$a = 0$, $a = 1$ und $a = 2$.
Beschreiben Sie, was sich jeweils ändert.

2.5 Fläche zwischen einem Funktionsgraphen und der x-Achse

Einstig

👥 Der Wasserstand in einem Rückhaltebecken kann mithilfe eines Ablaufkanals kontrolliert werden. Für den Querschnitt f des Ablaufkanals gilt in einem Koordinatensystem mit der Einheit Meter:

$f(x) = \frac{1}{2}x^2 - 2$

Zur Kontrolle des Wasserflusses wurde ein Metalltor montiert, dessen Querschnitt mit dem des Ablaufkanals übereinstimmt. Zeichnen Sie den Graphen der Funktion f und berechnen Sie den Flächeninhalt der Querschnittsfläche.

Aufgabe mit Lösung

Flächeninhalt durch Zerlegen bestimmen

Der Graph der Funktion f mit $f(x) = x^3 - x^2 - 2x$ schließt mit der x-Achse eine Fläche aus zwei Teilen ein.

→ Entnehmen Sie der Grafik die vermuteten Nullstellen und bestätigen Sie diese am Funktionsterm.

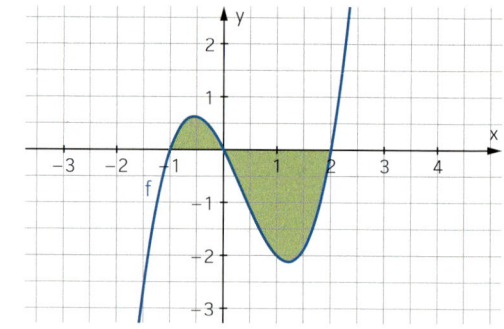

Lösung

Die Nullstellen sind −1, 0 und 2, da

- $f(-1) = (-1)^3 - (-1)^2 - 2 \cdot (-1)$
  $= -1 + -1 + 2 = 0$
- $f(0) = 0^3 - 0^2 - 2 \cdot 0 = 0 - 0 - 0 = 0$
- $f(2) = 2^3 - 2^2 - 2 \cdot 2 = 8 - 4 - 4 = 0$

→ Begründen Sie, dass der Flächeninhalt der eingeschlossenen Fläche nicht mit dem Integral $\int_{-1}^{2} f(x)\,dx$ berechnet werden kann.

Lösung

Die linke Teilfläche A_1 liegt oberhalb der x-Achse, also bezieht das Integral den Flächeninhalt von A_1 positiv ein. Die rechte Teilfläche A_2 liegt unterhalb der x-Achse, also bezieht das Integral den Flächeninhalt von A_2 negativ ein.

Somit gibt das Integral $\int_{-1}^{2} f(x)\,dx$ nur die Differenz dieser beiden Flächeninhalte an.

Der Flächeninhalt der gesamten Fläche kann daher nicht mit dem Integral berechnet werden.

→ Berechnen Sie den Flächeninhalt der Fläche, die von dem Graphen von f und der x-Achse eingeschlossen wird.

Lösung

Die Funktion F mit $F(x) = \frac{1}{4}x^4 - \frac{1}{3}x^3 - x^2$ ist eine Stammfunktion von f, da $F'(x) = f(x)$.

Die linke Teilfläche A_1 ist über dem Intervall $[-1; 0]$ vom Graphen und der x-Achse eingeschlossen. Sie liegt oberhalb der x-Achse, deshalb gilt:

$$\int_{-1}^{0} f(x)\,dx = \left[\frac{1}{4}x^4 - \frac{1}{3}x^3 - x^2\right]_{-1}^{0} = 0 - \left(\frac{1}{4} + \frac{1}{3} - 1\right) = \frac{5}{12}; \text{ also } A_1 = \frac{5}{12}$$

Die rechte Teilfläche A_2 ist über dem Intervall $[0; 2]$ vom Graphen und der x-Achse eingeschlossen. Sie liegt unterhalb der x-Achse, deshalb gilt:

$$\int_{0}^{2} f(x)\,dx = \left[\frac{1}{4}x^4 - \frac{1}{3}x^3 - x^2\right]_{0}^{2} = \left(4 - \frac{8}{3} - 4\right) - 0 = -\frac{8}{3}; \text{ also } A_2 = \left|-\frac{8}{3}\right| = \frac{8}{3}$$

Der Flächeninhalt A der gesamten Fläche ergibt sich aus der Summe der Flächeninhalte der Teilflächen:

$$A = A_1 + A_2 = \frac{5}{12} + \frac{8}{3} = \frac{37}{12} \approx 3{,}083$$

Information

Flächeninhalt zwischen einem Funktionsgraphen und der x-Achse

Den Flächeninhalt A zwischen dem Graphen einer Funktion f und der x-Achse über einem Intervall $[a; b]$ bestimmt man aus den Flächeninhalten der Teilflächen oberhalb und unterhalb der x-Achse. Dazu geht man wie folgt vor:

(1) Man bestimmt die Nullstellen im Intervall $[a; b]$.

(2) Mithilfe der Integrale von $f(x)$ über den Teilintervallen werden die einzelnen Flächeninhalte berechnet.
Bei negativen Integralwerten werden die Beträge gebildet.

(3) Der Flächeninhalt A ergibt sich aus der Summe der Flächeninhalte der Teilflächen.

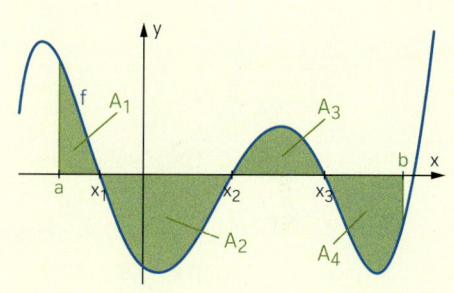

Nullstellen: $f(x) = 0$
Im Intervall $[a; b]$ sind dies x_1, x_2, x_3.

$$A_1 = \int_{a}^{x_1} f(x)\,dx \qquad A_2 = \left|\int_{x_1}^{x_2} f(x)\,dx\right|$$

$$A_3 = \int_{x_2}^{x_3} f(x)\,dx \qquad A_4 = \left|\int_{x_3}^{b} f(x)\,dx\right|$$

$$A = A_1 + A_2 + A_3 + A_4$$

Üben

1 ≡ Skizzieren Sie den Graphen von f und berechnen Sie den Flächeninhalt der Fläche, die der Graph mit der x-Achse einschließt. Kontrollieren Sie Ihr Ergebnis mit einem Rechner.

a) $f(x) = x^2 - 9$ **b)** $f(x) = x^3 - 4x$ **c)** $f(x) = x^3 - 2x^2$ **d)** $f(x) = x^4 - 4x^2$

2 ☰ Berechnen Sie den Flächeninhalt der Fläche, die der Graph der Funktion f mit der x-Achse einschließt.

a) $f(x) = 4 - x^2$

b) $f(x) = x \cdot (x - 1) \cdot (3 - x)$

c) $f(x) = -x^2 + 6x + 7$

d) $f(x) = (x - 1) \cdot (x - 2) \cdot (x - 3)$

3 ☰ Skizzieren Sie den Graphen der Funktion f und markieren Sie die Fläche, die der Graph der Funktion f über dem gegebenen Intervall mit der x-Achse einschließt. Berechnen Sie den Flächeninhalt dieser Fläche.

a) $f(x) = -x^2 + 6x - 5$
Intervall: $[1; 5]$

b) $f(x) = x^3 - 3x^2 - 6x + 8$
Intervall: $[-2; 4]$

c) $f(x) = x^3 - 6x^2 + 5x + 12$
Intervall: $[-1; 3]$

d) $f(x) = x^3 - x^2 - 2x + 1$
Intervall: $[-2; 2]$

e) $f(x) = x^3 - 9x^2 + 23x - 15$
Intervall: $[1; 5]$

f) $f(x) = x^4 - 10x^3 + 35x^2 - 50x + 24$
Intervall: $[1; 4]$

4 ☰ Dominik und Betül sollen den Inhalt der Fläche berechnen, die von einem Sinusbogen und der x-Achse eingeschlossen wird.

Dominik berechnet:

$$A = \int_0^{2\pi} \sin(x)\,dx = 0$$

Betül rechnet folgendermaßen:

$$A = 2 \cdot \int_0^{\pi} \sin(x)\,dx$$

Erläutern Sie Dominiks Fehler und Betüls Überlegungen.

5 ☰ Das Eingangstor einer alten Kirche muss neu gestrichen werden.
Die obere Begrenzungslinie des Tores kann in einem Koordinatensystem mit der Einheit Meter durch den Graphen der Funktion f mit $f(x) = -\frac{1}{8}x^4 + 4$ für $-2 \leq x \leq 2$ und die Geraden $x = 2$ und $x = -2$ modelliert werden.
Berechnen Sie den Flächeninhalt des Tores.

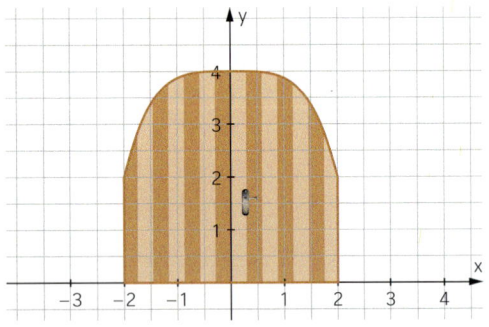

6 ☰ Der „Berliner Bogen" in Hamburg ist ein preisgekröntes Bürogebäude aus Glas und Stahl. Die obere Begrenzungslinie der Glasfront des Gebäudes kann annähernd durch die Funktion f mit $f(x) = -\frac{1}{30}x^2 + 30$ in einem Koordinatensystem mit der Einheit Meter modelliert werden.
Berechnen Sie den Flächeninhalt der Glasfront. Beschreiben Sie, wie Sie dabei vorgegangen sind.

7 ≡ Ein Entwässerungsgraben kann in einem Koordinatensystem mit der Einheit dm näherungsweise durch f mit $f(x) = x^2 - 9$ für $-3 \le x \le 3$ beschrieben werden. Nehmen Sie an, dass der Graben randvoll gefüllt ist. Bestimmen Sie, wie viel Liter Wasser pro Meter im Graben enthalten sind.

Flächeninhalte mithilfe des Betrags bestimmen

8 ≡ Der Flächeninhalt der Fläche, die der Graph der Funktion f mit $f(x) = -x^3 + x^2 + 2x$ mit der x-Achse einschließt, soll berechnet werden.

a) In der Abbildung sind der Graph der Funktion f sowie der Graph der Funktion g mit $g(x) = |f(x)|$ dargestellt. Beschreiben Sie den Zusammenhang dieser beiden Graphen.

b) Begründen Sie, dass für den Flächeninhalt A, den der Graph von f mit der x-Achse einschließt, gilt: $A = \int\limits_{-1}^{2} |f(x)|\, dx$

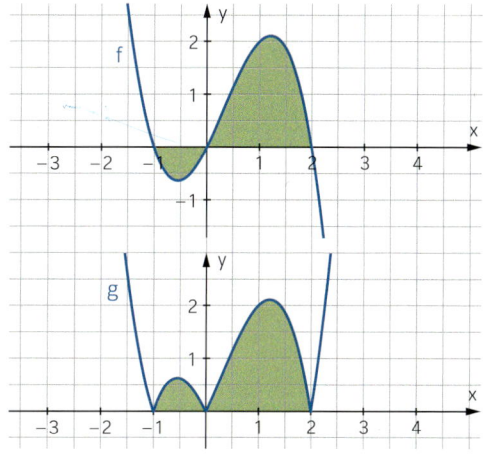

c) Berechnen Sie so den gesuchten Flächeninhalt mit einem einzigen Integral.

Information

Flächeninhalt zwischen Funktionsgraph und x-Achse mithilfe des Betrags berechnen

Satz

Der Flächeninhalt A der vom Graphen einer Funktion f und der x-Achse zwischen den Stellen a und b eingeschlossenen Fläche beträgt:

$$A = \int\limits_{a}^{b} |f(x)|\, dx$$

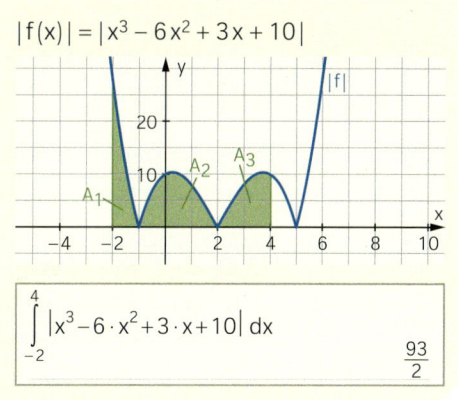

$|f(x)| = |x^3 - 6x^2 + 3x + 10|$

$$\int\limits_{-2}^{4} |x^3 - 6 \cdot x^2 + 3 \cdot x + 10|\, dx \qquad \frac{93}{2}$$

Hinweis: Für Gleichungen ab dem Grad 5 gibt es keine allgemeine Lösungsformel (*Satz von Abel*). Somit können solche Funktionen auch Nullstellen haben, die nur näherungsweise berechnet werden können. Folglich können auch CAS-Rechner in solchen Fällen nur Näherungswerte für die Flächeninhalte angeben.

9 ≡ Bestimmen Sie den Flächeninhalt der Fläche, die der Graph von f mit der x-Achse einschließt.

a) $f(x) = x^4 - 8x^3 + 18x^2 - 8x$

b) $f(x) = x^3 - x^2 - 2x$

10 ≡ Für den Bau einer Zisterne wird eine Grube ausgehoben, deren Querschnittsfläche in einem Koordinatensystem mit der Einheit Meter für $-4 \leq x \leq 4$ vom Graphen der Funktion f mit $f(x) = \frac{3}{128}x^4 - 6$ begrenzt wird.

a) Berechnen Sie den Flächeninhalt der Querschnittsfläche der Grube.

b) Die Grube hat eine Länge von 20 m. Berechnen Sie, wie viel Kubikmeter Erde ausgehoben wurden.

Weiterüben

11 ≡ Ermitteln Sie einen Funktionsterm für den Graphen. Bestimmen Sie die gefärbte Fläche.

a)
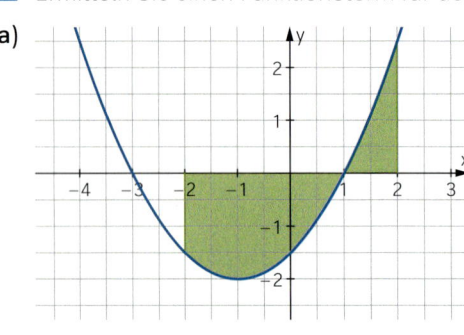

b)
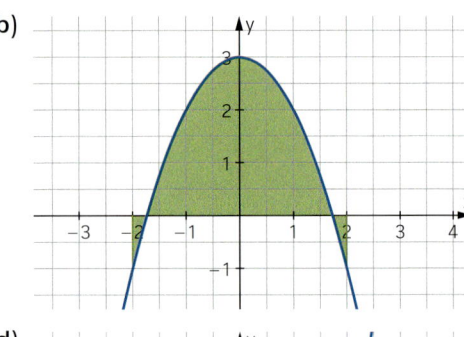

c)
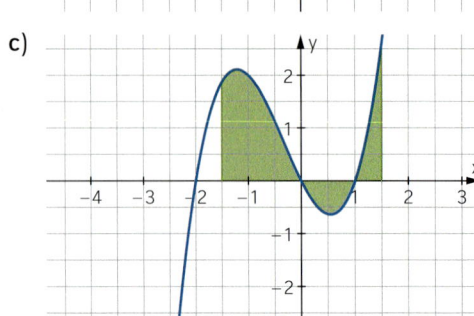

d)
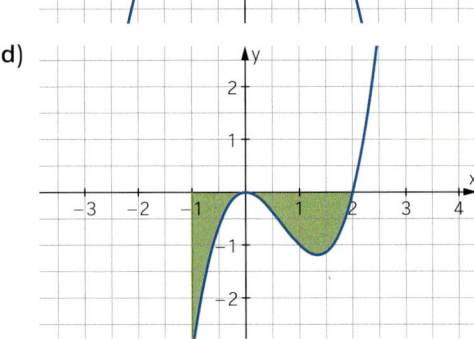

12 ≡ Für Freizeitaktivitäten im Wassersport wird ein neuer Kanal als Verbindung zwischen zwei Seen angelegt.

a) Bestimmen Sie einen Funktionsterm $f(x)$ für den abgebildeten Kanalboden.

b) Berechnen Sie den Flächeninhalt der Querschnittsfläche des Kanals.

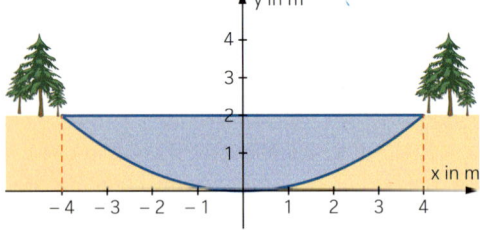

c) Betrachten Sie die Funktion g, die durch Verschiebung des Graphen von f um zwei Einheiten nach unten entsteht: $g(x) = f(x) - 2$. Die x-Achse beschreibt nun die Wasseroberfläche. Berechnen Sie mithilfe der Funktion g den Flächeninhalt der Querschnittsfläche.

d) Der Kanal hat eine Länge von 1 km. Berechnen Sie das gesamte Wasservolumen.

e) Im Sommer steht das Wasser im Kanal an der tiefsten Stelle nur 1 m hoch. Bestimmen Sie das Wasservolumen des beschriebenen Kanals im Sommer.

13 ≡ Gegeben ist die Funktion f mit $f(x) = -x^3 + 3x^2$.

Zerlegen Sie die Fläche, die der Graph von f mit der x-Achse einschließt, so durch eine Parallele zur y-Achse, dass zwei Flächen mit demselben Flächeninhalt entstehen.

14 ≡ Bestimmen Sie $k \in \mathbb{R}$ so, dass der Graph der Funktion f mit der x-Achse eine Fläche vom angegebenen Flächeninhalt A einschließt. Skizzieren Sie den Graphen für einen selbst gewählten Wert von k.

a) $f(x) = -x^2 + k$; $A = 36$

b) $f(x) = x \cdot (x - k)$; $A = 36$

c) $f(x) = x^2 \cdot (x - k)$; $A = 108$

d) $f(x) = (x - k) \cdot x \cdot (x + k)$; $A = 8$

15 ≡ Seit der Antike beherrschen Baumeister die Kunst, Torbögen zu konstruieren, zum Beispiel für Tore, Brücken oder Aquädukte. Die Bögen des im 1. Jh. n. Chr. von den Römern erbauten Aquädukts *Pont du Gard* in Südfrankreich sind in Halbkreisform gebaut. Als sehr stabil erweisen sich auch Bögen, die von Parabelbögen gebildet werden.

a) Beschreiben Sie anhand der Skizze (A), wie man die Größe der Öffnungsfläche bei einem Torbogen in Halbkreisform berechnen könnte.

b) Wie müsste man zur Bestimmung der Größe der Öffnungsfläche bei einem von einem Parabelbogen begrenzten Torbogen (B) vorgehen?

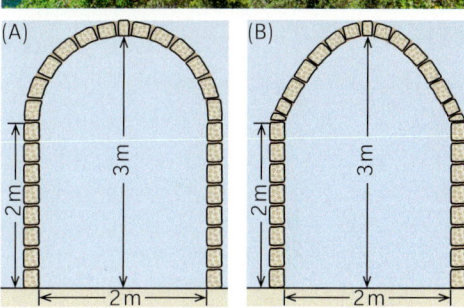

c) Vergleichen Sie die Größen der Öffnungsflächen der beiden Torbögen (A) und (B) miteinander.

Das kann ich noch!

A Vereinfachen Sie den Term.

1) $\sqrt[6]{a^3}$　　　**2)** $\sqrt[3]{z^{-3}}$　　　**3)** $\dfrac{b^3}{b^{-2}}$　　　**4)** $\dfrac{\sqrt[8]{x^{12}}}{\sqrt{x^2}}$

B Eine Münze wird dreimal geworfen.

Stellen Sie das Zufallsexperiment in einem Baumdiagramm dar und bestimmen Sie daraus die Wahrscheinlichkeit für das Ereignis.

1) Mindestens einmal Wappen　　　**2)** Nicht dreimal Wappen

3) Zuerst Wappen, dann zweimal Zahl　　　**4)** Gleich oft Wappen und Zahl

C Gegeben sind die Vektoren $\vec{u} = \begin{pmatrix} 1 \\ -2 \\ 3 \end{pmatrix}$ und $\vec{v} = \begin{pmatrix} -4 \\ 2 \\ 5 \end{pmatrix}$.

Berechnen Sie:　　　**1)** $\vec{u} + \vec{v}$　　　**2)** $\vec{u} - \vec{v}$　　　**3)** $(-1) \cdot \vec{u}$

2.6 Fläche zwischen zwei Funktions- graphen

Einstieg

Die Propeller-Profis

Ein Modellflugzeugclub hat einen stilisierten Propeller im neuen Logo entwickelt. Der Propeller wird durch die Graphen der Funktionen f und g mit $f(x) = \frac{1}{10}x^3 - \frac{2}{5}x + 2$ und $g(x) = \frac{1}{2}x + 2$ begrenzt (Einheit in cm). Berechnen Sie den Flächeninhalt des Propellers.

Aufgabe mit Lösung

Flächeninhalt einer von zwei Funktionsgraphen eingeschlossenen Fläche

Die Graphen der Funktionen f und g mit $f(x) = \frac{1}{8}x^3 + 2$ und $g(x) = \frac{1}{4}x^2 + x + 2$ begrenzen eine zweigeteilte Fläche.

→ Entnehmen Sie der Grafik die Schnittstellen der beiden Graphen und bestätigen Sie diese an den Funktionstermen.

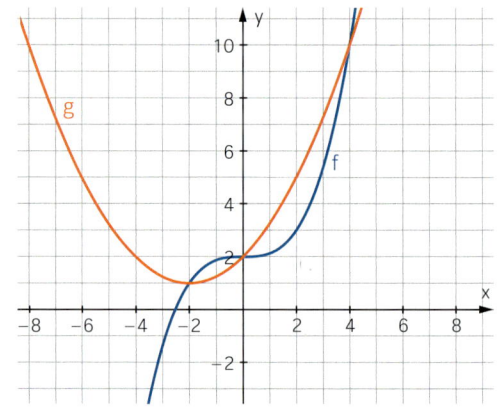

Lösung

Die Schnittstellen sind:
- -2, da $f(-2) = 1 = g(-2)$
- 0, da $f(0) = 2 = g(0)$
- 4, da $f(4) = 10 = g(4)$

→ Berechnen Sie den Flächeninhalt A_1 der über dem Intervall $[-2; 0]$ von den beiden Graphen eingeschlossenen Fläche.

Lösung

Zunächst berechnet man den Flächeninhalt A_f der Fläche unterhalb des Graphen von f sowie den Flächeninhalt A_g der Fläche unterhalb des Graphen von g.

Da der Graph von f über dem Intervall $[-2; 0]$ oberhalb des Graphen von g liegt, subtrahiert man A_g von A_f und erhält so den Flächeninhalt A_1 der Fläche, die zwischen den Graphen von f und g liegt.

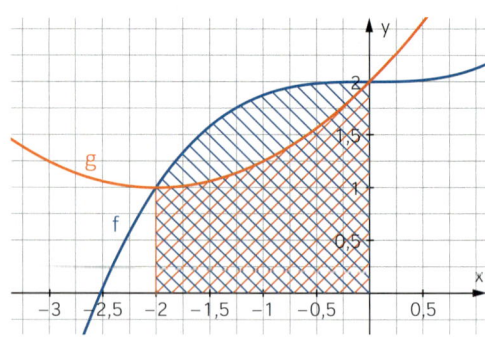

 Summenregel für Integrale

$$A_1 = A_f - A_g = \int_{-2}^{0} f(x)\,dx - \int_{-2}^{0} g(x)\,dx = \int_{-2}^{0} f(x) - g(x)\,dx$$

$$= \int_{-2}^{0} \left(\frac{1}{8}x^3 + 2\right) - \left(\frac{1}{4}x^2 + x + 2\right) dx = \int_{-2}^{0} \frac{1}{8}x^3 - \frac{1}{4}x^2 - x\,dx = \left[\frac{1}{32}x^4 - \frac{1}{12}x^3 - \frac{1}{2}x^2\right]_{-2}^{0} = \frac{5}{6}$$

→ Berechnen Sie den Flächeninhalt A_2 der über dem Intervall [0; 4] von den beiden Graphen eingeschlossenen Fläche. Wie groß ist die insgesamt eingeschlossene Fläche?

Lösung

Da im Intervall [0; 4] der Graph von g oberhalb des Graphen von f verläuft, bildet man hier die Differenz in umgekehrter Reihenfolge:

$$A_2 = \int_0^4 g(x)\,dx - \int_0^4 f(x)\,dx = \int_0^4 \big(g(x) - f(x)\big)\,dx$$

$$= \int_0^4 \left(\tfrac{1}{4}x^2 + x + 2\right) - \left(\tfrac{1}{8}x^3 + 2\right)\,dx = \int_0^4 -\tfrac{1}{8}x^3 + \tfrac{1}{4}x^2 + x\ dx = \left[-\tfrac{1}{32}x^4 + \tfrac{1}{12}x^3 + \tfrac{1}{2}x^2\right]_0^4 = \tfrac{16}{3}$$

Die gesamte Fläche, die von den beiden Funktionsgraphen eingeschlossen wird, hat somit den Flächeninhalt $A = A_1 + A_2 = \tfrac{5}{6} + \tfrac{16}{3} = \tfrac{37}{6} = 6\tfrac{1}{6}$.

→ Verschiebt man beide Graphen um 1,5 nach unten, so liegt ein Teil der Fläche A_1 unterhalb der x-Achse.

Begründen Sie, dass sich dies nicht auf die Berechnung des Flächeninhalts auswirkt.

Lösung

Die verschobenen Graphen haben die Funktionsterme $v(x) = f(x) - 1{,}5$ und $w(x) = g(x) - 1{,}5$.

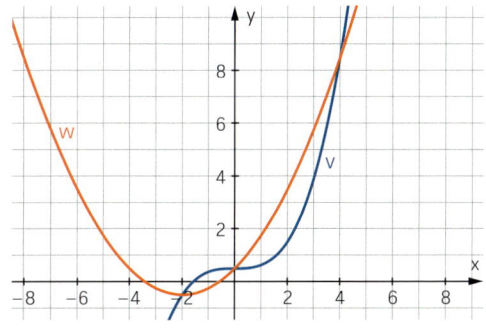

Es gilt dann: $v(x) - w(x) = \big(f(x) - 1{,}5\big) - \big(g(x) - 1{,}5\big) = f(x) - 1{,}5 - g(x) + 1{,}5 = f(x) - g(x)$
Die Verschiebung fällt im Term weg.

Information

Flächeninhalt zwischen zwei Funktionsgraphen in einem Intervall

Den Flächeninhalt A zwischen den Graphen zweier Funktionen f und g über einem Intervall [a; b] berechnet man wie folgt:

(1) Man bestimmt die Schnittstellen der beiden Graphen im Intervall [a; b].

(2) Mithilfe der Integrale der Differenzfunktion zu $f(x) - g(x)$ werden die Flächeninhalte der einzelnen Teilflächen berechnet. Bei negativen Integralwerten werden die Beträge gebildet. Dies ist der Fall, wenn $g(x) \geq f(x)$.

(3) Der Flächeninhalt A ergibt sich aus der Summe der Flächeninhalte der Teilflächen.

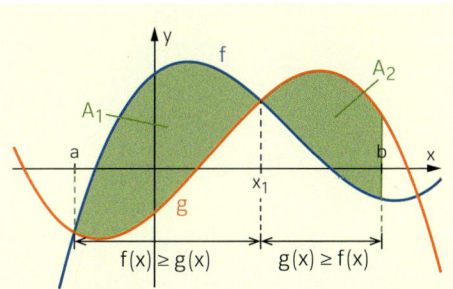

Schnittstellen: a und x_1

$$A_1 = \int_a^{x_1} \big(f(x) - g(x)\big)\,dx$$

$$A_2 = \left|\int_{x_1}^b \big(f(x) - g(x)\big)\,dx\right|$$

$$A = A_1 + A_2$$

Üben

1 ☰ Berechnen Sie den Flächeninhalt der Fläche zwischen den Funktionsgraphen.

a) $f(x) = x^2 - 8x + 14$; $g(x) = -x^2 + 6x - 6$ **b)** $f(x) = x^3 - x - 3$; $g(x) = 3x - 3$

2 ☰ Skizzieren Sie die Graphen von f und g. Berechnen Sie den Flächeninhalt der eingeschlossenen Fläche.

a) $f(x) = x^3 - x^2 - 4x + 3$; $g(x) = -x^2 + 3$ **b)** $f(x) = 3x^3 - 9x^2$; $g(x) = -x^4 + 3x^3$

c) $f(x) = x^3 + x^2$; $g(x) = 2x$ **d)** $f(x) = x^4$; $g(x) = 20 - x^2$

3 ☰ Die Fischerei FISCHERS FRITZ ist auf der Suche nach einem neuen Firmenlogo. Ein Entwurf entspricht der Form eines Fisches, der von oben durch den Graphen der Funktion f mit $f(x) = 0,5 - x^2$ und von unten durch den Graphen der Funktion g mit $g(x) = x^2$ begrenzt wird.

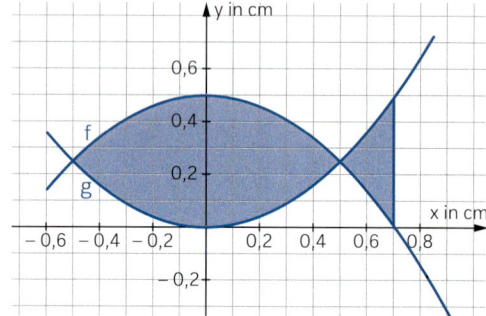

a) Bestimmen Sie die Schnittstellen der Graphen von f und g.

b) Berechnen Sie den Flächeninhalt des Logos.

c) Das Firmenlogo soll als Werbegeschenk in Kupfer hergestellt werden, wobei die Dicke 1 mm betragen soll. Berechnen Sie, wie schwer ein Fisch aus Kupfer ist.

1 cm³ Kupfer hat eine Masse von 8,7 g.

4 ☰ Ein Augenoptiker hat die neue Brille „Dracula Cubicula" im Sortiment. Der innere Brillenrand kann in einem Koordinatensystem mit der Einheit cm durch die Graphen der Funktionen f und g mit $f(x) = -0,01x^3 + 0,49x + 1,5$ und

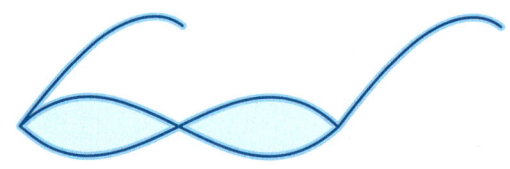

$g(x) = 0,01x^3 - 0,49x + 1,5$ beschrieben werden. Berechnen Sie den Flächeninhalt für die Fläche der beiden Brillengläser. Beschreiben Sie Ihre Strategie.

5 ☰ Der Graph der Sinusfunktion und eine Sekante schließen die abgebildete Fläche ein. Die Sekante verläuft durch den Koordinatenursprung und einen Hochpunkt auf dem Graphen der Sinusfunktion.

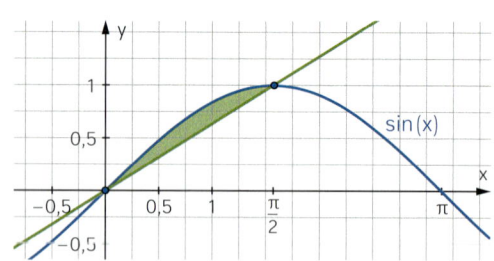

a) Berechnen Sie den Flächeninhalt dieser Fläche.

b) Wie groß ist der Flächeninhalt der restlichen Fläche, die von der Sekante, dem Graphen der Sinusfunktion und der x-Ache begrenzt wird?

c) Eine andere Sekante verläuft durch den Koordinatenursprung und durch den Punkt $P(2,4587 \mid \sin(2,4587))$.

Zeigen Sie, dass diese Sekante die Fläche zwischen dem Graphen der Sinusfunktion und der x-Achse im Intervall $[0; \pi]$ in zwei gleich große Teilflächen teilt.

Flächeninhalt der Fläche zwischen zwei Funktionsgraphen mithilfe des Betrags bestimmen

6 ≡ Die Graphen der Funktionen f und g mit
$f(x) = \frac{1}{4}x^3 - x^2 - \frac{1}{4}x + 2$ und $g(x) = -\frac{1}{2}x + \frac{1}{2}$
schließen eine Fläche ein.

a) In der Abbildung sind die Graphen
der Funktionen f und g sowie die Graphen
der Funktionen d und h mit $d(x) = f(x) - g(x)$
und $h(x) = |d(x)|$ dargestellt.
Erläutern Sie, wie der Graph von d bzw. h
geometrisch aus den Graphen von f und g
entsteht.

b) Bestimmen Sie den Flächeninhalt
der eingeschlossenen Fläche mit einem
Rechner.

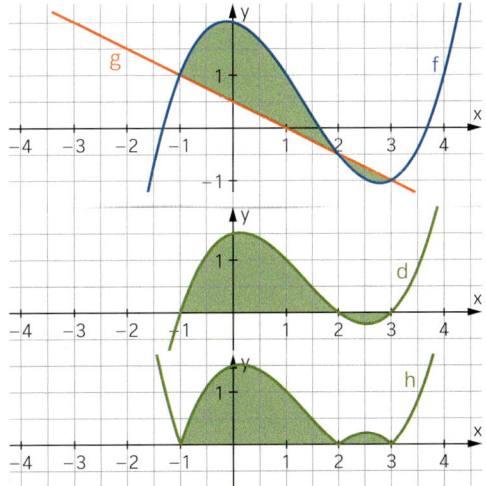

Information

Flächeninhalt zwischen zwei Funktionsgraphen mithilfe des Betrags berechnen

Satz

Für den Flächeninhalt der Fläche A
zwischen den Graphen der Funktionen f
und g zwischen den Stellen a und b gilt:

$$A = \int_a^b |f(x) - g(x)|\, dx$$

$f(x) = \frac{1}{2}x^3 - 2x^2 - \frac{1}{2}x + 3$

$g(x) = -\frac{1}{2}x^2 + \frac{3}{2}$

Flächeninhalt der Fläche zwischen den
Graphen von f und g im Intervall $[-3; 3]$:

$$\int_{-3}^{3} \left| \frac{1}{2}\cdot x^3 - 2\cdot x^2 - \frac{1}{2}\cdot x + 3 - \left(\frac{-1}{2}\cdot x^2 + \frac{3}{2} \right) \right| dx$$

7 ≡ Berechnen Sie mithilfe des Betrags den Flächeninhalt der Fläche, die von den Graphen
der Funktionen f und g mit $f(x) = x^3 - 2$ und $g(x) = 4x - 2$ eingeschlossen wird.

8 ≡ Berechnen Sie den Flächeninhalt der von den Graphen der Funktionen f und g eingeschlossenen Fläche über dem Intervall I.
a) $f(x) = -3x^2 + 3x + 8$; $g(x) = \frac{8}{x^2}$; $I = [1; 2]$
b) $f(x) = -x^4 + x^3 - 50$; $g(x) = 2x^3 - 17x^2 - 5x + 10$; $I = [-5; 5]$

9 ≡ Der Yachthafen eines Segelclubs
wird näherungsweise durch parabelförmig
angelegte Kaimauern begrenzt.
Bestimmen Sie den Flächeninhalt der in
der Zeichnung blau gefärbten Wendefläche
für die Boote.

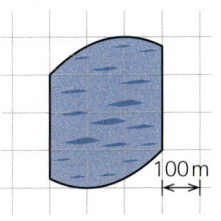

100 m

10 ≡ Finden Sie passende Funktionsterme zu den Graphen und berechnen Sie den Flächeninhalt der gefärbten Fläche.

a)

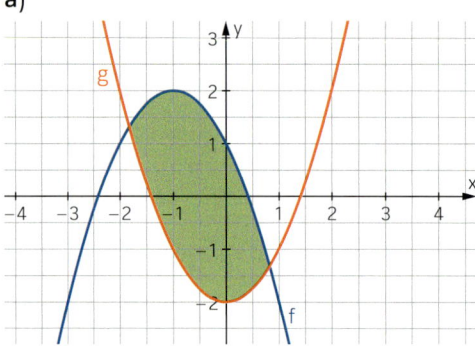

b)

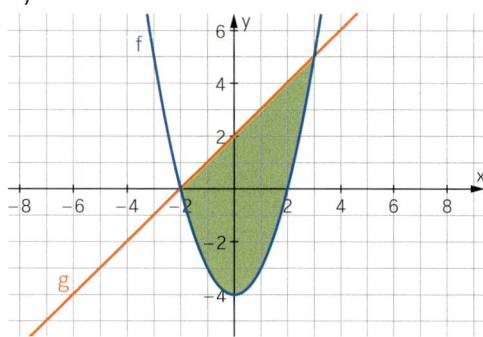

Weiterüben

11 ≡ Notieren Sie die Flächeninhalte A_1, A_2, ..., A_6 der gefärbten Flächen mithilfe von Integralen, ohne die Funktionsterme der Funktionen f und g zu bestimmen.

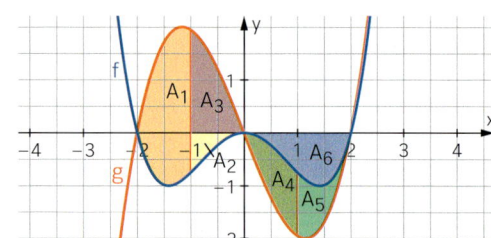

12 ≡ Berechnen Sie den Flächeninhalt der Fläche, die der Graph der abgebildeten Parabel, die Tangente an der Stelle 2 und die x-Achse einschließen.

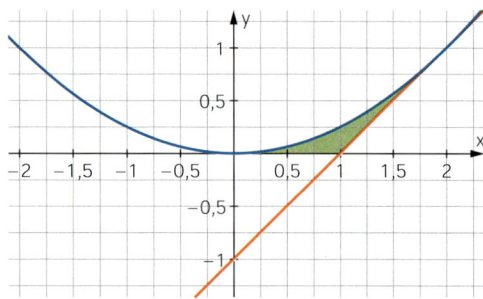

13 ≡ Die gefärbten Teile der Schmuckform sollen einseitig mit Blattgold belegt werden. Die Linien sind Parabeln oder Kreise. 1 cm² Blattgold kostet einschließlich Belegung 7,99 €. Wie teuer wird die Blattgoldarbeit? Legen Sie das Koordinatensystem geeignet fest.

a)

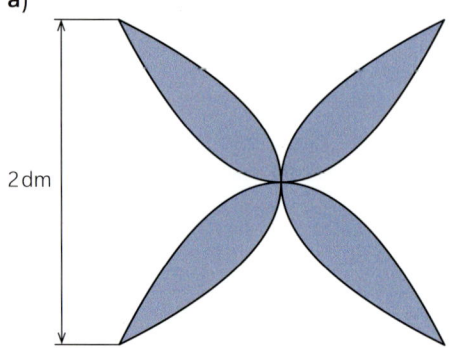

b)

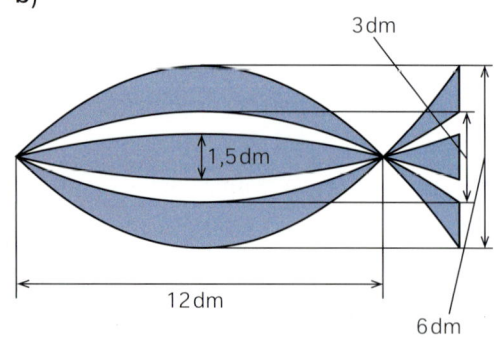

Volumina von Rotationskörpern

Volumen eines Rohlings bestimmen

Einen Rohling aus Stahl für die Herstellung von Schrauben kann man sich durch Rotation der Fläche unter dem abgebildeten Graphen entstanden denken.

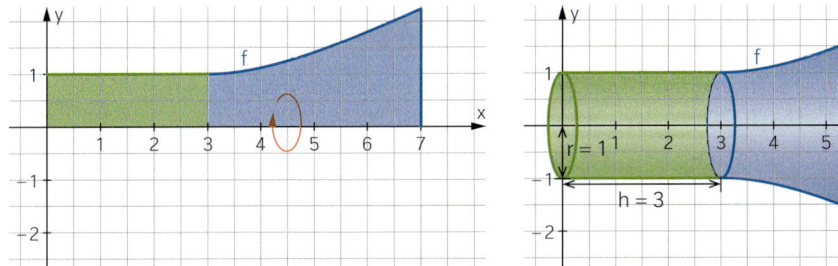

Die Einheit ist Millimeter. Zwischen 0 und 3 verläuft der Graph parallel zur x-Achse.

Für $3 \leq x \leq 7$ gilt: $f(x) = \frac{1}{2}\sqrt{x^2 - 6x + 13}$

Der zu $0 \leq x \leq 3$ gehörende linke Teil des Rohlings ist ein Zylinder mit der Höhe $h = 3$ und dem Radius $r = 1$, somit gilt für das Volumen: $V_{links} = \pi \cdot r^2 \cdot h = 3\pi$ (Einheit: mm^3)

Um näherungsweise das Volumen des rechten Teils des Rohlings zu bestimmen, wird er über dem Intervall [3; 7] in n gleich dicke Scheiben geschnitten.
Jede Scheibe hat dann die Dicke $\Delta x = \frac{7-3}{n}$ und kann durch eine zylinderförmige Scheibe mit der Höhe $h = \Delta x$ und dem Radius $r = f(x_i)$ angenähert werden, wobei x_i der linke Rand des Teilintervalls ist.

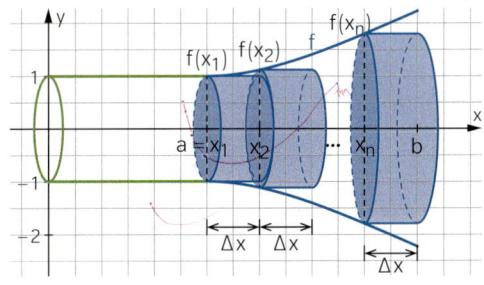

Dadurch entsteht ein Körper aus Zylinder-Scheiben. Das Volumen S_n dieses Körpers nähert sich für $n \to \infty$ immer mehr dem Volumen V_{rechts} des rechten Teils des Rohlings.
Es gilt: $S_n = \pi \cdot \left(f(x_1)\right)^2 \cdot \Delta x + \pi \cdot \left(f(x_2)\right)^2 \cdot \Delta x + \ldots + \pi \cdot \left(f(x_n)\right)^2 \cdot \Delta x$

Die Faktoren $\pi \cdot \left(f(x_i)\right)^2$ in dieser Summe ergeben jeweils den Flächeninhalt des Grundflächenkreises des zugehörigen Zylinders. Man kann diese Faktoren als Funktionswerte einer neuen Funktion g mit $g(x) = \pi \cdot \left(f(x)\right)^2$ auffassen. Das Volumen S_n des Körpers aus Zylinder-Scheiben ist dann eine Produktsumme dieser Funktion g. Deshalb gilt:

$$S_n \to \int_3^7 \pi \cdot \left(f(x)\right)^2 dx \text{ für } n \to \infty \text{ und somit } V_{rechts} = \int_3^7 \pi \cdot \left(f(x)\right)^2 dx$$

Damit kann man das Volumen V_{rechts} berechnen:

$$V_{rechts} = \int_3^7 \pi \cdot \left(\frac{1}{2}\sqrt{x^2 - 6x + 13}\right)^2 dx = \frac{\pi}{4} \cdot \int_3^7 x^2 - 6x + 13 \, dx = \frac{\pi}{4} \cdot \left[\frac{1}{3}x^3 - 3x^2 + 13x\right]_3^7 = \frac{28\pi}{3} \approx 29{,}32$$

Insgesamt hat der Rohling ein Volumen von $3\pi + \frac{28\pi}{3} = \frac{37\pi}{3}$, also von etwa $38{,}75 \, mm^3$.

Volumen eines Rotationskörpers

Rotiert die Fläche unter dem Graphen einer Funktion f
über dem Intervall [a; b] um die x-Achse, dann gilt für das
Volumen des entstehenden Rotationskörpers:

$$V = \pi \cdot \int_{a}^{b} (f(x))^2\, dx$$

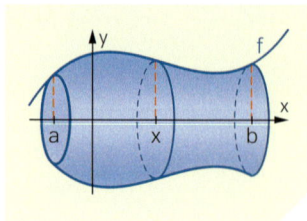

1 Leon möchte das Fassungsvermögen des abgebildeten
Glases ermitteln. Dazu bestimmt er das Volumen des
Körpers, der bei Rotation der Fläche unter dem Graphen
der Funktion f mit $f(x) = 2\sqrt{x}$ um die x-Achse über dem
Intervall [0; 7] entsteht:

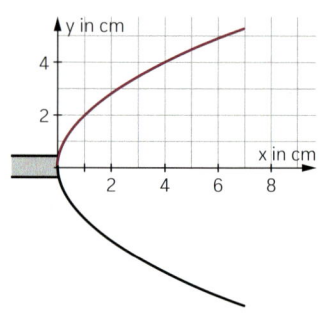

$$f(x) = 2\sqrt{x};\quad a = 0;\quad b = 7;\quad V_{Rotationskörper} = \ldots$$

Führen Sie Leons Lösungsweg zu Ende.

2 Berechnen Sie das Volumen des Körpers, der durch Rotation der Fläche zwischen dem
Graphen der Funktion f und der x-Achse über dem Intervall I entsteht. Beschreiben Sie die
Form des Rotationskörpers.

a) $f(x) = x - 1$
$I = [0; 2]$

b) $f(x) = \sqrt{2x + 2}$
$I = [-1; 1]$

c) $f(x) = \sqrt{16 - x^2}$
$I = [-4; 4]$

3 Die Form eines Woks kann
näherungsweise durch die
Mantelfläche der Schicht
einer Kugel mit dem Radius
von $r = 25\,cm$ beschrieben
werden.

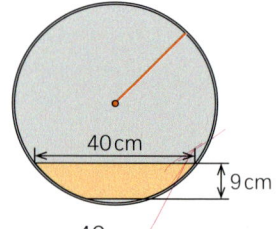

Die Schicht hat eine Höhe von 9 cm und einen oberen Durchmesser von 40 cm.
Berechnen Sie das Fassungsvermögen des Woks

4 Bestimmen Sie möglichst einfache Funktionsterme, die
die äußere und die innere Berandung des Querschnitts des
abgebildeten Sektglases (ohne Stiel) beschreiben.
Zeichnen Sie damit ein maßstabsgetreues Schnittbild des
Sektglases und bestimmen Sie das Volumen des Glases.

5 Der beim American Football verwendete Ball, der sogenannte Pigskin, ist rotationssymmetrisch mit spitzen Enden.
Seine Länge beträgt 27,6 cm bis 29 cm, sein Querumfang
52,7 cm bis 54 cm.
Berechnen Sie, wie viel Luft in einen Football passt.

Bestand aus Änderungsraten rekonstruieren

Aus dem Graphen der Änderungsrate f einer Größe F über einem Intervall [a; b] kann man die Änderung $F(b) - F(a)$ mithilfe von **orientierten Flächeninhalten** berechnen:

Flächeninhalte von Teilflächen oberhalb der x-Achse werden addiert. Flächeninhalte von Teilflächen unterhalb der x-Achse werden subtrahiert.

Ist der Anfangswert $F(a)$ gegeben, lässt sich der Bestand $F(b)$ berechnen.

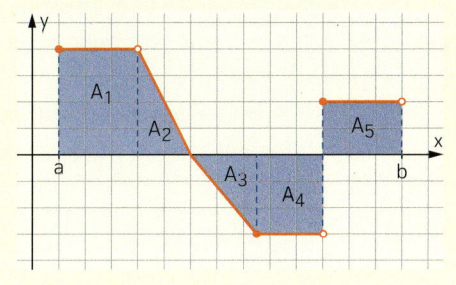

$$F(b) - F(a) = A_1 + A_2 - A_3 - A_4 + A_5$$

$$F(b) = F(a) + A_1 + A_2 - A_3 - A_4 + A_5$$

Integral als Grenzwert von Produktsummen

Den Grenzwert der Produktsummen

$$S_n = \Delta x \cdot f(x_1) + \Delta x \cdot f(x_2) + \ldots + \Delta x \cdot f(x_n)$$

für $n \to \infty$ nennt man das **Integral von f von a bis b**.

Man schreibt: $\lim\limits_{n \to \infty} S_n = \int\limits_a^b f(x)\,dx$

Geometrisch ergibt sich das Integral aus den orientierten Flächeninhalten aller Teilflächen über dem Intervall [a; b].

Flächeninhalte von Teilflächen oberhalb der x-Achse werden addiert. Flächeninhalte von Teilflächen unterhalb der x-Achse werden subtrahiert.

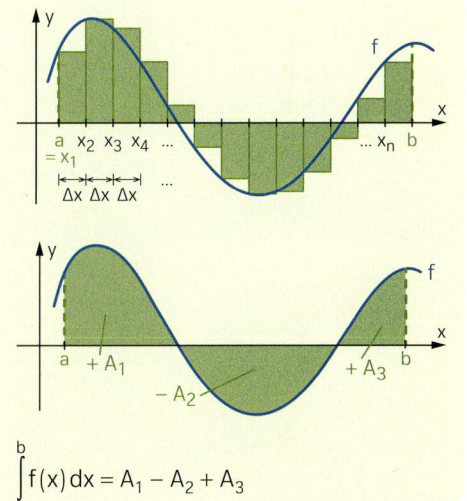

$$\int\limits_a^b f(x)\,dx = A_1 - A_2 + A_3$$

Stammfunktion

Eine Funktion F heißt **Stammfunktion** einer Funktion f, wenn gilt: $F'(x) = f(x)$

Ist F eine beliebige Stammfunktion der Funktion f, so sind alle Stammfunktionen von f gegeben durch $F(x) + c$ mit $c \in \mathbb{R}$.

$$f(x) = 6x^2 - \frac{1}{2}x + 7$$

$$F(x) = 2x^3 - \frac{1}{4}x^2 + 7x$$

und z. B. auch

$$G(x) = 2x^3 - \frac{1}{4}x^2 + 7x - 5$$

Hauptsatz der Differenzial- und Integralrechnung

Ist F eine Stammfunktion einer Funktion f über dem Intervall [a; b], so gilt:

$$\int\limits_a^b f(x)\,dx = F(b) - F(a)$$

Statt $F(b) - F(a)$ schreibt man auch $[F(x)]_a^b$.

$$\int\limits_1^4 6x^2 - \frac{1}{2}x + 7 \, dx$$

$$= \left[2x^3 - \frac{1}{4}x^2 + 7x\right]_1^4$$

$$= (128 - 4 + 28) - \left(2 - \frac{1}{4} + 7\right)$$

$$= 143{,}25$$

**Integral-
funktionen
als spezielle
Stamm-
funktionen**

Ordnet man jeder Stelle $x \geq a$ den orientierten Flächeninhalt unter dem Graphen einer Funktion f über dem Intervall [a; x] zu, so erhält man die **Integralfunktion von f über dem Intervall [a; x]**.

Man schreibt: $I_a(x) = \int\limits_a^x f(t)\,dt$

Ist der Graph von f zusammenhängend, dann gilt $I_a'(x) = f(x)$. Jede Integralfunktion von f ist somit eine Stammfunktion von f.

Außerdem gilt: $I_a(a) = \int\limits_a^a f(t)\,dt = 0$

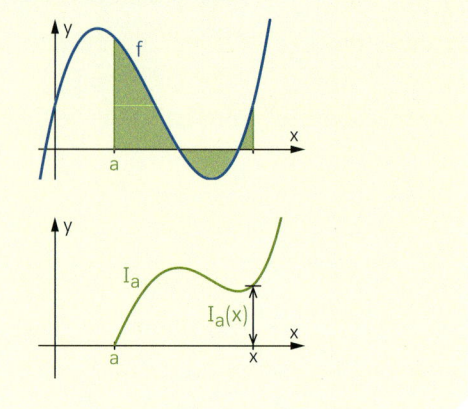

**Fläche
zwischen
Funktionsgraph
und x-Achse**

Den Flächeninhalt A zwischen dem Graphen einer Funktion f und der x-Achse über einem Intervall [a; b] bestimmt man aus den Flächeninhalten der Teilflächen oberhalb und unterhalb der x-Achse.

Man geht folgendermaßen vor:
- Nullstellen bestimmen
- Flächeninhalte über den Intervallen mithilfe der Integrale von f(x) berechnen; bei negativen Integralwerten werden Beträge gebildet
- Summe der Flächeninhalte der Teilflächen berechnen

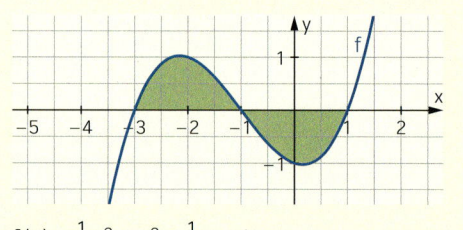

$f(x) = \frac{1}{3}x^3 + x^2 - \frac{1}{3}x - 1$

Nullstellen: $-3; -1; 1$

$\int\limits_{-3}^{-1} f(x)\,dx = \frac{4}{3}; \quad \int\limits_{-1}^{1} f(x)\,dx = -\frac{4}{3}$

$A = \frac{4}{3} + \left| -\frac{4}{3} \right| = \frac{8}{3}$

**Fläche
zwischen zwei
Funktions-
graphen**

Den Flächeninhalt A zwischen den Graphen zweier Funktionen f und g über einem Intervall [a; b] bestimmt man aus den Flächeninhalten der von den beiden Graphen eingeschlossenen Teilflächen.

Man geht folgendermaßen vor:
- Schnittstellen der Graphen von f und g im Intervall [a; b] bestimmen
- Flächeninhalte über den einzelnen Teilintervallen mithilfe der Integrale von f(x) − g(x) berechnen; bei negativen Integralwerten werden Beträge gebildet
- Summe der Flächeninhalte der Teilflächen berechnen

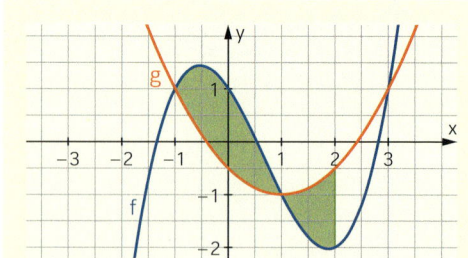

$f(x) = \frac{1}{2}x^3 - x^2 - \frac{3}{2}x + 1$

$g(x) = \frac{1}{2}x^2 - x - \frac{1}{2}$

Schnittstellen in [−1; 2]: $-1; 1$

$\int\limits_{-1}^{1} f(x) - g(x)\,dx = 2; \quad \int\limits_{1}^{2} f(x) - g(x)\,dx = -\frac{7}{8}$

$A = 2 + \left| -\frac{7}{8} \right| = 2{,}875$

Teil A   **Lösen Sie die folgenden Aufgaben ohne Formelsammlung und ohne Taschenrechner.**

1 In einem Wasserspeicher befinden sich zu Beginn 800 Liter Wasser.
Die folgende Tabelle zeigt, mit welcher Flussgeschwindigkeit in dem jeweiligen Zeitabschnitt Wasser entnommen bzw. eingefüllt wird.

Zeitabschnitt in min	0 bis 15	15 bis 35	35 bis 45	45 bis 60
Flussgeschwindigkeit in $\frac{l}{min}$	-4	5	-6	2

Bestimmen Sie die Änderung des Wasservolumens im Speicher für eine Stunde nach Beginn der Messung. Berechnen Sie, wie viel Wasser sich eine Stunde nach Messbeginn im Wasserspeicher befindet.

2 **a)** Bestimmen Sie jeweils den Flächeninhalt der gefärbten Fläche.

(1) 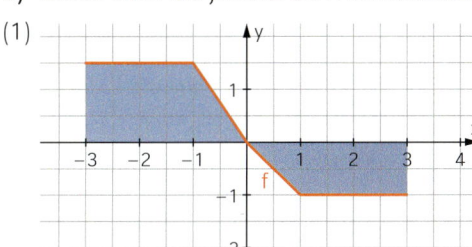   (2)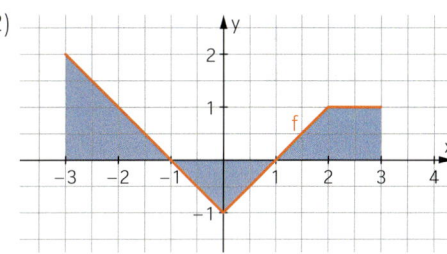

b) Bestimmen Sie jeweils den Wert des Integrals $\int\limits_{-3}^{3} f(x)\,dx$.

3 Berechnen Sie das Integral.

a) $\int\limits_{0}^{3} x^2\,dx$ **b)** $\int\limits_{-10}^{10} 3x^2 - 2x\,dx$ **c)** $\int\limits_{-4}^{4} x^3 - x\,dx$ **d)** $\int\limits_{-1}^{1} 10x^4 - 8x^3\,dx$

4 Gegeben ist die Funktion f mit $f(x) = x - x^3$.

a) Begründen Sie geometrisch, dass $\int\limits_{-1}^{1} f(x)\,dx = 0$ gilt.

b) Berechnen Sie den Flächeninhalt der Fläche, die der Graph von f mit der x-Achse einschließt.

5 Die Funktionen f und g mit $f(x) = \frac{3}{4}x^2$ und $g(x) = -\frac{1}{4}x^2 + 4$ schließen eine Fläche ein.
a) Berechnen Sie die Schnittstellen der beiden Graphen. Berechnen Sie dann den Flächeninhalt der eingeschlossenen Fläche.
b) Untersuchen Sie, ob der Graph der Funktion h mit $h(x) = \frac{1}{4}x^2 + 2$ die eingeschlossene Fläche aus Teilaufgabe a) halbiert.

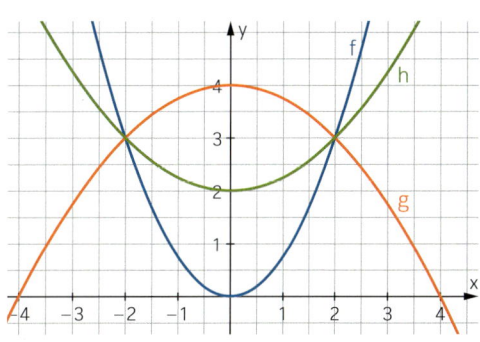

Teil B   **Bei der Lösung dieser Aufgaben können Sie die Formelsammlung und den Taschen-rechner verwenden.**

6 Um den Wasserstand eines Flusses zu regulieren, wurde ein Zulauf in ein Wasserreservoir gelegt. Bei Hochwasser fließt das Flusswasser in das Reservoir. In den Zulauf wurde ein Messgerät eingebaut, das ständig den Wasserzufluss registriert und als Graph aufzeichnet.

Ein solcher Graph ist hier vereinfacht abgebildet. Die Zeit wird in der Einheit Stunden und der Wasserzulauf in der Einheit $1\,000\,m^3$ pro Stunde gemessen.

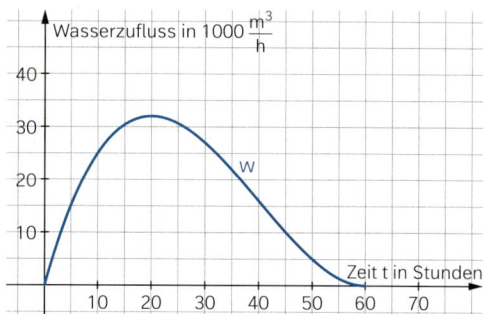

a) Erklären Sie das Verhalten der Funktion w anhand des Graphen im Sachzusammenhang.

b) Begründen Sie, dass eine quadratische Funktion zur Modellierung nicht ausreicht.

c) Die Funktion w kann durch eine ganzrationale Funktion dritten Grades in der Form $w(t) = a \cdot (t - 60)^2 \cdot t$ beschrieben werden.

Gehen Sie davon aus, dass der Wasserfluss nach 10 Stunden $25\,000\,\frac{m^3}{h}$ beträgt, und bestimmen Sie den Faktor a.

d) Zu Beginn der aufgezeichneten Messung befanden sich $20\,000\,m^3$ Wasser im Reservoir. Bestimmen Sie aus der Funktion w die Funktion W, die den Inhalt des Reservoirs in $1\,000\,m^3$ zur Zeit t in Stunden angibt.

e) Berechnen Sie, wie viel Wasser sich nach 60 Stunden im Reservoir befindet.

7 Der Wanderverein *Mountain Tours* sucht ein neues Logo für den Briefkopf und als Vorlage für ein Ehrenabzeichen, das an verdiente Mitglieder verliehen werden soll. Die Skizze zeigt ein Logo, das von einer Parabel und dem Graphen einer ganzrationalen Funktion vierten Grades begrenzt wird.

a) Ermitteln Sie mithilfe der eingezeichne-ten Punkte die zugehörigen Funktionsvor-schriften zu den Graphen.

b) Berechnen Sie den Flächeninhalt der Fläche, die von den beiden Graphen eingeschlossen wird.

c) Ein Alternativvorschlag besteht darin, den Parabelbogen durch den abgebildeten Graphen von h zu ersetzen.

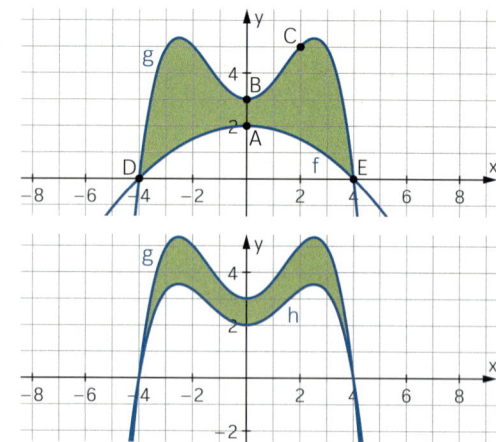

Der Graph von h entsteht durch Streckung des Graphen von g in Richtung der y-Achse um den Faktor $\frac{2}{3}$.

Der Schatzmeister von *Mountain Tours* behauptet, dass die Materialkosten für dieses Abzeichen nur die Hälfte der Materialkosten des ersten Vorschlags betragen.

Beurteilen Sie, ob er recht hat.

Wachstum mithilfe der e-Funktion beschreiben

3

▲ *Bei Kiew wird der Fluss Dnjepr oft ganz grün von Algen bedeckt. Die Algen vermehren sich sehr schnell und gelangen über den Dnjepr auch ins Schwarze Meer.*

In diesem Kapitel
lernen Sie eine spezielle Exponentialfunktion kennen, mit der man exponentielles Wachstum mathematisch gut beschreiben und vergleichen kann.
Außerdem untersuchen Sie Funktionen, die mit dieser Exponentialfunktion verknüpft sind. ▶

Exponentielles Wachstum

Aktivieren

1 Eine Hefepilzkultur vervielfacht ihre Masse jede Stunde mit dem Faktor 1,5. Zu Beginn sind 10 g Hefe vorhanden.

a) Ermitteln Sie einen Term für die Funktion *Zeit in Stunden → Masse in g*.

b) Berechnen Sie die Masse der Hefepilzkultur nach vier Stunden.

c) Nach welcher Zeit sind 60 g der Hefepilzkultur vorhanden?

Erinnern

Exponentielles Wachstum

Vervielfacht sich eine Größe in einer Zeiteinheit immer mit dem gleichen Faktor, so liegt **exponentielles Wachstum** vor. Es kann durch eine Exponentialfunktion f mit $f(x) = a \cdot b^x$ beschrieben werden, wobei $a \in \mathbb{R}$, $b > 0$ und $b \neq 1$.

Die Zahl $a = f(0)$ ist der **Anfangswert** zum Zeitpunkt $x = 0$ und die Zahl b der **Wachstumsfaktor** pro Zeiteinheit.

x	0	1	2	3	4
f(x)	5	6	7,2	8,64	10,368

$f(x) = 5 \cdot 1{,}2^x$; $a = f(0) = 5$; $b = 1{,}2$

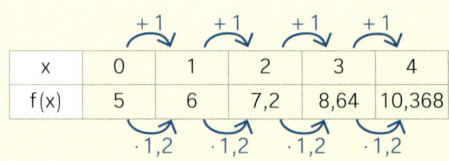

Für $b > 1$ liegt exponentielle Zunahme vor. Bei einer prozentualen Zunahme von p % pro Zeiteinheit gilt $b = \left(1 + \frac{p}{100}\right)$.

Für $0 < b < 1$ liegt exponentielle Abnahme vor. Bei einer prozentualen Abnahme von p % pro Zeiteinheit gilt $b = \left(1 - \frac{p}{100}\right)$.

Zunahme eines Anfangsbestands von 450 um 12 % pro Tag: $b = 1 + \frac{12}{100} = 1{,}12$

$f(x) = 450 \cdot 1{,}12^x$ mit x in Tagen

Abnahme eines Anfangsbestands von 70 um 20 % pro Monat: $b = 1 - \frac{20}{100} = 0{,}8$

$f(x) = 70 \cdot 0{,}8^x$ mit x in Monaten

Eigenschaften von Exponentialfunktionen

Für f mit $f(x) = b^x$, $b > 0$ und $b \neq 1$ gilt: Der Graph

- verläuft oberhalb der x-Achse und durch den Punkt $P(0|1)$;
- steigt für $b > 1$ und fällt für $0 < b < 1$;
- schmiegt sich für $b > 1$ dem negativen Teil und für $0 < b < 1$ dem positiven Teil der x-Achse an.

Die Graphen von $f(x) = b^x$ und $g(x) = \left(\frac{1}{b}\right)^x = b^{-x}$ gehen durch Spiegelung an der y-Achse auseinander hervor.

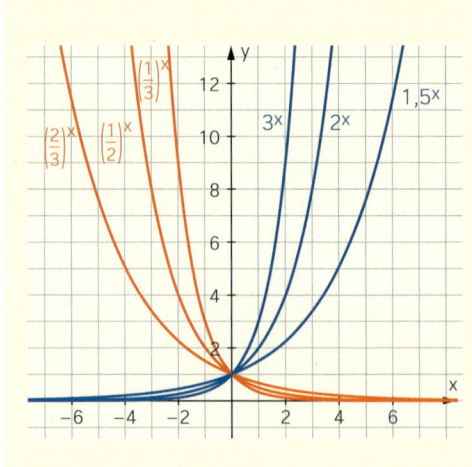

Festigen

2 Bestimmen Sie eine Funktionsgleichung zur Beschreibung des Wachstumsprozesses.

a) Ein Anfangsbestand von 40 wächst um 5 % pro Tag.

b) Ein Anfangsbestand von 80 verringert sich jede Woche um ein Viertel.

c) Ein Anfangsbestand von 200 verringert sich jeweils in einem halben Jahr um 10 %.

d) Ein Anfangsbestand von 16 verdoppelt sich jeweils nach einer Viertelstunde.

3 Bestimmen Sie den Wachstumsfaktor.

a) Die Menge eines Wirkstoffs im Blut drittelt sich alle 5 Stunden.

b) Eine Bakterienkultur verdoppelt sich alle 4 Tage.

> Ein Bestand halbiert sich alle drei Jahre.
>
> Für den Wachstumsfaktor b pro Jahr gilt $b^3 = 0,5$ und somit $b = \sqrt[3]{0,5} \approx 0,794$.

4 Die Tabelle zeigt das Wachstum einer Bakterienkultur.

Zeit in h	0	0,5	1	1,5	◼
von Bakterien bedeckte Fläche in mm²	◼	8	12,8	20,48	50

a) Weisen Sie nach, dass hier exponentielles Wachstum vorliegt, und ermitteln Sie den Term einer geeigneten Exponentialfunktion.

b) Ergänzen Sie die fehlenden Werte in der Tabelle.

c) Diskutieren Sie, inwiefern sich eine Exponentialfunktion in diesem Kontext nur eingeschränkt zur Beschreibung des Bakterienwachstums eignet.

5 Bestimmen Sie die Funktionsgleichungen zu den dargestellten Graphen.

6 Radioaktives Iod ^{131}I zerfällt mit einer Halbwertszeit von 8 Tagen. Anfangs sind 3 mg vorhanden.

> **Halbwertszeit:** Zeit, in der sich ein Bestand halbiert

a) Ermitteln Sie einen Term der Funktion *Zeit in Tagen → Masse in mg* und zeichnen Sie den Graphen der Funktion.

b) Wie viel Prozent der ursprünglichen Masse sind nach Ablauf eines Tages noch vorhanden?

c) Ermitteln Sie, wann nur noch 1 % der Ausgangssubstanz vorhanden ist.

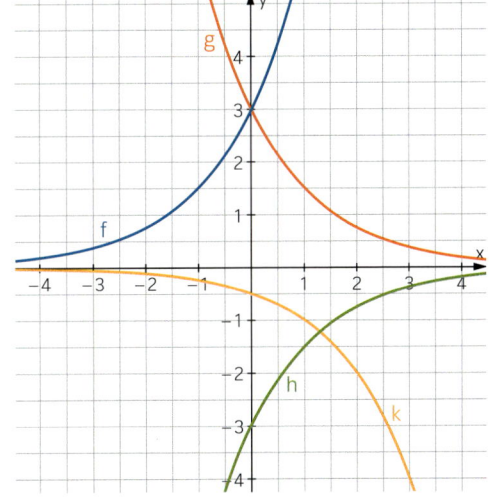

7 Bestimmen Sie die Gleichung einer Exponentialfunktion f mit $f(x) = a \cdot b^x$ mit den gegebenen Eigenschaften.

a) Der Graph von f verläuft durch die Punkte P (1 | 12) und Q (2 | 9,6).

b) Der Graph von f geht aus dem Graphen der Funktion g mit $g(x) = 1,5^x$ durch Verschieben in Richtung der x-Achse um eine Einheit nach links hervor.

c) Der Graph von f geht aus dem Graphen der Funktion h mit $h(x) = 3^x$ durch Strecken in Richtung der y-Achse mit dem Faktor 9 hervor.

3.1 Die e-Funktion

Einstieg

Nach einem Unglück auf einer Bohrinsel vergrößert sich das entstandene Leck kontinuierlich. Das vom Öl verunreinigte Wasservolumen in m^3 vervierfacht sich jede Stunde. Anfangs war $1\,m^3$ Wasser verunreinigt.

Beschreiben Sie die Ausbreitung der verunreinigten Wassermenge durch eine geeignete Funktion f. Untersuchen Sie, wie der Graph der Ausbreitungsgeschwindigkeit f′ aussieht, und vergleichen Sie diesen mit dem Graphen von f.

Aufgabe mit Lösung

Ableitung einer Exponentialfunktion

Die Wasserfläche kleinerer Gewässer kann im Sommer sehr schnell mit einem grünen Schwimmteppich aus Wasserlinsen zugedeckt werden.

Hierbei ist die Wachstumsgeschwindigkeit von Interesse.

Lässt sich ein Wachstumsvorgang durch die Funktion f mit $f(x) = 2^x$ beschreiben (z. B. bei einer wöchentlichen Verdopplung der bewachsenen Fläche), so möchte man einen Term für die Ableitungsfunktion f′ angeben.

→ Zeichnen Sie den Graphen von f und skizzieren Sie dann den Graphen von f′, indem Sie die Steigungen am Graphen von f mithilfe von Tangenten abschätzen. Stellen Sie eine Vermutung für den Term von f′ auf.

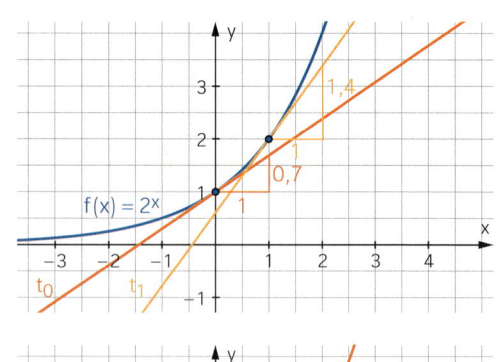

Lösung

Durch Anlegen einer Tangente und Abschätzen der Steigungen erkennt man beispielsweise, dass $f'(0) \approx 0{,}7$ und $f'(1) \approx 1{,}4$ gilt.

Ein Vergleich der Graphen von f und f′ legt die Vermutung nahe, dass der Graph der Ableitungsfunktion wieder eine Exponentialfunktion ist, da sich die Steigung bei jeder Erhöhung von x um 1 ungefähr verdoppelt.

Man erhält: $f'(x) \approx 0{,}7 \cdot 2^x$

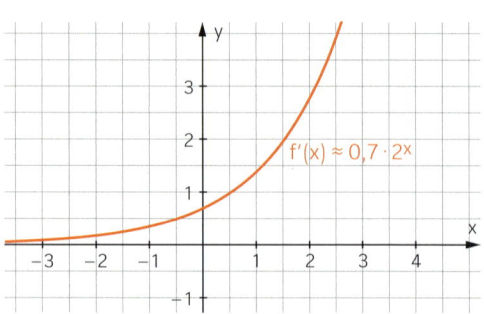

→ Begründen Sie mithilfe des Differenzenquotienten, dass $f'(x) = c \cdot 2^x$ mit $c = f'(0)$ gilt.

Lösung

Für den Differenzenquotienten ergibt sich:

$$\frac{f(x+h) - f(x)}{h} = \frac{2^{x+h} - 2^x}{h} \qquad \text{(Einsetzen des Funktionsterms)}$$

$$= \frac{2^x \cdot 2^h - 2^x}{h} \qquad \text{(Anwenden der Potenzregel } a^{n+m} = a^n \cdot a^m\text{)}$$

$$= \frac{2^h - 1}{h} \cdot 2^x \qquad \text{(Ausklammern von } 2^x\text{)}$$

Wegen $\dfrac{f(0+h) - f(0)}{h} = \dfrac{2^{0+h} - 2^0}{h} = \dfrac{2^h - 1}{h}$ gilt $\dfrac{2^h - 1}{h} \to f'(0)$ für $h \to 0$.

Daher ist $f'(x) = \lim\limits_{h\to 0} \dfrac{2^h - 1}{h} \cdot 2^x = f'(0) \cdot 2^x$.

Information

Ableitung einer Exponentialfunktion

Satz

Für eine Exponentialfunktion f mit
$f(x) = b^x$ gilt: $f'(x) = c \cdot b^x$ mit $c = f'(0)$

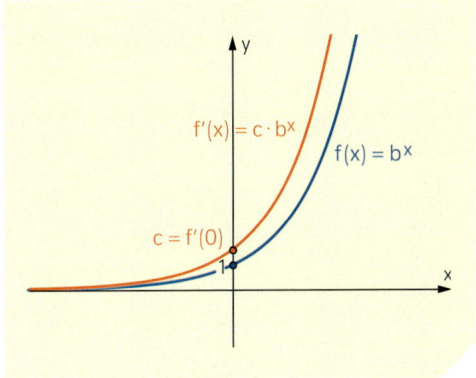

Die Ableitung f′ einer Exponentialfunktion
ist wieder eine Exponentialfunktion.
Der Graph von f′ entsteht aus dem Graphen
von f durch Strecken von der x-Achse aus in
y-Richtung mit einem Faktor c. Dieser Faktor
ist die Ableitung von f an der Stelle 0.

Begründung des Satzes:
Die Ableitung einer Exponentialfunktion f
mit $f(x) = b^x$ an einer Stelle x ist die
Steigung der Tangente an den Graphen von
f im Punkt $P(x \,|\, b^x)$.
Man untersucht zunächst die Steigung m
einer Sekante durch den Punkt P und einen
weiteren Punkt $Q(x + h \,|\, b^{x+h})$ auf dem
Graphen von f.

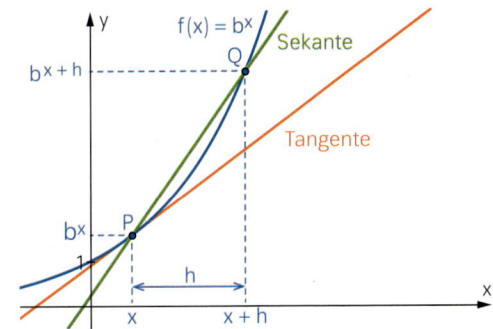

$$m = \frac{f(x+h) - f(x)}{h} = \frac{b^{x+h} - b^x}{h} = \frac{b^x \cdot b^h - b^x}{h} = b^x \cdot \frac{b^h - 1}{h} = \frac{b^h - 1}{h} \cdot b^x$$

Die Tangentensteigung ist der Grenzwert der Sekantensteigungen für $h \to 0$.

Für $h \to 0$ gilt $\dfrac{b^h - 1}{h} \to f'(0)$ und $b^x \to b^x$.

Damit ergibt sich $f'(x) = \lim\limits_{h\to 0} \dfrac{b^h - 1}{h} \cdot b^x = f'(0) \cdot b^x$.

Bemerkung: Beschreibt man den exponentiellen Wachstumsprozess einer Größe durch den
Term $f(x) = b^x$, so bedeutet $f'(x) = c \cdot b^x$, dass die momentane Wachstumsgeschwindigkeit
der Größe proportional zum Bestand der Größe in diesem Moment ist. Der Proportionali-
tätsfaktor $c = f'(0)$ ist dabei die Wachstumsgeschwindigkeit zum Zeitpunkt 0.

Üben

1 ≡ Gegeben ist die Funktion f mit $f(x) = 3^x$.

a) Zeigen Sie mithilfe des Differenzenquotienten $\frac{3^h - 1}{h}$ für kleine Werte von h, dass der Wert von $f'(0)$ auf drei Nachkommastellen genau 1,099 beträgt.

b) Zeichnen Sie die Graphen von f und f' in ein Koordinatensystem und beschreiben Sie, wie der Graph von f' aus dem von f hervorgeht.

2 ≡ Marc hat die Funktion f mit $f(x) = 2^x$ abgeleitet. Warum hat seine Mathe-Lehrerin „falsch" dahinter geschrieben?

$$f(x) = 2^x$$
$$f'(x) = x \cdot 2^{x-1} \quad \text{falsch}$$

3 ≡ Für eine Exponentialfunktion f mit $f(x) = b^x$ gilt $f'(0) = 1,3$.

a) Wie geht der Graph von f' aus dem Graphen von f hervor?

b) Bestimmen Sie experimentell mit dem Taschenrechner näherungsweise die Basis b für den Funktionsterm von f. Geben Sie außerdem einen Funktionsterm für f' an.

Aufgabe mit Lösung

Eine Exponentialfunktion, die mit ihrer Ableitung übereinstimmt

Aus den obigen Aufgaben ist bekannt:

Für $g(x) = 2^x$ gilt $g'(x) \approx 0,7 \cdot 2^x$ und für $h(x) = 3^x$ gilt $h'(x) \approx 1,1 \cdot 3^x$. Dabei ist $g'(0) \approx 0,7$ und $h'(0) \approx 1,1$.

→ Ermitteln Sie durch systematisches Probieren die Basis b einer Exponentialfunktion f mit $f(x) = b^x$, die mit ihrer Ableitung übereinstimmt, d.h. für die $f'(x) = 1 \cdot b^x = b^x$ gilt.

Lösung

Für die Ableitung einer Exponentialfunktion f mit $f(x) = b^x$ gilt $f'(x) = f'(0) \cdot b^x$.

Da in diesem Fall $f'(0) = 1$ gelten soll, betrachtet man den Differenzenquotienten

$\frac{b^{0+h} - b^0}{h} = \frac{b^h - 1}{h}$ für sehr kleine Werte von h.

Näherungswerte für $f'(0)$ mithilfe von $\frac{b^h - 1}{h}$						
b	f(x)	h = 0,1	h = 0,01	h = 0,001	h = 0,0001	h = 0,00001
2,7	$2,7^x$	1,044	0,998	0,994	0,993	**0,993**
2,8	$2,8^x$	1,084	1,035	1,030	1,030	**1,030**
2,71	$2,71^x$	1,048	1,002	0,997	0,997	**0,997**
2,72	$2,72^x$	1,052	1,006	1,001	1,001	**1,001**

In der rechten Spalte ist der jeweilige Wert von $f'(0)$ auf drei Nachkommastellen genau bestimmt. Die gesuchte Basis b mit $f'(0) = 1$ muss also zwischen 2,71 und 2,72 liegen.

→ Ein Näherungswert für b kann auch direkter bestimmt werden.

Man kann z.B. $h = \frac{1}{1000}$ wählen und folgenden Ansatz machen: $\frac{b^{\frac{1}{1000}} - 1}{\frac{1}{1000}} \approx 1$

Berechnen Sie hieraus näherungsweise b, indem Sie nach b auflösen.

Lösung

Multiplikation mit $\frac{1}{1000}$ ergibt $b^{\frac{1}{1000}} - 1 \approx \frac{1}{1000}$, also $b^{\frac{1}{1000}} \approx 1 + \frac{1}{1000}$.

Durch Potenzieren mit 1000 erhält man daraus $b \approx \left(1 + \frac{1}{1000}\right)^{1000} = 1,001^{1000} \approx 2,717$.

Information

Euler'sche Zahl und e-Funktion

Definition

Die **Euler'sche Zahl e** ist der Grenzwert

$$e = \lim_{n \to \infty}\left(1 + \frac{1}{n}\right)^n \approx 2{,}71828\ldots$$

Man kann zeigen, dass e eine irrationale Zahl ist, also nicht als Bruch ganzer Zahlen geschrieben werden kann. Als Dezimalbruch hat e unendlich viele Nachkommastellen ohne Periode.

Die Exponentialfunktion f mit $f(x) = e^x$ wird **e-Funktion** genannt.

Satz

Die e-Funktion f mit $f(x) = e^x$ stimmt mit ihrer Ableitung überein: $f'(x) = e^x$.

Umgekehrt gilt: Jede Funktion F mit $F(x) = e^x + c$ und $c \in \mathbb{R}$ ist eine Stammfunktion der e-Funktion f mit $f(x) = e^x$.

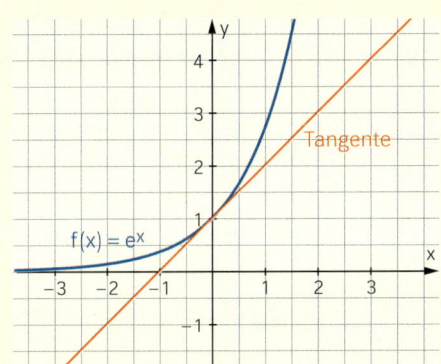

Die Tangente an der Stelle $x = 0$ hat die Steigung 1.

$$\int_0^1 e^x\,dx = [e^x]_0^1 = e^1 - e^0 = e - 1 \approx 1{,}7$$

Begründung des Satzes:

Es soll die Basis b in $f(x) = b^x$ so berechnet werden, dass $f'(0) = 1$ gilt.

Dafür kann man statt $h = \frac{1}{1\,000}$ allgemeiner $h = \frac{1}{n}$ für große n in den Term $\frac{b^h - 1}{h}$ einsetzen und erhält den Ansatz $\frac{b^{\frac{1}{n}} - 1}{\frac{1}{n}} \approx 1$. Multiplikation mit $\frac{1}{n}$ ergibt $b^{\frac{1}{n}} - 1 \approx \frac{1}{n}$, also $b^{\frac{1}{n}} \approx 1 + \frac{1}{n}$.

Durch Potenzieren mit n erhält man $b \approx \left(1 + \frac{1}{n}\right)^n$. Somit ist $b = \lim_{n \to \infty}\left(1 + \frac{1}{n}\right)^n$ die Basis der Exponentialfunktion, die mit ihrer Ableitung übereinstimmt.

4 ☰ Legen Sie eine geeignete Wertetabelle an und zeichnen Sie den Graphen der e-Funktion $f(x) = e^x$ von Hand in ein Koordinatensystem. Ermitteln Sie dann die Gleichungen der Tangenten an den Stellen $x = 0$ und $x = 1$ und zeichnen Sie beide Tangenten ein.

5 ☰ Die Größe der Fläche in cm^2, die von einer bestimmten Schimmelpilzkultur bedeckt wird, kann durch den Funktionsterm $f(t) = 3 \cdot e^t$ beschrieben werden, wobei t für die Zeit in Stunden steht. Ermitteln Sie die momentanen Wachstumsgeschwindigkeiten zu den Zeitpunkten

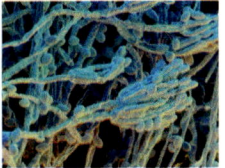

(1) $t = 0$;   (2) $t = 1$;   (3) $t = 2$;   (4) $t = 3$.

6 ☰ Berechnen Sie $\left(1 + \frac{1}{n}\right)^n$ für $n = 1; 10; 100; \ldots; 10^{14}$. Was fällt auf? Begründen Sie.

7 ≡ Betrachten Sie die Tangenten an den Graphen der e-Funktion an den Stellen −1; 0; 1; 2; 3. Welchen Schnittpunkt mit der x-Achse haben die Tangenten?

a) Formulieren Sie eine Vermutung und beweisen Sie diese.

b) Untersuchen Sie, welche geometrische Konstruktion für die Tangente sich aus dem Ergebnis aus Teilaufgabe a) ergibt.

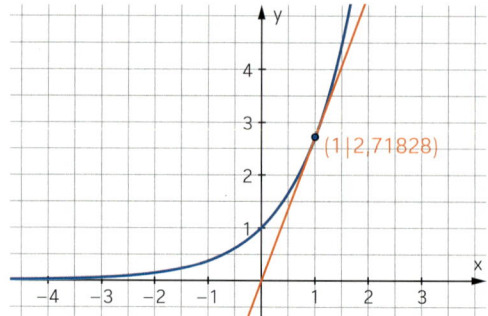
(1|2,71828)

8 ≡ Bilden Sie die Ableitungen f′ und f″.

a) $f(x) = e^x + 1$ **b)** $f(x) = e^x + x$

c) $f(x) = 2\,e^x$ **d)** $f(x) = -3\,e^x$

e) $f(x) = e^x + x^2 + x + 1$ **f)** $f(x) = -e^x - x + 5$

g) $f(x) = 4\,e^x - 1$ **h)** $f(x) = -e^x + 3$

> $f(x) = 3\,e^x + 2\,x^2 + 1$
>
> Mit der Summenregel und der Faktorregel ergibt sich:
>
> $f'(x) = 3\,e^x + 4\,x$
>
> $f''(x) = 3\,e^x + 4$

9 ≡ Zeichnen Sie den Graphen von f und geben Sie an, wie er aus dem Graphen der e-Funktion entsteht.

a) $f(x) = e^x - 1$ **b)** $f(x) = \frac{1}{2}e^x$ **c)** $f(x) = -\frac{1}{4}e^x$ **d)** $f(x) = 2\,e^x - 3$

10 ≡ Gegeben ist die Funktion f mit $f(x) = e^x - x$.

a) Untersuchen Sie den Graphen von f auf Extrempunkte sowie auf Monotonie.

b) Begründen Sie, dass der Graph von f keine Wendepunkte hat.

c) Zeichnen Sie den Graphen.

Flächenberechnung und Integrale mit der e-Funktion

11 ≡ Ermitteln Sie anhand der Zeichnung einen Schätzwert für das Integral $\int_{-1}^{1} e^x\,dx$.

Berechnen Sie dann das Integral exakt mithilfe einer Stammfunktion. Vergleichen Sie mit der Schätzung und kontrollieren Sie mit dem Rechner.

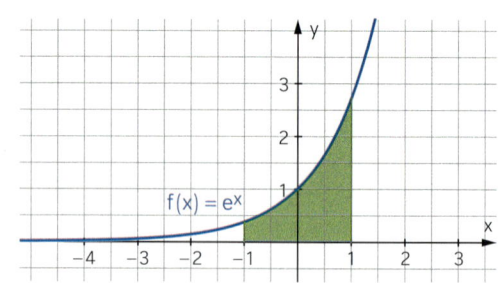
$f(x) = e^x$

12 ≡ Berechnen Sie $\int_{0}^{1} f(x)\,dx$ für die Funktion f.

a) $f(x) = e^x + 1$ **b)** $f(x) = 2\,e^x$

c) $f(x) = -e^x - x$ **d)** $f(x) = 2\,e^x + x^2 - x$

> $\int_{0}^{1} 3\,e^x - 2x\,dx = \left[3\,e^x - x^2\right]_{0}^{1}$
>
> $= (3e - 1) - (3 - 0)$
>
> $= 3e - 4 \approx 4{,}15$

13 ☰ Friederike rechnet:

$$\int_0^1 e^x - x \, dx = \left[e^x - \frac{1}{2}x^2 \right]_0^1 = e^1 - \frac{1}{2} \cdot 1^2 - 0 = e - \frac{1}{2} \approx 2{,}21828$$

Sie kontrolliert mit einem Rechner.
Was hat sie bei ihrer Berechnung falsch gemacht?

$$\int_0^1 (e^x - x) \, dx$$

1.21828

14 ☰ Berechnen Sie den Flächeninhalt der Fläche unter dem Graphen von f im Intervall [0; 2].

a) $f(x) = e^x$ **b)** $f(x) = 8 - e^x$ **c)** $f(x) = e^x + x + 2$ **d)** $f(x) = e^x - x$

15 ☰ Der Graph der Funktion f mit
$f(x) = e^x + 1$, seine Tangente im Schnittpunkt mit der y-Achse, die x-Achse und
die Gerade mit $x = -4$ begrenzen eine
Fläche.
Berechnen Sie deren Flächeninhalt.

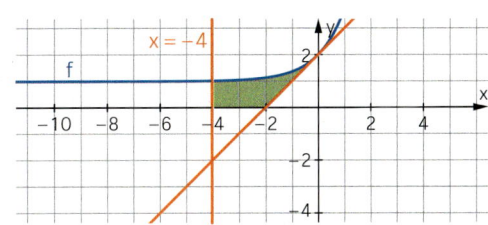

Weiterüben

16 ☰ Gegeben sind die Funktionen f und g mit $f(x) = 2^x$ und $g(x) = 2^{x+1}$.

a) Zeichnen Sie die Graphen von f und g in ein Koordinatensystem und beschreiben Sie,
wie der Graph von g aus dem Graphen von f hervorgeht.

Tipp:
$b^{x+k} = b^x \cdot b^k$

b) Begründen Sie, dass jede Verschiebung einer Exponentialfunktion in Richtung der
x-Achse auch als Streckung parallel zur y-Achse aufgefasst werden kann.

c) Überprüfen Sie folgende Behauptung:
Der Graph der Ableitung einer Exponentialfunktion f mit $f(x) = b^x$ entsteht durch eine
Verschiebung des Graphen der Exponentialfunktion parallel zur x-Achse.
Für Basen größer als e ist ihr Graph nach
links verschoben; für Basen kleiner als e
nach rechts.

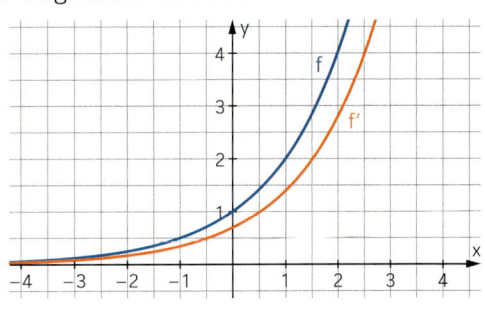

17 ☰ Bestimmen Sie eine Stammfunktion zu f, deren Graph durch den Punkt P verläuft.

a) $f(x) = 2\,e^x + 1$ $P\left(-1 \,\middle|\, \frac{1}{2} + \frac{2}{e}\right)$ **b)** $f(x) = 3x^2 - \frac{e^x}{2}$ $P\left(-1 \,\middle|\, -\frac{1}{2e}\right)$

Das kann ich noch!

A Modellieren Sie das Profil des abgebildeten
Kerzenuntersetzers ohne Rand mit einer
geeigneten ganzrationalen Funktion.
Begründen Sie, dass eine quadratische
Funktion für die Modellierung nicht gut
geeignet ist.

3.2 Ableitung von Exponentialfunktionen

Einstieg

Die Lichtintensität in einem Gewässer kann abhängig von der Wassertiefe x in Meter mit der Funktion $f(x) = e^{-0,13x}$ beschrieben werden. An der Wasseroberfläche beträgt sie $f(0) = 1 = 100\,\%$.

Felix sagt: „Es ist also $f'(x) = e^{-0,13x}$, da es sich bei f um eine e-Funktion handelt."

Mine entgegnet: „Das kann nicht sein, die momentane Änderungsrate muss hier negativ sein."

Nehmen Sie Stellung und überprüfen Sie die Aussagen mithilfe eines Rechners.

Aufgabe mit Lösung

Ableitung der Funktion f mit $f(x) = e^{\frac{1}{3}x}$

→ Begründen Sie, dass sich die Ableitung f′ nur um einen konstanten Faktor c von der Funktion f unterscheidet.

Lösung

Mithilfe des Potenzgesetzes $a^{m \cdot n} = (a^m)^n$ lässt sich $f(x)$ umschreiben zu:

$$f(x) = e^{\frac{1}{3} \cdot x} = \left(e^{\frac{1}{3}}\right)^x \approx 1{,}3956^x$$

Mit $b = e^{\frac{1}{3}} \approx 1{,}3956$ kann man den Satz auf Seite 101 aus dem vorherigen Abschnitt 3.1 anwenden:

$$f'(x) = c \cdot \left(e^{\frac{1}{3}}\right)^x = c \cdot e^{\frac{1}{3}x} \quad \text{mit } c = f'(0)$$

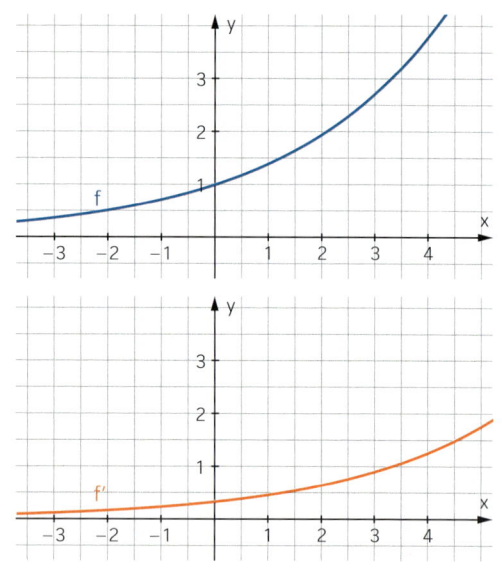

→ Beschreiben Sie, wie der Graph zu $f(x) = e^{\frac{1}{3}x}$ aus dem zu $g(x) = e^x$ hervorgeht.

Lösung

Der Graph von f entsteht aus dem Graphen von g durch Strecken in Richtung der x-Achse um den Faktor 3.

Zum Beispiel ist $f(3) = e^{\frac{1}{3} \cdot 3} = e^1 = g(1)$.

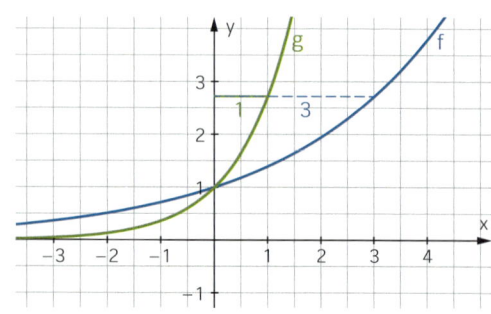

→ Vergleichen Sie die Ableitung an der Stelle $x = 0$ von $f(x) = e^{\frac{1}{3}x}$ mit der von $g(x) = e^x$. Ziehen Sie daraus Rückschlüsse für die Ableitung $f'(x)$.

Lösung

Das Steigungsdreieck der Tangente von f an der Stelle $x = 0$ wird mitgestreckt und die zur x-Achse parallele Kathete wird dreimal so lang. Statt $m = \frac{1}{1} = 1$ hat die Tangente von f somit an der Stelle $x = 0$ die Steigung $m = \frac{1}{3}$.

Also ist $f'(0) = \frac{1}{3}$ und damit $f'(x) = \frac{1}{3}e^{\frac{1}{3}x}$.

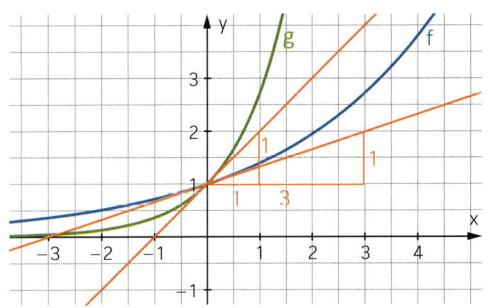

Information

Ableitung von $f(x) = e^{k \cdot x + n}$

Satz: Eine Exponentialfunktion f mit $f(x) = e^{k \cdot x + n}$ und $k, n \in \mathbb{R}$ hat die Ableitung $f'(x) = k \cdot e^{k \cdot x + n}$.

Der Graph von f' geht aus dem Graphen von f durch Strecken von der x-Achse aus in y-Richtung mit dem Faktor k hervor.

Umgekehrt gilt: Jede Funktion F mit $F(x) = \frac{1}{k} \cdot e^{k \cdot x + n} + c$ und $c \in \mathbb{R}$ ist eine Stammfunktion von f mit $f(x) = e^{k \cdot x + n}$.

$f(x) = e^{\frac{1}{3}x + 1,5}$

$f'(x) = \frac{1}{3}e^{\frac{1}{3}x + 1,5}$

$g(x) = 0,7 e^{-6x + 1}$

$g'(x) = -6 \cdot 0,7 e^{-6x + 1} = -0,42 e^{-6x + 1}$

Eine Stammfunktion von $f(x) = e^{-2x + 3}$ ist z. B. $F(x) = -\frac{1}{2}e^{-2x + 3}$, denn:

$F'(x) = -2 \cdot \left(-\frac{1}{2}\right)e^{-2x + 3} = e^{-2x + 3}$

Begründung des Satzes:

Die Überlegungen aus der Aufgabe mit Lösung für $k = \frac{1}{3}$ lassen sich für beliebige Werte von k auf Funktionen f mit $f(x) = e^{k \cdot x}$ übertragen. Für diese gilt somit $f'(x) = k \cdot e^{k \cdot x}$. Im allgemeinen Fall eines linearen Exponenten $k \cdot x + n$ wendet man die Potenzgesetze an: $f(x) = e^{k \cdot x + n} = e^{k \cdot x} \cdot e^n$. Da e^n ein konstanter Faktor ist und beim Ableiten erhalten bleibt, erhält man $f'(x) = k \cdot e^{k \cdot x} \cdot e^n = k \cdot e^{k \cdot x + n}$.

Üben

1 ≡ Bilden Sie die Ableitung der Funktion f.

a) $f(x) = e^{0,1x + 5}$

b) $f(t) = 3,5 \cdot e^{-4t - 9}$

c) $f(x) = 1,5x - 1,5 \cdot e^{\frac{2}{3}x}$

d) $f(x) = e^{-(x + 2)}$

e) $f(x) = -e^{-x} - x$

f) $f(x) = 8 + 0,2 \cdot e^{-10x}$

2 ≡ Bestimmen Sie mithilfe der Ableitungsregel aus der Information für f mit $f(x) = e^{-x}$ die Ableitungsfunktion f'. Erläutern Sie das Ergebnis anhand der Graphen von f und f'.

3 ≡ Bilden Sie die erste und die zweite Ableitung von f.

a) $f(x) = 2 \cdot e^{x - 1}$

b) $f(x) = k \cdot e^{k \cdot x}$

c) $f(x) = e^x - e^{-x}$

d) $f(x) = e^{2x} - e^{-2x}$

4 ≡ Bestimmen Sie die Stelle, an der die Graphen der Funktionen f und g mit
$f(x) = -0,2 \cdot e^{3x+4}$ und $g(x) = -2 \cdot e^{0,3x-4}$ die gleiche Steigung haben.

5 ≡ Vergleichen Sie für ein fest gewähltes $k > 0$ die Graphen der Exponentialfunktionen
f_k und g_k mit $f_k(x) = e^{k \cdot x}$ und $g_k(x) = e^{-k \cdot x}$. Berücksichtigen Sie dabei Definitions- und
Wertebereich, Wachstumsverhalten, Globalverlauf und Achsenschnittpunkte. Zeichnen Sie
für verschiedene k die jeweiligen Graphen.

6 ≡ Ordnen Sie dem Funktionsterm den
passenden Graphen zu.

(A) $f(x) = e^{-3x}$

(B) $f(x) = e^{0,5x}$

(C) $f(x) = -e^{\frac{1}{2}x}$

(D) $f(x) = -e^{2x}$

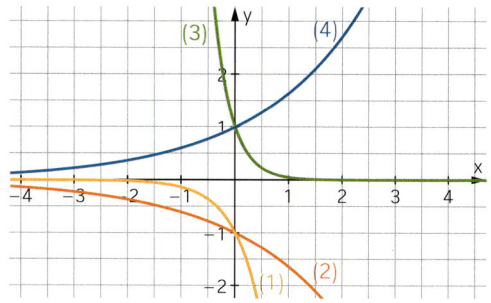

7 ≡ Gegeben ist die Funktion f mit $f(x) = 4 \cdot e^{1,5x-3}$.

a) Zeichnen Sie den Graphen der Funktion f und beschreiben Sie, wie der Graph von f aus
dem Graphen der e-Funktion hervorgeht.

b) Ermitteln Sie die Gleichung der Tangente im Punkt $P(0 \mid f(0))$ an den Graphen von f.

c) Berechnen Sie die Koordinaten des Schnittpunktes der Tangente aus Teilaufgabe b) mit
der x-Achse und zeichnen Sie die Tangente in das Koordinatensystem.

8 ≡ Im Krankenhaus bekommt ein Patient
ein Medikament injiziert, dessen Wirkstoff
im Körper rasch abgebaut wird.
Die Funktion $f(t) = e^{-0,1t+1,61}$ beschreibt
die verbleibende Menge des Wirkstoffs in
Milligramm zum Zeitpunkt t in Minuten nach
der Verabreichung.

a) Berechnen Sie die Menge des Wirkstoffs im Körper des Patienten zum Zeitpunkt der
Injektion sowie nach einer Minute, nach fünf Minuten und nach einer halben Stunde.

b) Ermitteln Sie näherungsweise, wie lange es dauert, bis 90 % des Wirkstoffs abgebaut
sind.

c) Geben Sie einen Term für die momentane Änderungsrate der Wirkstoffmenge an.
Berechnen Sie die Abbaugeschwindigkeit in Milligramm pro Minute zu den gleichen Zeitpunkten wie in Teilaufgabe a).

d) Tamara behauptet: „Eigentlich benötigt man den Term für die momentane Änderungsrate gar nicht. Man kann die Ableitungswerte f'(t) direkt aus den Funktionswerten f(t)
bestimmen."

Erklären Sie, was Tamara meint.

Stammfunktionen und Integrale

9 ≡ Gegeben ist die Funktion f mit $f(x) = e^{0,5x-1}$.

a) Begründen Sie, dass die Funktion F mit $F(x) = 2 \cdot e^{0,5x-1}$ eine Stammfunktion zu f ist.

b) Zeichnen Sie den Graphen von f und berechnen Sie den Inhalt der Fläche, die der Graph von f im Intervall $[-1; 2]$ mit der x-Achse einschließt.

Kontrollieren Sie Ihr Ergebnis mit einem Rechner.

10 ≡ Geben Sie eine Stammfunktion zu f an.

a) $f(x) = \frac{1}{3} \cdot e^{2x}$ **b)** $f(x) = 2 \cdot e^{-5x+2}$ **c)** $f(x) = 3x^2 - e^{3x}$ **d)** $f(x) = 2 - 6e^{3x}$

11 ≡ Berechnen Sie das Integral mithilfe einer Stammfunktion.

a) $\int_{-1}^{0} e^{2x} + 2 \, dx$ **b)** $\int_{1}^{3} 2x - 7 \cdot e^{3,5x} \, dx$ **c)** $\int_{0}^{1} 0,5 \cdot e^{0,5x+5} \, dx$ **d)** $\int_{-1}^{1} e^{-x} + 1 \, dx$

12 ≡ Der Graph von f mit $f(x) = e^{\frac{1}{3}x}$ und die Tangente an dem Graphen von f an der Stelle 6 schließen zusammen mit den beiden Koordinatenachsen eine Fläche ein.

Bestimmen Sie den Flächeninhalt dieser Fläche.

13 ≡ Die Wachstumsgeschwindigkeit eines Bestands wird durch die Funktion f mit $f(t) = 0,3 \cdot e^{0,3t}$ beschrieben.

Berechnen Sie die Änderung des Bestands für das Intervall $[0; 5]$ mithilfe einer Stammfunktion von f.

14 ≡ Die momentane Wachstumsgeschwindigkeit f einer Bakterienkultur beträgt $f(t) = 1\,000 \cdot e^{0,1t}$ pro Stunde, t in Stunden. Zum Zeitpunkt $t = 0$ betrug die Anzahl der Bakterien $F(0) = 10\,000$.

a) Berechnen Sie die Anzahl der Bakterien nach zwei Stunden.

b) Geben Sie einen Funktionsterm für die Anzahl der Bakterien zum Zeitpunkt t an.

Aufgabe mit Lösung

Ableitung einer Exponentialfunktion mit einer anderen Basis als e

Die Funktion f mit $f(x) = 5^x$ soll abgeleitet werden.

Emre sagt: „Ich schreibe die Funktion f einfach in der Form $f(x) = e^{k \cdot x}$, denn die kann ich ableiten."

→ Führen Sie Emres Idee durch und ermitteln Sie so die Ableitung von f.

Lösung

Der Ansatz $5^x = e^{k \cdot x} = (e^k)^x$ führt auf die Gleichung $e^k = 5$, die man durch Probieren oder durch den solve-Befehl mit einem Rechner lösen kann.

$$\text{solve}\left(e^k = 5, k\right)$$
$$k = 1.60944$$

Es ergibt sich $k \approx 1,60944$.

Es ist also $f(x) = 5^x \approx e^{1,60944x}$ und damit $f'(x) \approx 1,60944 \cdot e^{1,60944 \cdot x} = 1,60944 \cdot 5^x$.

Information

Exponentialfunktionen mit Basis e schreiben

Jede Exponentialfunktion f mit $f(x) = a \cdot b^x$; $a, b \in \mathbb{R}$, $b > 0$, $b \neq 1$ kann als e-Funktion geschrieben werden: $f(x) = a \cdot b^x = a \cdot e^{k \cdot x}$. Dabei ist $k \in \mathbb{R}$ die Lösung der Gleichung $e^k = b$.

Diese Zahl k wird der **natürliche Logarithmus von b** genannt und als **ln(b)** bezeichnet. Der natürliche Logarithmus von b ist also der Exponent, mit dem man e potenzieren muss, um b zu erhalten.

$f(x) = 3 \cdot 2^x$

$2^x = e^{kx}$ gilt für k mit $e^k = 2$.

Mit dem Taschenrechner erhält man:

$k = \ln(2) \approx 0{,}69$

$f(x) = 3 \cdot 2^x = 3 \cdot e^{\ln(2) \cdot x} \approx 3 \cdot e^{0{,}69x}$

Ableitung einer Exponentialfunktion

Satz: Für die Ableitung von f mit $f(x) = b^x$ gilt: $f'(x) = \ln(b) \cdot b^x$

$f'(x) = 3 \cdot \ln(2) \cdot 2^x \approx 2{,}07 \cdot 2^x$

---

15 ≡ Schreiben Sie die Funktion f mit Basis e und berechnen Sie die Ableitung.

a) $f(x) = 5^x$ **b)** $f(x) = 3 \cdot 0{,}5^x$ **c)** $f(t) = 0{,}04 \cdot 1{,}05^t$ **d)** $f(t) = 0{,}12 \cdot e^{1{,}02t}$

16 ≡ Beschreiben Sie den Wachstumsvorgang mit einer e-Funktion.

a) Ein Anfangsbestand von 300 wächst stündlich um 10 %.

b) Ein Anfangsbestand von 450 halbiert sich jedes Jahr.

c) Ein Anfangsbestand von 1200 nimmt pro Minute um 15 % ab.

17 ≡ Bilden Sie die erste und die zweite Ableitung von f.

a) $f(x) = 3^x$ **b)** $f(x) = 2 \cdot 3^x$ **c)** $f(t) = 1{,}02^t + t^2$ **d)** $f(x) = 3^x - e^x$

Weiterüben

18 ≡ Gegeben ist die Funktion f mit $f(x) = x + e^{-\frac{1}{2}x}$.

a) Bestimmen Sie den Tiefpunkt des Funktionsgraphen.

b) Begründen Sie, dass sich der Graph von f für $x \to \infty$ der Geraden mit $y = x$ nähert.

19 ≡ Gegeben ist die Funktion f mit $f(x) = e^{-0{,}5x}$.

a) Berechnen Sie den Inhalt der Fläche, die der Graph von f mit der x-Achse im Intervall [0; 3] einschließt.

b) Berechnen Sie den Flächeninhalt zwischen dem Graphen von f und der x-Achse im Intervall [0; b]. Was vermuten Sie für den Flächeninhalt für $b \to \infty$?

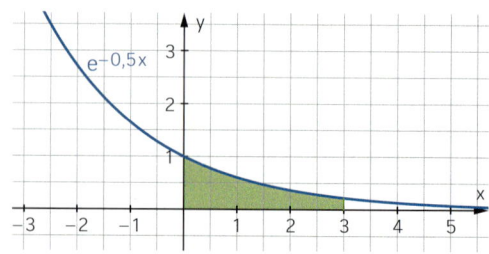

c) Überprüfen Sie Ihre Vermutung aus Teilaufgabe b) rechnerisch, indem Sie $b = 100$, $b = 1\,000$, $b = 10\,000$ wählen. Deuten Sie das Ergebnis.

3.3   Exponentielle Wachstumsprozesse

Ziel

In diesem Abschnitt lernen Sie, wie man unterschiedliche exponentielle Wachstumsprozesse mithilfe der e-Funktion beschreibt.

Aufgabe mit Lösung

Exponentielle Abnahme

Nach der Einnahme eines Medikaments rechnet man damit, dass ein Patient pro Stunde etwa 15 % des vorhandenen Wirkstoffs im Körper wieder abbaut.

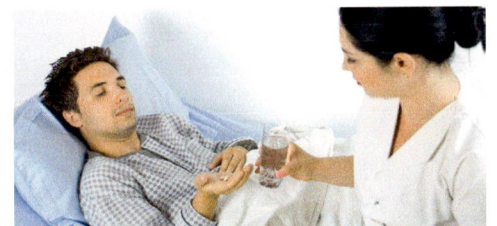

→ Beschreiben Sie die im Körper vorhandene Wirkstoffmenge für einen Patienten, der 10 mg des Wirkstoffs eingenommen hat, mithilfe einer e-Funktion.

Zeichnen Sie den Graphen dieser Funktion.

Lösung

Zunächst kann man das Wachstum in der Form $f(t) = a \cdot b^t$ mit t in Stunden und $f(t)$ in mg beschreiben. Aus den Bedingungen $a = f(0) = 10$ und $b = 1 - \frac{15}{100} = 0{,}85$ erhält man dann $f(t) = 10 \cdot 0{,}85^t$.

Aus der Lösung der Gleichung $0{,}85 = e^k$ ergibt sich $k \approx -0{,}1625$ für den Funktionsterm mit der e-Funktion, also $f(t) \approx 10 \cdot e^{-0{,}1625\,t}$.

Diese Funktion beschreibt die Wirkstoffmenge, die sich t Stunden nach der Einnahme von 10 mg des Wirkstoffs noch im Körper des Patienten befindet.

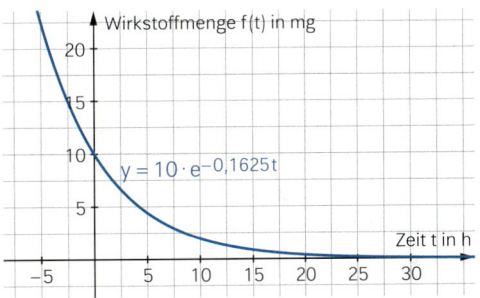

→ Untersuchen Sie, wann nur noch die Hälfte der eingenommen Wirkstoffmenge im Körper vorhanden ist.

Lösung

Gesucht wird der Wert für t, für den $f(t) = 5$ gilt. Damit ergibt sich $10 \cdot e^{-0{,}1625 \cdot t} = 5$, also $e^{-0{,}1625 \cdot t} = \frac{1}{2}$. Die Lösung $t \approx 4{,}266$ dieser Gleichung erhält man mit einem Rechner. Nach ungefähr 4 Stunden und 16 Minuten ist nur noch die Hälfte des Wirkstoffs im Körper des Patienten vorhanden.

→ Diese berechnete Zeitspanne nennt man *Halbwertszeit*. Begründen Sie, dass diese Halbwertszeit unabhängig von der anfänglich vorhandenen Wirkstoffmenge immer gleich ist.

Lösung

Zu einem beliebigen Zeitpunkt t_0 befinden sich $10 \cdot 0{,}85^{t_0}$ mg des Wirkstoffs im Körper. Nach der Halbwertszeit t_H ist davon nur noch die Hälfte vorhanden, also gilt

$$10 \cdot 0{,}85^{t_0 + t_H} = \frac{1}{2} \cdot 10 \cdot 0{,}85^{t_0} \text{ und somit } 0{,}85^{t_H} = \frac{1}{2}.$$

Die Halbwertszeit t_H ist daher unabhängig von der anfänglich vorhandenen Wirkstoffmenge.

Information

Exponentielle Zunahme

Eine Zunahme um p % pro Zeiteinheit mit einem Anfangswert a kann mithilfe einer Funktion $f(t) = a \cdot e^{k \cdot t}$ beschrieben werden. Dabei ist $k > 0$ und wird aus der Gleichung $e^k = 1 + \frac{p}{100}$ bestimmt.

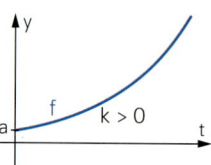

Die Verdopplungszeit t_V ist unabhängig vom Anfangswert a und ergibt sich aus der Gleichung $e^{k \cdot t_V} = 2$.

Zunahme von 25 % pro Tag bei einem Anfangswert von 2:

$$f(t) = 2 \cdot \left(1 + \frac{25}{100}\right)^t = 2 \cdot 1{,}25^t$$
$$= 2 \cdot e^{\ln(1{,}25) \cdot t}$$
$$\approx 9 \cdot e^{0{,}2231 \cdot t}$$

Zunahme: $k > 0$

Verdopplungszeit:

$e^{0{,}2231 \cdot t_V} = 20$, also $2231 \cdot t_V = \ln(2)$

$t_V = \frac{\ln(2)}{0{,}2231} \approx 3{,}107$ Tage

Exponentielle Abnahme

Eine Abnahme um p % pro Zeiteinheit mit einem Anfangswert a kann mithilfe einer Funktion $f(t) = a \cdot e^{k \cdot t}$ beschrieben werden. Dabei ist $k < 0$ und wird aus der Gleichung $e^k = 1 - \frac{p}{100}$ bestimmt.

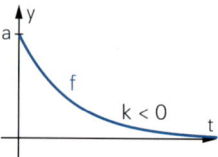

Die Halbwertszeit t_H ist unabhängig vom Anfangswert a und ergibt sich aus der Gleichung $e^{k \cdot t_H} = \frac{1}{2}$.

Abnahme von 33 % pro Sekunde bei einem Anfangswert von 9:

$$f(t) = 9 \cdot \left(1 - \frac{33}{100}\right)^t = 9 \cdot 0{,}67^t$$
$$= 9 \cdot e^{\ln(0{,}67) \cdot t}$$
$$\approx 9 \cdot e^{-0{,}4005 \cdot t}$$

Abnahme: $k < 0$

Halbwertszeit:

$e^{-0{,}4005 \cdot t_H} = \frac{1}{2}$, also $-0{,}4005 \cdot t_H = \ln\left(\frac{1}{2}\right)$

$t_H = \frac{\ln\left(\frac{1}{2}\right)}{-0{,}4005} \approx 1{,}731$ Sekunden

Üben

1 ≡ In einem Labor wird das Wachstum von Keimen untersucht. Es wird vermutet, dass die Keime stündlich um 4 % zunehmen. Um dies zu prüfen, wird eine Nährlösung angelegt, die anfänglich 300 Keime enthält. Geben Sie die Funktion für diese Modellierung zur Basis e an.
Nach welcher Zeit müsste sich die Anzahl der Keime verdoppeln, falls die Vermutung stimmt?

2 ≡ Milch der Güteklasse 1 enthält etwa 20 000 Keime von Milchsäurebakterien (Laktobazillen) pro ml Milch. In warmer Umgebung von 20 °C bis 30 °C nimmt die Zahl der Keime exponentiell zu. Nach 5 Stunden sind bereits ca. 140 000 Keime pro ml vorhanden.
Milch wird sauer, wenn sie etwa 1 000 000 Keime pro ml enthält.
Berechnen Sie, wann Milch der Güteklasse 1 sauer wird.

3 ≡ **Salmonellen trüben Sommervergnügen**

Dortmund – Nach dem Verzehr von Kartoffelsalat auf einer Sommerparty erkrankten am letzten Wochenende 15 Menschen an einer Salmonellenerkrankung. Es ist bekannt, dass frisch zubereitete Salate, vor allem Kartoffel-, Geflügel- und Meeresfrüchtesalate, leicht zum Erreger für eine Salmonellenerkrankung werden können.

Salmonellen finden bei Temperaturen zwischen 15 und 45 Grad Celsius ideale Wachstumsbedingungen. Eine staatliche Beratungsstelle wies kürzlich darauf hin, dass sich Salmonellen im lauwarmen Kartoffelsalat und nicht durchgegarten Frikadellen von 800 Keimen innerhalb von vier Stunden auf über drei Millionen vermehren. Es wird empfohlen, frisch zubereitete Salate schnell abkühlen zu lassen und in kleinen Portionen im Kühlschrank aufzubewahren.

a) Beschreiben Sie das Anwachsen der Salmonellen-Anzahl durch eine Exponentialfunktion mit e als Basis und 800 als Anfangswert.

b) Berechnen Sie, wann 1 600, 3 200, 6 400 Salmonellen vorhanden sind. Was fällt auf?

c) Zeigen Sie, dass Ihre Vermutung aus Teilaufgabe b) richtig ist.

4 ≡ Über die Atmung, die Haut und die Nahrungsmittel nimmt der Mensch täglich radioaktive Stoffe auf, die sich im Körper ablagern. Das radioaktive Iod-Isotop ^{131}I lagert sich fast ausschließlich in der Schilddrüse ab und kann Schilddrüsenkrebs auslösen.
Pro Tag zerfallen ca. 8,3 % der aktuellen Masse.
Von einem Menschen wurden 0,5 mg Iod-Isotop ^{131}I aufgenommen.

a) Geben Sie einen Funktionsterm der Exponentialfunktion an, die diesen Zerfallsprozess beschreibt. Verwenden Sie zur Beschreibung die Basis c.

b) Wie lange dauert es, bis noch 320 µg vorhanden sind?

c) Ermitteln Sie, wie lange es dauert, bis die Iodmenge (1) 0,25 mg; (2) 0,125 mg beträgt. Was fällt auf?

d) Zeigen Sie, dass Ihre Vermutung aus Teilaufgabe c) richtig ist.

µg: Mikrogramm;
$1 \, µg = 10^{-6} \, g$

5 ≡ Nehmen Sie Stellung.

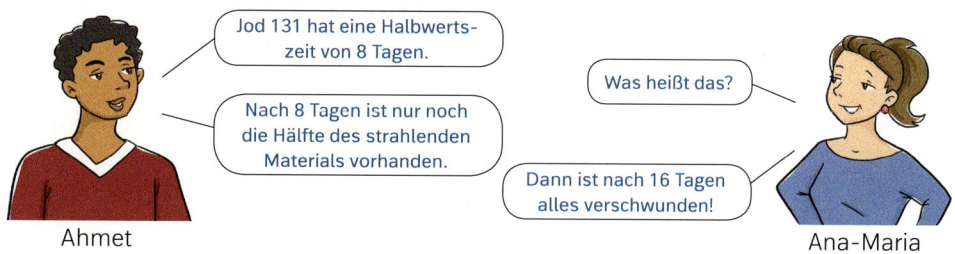

Jod 131 hat eine Halbwertszeit von 8 Tagen.

Was heißt das?

Nach 8 Tagen ist nur noch die Hälfte des strahlenden Materials vorhanden.

Dann ist nach 16 Tagen alles verschwunden!

Ahmet

Ana-Maria

6 ≡ Vor einer langwierigen Operation wird einem Patienten ein Medikament für die Vollnarkose injiziert, das mit einer Halbwertszeit von 50 Minuten abgebaut wird.

a) Ein Patient erhält 30 Minuten vor der Operation 5 mg dieses Medikaments. Welche Menge ist bei Operationsbeginn noch vorhanden?

b) Eine Stunde nach der ersten Injektion erhält der Patient eine zweite Dosis von 5 mg. Er beginnt aufzuwachen, wenn höchstens noch 1 mg dieses Medikaments im Körper vorhanden ist. Wann ist dies der Fall?

Weiterüben

7 ≡ Am 11. März 2011 ereignete sich vor der Ostküste der japanischen Hauptinsel Honshu das bis dahin schwerste Erdbeben in Japan. Das Beben und der dadurch verursachte Tsunami verwüsteten weite Gebiete im Osten Japans und führten zu einer enormen Zahl an Opfern. Am Kernkraftwerksstandort Fukushima kam es zum fast vollständigen Ausfall der Stromversorgung von 4 der insgesamt 6 Reaktorblöcke und damit zum schwersten Reaktorunfall nach Tschernobyl (26. April 1986).
In den ersten Tagen nach dem Unfall gelangten erhebliche Mengen radioaktiver Stoffe in die Atmosphäre. Am höchsten waren die Werte in unmittelbarer Umgebung zum Kernkraftwerk.

Bq: Becquerel; 1 Bq = 1 radioaktiver Zerfall pro Sekunde

Auf einer Fläche von ca. 1800 km² wurden über $300 \frac{kBq}{m^2}$ Cäsium-137 festgestellt. Der höchste Wert wurde in Minami Machi (Futaba Gun) mit bis zu $14\,000 \frac{kBq}{m^2} = 14\,000\,000 \frac{Bq}{m^2}$ gemessen.

Cäsium-137 hat eine Halbwertszeit von 30 Jahren. Als „unverseucht" gelten Gebiete mit einer Bodenbelastung unter $35\,000 \frac{Bq}{m^2}$. Bestimmen Sie, wann das Gebiet mit der schlimmsten Verseuchung wieder bewohnbar sein wird.

8 ≡ Überprüfen Sie die Rechnung in dieser Meldung aus dem Jahr 2006.

Umgerechnet etwa 1,7 Millionen Euro fordert ein pensionierter Offizier von der britischen Regierung. Sein Urururgroßvater, der als Korporal an der Schlacht von Waterloo teilgenommen hatte, habe nach dem Sieg nicht das versprochene Handgeld von 20 englischen Pfund erhalten. Inzwischen hätten sich diese 20 Pfund seit der Schlacht im Jahr 1815 auf rund 1,4 Millionen Pfund (rund 1,7 Millionen Euro) vermehrt, wenn man von einer Verzinsung von 6 % ausgeht.

9 ≡ Die **Radiocarbon-Methode** (**^{14}C-Methode**) ist ein wichtiges Verfahren zur Altersbestimmung in der Archäologie und Geologie. Sie beruht auf dem radioaktiven Zerfall des Kohlenstoffisotops ^{14}C, das mit einer Halbwertszeit von 5730 Jahren zerfällt.

Lebende Organismen enthalten einen bestimmten Anteil von ^{14}C, der durch ständigen Ausgleich mit der Umgebung stabil bleibt und gleich der bekannten, im Wesentlichen konstanten ^{14}C-Konzentration in der Natur ist.

Mit dem Absterben eines Organismus wird der Kohlenstoffaustausch unterbunden und das im Organismus vorhandene ^{14}C zerfällt unaufhörlich. Der Prozentsatz des noch vorhandenen ^{14}C lässt einen Rückschluss auf das Alter eines Fundes zu.

Am 19. September 1991 fand ein deutsches Ehepaar beim Bergsteigen am Hauslabjoch eine Gletschermumie, die als „Ötzi" weltweit berühmt wurde. In der Kleidung von Ötzi fand man Gräser, die noch ca. 53 % der ursprünglichen ^{14}C-Menge enthielten.
Zu welcher Zeit lebte Ötzi?

10 ≡ Die Verkaufszahlen eines neuen Handys in den ersten Jahren nach Einführung können durch die Funktion f mit $f(t) = 50 \cdot e^{0{,}349 \cdot t}$ beschrieben werden. Dabei wird t in Jahren und $f(t)$ in Tausend Stück gemessen.

a) Berechnen Sie die Verkaufszahlen für die ersten 5 Jahre nach Einführung.

b) Wann übersteigen die Verkaufszahlen erstmalig eine Grenze von einer Million?

c) Geben Sie die Wachstumsgeschwindigkeit am Ende des dritten Jahres an.

11 ≡ Joshua beobachtet und protokolliert das Wachstum einer Feuerbohne.
Für den 8. und 9. Tag nach Beobachtungsbeginn notiert er:

> 29.04.2021: Größe der Bohne: 5,5 cm
> 30.04.2021: Größe der Bohne: 11,1 cm

a) Geben Sie eine Funktionsgleichung für das Wachstum der Feuerbohne an.
Gehen Sie davon aus, dass exponentielles Wachstum vorliegt.

b) Wie groß wird die Bohne voraussichtlich am 12. Tag sein?

c) Wann wird sie bei diesem Wachstum eine Höhe von 1,20 m erreicht haben?

d) Beurteilen Sie die Güte dieser Modellierung: Wie geeignet ist dieses Modell auf lange Sicht?

12 ≡ Im Jahr 2018 erreichte Indiens Bevölkerung 1,33 Milliarden Menschen, nachdem das Land im Mai 2000 die Milliardengrenze überschritten hatte. Mit dieser Einwohnerzahl ist Indien das zweitbevölkerungsreichste Land nach China.

a) Ermitteln Sie anhand dieser Daten das jährliche Bevölkerungswachstum von Indien.

b) Beschreiben Sie die Entwicklung der Bevölkerung durch eine Exponentialfunktion zur Basis e.

c) Stellen Sie eine Funktionsgleichung für die Wachstumsgeschwindigkeit auf.

Ausbreitung von Epidemien

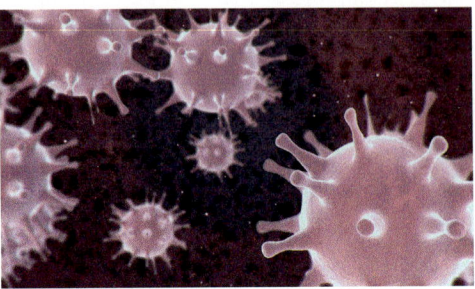

Ab März 2020 haben sich in Europa und der ganzen Welt so viele Menschen so schnell mit dem Coronavirus infiziert, dass die Gefahr einer Überlastung der Gesundheitssysteme bestand. Aus diesem Grunde wurden von den Regierungen zahlreiche Gegenmaßnahmen bis hin zu Shutdowns des öffentlichen Lebens verfügt.

Die Beschreibung der Verbreitung der Epidemie erfolgte mithilfe verschiedener Kenngrößen, die täglich publiziert wurden und in den verschiedenen Phasen der Epidemie verschieden häufig verwendet wurden.

1 Die **Reproduktionszahl R** gibt an, wie viele Menschen eine infizierte Person in einer bestimmten Zeiteinheit durchschnittlich ansteckt. Das Robert-Koch-Institut berechnet in der Corona-Epidemie die Reproduktionszahl zu einem Zeitpunkt t als Quotient aus der Anzahl der Neuinfektionen in den letzten 4 Tagen bis einschließlich t und der Anzahl der Neuinfektionen in den 4 Tagen davor.

Liegt der Wert über 1, dann steigt die Zahl der Neuinfektionen. Die Zahl der Infizierten wächst exponentiell, die Krankheit breitet sich also weiter aus und das Gesundheitssystem könnte an seine Grenzen stoßen.

Ist die Reproduktionszahl 1, so liegt ein lineares Wachstum der Fallzahlen vor.

Ist sie kleiner als 1, gibt es immer weniger Neuinfektionen, die Epidemie ebbt also ab.

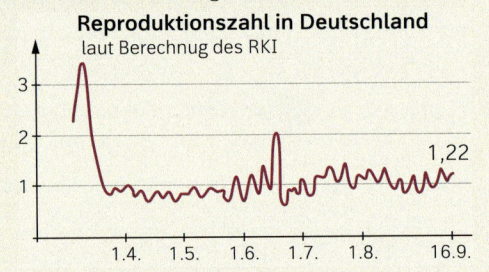

a) Die Tabelle zeigt die Anzahl der mit Corona Infizierten in Nordrhein-Westfalen im Januar 2021 jeweils am Ende des Tages.

Datum	21.01.	22.01.	23.01.	24.01.	25.01.	26.01.	27.01.	28.01.	29.01.
Anzahl	460710	464140	467472	470083	471080	472483	475014	478264	481042

Berechnen Sie die Reproduktionszahl für den 29. Januar 2021.

b) Der einfacheren Berechnung wegen wird hier nicht von der Reproduktionszahl auf die Wachstumsart geschlossen, sondern umgekehrt für exponentielles und lineares Wachstum die Reproduktionszahl berechnet. Die Funktion f beschreibt die Gesamtanzahl f(t) der Infizierten zum Zeitpunkt t in Tagen nach Beginn.

Erläutern Sie, dass für die Reproduktionszahl R(t) zur Zeit t gilt: $R(t) = \dfrac{f(t) - f(t-4)}{f(t-4) - f(t-8)}$

c) Betrachten Sie exponentielles Anwachsen der Anzahl der Infizierten, das durch $f(t) = 2^t$ beschrieben wird. Berechnen Sie die Reproduktionszahl R(t). Was fällt auf? Verallgemeinern Sie auf exponentielles Wachstum, das durch $f(t) = a \cdot b^t$ mit einer Basis b > 1 und einem Anfangswert a beschrieben wird.

Zeigen Sie, dass R(t) unabhängig von t und größer als 1 ist.

d) Betrachten Sie lineares Wachstum der Anzahl der Infizierten, das durch $f(t) = m \cdot t + n$ beschrieben werden kann. Zeigen Sie, dass R unabhängig von t, m und n den Wert 1 hat.

e) Das Abklingen einer Epidemie erfolgt exponentiell gemäß $f(t) = a \cdot b^t$ mit einer Basis $0 < b < 1$. Welche Folgerung können Sie daraus für die Reproduktionszahl R ziehen?

2 Schon geringe Veränderungen der Reproduktionszahl haben große Auswirkungen. Liegt der R-Wert bei 1,1, verdoppelt sich die Zahl der Infizierten in gut sieben Zeiteinheiten; steigt er auf 1,4, so dauert es nur gut zwei Zeiteinheiten, bis doppelt so viele Menschen infiziert sind.
Die Ausbreitung einer Epidemie kann somit durch die **Verdopplungszeit** beschrieben werden. Das ist die Zeitspanne, in der sich die Anzahl der Infizierten verdoppelt.

a) Betrachten Sie exponentielles Anwachsen der Anzahl der Infizierten mit einem Funktionsterm der Form $f(t) = a \cdot b^t$. Überprüfen Sie die Aussagen, die im Text zu den Werten von 1,1 und 1,4 für R getroffen werden.

b) Bestimmen Sie allgemein die Verdopplungszeit für eine beliebige Basis b.
Zeichnen Sie den Graphen der Funktion, die jeder Reproduktionszahl die zugehörige Verdopplungszeit zuordnet.
Beschreiben Sie den Graphen und stellen Sie einen Zusammenhang zum Text her.

c) Leiten Sie einen Term für die Verdopplungszeit bei linearem Wachstum gemäß $f(t) = m \cdot t + n$ her und interpretieren Sie Ihr Ergebnis.

3 Die **7-Tage-Inzidenz** ist eine wichtige Grundlage für die Einschätzung der Entwicklung der Corona-Pandemie. Der Wert ist die Anzahl der Neuinfizierten pro 100 000 Einwohner in den letzten 7 Tagen.

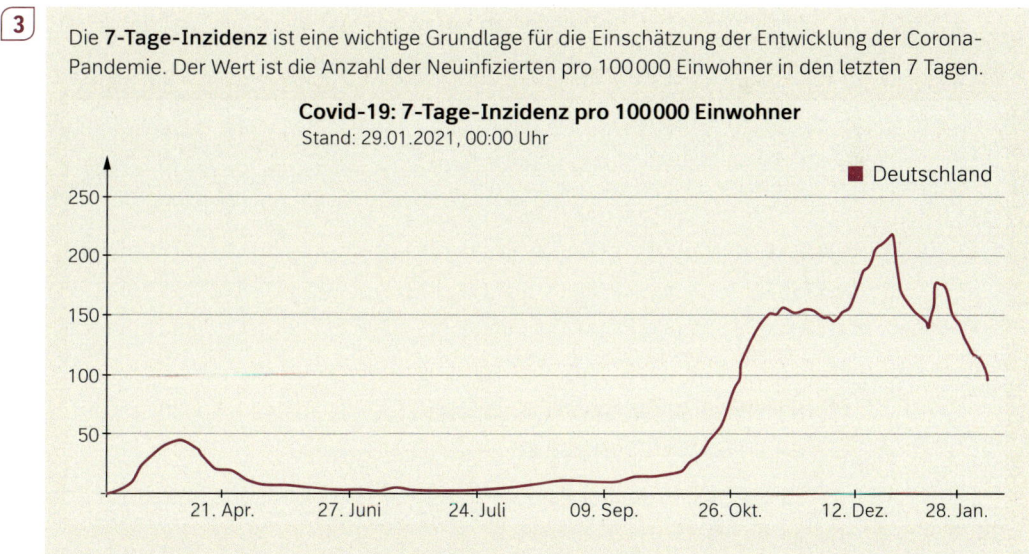

Covid-19: 7-Tage-Inzidenz pro 100 000 Einwohner
Stand: 29.01.2021, 00:00 Uhr

a) Die 7-Tage-Inzidenz ist zur Beschreibung der Auslastung der Gesundheitssysteme eingeführt worden. Analysieren Sie, ob die 7-Tage-Inzidenz dafür geeignet ist.

b) Betrachten Sie die Ausbreitung einer Epidemie, bei der die Gesamtanzahl der Infizierten durch $f(t) = 1{,}4^t$ beschrieben wird, wobei t in Tagen gemessen wird.
Die Population beträgt 100 000 Einwohner.
Berechnen Sie die 7-Tage-Inzidenz-Werte für die Zeitpunkte t von 7 bis 15. Beschreiben Sie Ihr Ergebnis.

3.4 Wachstumsvergleich der e-Funktion mit Potenzfunktionen – Produktregel

Einstieg

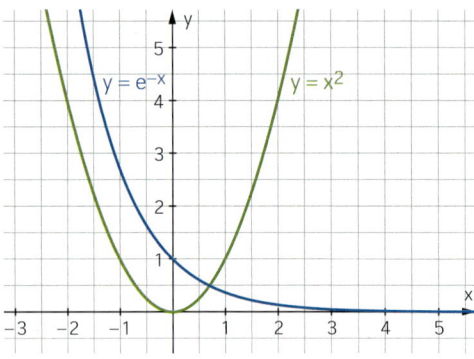

Felipe soll den Graphen der Funktion f mit $f(x) = x^2 \cdot e^{-x}$ zeichnen. Dazu betrachtet er zunächst die bekannten Graphen zu $y = x^2$ und zu $y = e^{-x}$.

Felipe sagt: „Für $x \to -\infty$ ist alles klar. Aber für $x \to \infty$ geht die eine Funktion gegen 0 und die andere gegen ∞. Die Frage ist: Wer gewinnt das Rennen?"

Untersuchen Sie diese Frage und zeichnen Sie den Graphen von f.

Aufgabe mit Lösung

Produkt zweier Funktionen untersuchen

→ Zeichnen Sie den Graphen der Funktion f mit $f(x) = x \cdot e^{-x}$.

Lösung

Für $x \to -\infty$ ergibt sich für die einzelnen Faktoren im Term der Funktion $x \to -\infty$ und $e^{-x} \to \infty$. Somit gilt $f(x) \to -\infty$ für $x \to -\infty$. Weiter gilt $f(0) = 0$.

Mithilfe einer Wertetabelle kann man das Verhalten der Funktionswerte für $x \to \infty$ untersuchen und den Graphen skizzieren.

x	$e^{-x} = \frac{1}{e^x}$	$f(x) = \frac{x}{e^x}$
1	$\frac{1}{e}$	$\frac{1}{e} \approx 0{,}37$
2	$\frac{1}{e^2}$	$\frac{2}{e^2} \approx 0{,}27$
3	$\frac{1}{e^3}$	$\frac{3}{e^3} \approx 0{,}15$
4	$\frac{1}{e^4}$	$\frac{4}{e^4} \approx 0{,}07$
5	$\frac{1}{e^5}$	$\frac{5}{e^5} \approx 0{,}03$

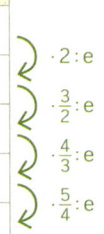

$\cdot 2 : e$

$\cdot \frac{3}{2} : e$

$\cdot \frac{4}{3} : e$

$\cdot \frac{5}{4} : e$

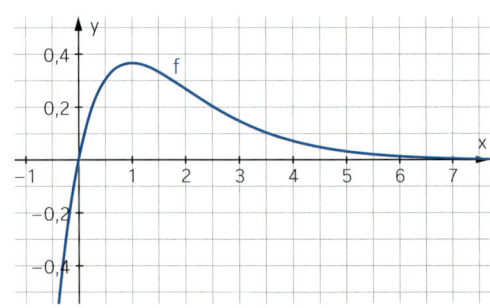

Man erkennt, dass ein Funktionswert $f(x + 1)$ aus dem Funktionswert $f(x)$ durch Multiplikation mit $\frac{x+1}{x}$ und Division durch e hervorgeht.

Für $x \to \infty$ strebt der Faktor $\frac{x+1}{x}$ gegen 1. Der Divisor e ändert sich aber nicht.

Somit gilt $f(x) \to 0$ für $x \to \infty$.

→ Die Funktion f ist das Produkt zweier Funktionen. Begründen Sie, dass die Ableitung von f nicht das Produkt der Ableitungen dieser Funktionen ist.

Lösung

Die Ableitung von x ist 1. Die Ableitung von e^{-x} ist $-e^{-x}$. Das Produkt dieser Ableitungen ist also $-e^{-x}$. Für jedes x ist der Wert $-e^{-x}$ negativ.

Man erkennt aber am Graphen von f, dass für $x < 1$ die Steigungen positiv sind. Somit kann $-e^{-x}$ nicht die Ableitung von f sein.

Information

Produktregel

Satz

Wenn zwei Funktionen u und v die Ableitungen u' und v' haben, dann hat die Funktion f mit $f(x) = u(x) \cdot v(x)$ die Ableitung $f'(x) = u'(x) \cdot v(x) + u(x) \cdot v'(x)$.

Man schreibt dafür kurz:

$(u \cdot v)' = u' \cdot v + u \cdot v'$

$f(x) = (2x + 1) \cdot e^{-x}$

Es gilt: $f(x) = u(x) \cdot v(x)$

$u(x) = 2x + 1$	$u'(x) = 2$
$v(x) = e^{-x}$	$v'(x) = -e^{-x}$

Somit ergibt sich:

$$f'(x) = u'(x) \cdot v(x) + u(x) \cdot v'(x)$$
$$= 2 \cdot e^{-x} + (2x + 1) \cdot (-e^{-x})$$
$$= e^{-x} \cdot (2 - (2x + 1))$$
$$= e^{-x} \cdot (1 - 2x)$$

Wachstumsvergleich der e-Funktion mit Potenzfunktionen

Satz

Die e-Funktion wächst für $x \to \infty$ schneller gegen ∞ als jede Potenzfunktion.

Es gilt:

(1) $x^n \cdot e^{-x} \to 0$ für $x \to \infty$

(2) $x^n \cdot e^x \to 0$ für $x \to -\infty$

Die e-Funktion „gewinnt".

$x^n \cdot e^{-x} = \dfrac{x^n}{e^x}$

(1)

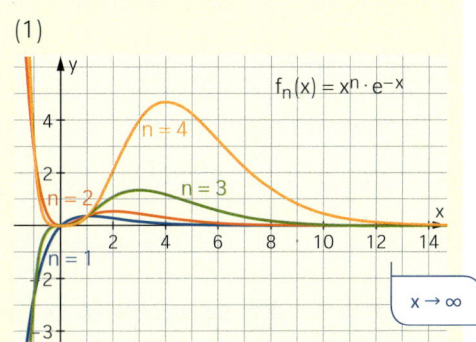

(2)

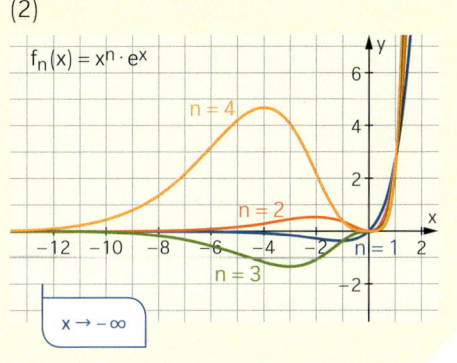

Bemerkung: Auf einen Beweis der beiden Sätze wird in diesem Buch verzichtet. Die Produktregel kann man sich jedoch mithilfe von Aufgabe 16 anschaulich plausibel machen.

Üben

1 ≡ Bilden Sie die erste Ableitung von f.

a) $f(x) = (5x - 2) \cdot e^{-x}$

b) $f(x) = (x^2 + 1) \cdot e^{2x+1}$

c) $f(x) = 10x^2 \cdot e^{-0,2x}$

d) $f(x) = x^2 \cdot e^{2x} - 3x + 5$

e) $f(x) = x^2 \cdot (e^x + e^{-x})$

f) $f(x) = (2x + 1) \cdot e^{1-x}$

2 ☰ Bestimmen Sie die erste Ableitung von f einmal mit der Produktregel und einmal ohne Produktregel.

a) $f(x) = 5 \cdot e^x$

b) $f(x) = e^x \cdot e^x$

c) $f(x) = e^{3x} \cdot e^{5x}$

d) $f(x) = (e^{2x} + 1)^2$

e) $f(x) = e^{-x} \cdot e^x$

f) $f(x) = 4 \cdot e^{2x} \cdot e^{3x}$

$f(x) = e^x \cdot 3 \cdot e^{2x}$

Produktregel:

$f'(x) = e^x \cdot 3 \cdot e^{2x} + e^x \cdot 2 \cdot 3 \cdot e^{2x}$

$\qquad = 3 \cdot e^{3x} + 6 \cdot e^{3x}$

$\qquad = 9 \cdot e^{3x}$

Erst zusammenfassen, dann ableiten:

$f(x) = e^x \cdot 3 \cdot e^{2x} = 3 \cdot e^{3x}$

$f'(x) = 3 \cdot 3 \cdot e^{3x} = 9 \cdot e^{3x}$

3 ☰ Sebastian hat bei seinen Hausaufgaben einige Ableitungen berechnet. Kontrollieren Sie, ob er alles richtig gemacht hat, und korrigieren Sie seine Ergebnisse, falls nötig.

a) $f(x) = x \cdot e^{2x}$

$\quad f'(x) = e^{2x} + x \cdot e^2$

b) $f(x) = (x^2 + 3) \cdot e^x$

$\quad f'(x) = 2x \cdot e^x + (x^2 + 3) \cdot e^x$

4 ☰ Untersuchen Sie das Verhalten des Graphen von f.

a) $f(x) = \dfrac{x^2}{e^x}$ für $x \to \infty$

b) $f(x) = \dfrac{x^3}{e^x}$ für $x \to -\infty$

c) $f(x) = 50 \cdot x^2 \cdot e^{-0,5x}$ für $x \to \infty$

d) $f(x) = x \cdot (e^x)^2$ für $x \to -\infty$

5 ☰ Ordnen Sie die Funktionsterme und die Graphen einander zu. Begründen Sie Ihre Zuordnung mit mindestens zwei Argumenten.

(1) $f(x) = (x - 1)^2 \cdot e^x$

(2) $g(x) = (x - 1) \cdot e^x$

(3) $h(x) = (1 - x) \cdot e^x$

(4) $i(x) = (x - 1) \cdot e^{-x}$

(A)

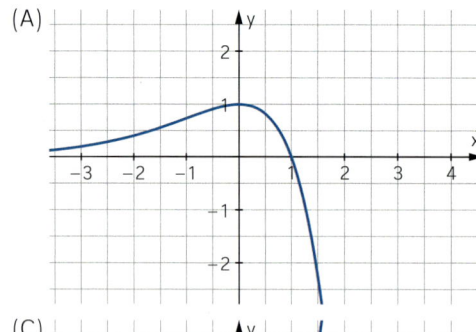

(B)

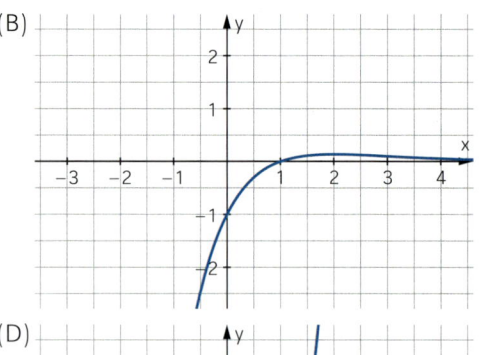

(C)

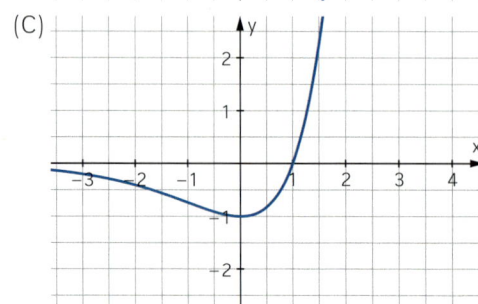

(D)

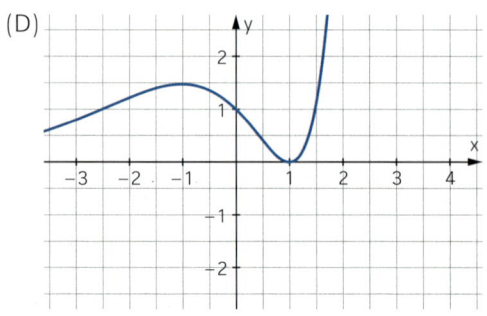

Untersuchung von Produkten von ganzrationalen Funktionen mit der e-Funktion

6 ≡ Bestimmen Sie alle Hoch- und Tiefpunkte der Funktion f.

a) $f(x) = (2x - 1) \cdot e^x$

b) $f(x) = (x + 4) \cdot e^{2x}$

c) $f(x) = (-3x + 2) \cdot e^{-x}$

d) $f(x) = (x^2 \quad 15) \cdot e^x$

e) $f(x) = (x^2 + 3x - 14) \cdot e^{-x}$

f) $f(x) = (-x^2 + 2x + 2) \cdot e^x$

7 ≡ Die Funktion f ist gegeben durch $f(x) = (x^2 - 8) \cdot e^x$.

a) Untersuchen Sie das Verhalten des Graphen von f für $x \to \infty$ und $x \to -\infty$.

b) Berechnen Sie die Koordinaten der Hoch- und Tiefpunkte des Graphen von f.

c) Skizzieren Sie den Funktionsgraphen.

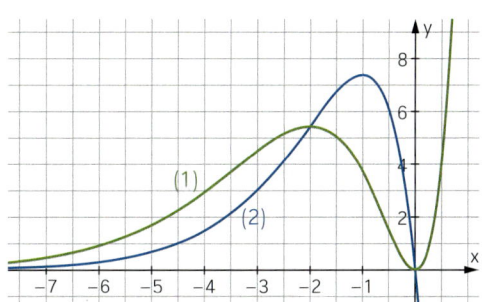

$f(x) = (x^2 - x - 1) \cdot e^x$

$f'(x) = (2x - 1) \cdot e^x + (x^2 - x - 1) \cdot e^x$
$\quad\quad = (x^2 + x - 2) \cdot e^x$

$f'(x) = 0$, wenn $x^2 + x - 2 = 0$,
also für $x_1 = -2$ und $x_2 = 1$

$f''(x) = (2x + 1) \cdot e^x + (x^2 + x - 2) \cdot e^x$
$\quad\quad = (x^2 + 3x - 1) \cdot e^x$

$f''(-2) = -3 \cdot e^{-2} < 0$,
also Hochpunkt $H(-2 \mid 5e^{-2})$

$f''(1) = 3e > 0$,
also Tiefpunkt $T(1 \mid -e^{-1})$

8 ≡ Gegeben sind die Funktionen f und g mit $f(x) = -20 \cdot x \cdot e^x$ und $g(x) = 10 \cdot x^2 \cdot e^x$.

a) Welcher Graph gehört zu welcher Funktion?

Begründen Sie Ihre Antwort.

b) Untersuchen Sie, ob der Hochpunkt des Graphen (1) und der Wendepunkt des Graphen (2) auf einen Punkt fallen.

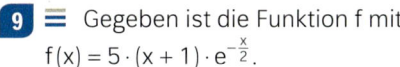

9 ≡ Gegeben ist die Funktion f mit $f(x) = 5 \cdot (x + 1) \cdot e^{-\frac{x}{2}}$.

a) Bestimmen Sie die Nullstellen und untersuchen Sie das Verhalten des Graphen für $x \to \infty$ und $x \to -\infty$. Skizzieren Sie damit ohne weitere Rechnung und ohne Verwendung eines Rechners einen möglichen Graphen von f.

b) Bestimmen Sie die Gleichung der Wendetangente.

$g(x) = \dfrac{x}{e^x} = x \cdot e^{-x}$

Wendetangente bestimmen:

$g'(x) = (1 - x) \cdot e^{-x}$

Der Graph von g hat den Wendepunkt $W\left(2 \mid \dfrac{2}{e^2}\right)$ und es gilt $m = g'(2) = -\dfrac{1}{e^2}$.

Gleichung der Wendetangente:

$y = -\dfrac{1}{e^2} \cdot x + b$

Da W auf der Tangente liegt, gilt

$\dfrac{2}{e^2} = -\dfrac{1}{e^2} \cdot 2 + b$, also $b = \dfrac{4}{e^2}$.

10 ≡ Gegeben ist die Funktion f mit $f(x) = e^{2x} - 6 \cdot e^x + 5$. Zeichnen Sie den Graphen von f. Untersuchen Sie den Graphen auf Schnittpunkte mit den Koordinatenachsen und auf Extrempunkte.

Untersuchen Sie das Verhalten des Graphen von f für $x \to \infty$ und $x \to -\infty$.

11 ≡ Gegeben ist die Funktion f mit $f(x) = 10x \cdot e^{-x}$.

a) Begründen Sie, dass der Graph der Funktion f immer unterhalb der Geraden mit der Gleichung $y = 4$ liegt.

b) Die Wendetangente des Graphen bildet zusammen mit den beiden Koordinatenachsen ein Dreieck. Berechnen Sie den Flächeninhalt dieses Dreiecks.

12 ≡ Die Funktion f ist gegeben durch $f(x) = x + e^{1-x}$.

a) Zeigen Sie, dass der Graph der Funktion f zwar einen Extrempunkt, aber keinen Wendepunkt besitzt.

b) Begründen Sie, dass der Graph der Funktion f immer oberhalb der 1. Winkelhalbierenden mit der Gleichung $y = x$ verläuft und sich dieser Geraden für $x \to \infty$ immer mehr annähert.

13 ≡ Untersuchen Sie die Graphen von f und g mit $f(x) = (x - 1) \cdot e^{x+1}$ und $g(x) = e^{x+1}$ auf Gemeinsamkeiten und Unterschiede. Berücksichtigen Sie zum Beispiel Grenzverhalten, Extrema und Nullstellen.

Weiterüben

14 ≡ Der Graph der Funktion f mit $f(x) = 1 + e^{\frac{1}{2}x}$ schneidet die y-Achse im Punkt M.
Bestimmen Sie den Flächeninhalt des Dreiecks, das von der Tangente und der Normalen in M und der x-Achse gebildet wird.

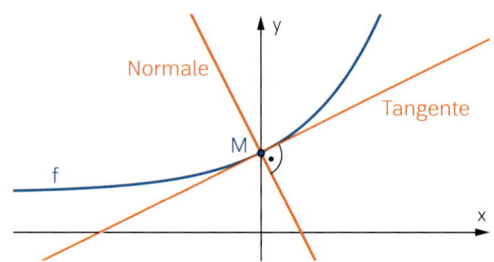

15 ≡ Bestimmen Sie die erste und die zweite Ableitung der Funktion f.
Welche Regelmäßigkeit vermuten Sie? Wie müsste die dritte und die vierte Ableitung von f lauten? Können Sie eine Stammfunktion von f angeben?
Erläutern Sie Ihr Vorgehen und überprüfen Sie Ihr Ergebnis.

a) $f(x) = (x - 5) \cdot e^x$ **b)** $f(x) = (x + 1) \cdot e^x$ **c)** $f(x) = (x + 3) \cdot e^{-x}$

16 ≡ Der Differenzenquotient eines Produktes von zwei Funktionen u und v lautet:

$$\frac{u(x + h) \cdot v(x + h) - u(x) \cdot v(x)}{h}$$

Erläutern Sie die grafische Veranschaulichung des Zählers dieses Differenzenquotienten mit positiven Funktionswerten und begründen Sie damit die Produktregel.

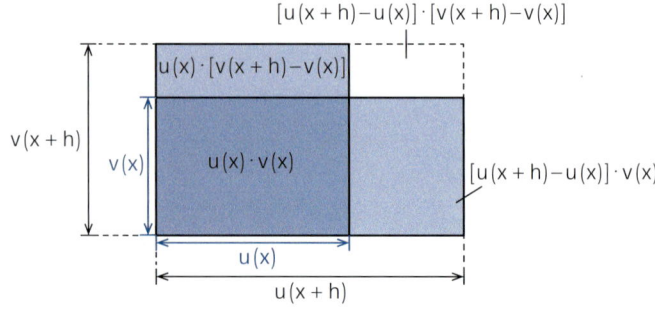

17 ☰ Der Graph der Funktion f mit
$f(x) = a \cdot x \cdot e^{b \cdot x}$ verläuft durch die Punkte
$P\left(1 \mid \frac{1}{2 \cdot e}\right)$ und $Q\left(-1 \mid -\frac{e}{2}\right)$.
Bestimmen Sie die Parameter a und b.

18 ☰ In der Abbildung ist der Graph der
Funktion f mit $f(x) = -x \cdot e^{a \cdot x + b} + c$ darge-
stellt.
Bestimmen Sie den Funktionsterm $f(x)$.

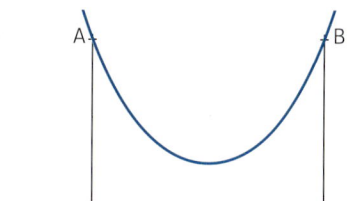

19 ☰ Wenn man eine Kette oder ein Seil aus homogenem Material an zwei Punkten A und B
aufhängt, so nimmt sie unter dem Einfluss der Schwerkraft die Form der sogenannten
Kettenlinie an, die sich durch eine Funktion f mit $f(x) = \frac{a}{2} \cdot \left(e^{\frac{x}{2}} + e^{-\frac{x}{2}}\right)$ mit einem geeigneten
Parameter $a > 0$ beschreiben lässt. Untersuchen und zeichnen Sie die Kettenlinie für $a = 5$.

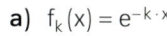

20 ☰ Ordnen Sie die Graphen zu $f_k(x)$ den Parametern $k = -2; -1; 0; 1; 2$ begründet zu.

a) $f_k(x) = e^{-k \cdot x}$

b) $f_k(x) = (x^2 - k) \cdot e^x$

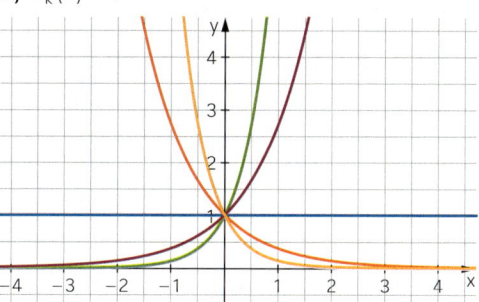

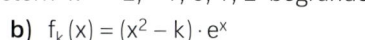

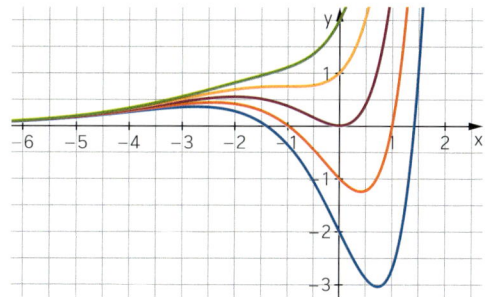

c) $f_k(x) = (x - k) \cdot e^x$

d) $f_k(x) = x \cdot (x - k) \cdot e^{-x}$

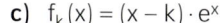

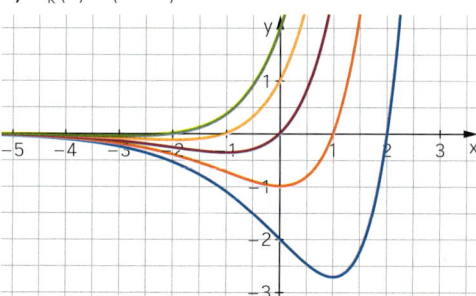

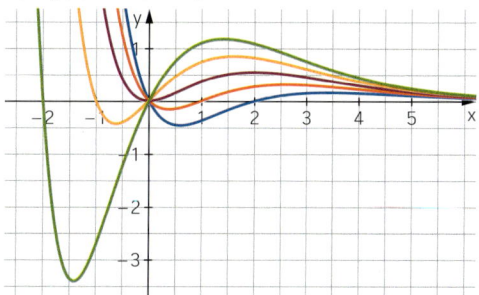

3.5 Zusammengesetzte Funktionen als Modelle

Einstieg

Ansturm beim Revierderby

Am Freitagabend fand das Revierderby Borussia Dortmund gegen Schalke 04 statt. Das Dortmunder Stadion mit seinen 80645 Plätzen war natürlich auch in diesem Jahr wieder ausverkauft. Die Stadioneingänge wurden bereits um 18 Uhr geöffnet, damit die Fans rechtzeitig zum Spielbeginn um 20:30 Uhr auf ihren Plätzen waren.

Der Ansturm der Fans an den Eingängen kann näherungsweise durch die Funktion f mit $f(t) = 40\,t \cdot e^{-0,02\,t}$ beschrieben werden. Dabei wird t in Minuten seit der Öffnung der Eingänge um 18 Uhr und $f(t)$ in Zuschauer pro Minute gemessen.

- Skizzieren Sie den Graphen von f. Beschreiben Sie den Verlauf in Worten.
- Bestimmen Sie den Zeitpunkt, an dem der Zuschauerandrang am größten war. Wie viele Zuschauerinnen und Zuschauer pro Minute kamen zu diesem Zeitpunkt an den Eingängen an?
- Wie viele Personen waren nach diesem Modell um 20:30 Uhr im Stadion?
- Für wie realistisch halten Sie dieses Modell?

Aufgabe mit Lösung

Modellieren mit einer Funktion vom Typ $f(t) = a \cdot t \cdot e^{b \cdot t}$

Schneidet man Gehölz im Frühjahr, so tritt aus der Schnittfläche eine klare Flüssigkeit aus, bis sich die Wunde von alleine verschließt. Die momentane Austrittsgeschwindigkeit der Flüssigkeit in $\frac{ml}{h}$ kann durch die Funktion f mit $f(t) = 5\,t \cdot e^{-0,4\,t}$ beschrieben werden. Dabei bezeichnet t die Zeit seit dem Schnitt in Stunden.

→ Zeichnen Sie den Graphen von f und beschreiben Sie ihn in Bezug auf den Sachverhalt.

Lösung

Vom Ursprung aus steigt der Graph von f zunächst an und erreicht einen Hochpunkt. Danach fällt der Graph wieder ab und nähert sich der t-Achse für $t \rightarrow \infty$. Für die Austrittsgeschwindigkeit bedeutet das, dass sie nach dem Schnitt zunächst schnell, dann langsamer bis zu einem Maximalwert ansteigt, von dem aus sie erst schnell und dann langsamer abfällt.

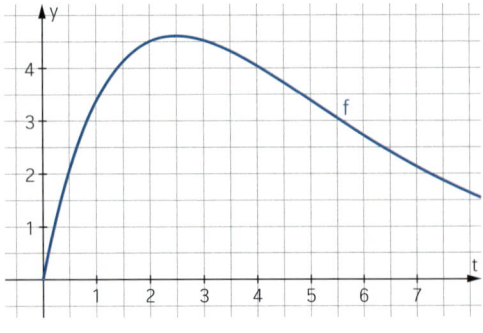

→ Bestimmen Sie, wann die momentane Austrittsgeschwindigkeit am größten ist.

Lösung

Der Graph legt nahe, dass die momentane Austrittsgeschwindigkeit ungefähr $2\frac{1}{2}$ Stunden nach dem Schnitt am größten ist. Zur rechnerischen Bestätigung bildet man die Ableitung.

$f'(t) = 5 \cdot e^{-0,4t} + 5t \cdot e^{-0,4t} \cdot (-0,4) = (5 - 2t) \cdot e^{-0,4t}$

Offensichtlich gilt $f'(t) = 0$, wenn $5 - 2t = 0$, also $t = 5 : 2 = 2,5$. Da dies die einzige Stelle mit waagerechter Tangente ist, ist klar, dass ein Maximum vorliegt. Nach 2,5 Stunden ergibt sich folgende momentane Austrittsgeschwindigkeit in $\frac{ml}{h}$:

$f(2,5) = 5 \cdot 2,5 \cdot e^{-0,4 \cdot 2,5} = 12,5 \cdot e^{-1} \approx 4,6$

→ Bestimmen Sie, wann sich die momentane Austrittsgeschwindigkeit am stärksten, wann sie sich am wenigsten ändert.

Lösung

Die größte Zunahme der momentanen Austrittsgeschwindigkeit erfolgt zum Zeitpunkt $t = 0$, sofort nach dem Schnitt. Danach nimmt sie ab.

Nach $t = 2,5$ ist die Änderung der momentanen Austrittsgeschwindigkeit negativ, diese nimmt also ab.

Ihre minimale Änderung liegt ungefähr nach 5 Stunden vor.

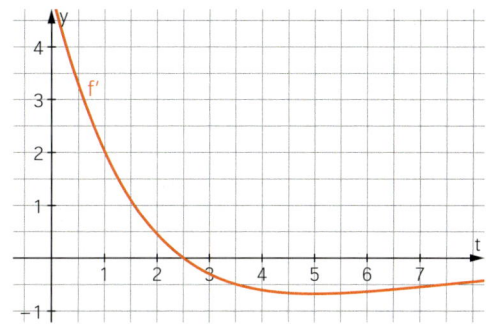

Rechnerisch kann man diesen Zeitpunkt genau mithilfe der Nullstellen der zweiten Ableitung ermitteln:

$f''(t) = \left((5 - 2t) \cdot e^{-0,4t}\right)' = -2 \cdot e^{-0,4t} + (5 - 2t) \cdot e^{-0,4t} \cdot (-0,4) = (0,8t - 4) \cdot e^{-0,4t}$

$f''(t) = 0$ gilt nur, wenn $0,8t - 4 = 0$, also $t = 4 : 0,8 = 5$.

Nach 5 Stunden ist die Änderung der momentanen Austrittsgeschwindigkeit minimal. Die Änderung der momentanen Austrittsgeschwindigkeit in $\frac{ml}{h}$ beträgt dann $f'(5) \approx -0,680$.

→ Berechnen Sie, wie viel Flüssigkeit in den ersten 10 Stunden insgesamt austritt.

Lösung

Die gesamte austretende Flüssigkeitsmenge erhält man durch Integrieren der momentanen Austrittsgeschwindigkeit mit einem Rechner:

$\int_{0}^{10} 5 \cdot t \cdot e^{-0,4t} dt = 28,4$

In den ersten 10 Stunden treten 28,4 ml Flüssigkeit aus.

→ Das Integral lässt sich auch mithilfe einer Stammfunktion berechnen. Weisen Sie nach, dass die Funktion F mit $F(t) = (-12,5t - 31,25) \cdot e^{-0,4t}$ eine Stammfunktion von f ist.

Lösung

Durch Ableiten mithilfe der Produktregel erhält man:

$F'(t) = -12,5 \cdot e^{-0,4t} + (-12,5t - 31,25) \cdot e^{-0,4t} \cdot (-0,4)$
$\qquad = (-12,5 + 5t - 12,5) \cdot e^{-0,4t}$
$\qquad = e^{-0,4t} = f(t)$

Information

Typische Aufgabenstellungen bei komplexen Anwendungssituationen

Zur Beschreibung vieler Wachstumsprozesse in Natur, Technik und Wirtschaft werden e-Funktionen verwendet. Dabei tauchen immer wieder ähnliche Fragestellungen auf, bei deren Beantwortung man grundsätzlich zwei Fälle unterscheiden muss:

(1) Die gegebene Funktion beschreibt den Bestand.

(2) Die gegebene Funktion beschreibt die Änderungsrate des Bestands.

Fall (1): Bei gegebener Funktion für den Bestand sind folgende Fragen und Lösungsstrategien typisch:

- **Ermitteln von Höchst- und Tiefstwerten des Bestands**
  Die Hoch- und Tiefpunkte des Graphen werden z. B. mithilfe der Nullstellen der Ableitung ermittelt. Anschließend muss geprüft werden, ob die Funktionswerte am Rand des Definitionsbereichs kleiner oder größer sind.

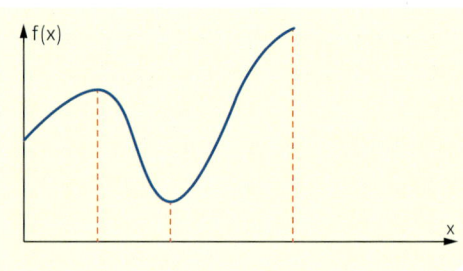

- **Ermitteln der kleinsten bzw. größten Änderungsrate des Bestands**
  Die Wendepunkte des Graphen werden z. B. mithilfe der Nullstellen der zweiten Ableitung bestimmt.

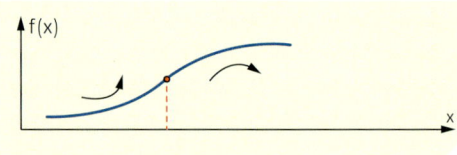

- **Ermitteln, wann ein vorgegebener Bestand erreicht ist**
  Die Schnittpunkte des Graphen mit der gegebenen Parallelen zur x-Achse werden bestimmt.

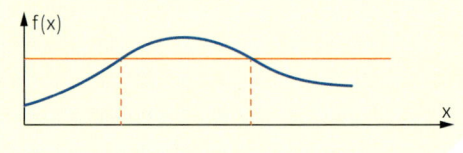

Fall (2): Bei gegebener Funktion für die momentane Änderungsrate des Bestands sind folgende Fragen und Lösungsstrategien typisch:

- **Ermitteln des Bestands zu einem vorgegebenen Zeitpunkt**
  Zum Anfangswert wird das Integral über die Änderungsrate bis zum gegebenen Zeitpunkt addiert.

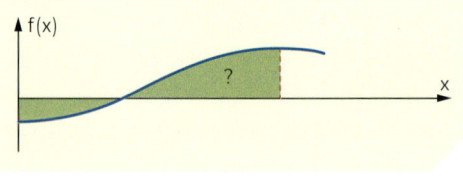

- **Ermitteln, wann ein vorgegebener Bestand erreicht ist**
  Eine Gleichung der Form

$$B(0) + \int_0^t f(x)\,dx = B$$ ist nach t aufzulösen.

Oft ist das nur näherungsweise grafisch oder numerisch möglich.

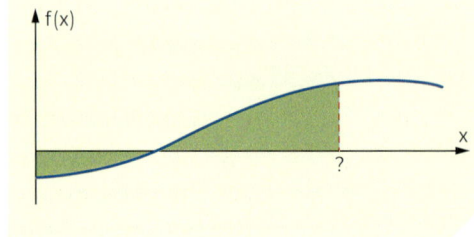

Üben

1 ≡ Die Konzentration des Wirkstoffs eines Medikamentes im Blut eines Patienten kann näherungsweise durch eine Funktion f mit $f(t) = 3t \cdot e^{-0,25t}$ beschrieben werden. Dabei wird t in Stunden seit der Einnahme und f(t) in mg pro Liter Blut gemessen.

a) Zeichnen Sie den Graphen von f im Intervall [0; 15] und beschreiben Sie den zeitlichen Verlauf der Konzentration. Nach welcher Zeit erreicht die Konzentration ihren höchsten Wert? Berechnen Sie, wie groß die maximale Konzentration ist.

b) Der Wirkstoff ist nur wirksam, solange seine Konzentration im Blut mindestens $2\frac{mg}{l}$ beträgt. Bestimmen Sie die Wirkungsdauer näherungsweise zeichnerisch. Überprüfen Sie Ihr Ergebnis mit dem Taschenrechner.

c) Berechnen Sie den Zeitpunkt, an dem die Konzentration am stärksten abnimmt.
Ab diesem Zeitpunkt nimmt die Konzentration des Wirkstoffs linear ab. Die lineare Abnahme wird durch die Tangente an den Graphen von f an diesem Zeitpunkt beschrieben. Berechnen Sie, wann nach diesem Modell der Wirkstoff vollständig abgebaut ist.

2 ≡ Um die Elektrolyt-Flüssigkeit von Autobatterien herzustellen, gibt man konzentrierte Schwefelsäure in destilliertes Wasser. Dabei erwärmt sich die Elektrolyt-Flüssigkeit.
Die Temperatur der Gefäßwand wird durch die Funktion f mit
$f(t) = 7,5t \cdot e^{-0,075 \cdot t} + 20$; $0 \le t \le 90$; modelliert, mit t in Minuten seit dem Zusammenmischen und f(t) in °C.

a) Die Temperatur der Gefäßwand sollte höchstens 15 Minuten lang über 50 °C liegen. Überprüfen Sie diese Bedingung.
Zu welchem Zeitpunkt ist die Temperatur der Gefäßwand maximal?
Wann ist die Temperaturabnahme am größten?

b) Ab dem Zeitpunkt $t = 90$ wird die weitere Temperaturänderung als konstant angenommen. Sie hat den Wert f'(90).
Bestimmen Sie den Zeitpunkt, zu dem die Gefäßwand nach diesem Modell wieder Umgebungstemperatur hat.

3 ≡ Eine Flasche Saft wurde in einem Kühlschrank auf 7 °C abgekühlt. Sie wird in ein Zimmer mit 24 °C Raumtemperatur gestellt. Bei der Erwärmung der Flüssigkeit beträgt die Temperaturzunahme pro Minute zu jedem Zeitpunkt jeweils 10 % der Differenz zwischen Raumtemperatur und der augenblicklichen Temperatur der Flüssigkeit.

a) Skizzieren Sie den Temperaturverlauf der Erwärmung des Saftes in Abhängigkeit von der Zeit für die ersten 15 Minuten.

b) Zeigen Sie, dass die Funktion T mit $T(t) = 24 - 17 \cdot e^{-0,1t}$ diesen Erwärmungsprozess beschreibt, wobei t die Zeit in Minuten nach Entnahme des Getränks aus dem Kühlschrank und T(t) die Temperatur in °C angibt.

c) Wann hat der Saft Raumtemperatur angenommen?

4 ≡ Die Füllhöhe in einem Chemikalientank beträgt um 8 Uhr morgens 1,50 m.

Die momentane Änderungsrate der Füllhöhe kann näherungsweise durch die Funktion h mit $h(t) = 4 \cdot e^{-0,15t} - 2 \cdot e^{-t} - 1,2;\ 0 \le t \le 24$ beschrieben werden. Dabei wird t in Stunden und $h(t)$ in Meter pro Stunde gemessen.

a) Bestimmen Sie die maximale Änderungsrate der Füllhöhe.

In welchem Zeitraum ist die Änderungsrate größer als ein Meter pro Stunde?

b) Welche Füllhöhe hat der Tank um 13:00 Uhr?

Wann ist der Tank 6 m hoch gefüllt?

5 ≡ Während eines lange andauernden, heftigen Schneefalls kann in einem Ski-gebiet die momentane Änderungsrate der Schneehöhe näherungsweise durch die Funktion f mit $f(x) = 3x \cdot e^{-\frac{1}{4}x};\ 0 \le x \le 12;$ beschrieben werden. Dabei wird x in Stunden ab Beginn des Schneefalls um 8 Uhr und $f(x)$ in cm pro Stunde gemessen.

a) Zeichnen Sie den Graphen von f und bestimmen Sie die maximale Änderungsrate der Schneehöhe. Zu welchem Zeitpunkt ist dieser Wert erreicht?

Ermitteln Sie am Graphen den Zeitraum, in dem die momentane Änderungsrate mindestens $2\frac{cm}{h}$ beträgt.

b) Um 8 Uhr betrug die Schneehöhe 120 cm.

Berechnen Sie, wie hoch der Schnee um 12 Uhr liegt. Zeigen Sie hierzu, dass die Funktion F mit $F(x) = -12 \cdot (x + 4) \cdot e^{-\frac{1}{4}x}$ eine Stammfunktion zu f ist.

c) Zu welchem Zeitpunkt x_0 ist der Abnahme der momentanen Änderungsrate am größten?

6 ≡ Ein Wassertank hat ein Fassungsvermögen von 550 Litern. Die Wassermenge zum Zeitpunkt t kann durch die Funktion f mit $f(t) = 520 - 280 \cdot e^{-\frac{1}{15}t}$ beschrieben werden. Dabei wird t in Minuten ab Beobachtungsbeginn und $f(t)$ in Liter gemessen.

a) Wie viel Wasser ist bei Beobachtungsbeginn im Wassertank?

Wie lange dauert es, bis der Tank zu drei Viertel seines Fassungsvermögens gefüllt ist?

Zeigen Sie, dass die Wassermenge im Tank ständig zunimmt. Bedeutet dies, dass das Fassungsvermögen des Tanks auf Dauer nicht ausreicht? Begründen Sie.

b) Nach 15 Minuten wird der Zufluss gestoppt und ein Abfluss geöffnet. Die momentane Abflussrate beträgt 0,5 % der vorhandenen Wassermenge pro Minute.

Geben Sie eine Funktion g an, die den Wasserstand zum Zeitpunkt t während des Abflusses beschreibt.

Wie lange dauert es, bis die Wassermenge bei Beobachtungsbeginn wieder erreicht ist?

c) Der Tank soll nun vollständig geleert werden. Dazu wird 40 min nach Beobachtungs-beginn der Abfluss geändert. Er kann nun durch eine lineare Funktion beschrieben werden, deren Steigung der momentanen Abflussrate zum Zeitpunkt der Änderung entspricht.

Wie lange dauert es bis zur vollständigen Leerung des Tanks?

7 ☰ Die Entwicklung der Algenkonzentration in einem Gartenteich in den ersten zwei Wochen nach Anwendung eines Anti-Algen-Wirkstoffs kann durch die Funktion f mit $f(t) = 8 - 5t \cdot e^{-0,4t} + 0,08t$ modelliert werden. Dabei ist t in Tagen ab der Anwendung und $f(t)$ die Konzentration der Algen in g pro Liter Teichwasser.

a) Skizzieren Sie den Graphen. Beschreiben Sie die Entwicklung der Algenkonzentration.

b) Wie hoch ist die Algenkonzentration zu Beginn?

Ermitteln Sie den Zeitpunkt, an dem die Algenkonzentration am niedrigsten ist.

Ab welchem Zeitpunkt ist die Algenkonzentration höher als zu Beginn?

c) Zu welchem Zeitpunkt nimmt die Algenkonzentration am stärksten zu?

Welches ist der höchste Wert während der ersten zwei Wochen?

8 ☰ Ein Grippevirus breitet sich in einer Großstadt schnell aus. Die momentane Erkrankungsrate wird modellhaft durch die Funktion f mit $f(t) = 250t^2 \cdot e^{-0,25t}$ mit $t \geq 0$ beschrieben. Dabei ist t die Zeit in Tagen seit Beginn der ersten Meldungen und $f(t)$ die Anzahl der Neuerkrankungen pro Tag.

a) Beschreiben Sie den Verlauf der Krankheitswelle.

Wann erkranken die meisten Personen?

Begründen Sie, dass ab diesem Zeitpunkt die momentane Erkrankungsrate rückläufig ist.

Wann nimmt sie am stärksten ab?

b) Wie viele Personen sind nach 14 Tagen insgesamt neu erkrankt?

Zeigen Sie, dass die Funktion F mit $F(t) = -1\,000 \cdot (t^2 + 8t + 32) \cdot e^{-0,25t}$ eine Stammfunktion von f ist.

Weisen Sie nach, dass die Gesamtzahl der Erkrankten nach diesem Modell unter 35\,000 bleiben wird.

9 ☰ Der Graph der Funktion f mit $f(x) = 2,4x^2 \cdot e^{-0,5x}$ beschreibt im Intervall [0; 15] das Profil eines Deichquerschnitts, mit x und $f(x)$ in Metern. Die Deichsohle liegt im Querschnitt auf der x-Achse.

a) Zeichnen Sie das Profil des Deichquerschnitts.

Welche Seite des Deichs ist die dem Wasser zugewandte Seite? Begründen Sie.

b) Bestimmen Sie die Höhe des Deichs.

c) Zeigen Sie, dass das maximale Gefälle der Böschung auf der Wasserseite des Deichs nicht größer als 45° ist.

d) Es ist geplant, die Deichkrone auf einer Höhe von 4,50 m abzutragen, um darauf einen Radweg anzulegen. Wie breit wird dieser Radweg?

e) Wie viel Kubikmeter Erde müssen dazu auf einer Länge von einem Kilometer abgetragen werden?

10 ≡ Nach dem Kyoto-Protokoll von 1997 sollen die Industrieländer zum Beispiel den CO_2-Ausstoß gegenüber dem Stand von 1990 jährlich durchschnittlich um 5,25 % reduzieren. Auf der UN-Klimakonferenz in Quatar im Jahr 2012 wurde die Verlängerung des Kyoto-Protokolls bis zum Jahr 2020 beschlossen.
Eine UN-Kommission hat zwei verschiedene Szenarien A und B für die Entwicklung der weltweiten CO_2-Emissionen entworfen.

a) Das Szenario A kann durch den Graphen der Funktion f mit $f(t) = 0,024\,t^2 \cdot e^{-0,019 \cdot t} + 7$ beschrieben werden. Dabei entspricht $t = 0$ dem Jahr 1950 und $f(t)$ gibt die jährliche CO_2-Emission zum Zeitpunkt t in Milliarden Tonnen pro Jahr an.
(1) In welchem Jahr würde nach diesem Modell die größte CO_2-Emission stattfinden? Ab welchem Jahr würde sich der jährliche Ausstoß auf weniger als die Hälfte des maximalen Ausstoßes verringern?
(2) Wie viele Tonnen CO_2 werden nach diesem Szenario in den Jahren 2000 bis 2020 insgesamt ausgestoßen?
b) Das optimistischere Szenario B kann näherungsweise durch den Graphen einer Funktion g der Form $g(t) = a \cdot t^2 \cdot e^{-\frac{1}{45}t} + 7$ beschrieben werden. Dabei entspricht wiederum $t = 0$ dem Jahr 1950.
(1) Dieses Modell geht davon aus, dass der maximale Ausstoß von ca. 31 Milliarden Tonnen CO_2 im Jahr 2040 erreicht wird. Bestimmen Sie damit den Parameter a.
(2) Wie viele Tonnen CO_2 könnten in den Jahren 2020 bis 2050 vermieden werden, wenn statt der Entwicklung von Szenario A eine Reduzierung der CO_2-Emission gemäß Szenario B umgesetzt werden könnte?

11 ≡ Für eine Kinovorführung, die um 21 Uhr beginnt, werden in einem Filmpalast die Kassen um 19:30 Uhr geöffnet. Die Anzahl der ankommenden Personen pro Minute kann modellhaft durch die Funktion f mit $f(x) = 0,05\,x^2 \cdot e^{-0,064 \cdot x}$ beschrieben werden. Dabei ist x die Zeit in Minuten seit 19:30 Uhr und $f(x)$ die Anzahl der ankommenden Personen pro Minute. Vor 19:30 Uhr befinden sich noch keine Besucher an den Kassen.
a) Skizzieren Sie den Graphen von f. Beschreiben Sie seinen Verlauf in Worten.
b) Wann kommen die meisten Besucher pro Minute an den Kassen an, wie viele sind das? Ab wann kommen weniger als drei Personen pro Minute?
c) Zeigen Sie, dass die Funktion G mit $G(x) = -0,78125 \cdot (x^2 + 31,25\,x + 488,28125) \cdot e^{-0,064x}$ eine Stammfunktion von f ist. Geben Sie eine Funktion H an, die die Gesamtzahl der Personen, die zum Zeitpunkt t bereits an den Kassen angekommen sind, beschreibt. Wie viele Personen sind bis zum Beginn der Vorstellung um 21 Uhr ins Kino gekommen?
d) Bedingt durch eine Panne können die Kassen des Kinos erst um 19:50 Uhr öffnen. Pro Minute können durchschnittlich für 10 Personen Karten ausgegeben werden.
Mit welcher Wartezeit muss eine Person rechnen, die um 19:50 Uhr zum Kino kommt?

Weiterüben

12 ≡ Eine Materialprobe wird in einem Labor erhitzt. Die Erwärmung wird durch die Funktion f mit $f(t) = 70 - 50 \cdot e^{-0,2t}$ und $t > 0$ beschrieben. Dabei wird t in Minuten und f(t) in °C angegeben.

a) Skizzieren Sie die Graphen von f und f'.

b) Zu welcher Zeit ist die Geschwindigkeit, mit der sich die Probe erwärmt, am größten, und wie groß ist sie zu dem Zeitpunkt?

c) Berechnen Sie die Durchschnittstemperatur der ersten 10 Minuten.

d) Nach welcher Zeit hat sich die Probe auf die Hälfte ihrer Endtemperatur erwärmt?

e) Nach welcher Zeit hat sich die anfängliche Erwärmungsgeschwindigkeit halbiert?

13 ≡ Die Temperatur eines Kaffees wird durch die Funktion f mit $f(t) = a + b \cdot e^{-k \cdot t}$ beschrieben, mit t in Minuten und f(t) in °C.

a) Die Anfangstemperatur des Kaffees beträgt 80 °C, die Temperatur nach 10 Minuten 37,1 °C und der Abkühlungsfaktor k = 0,13. Zeigen Sie, dass $f(t) = 21 + 59 \cdot e^{-0,13t}$ ist.

b) Der Kaffee gilt als trinkbar, wenn seine Temperatur auf 45 °C gesunken ist. Berechnen Sie, wie lange man mindestens warten muss, bis man ihn trinken kann.

c) Berechnen Sie f'(10) und interpretieren Sie den Wert im Sachzusammenhang.

d) Begründen Sie mit dem Funktionsterm, wie hoch die Umgebungstemperatur ist.

e) Wie verändert sich der Abkühlungsfaktor k im Term von f(t), wenn man den Kaffee in einen Isolierbecher und nicht wie in Teilaufgabe a) in einer Tasse abkühlen lässt? Geben Sie eine genaue Begründung.

14 ≡ Die Golden Gate Bridge war nach ihrer Erbauung im Jahr 1937 mehr als 25 Jahre lang die längste Brücke der Welt. Die beiden Hauptkabel sind an der Spitze der beiden Pfeiler in 152 m Höhe über der Straße befestigt, der tiefste Punkt jedes der beiden Kabel befindet sich in ca. 20 m Höhe über der Straße.

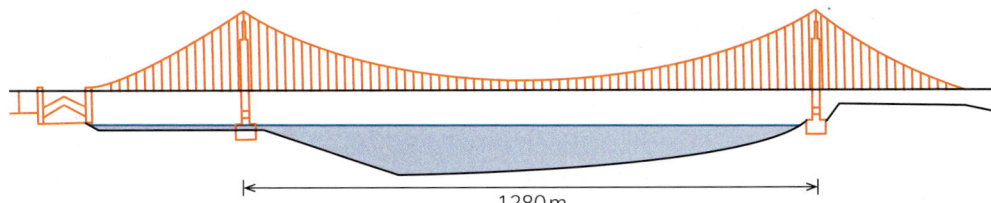

1280 m

a) Beschreiben Sie die Lage des Kabels zwischen den beiden Pfeilern (x, f(x) in m) durch

(1) eine Parabel;

(2) eine sogenannte Kettenlinie der Form $g(x) = a \cdot (e^{b \cdot x} + e^{-b \cdot x})$ mit a, b > 0.

Stellen Sie die beiden Kurven in einem gemeinsamen Koordinatensystem grafisch dar.

An welcher Stelle ist der Unterschied zwischen den beiden Kurven am größten?

b) In welchem Bereich steigt die Parabel schneller als die Kettenlinie?

Wie groß ist jeweils die Steigung an der Pfeilerspitze?

e-Funktion

$f(x) = e^x$

Die **e-Funktion** ist diejenige Exponential-funktion, die mit ihrer Ableitung überein-stimmt.

Die **Euler'sche Zahl**

$e = \lim\limits_{n \to \infty} \left(1 + \dfrac{1}{n}\right)^n \approx 2{,}718\,281\,82\ldots$

ist die Basis der natürlichen Exponential-funktion.

Für $f(x) = e^x$ gilt: $f'(x) = e^x$

Somit ist jede Funktion F mit einem Funktionsterm der Form $F(x) = e^x + c$ mit $c \in \mathbb{R}$ eine Stammfunktion der e-Funktion.

$f(x) = e^x;\ f'(x) = e^x$

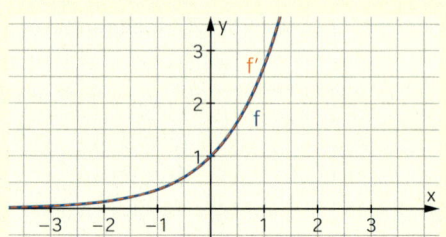

Taschenrechner verfügen über eine eigene Taste für die e-Funktion.

Ableitung und Stammfunktion von $f(x) = e^{k \cdot x + n}$

Für die Funktion f mit $f(x) = e^{k \cdot x + n}$ und $k, n \in \mathbb{R}$ gilt:

$f'(x) = k \cdot e^{k \cdot x + n}$

Die Funktion F mit $F(x) = \dfrac{1}{k} \cdot e^{k \cdot x + n}$ ist eine Stammfunktion von f.

$f(x) = e^{\frac{3}{2}x};\ f'(x) = \dfrac{3}{2} \cdot e^{\frac{3}{2}x}$

$F(x) = \dfrac{2}{3} \cdot e^{\frac{3}{2}x}$ ist eine Stammfunktion von f.

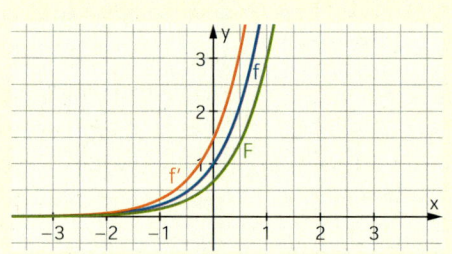

Natürlicher Logarithmus

Der **natürliche Logarithmus $\ln(b)$** einer Zahl $b > 0$ ist derjenige Exponent, mit dem man e potenzieren muss, um b zu erhalten: $e^{\ln(b)} = b$

$\ln(2) \approx 0{,}6931$, denn $e^{0{,}6931} \approx 2$.

Taschenrechner verfügen über eine eigene ln-Taste.

Ableitung einer Exponential-funktion

Jede Exponentialfunktion mit einer belie-biger Basis b kann auch mit der Basis e geschrieben werden:

$f(x) = b^x = e^{\ln(b) \cdot x}$

Deshalb gilt:

$f'(x) = \ln(b) \cdot e^{\ln(b) \cdot x} = \ln(b) \cdot b^x$

Die Ableitung einer Exponentialfunktion ist also wieder eine Exponentialfunktion.

$f(x) = 2^x = e^{\ln(2) \cdot x}$

$f'(x) = \ln(2) \cdot e^{\ln(2) \cdot x} = \ln(2) \cdot 2^x$

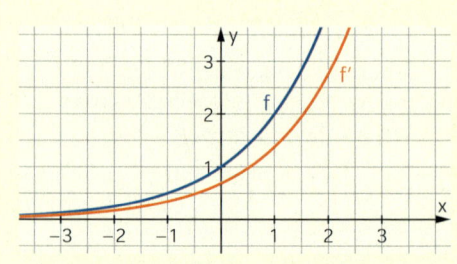

Exponentielle Zunahme

Eine Zunahme um $p\,\%$ pro Zeiteinheit mit dem Anfangswert a kann mithilfe einer Funktion f der Form

$$f(t) = a \cdot \left(1 + \frac{p}{100}\right)^t = a \cdot e^{k \cdot t}$$

beschrieben werden.

Dabei ist $k > 0$ und wird aus der Gleichung $e^k = 1 + \frac{p}{100}$ bestimmt.

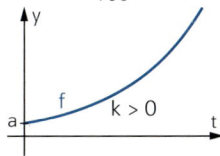

Die Verdopplungszeit t_V ist unabhängig vom Anfangswert a und ergibt sich aus der Gleichung $e^{k \cdot t_V} = 2$.

Zunahme um $8\,\%$ pro Woche bei einem Anfangswert von 3:

$$f(t) = 3 \cdot \left(1 + \frac{8}{100}\right)^t = 3 \cdot 1{,}08^t$$
$$= 3 \cdot e^{\ln(1{,}08) \cdot t}$$
$$\approx 3 \cdot e^{0{,}07696 \cdot t}$$

Verdopplungszeit:

$$e^{0{,}07696 \cdot t_V} = 2$$
$$0{,}07696 \cdot t_V = \ln(2)$$
$$t_V = \frac{\ln(2)}{0{,}07696},$$

also $t_V \approx 9$ Wochen

Exponentielle Abnahme

Eine Abnahme um $p\,\%$ pro Zeiteinheit mit dem Anfangswert a kann mithilfe einer Funktion f der Form

$$f(t) = a \cdot \left(1 - \frac{p}{100}\right)^t = a \cdot e^{k \cdot t}$$

beschrieben werden.

Dabei ist $k < 0$ und wird aus der Gleichung $e^k = 1 - \frac{p}{100}$ bestimmt.

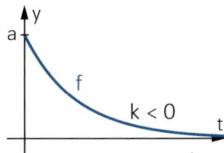

Die Halbwertszeit t_H ist unabhängig vom Anfangswert a und ergibt sich aus der Gleichung $e^{k \cdot t_H} = \frac{1}{2}$.

Abnahme um $5\,\%$ pro Tag bei einem Anfangswert von 16:

$$f(t) = 16 \cdot \left(1 - \frac{5}{100}\right)^t = 16 \cdot 0{,}95^t$$
$$= 16 \cdot e^{\ln(0{,}95) \cdot t}$$
$$\approx 16 \cdot e^{-0{,}05129 \cdot t}$$

Halbwertszeit:

$$e^{-0{,}05129 \cdot t_H} = 0{,}5$$
$$-0{,}05129 \cdot t_H = \ln(0{,}5)$$
$$t_H = \frac{\ln(0{,}5)}{-0{,}05129},$$

also $t_H \approx 13{,}5$ Tage

Produktregel

Wenn die Funktionen u und v die Ableitungen u' und v' haben, dann hat die Funktion f mit $f(x) = u(x) \cdot v(x)$ die Ableitung $f'(x) = u'(x) \cdot v(x) + u(x) \cdot v'(x)$.

$$f(x) = (3x + 2) \cdot e^{4x}$$
$$f'(x) = 3 \cdot e^{4x} + (3x + 2) \cdot 4 \cdot e^{4x}$$
$$= (12x + 11) \cdot e^{4x}$$

Wachstumsvergleich der e-Funktion mit Potenzfunktionen

Die e-Funktion wächst für $x \to \infty$ schneller gegen ∞ als jede Potenzfunktion.
Es gilt:

(1) $x^n \cdot e^{-x} \to 0$ für $x \to \infty$

(2) $x^n \cdot e^x \to 0$ für $x \to -\infty$

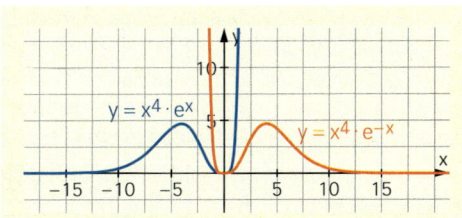

Teil A   **Lösen Sie die folgenden Aufgaben ohne Formelsammlung und ohne Taschen-rechner.**

1 Bilden Sie die erste Ableitung und vereinfachen Sie so weit wie möglich.

a) $f(x) = 4 \cdot e^{2 - \frac{3}{4}x}$

b) $f(x) = (x^2 + 3) \cdot e^{1-2x}$

c) $f(x) = e^{-2x} + \sqrt{5}\,x$

d) $f(x) = 3 - 2 \cdot e^{2x+1}$

2 Berechnen Sie das Integral, indem Sie das Ergebnis mithilfe von e schreiben.

a) $\displaystyle\int_0^2 e^x + e^{-x}\,dx$

b) $\displaystyle\int_0^2 e^{1+2x}\,dx$

c) $\displaystyle\int_0^3 e^{-2x} + 1\,dx$

d) $\displaystyle\int_{-1}^0 2\,e^{2x}\,dx$

3 Ordnen Sie die Funktionsterme und die Graphen einander zu.
Begründen Sie Ihre Zuordnung.

(A) $f(x) = x \cdot e^x$ (B) $g(x) = x^2 \cdot e^x$ (C) $h(x) = x \cdot e^{-x}$ (D) $i(x) = x^2 \cdot e^{-x}$

(1)   (2)   (3)   (4)

  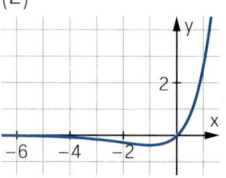 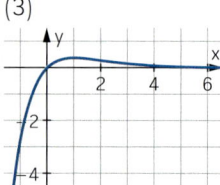 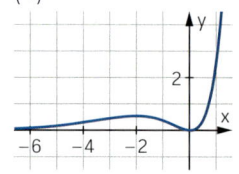

4 Die Funktion f ist gegeben durch $f(x) = (x + 1) \cdot e^{-2x}$.

a) Bestimmen Sie die Nullstellen von f und untersuchen Sie das Verhalten des Graphen für $x \to \infty$ und $x \to -\infty$. Skizzieren Sie damit ohne weitere Rechnung einen möglichen Graphen von f.

b) Zeigen Sie, dass die Funktion F mit $F(x) = -\frac{1}{4} \cdot (2x + 3) \cdot e^{-2x}$ eine Stammfunktion zur Funktion f ist.

5 Gegeben sind die Funktionen g und h mit $g(x) = e^{x-1}$ und $h(x) = e^x - 1$.

a) Skizzieren Sie die Graphen von g und h. Beschreiben Sie, wie die beiden Graphen aus dem Graphen der Funktion f mit $f(x) = e^x$ hervorgehen.

b) Berechnen Sie die Schnittstelle der Graphen von g und h.

6 Gegeben ist der Graph der Funktion f mit $f(x) = 5 - e^x$.

a) Begründen Sie den Verlauf des Graphen, indem Sie das Verhalten für $x \to \infty$ und für $x \to -\infty$ untersuchen und die Schnittpunkte des Graphen mit den Koordinatenachsen bestimmen.

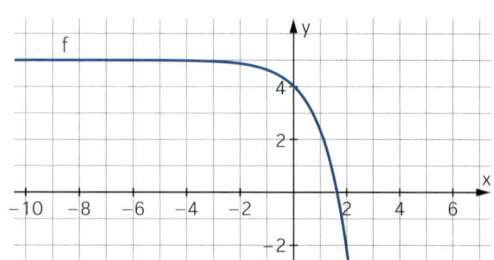

b) Der Graph und die Koordinatenachsen begrenzen eine Fläche. Berechnen Sie den Flächeninhalt.

Teil B **Bei der Lösung dieser Aufgaben können Sie die Formelsammlung und den Taschenrechner verwenden.**

7 Eine Tierpopulation hat sich in zehn Jahren von 800 auf 2 500 Exemplare vermehrt.

a) Gehen Sie davon aus, dass es sich um ein exponentielles Wachstum handelt, und bestimmen Sie die Funktion, die diesen Wachstumsprozess beschreibt.

b) Ermitteln Sie, wie viel Prozent das jährliche Wachstum beträgt, und bestimmen Sie die Verdopplungszeit.

8 Das Alter von Getränken wie Whisky oder Wein kann nach einer Methode von Libby mithilfe des Gehaltes am radioaktiven Wasserstoff-Isotop Tritium ^{3}H bestimmt werden. Dessen Gehalt ist im natürlichen Wasserkreislauf durch Neubildung in den oberen Schichten der Atmosphäre und radioaktiven Zerfall konstant, in abgetrennten Flüssigkeitsproben kommt kein neues Tritium aus der Atmosphäre hinzu.
Der Gehalt nimmt ab mit einer Halbwertszeit von 12,3 Jahren.
Bestimmen Sie das Alter eines Whiskys, der nur noch 30 % des ursprünglichen Tritiumgehaltes aufweist.

9 In einem Wasserbehälter befinden sich zum Zeitpunkt $t = 0$ ca. 190 m^3 Wasser. Die Änderung des Wasservolumens kann durch die momentane Änderungsrate w mit $w(t) = 1{,}36 \cdot e^{-0{,}0272 \cdot t}$ beschrieben werden, mit t in Tagen und $w(t)$ in m^3 pro Tag.

a) Nimmt das Wasservolumen ab oder zu? Begründen Sie Ihre Antwort.

b) Berechnen Sie: Welche Wassermenge ist nach zwei Wochen im Behälter?
Wie lange dauert es, bis 220 m^3 Wasser im Behälter sind?

c) Ermitteln Sie die maximale Wassermenge, die bei dieser Entwicklung auf lange Sicht zu erwarten ist.

10 Die Funktion f ist gegeben durch $f(x) = \left(2 - \frac{1}{2}x\right) \cdot e^x$.

a) Bestimmen Sie die Nullstellen und die Extremstellen von f.

b) Die Gerade g mit der Gleichung $y = \frac{3}{2}x + 2$ berührt den Graphen der Funktion f im Punkt B.
Ermitteln Sie die Koordinaten von B. Zeichnen Sie die Graphen von f und g.

c) Die beiden Graphen schließen eine Fläche ein.
Bestimmen Sie näherungsweise den Inhalt dieser Fläche.

11 Gegeben sind die Funktionen f und g mit $f(x) = (2x - 4) \cdot e^{\frac{1}{2}x}$ und $g(x) = x \cdot e^{\frac{1}{2}x}$.

a) Zeichnen Sie die Graphen von f und g in ein gemeinsames Koordinatensystem. Berechnen Sie die Koordinaten des Schnittpunktes S.

b) Die Punkte $P(u \mid f(u))$ und $Q(u \mid g(u))$ liegen auf dem Graphen von f bzw. von g. Berechnen Sie u so, dass die Tangente im Punkt P an den Graphen von f parallel zur Tangente im Punkt Q an den Graphen von g ist.

c) Die beiden Tangenten aus Teilaufgabe b), die y-Achse und die Strecke $\overline{PQ}$ begrenzen ein Parallelogramm. Bestimmen Sie seinen Flächeninhalt.

12 Für Forschungszwecke werden in einem Labor Fliegen gezüchtet.
Zu Beginn sind ca. 50 Fliegen vorhanden, die sich anfangs exponentiell vermehren.

a) Nach 8 Tagen sind schätzungsweise 300 Fliegen vorhanden.
Wie lange dauert es nach diesem Modell, bis ca. 1 000 Fliegen vorhanden sind?

b) Nach 10 Tagen werden 60 % des Bestands für einen Versuch entnommen.
Wie lange dauert es ab diesem Zeitpunkt, bis der ursprüngliche Bestand zum Zeitpunkt $t = 10$ wieder erreicht wird, wenn in der Zwischenzeit keine weiteren Fliegen entnommen werden?

13 Die Erdölfördermenge eines Staates kann ab dem Jahr 2001 näherungsweise durch die Funktion f mit $f(x) = (150 - 3x) \cdot e^{0,06x}$ beschrieben werden, mit x in Jahren ab 2001 und $f(x)$ Fördermenge zum Zeitpunkt x in 10^8 Tonnen Erdöl.

a) Skizzieren Sie den Graphen im Intervall [0; 50] und beschreiben Sie seinen Verlauf.

b) Berechnen Sie das Jahr, in dem die Fördermenge maximal ist. Wie viele Tonnen Erdöl werden in diesem Jahr gefördert?
Berechnen Sie den Zeitpunkt, an dem die Fördermenge den maximalen Zuwachs erfährt.

c) Bestimmen Sie, in welchem Zeitraum mehr als $200 \cdot 10^8$ Tonnen Erdöl jährlich gefördert werden.

d) Berechnen Sie den Gesamtförderzeitraum nach diesem Modell.
Bestimmen Sie, wie viele Tonnen Erdöl in diesem Zeitraum gefördert werden.

14 Die Funktion f mit $f(x) = 3x \cdot e^{-\frac{1}{2}x}$, $x \geq 0$, beschreibt den Verlauf der Konzentration eines Wirkstoffs im Blut, mit x in Stunden ab der Einnahme und $f(x)$ in mg pro Liter Blut.

a) Die Abbildung zeigt den Graphen der Funktion f.
Beschreiben Sie den Verlauf und geben Sie die wesentlichen Eigenschaften von f an.

b) Zu welchem Zeitpunkt ist die Konzentration am höchsten und wie hoch ist die maximale Konzentration? Zu welchem Zeitpunkt ist der Abbau am stärksten?

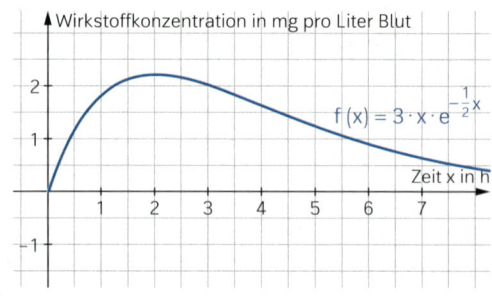

c) Das Medikament wirkt bei einer Wirkstoffkonzentration von mindestens 0,75 mg pro Liter Blut. Bestimmen Sie die Wirkungsdauer.

Analytische Geometrie mit Geraden und Ebenen

4

▲ *Für die Planung und den Bau von Häusern sind viele Berechnungen erforderlich. Dazu muss auch die Lage von Flächen und Kanten im Raum mathematisch genau beschrieben werden.*

In diesem Kapitel
lernen Sie, wie man Geraden und Ebenen im Raum mithilfe von Punkten und Vektoren mathematisch beschreiben kann, wie man Winkel berechnet und die Lage von Geraden und Ebenen zueinander ermittelt. ▶

Punkte und Vektoren im Raum

Aktivieren

1 Das Schrägbild zeigt eine gerade quadratische Pyramide mit der Höhe $h = 4$ in einem Koordinatensystem. Der Punkt D liegt im Ursprung, die Punkte A und C liegen auf den Koordinatenachsen.

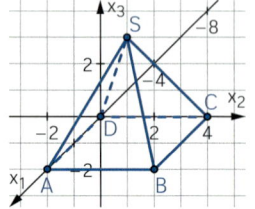

a) Geben Sie die Koordinaten aller Eckpunkte der Pyramide an.

b) Bestimmen Sie die Vektoren $\overrightarrow{SA}$, $\overrightarrow{SB}$, $\overrightarrow{CS}$ und $\overrightarrow{DS}$ und deren Länge.

c) Die Pyramide wird so verschoben, dass der Bildpunkt von S die Koordinaten $S'(1\,|\,2\,|\,2)$ hat. Bestimmen Sie den Verschiebungsvektor und die Koordinaten der Bildpunkte.

Erinnern

Koordinatensystem

Ein **Koordinatensystem im Raum** besteht aus drei Achsen mit einem gemeinsamen Nullpunkt, dem **Ursprung** des Koordinatensystems. Je zwei Achsen sind orthogonal zueinander und spannen eine **Koordinatenebene** auf. Auf den Achsen werden Einheitsstrecken derselben Länge festgelegt. Diese Länge nennt man **Einheit** des Koordinatensystems.

Zu jedem Zahlentripel $(x_1\,|\,x_2\,|\,x_3)$ gehört ein Punkt $P\,(x_1\,|\,x_2\,|\,x_3)$ im Koordinatensystem.

Schrägbild eines räumlichen Koordinatensystems auf Karogitter:

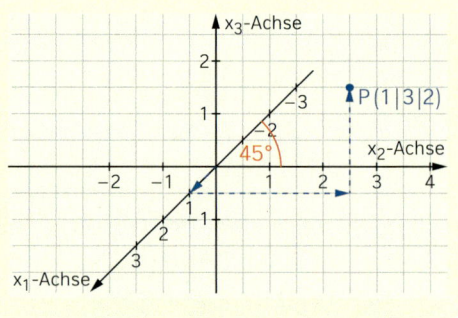

Vektoren

Ein **Vektor** $\vec{v}$ mit drei Koordinaten ist ein geordnetes Zahlentripel, $\vec{v} = \begin{pmatrix} v_1 \\ v_2 \\ v_3 \end{pmatrix}$.

Jeder Vektor beschreibt eine Verschiebung im Raum. Der Vektor $\overrightarrow{AB}$ beschreibt die Verschiebung des Punktes A in den Punkt B. Alle Verschiebungspfeile sind parallel zueinander, gleich gerichtet und gleich lang. Sie veranschaulichen alle den gleichen Vektor.

Den Vektor $\vec{p}$, der den Koordinatenursprung O in den Punkt P verschiebt, bezeichnet man als **Ortsvektor des Punktes P:** $\vec{p} = \overrightarrow{OP}$

$A\,(-1\,|\,4\,|\,5)$; $B\,(3\,|\,-2\,|\,6)$

Verschiebung von A nach B mit dem Vektor

$$\vec{v} = \overrightarrow{AB} = \begin{pmatrix} 3 - (-1) \\ -2 - 4 \\ 6 - 5 \end{pmatrix} = \begin{pmatrix} 4 \\ -6 \\ 1 \end{pmatrix}$$

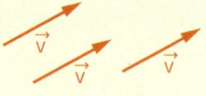

Ortsvektoren:

$\vec{a} = \overrightarrow{OA} = \begin{pmatrix} -1 \\ 4 \\ 5 \end{pmatrix}$

$\vec{b} = \overrightarrow{OB} = \begin{pmatrix} 3 \\ -2 \\ 6 \end{pmatrix}$

Länge eines Vektors

Unter der **Länge** oder dem **Betrag** eines Vektors $\vec{v}$ versteht man die Länge der Pfeile, die zu dem Vektor gehören.

Man schreibt: $|\vec{v}|$

Für die Länge $|\vec{v}|$ eines Vektors $\vec{v} = \begin{pmatrix} v_1 \\ v_2 \\ v_3 \end{pmatrix}$

gilt: $|\vec{v}| = \sqrt{v_1^2 + v_2^2 + v_3^2}$

$$\vec{v} = \begin{pmatrix} 4 \\ -6 \\ 1 \end{pmatrix}$$

$$|\vec{v}| = \sqrt{4^2 + (-6)^2 + 1^2} = \sqrt{53} \approx 7{,}28$$

Abstand zweier Punkte

Der Abstand zweier Punkte $A(a_1|a_2|a_3)$ und $B(b_1|b_2|b_3)$ ist gleich der Länge des Vektors $\overrightarrow{AB}$. Es gilt also:

$|AB| = \left|\overrightarrow{AB}\right|$

$\qquad = \sqrt{(b_1 - a_1)^2 + (b_2 - a_2)^2 + (b_3 - a_3)^2}$

$$A(-1|4|5);\ B(3|-2|6)$$

$$\left|\overrightarrow{AB}\right| = \left\|\begin{pmatrix} 3-(-1) \\ -2-4 \\ 6-5 \end{pmatrix}\right\| = \left\|\begin{pmatrix} 4 \\ -6 \\ 1 \end{pmatrix}\right\|$$

$$= \sqrt{4^2 + (-6)^2 + 1^2} = \sqrt{53} \approx 7{,}28$$

Addition und Subtraktion von Vektoren

Die Hintereinanderausführung zweier Verschiebungen entspricht der **Addition** der zugehörigen Vektoren $\vec{a}$ und $\vec{b}$.

Es gilt:

$$\vec{a} + \vec{b} = \begin{pmatrix} a_1 \\ a_2 \\ a_3 \end{pmatrix} + \begin{pmatrix} b_1 \\ b_2 \\ b_3 \end{pmatrix} = \begin{pmatrix} a_1 + b_1 \\ a_2 + b_2 \\ a_3 + b_3 \end{pmatrix}$$

Für die **Subtraktion** zweier Vektoren $\vec{a}$ und $\vec{b}$ gilt:

$$\vec{a} - \vec{b} = \begin{pmatrix} a_1 \\ a_2 \\ a_3 \end{pmatrix} - \begin{pmatrix} b_1 \\ b_2 \\ b_3 \end{pmatrix} = \begin{pmatrix} a_1 - b_1 \\ a_2 - b_2 \\ a_3 - b_3 \end{pmatrix}$$

$$\vec{a} = \begin{pmatrix} 4 \\ -3 \\ 2 \end{pmatrix};\ \vec{b} = \begin{pmatrix} -7 \\ 6 \\ -4 \end{pmatrix}$$

$$\vec{a} + \vec{b} = \begin{pmatrix} 4 + (-7) \\ -3 + 6 \\ 2 + (-4) \end{pmatrix}$$

$$= \begin{pmatrix} -3 \\ 3 \\ -2 \end{pmatrix}$$

$$\vec{a} - \vec{b} = \begin{pmatrix} 4 - (-7) \\ -3 - 6 \\ 2 - (-4) \end{pmatrix}$$

$$= \begin{pmatrix} 11 \\ -9 \\ 6 \end{pmatrix}$$

Vervielfachen eines Vektors

Ein Vektor $\vec{v} = \begin{pmatrix} v_1 \\ v_2 \\ v_3 \end{pmatrix}$ wird koordinatenweise mit einer reellen Zahl r **vervielfacht**.

Es gilt: $r \cdot \vec{v} = r \cdot \begin{pmatrix} v_1 \\ v_2 \\ v_3 \end{pmatrix} = \begin{pmatrix} r \cdot v_1 \\ r \cdot v_2 \\ r \cdot v_3 \end{pmatrix}$

Die Vektoren $\vec{v}$ und $r \cdot \vec{v}$ sind parallel zueinander.

$$3 \cdot \begin{pmatrix} 4 \\ -6 \\ 1 \end{pmatrix} = \begin{pmatrix} 3 \cdot 4 \\ 3 \cdot (-6) \\ 3 \cdot 1 \end{pmatrix} = \begin{pmatrix} 12 \\ -18 \\ 3 \end{pmatrix}$$

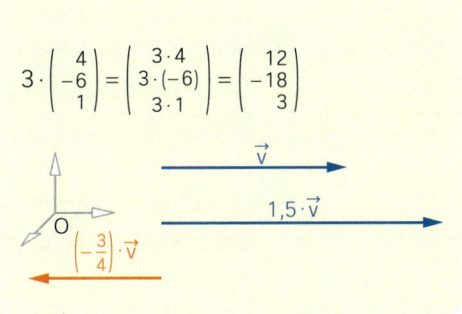

Festigen

2 Zeichnen Sie die Punkte A$(2|3|-1)$, B$(-2|0|3)$ und C$(5|4|3)$ in ein Koordinatensystem. Geben Sie jeweils zwei weitere Punkte an, die im Schrägbild des Koordinatensystems an derselben Stelle wie Punkt A, B oder C liegen.

3 Zeichnen Sie das Dreieck ABC mit den Eckpunkten A$(2|4|-1)$, B$(0|-2|3)$ und C$(2|5|2)$ in ein Koordinatensystem.

Das Dreieck ABC wird mit dem Vektor $\vec{v} = \begin{pmatrix} -2 \\ 3 \\ 1 \end{pmatrix}$ verschoben.

Bestimmen Sie die Koordinaten der Bildpunkte A', B', C' und zeichnen Sie das Bilddreieck in dasselbe Koordinatensystem.

4 Gegeben sind die Punkte A und B.
Bestimmen Sie die Koordinaten des Vektors $\overrightarrow{AB}$ und berechnen Sie seine Länge.
a) A$(2|-5|0)$; B$(-7|6|4)$ **b)** A$(1|1|-1)$; B$(-4|1|-1)$
c) A$(0|8|0)$; B$(-8|0|9)$ **d)** A$(-4|2|5)$; B$(8|6|-10)$

5 Bestimmen Sie die Koordinaten der angegebenen Punkte des Körpers im abgebildeten Schrägbild.

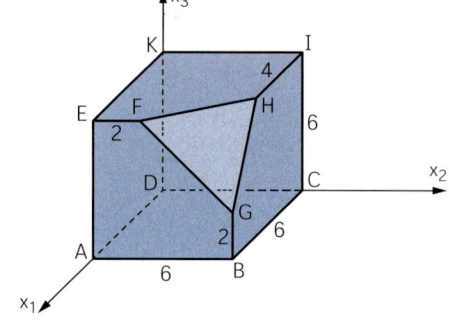

6 Wo liegen im Koordinatensystem alle Punkte,
a) deren x_1-Koordinate gleich 0 ist;
b) deren x_3-Koordinate gleich 0 ist;
c) deren x_3-Koordinate gleich 3 ist;
d) deren x_1-Koordinate und x_2-Koordinate gleich 0 sind;
e) deren x_1-Koordinate gleich 2 und deren x_2-Koordinate gleich 3 ist?

7 Die Punkte P$(2|-3|0)$, Q$(4|0|0)$, R$(-4|5|4)$ und S$(-7|3|-2)$ werden gespiegelt. Bestimmen Sie die Koordinaten der zugehörigen Bildpunkte.
a) Spiegelung an der x_1x_2-Ebene   **b)** Spiegelung an der x_1x_3-Ebene
c) Spiegelung an der x_2x_3-Ebene   **d)** Spiegelung am Koordinatenursprung

8 Berechnen Sie.
a) $\dfrac{1}{3} \cdot \begin{pmatrix} 6 \\ -3 \\ 9 \end{pmatrix} - 5 \cdot \begin{pmatrix} 0,2 \\ -4 \\ 2 \end{pmatrix} + \dfrac{1}{2} \cdot \begin{pmatrix} -2 \\ 5 \\ -3 \end{pmatrix}$ **b)** $0,2 \cdot \begin{pmatrix} -4 \\ 6 \\ 0 \end{pmatrix} + \begin{pmatrix} 3 \\ 5 \\ -6 \end{pmatrix} - 3 \cdot \begin{pmatrix} -2 \\ 5 \\ -5 \end{pmatrix}$

9 Untersuchen Sie, welche der Vektoren paarweise parallel zueinander sind.

$\vec{a} = \begin{pmatrix} 2 \\ -5 \\ 4 \end{pmatrix}$ $\vec{b} = \begin{pmatrix} -4 \\ 10 \\ 8 \end{pmatrix}$ $\vec{c} = \begin{pmatrix} -2,4 \\ 6 \\ -4,8 \end{pmatrix}$ $\vec{d} = \begin{pmatrix} -2 \\ 5 \\ 4 \end{pmatrix}$ $\vec{e} = \begin{pmatrix} 300 \\ -750 \\ 600 \end{pmatrix}$

10 Abgebildet ist ein Körper ABCDEFGH.
Ein solcher Körper wird als *Parallelflach*
oder *Spat* bezeichnet.
Stellen Sie die Summen und Differenzen
aus den Vektoren $\vec{a}$, $\vec{b}$ und $\vec{c}$ durch ihre
Ergebnisvektoren dar.
So gilt z. B. $\vec{a} + \vec{c} = \overrightarrow{AF}$.

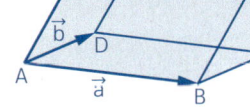

a) $\vec{a} + \vec{b}$ **b)** $\vec{a} - \vec{b}$ **c)** $\vec{b} - \vec{a}$ **d)** $\vec{a} - \vec{c}$

e) $\vec{b} + \vec{c}$ **f)** $\vec{b} - \vec{c}$ **g)** $\vec{a} + \vec{b} + \vec{c}$ **h)** $\vec{a} - \left(\vec{b} + \vec{c}\right)$

11 Vereinfachen Sie die Vektorsumme so weit wie möglich. Fertigen Sie dazu eine Skizze an.

a) $\overrightarrow{AB} + \overrightarrow{BC} + \overrightarrow{CD}$ **b)** $\overrightarrow{AB} - \overrightarrow{CB} + \overrightarrow{CA}$

c) $\overrightarrow{RS} + \overrightarrow{SR}$ **d)** $\overrightarrow{RP} - \left(\overrightarrow{RP} - \overrightarrow{PQ}\right) + \overrightarrow{QS}$

e) $\overrightarrow{FG} + \overrightarrow{GH} - \overrightarrow{FF}$ **f)** $\overrightarrow{PQ} - \left(\overrightarrow{SR} - \overrightarrow{QR}\right) + \overrightarrow{SP}$

12 Geben Sie zwei Vektoren an, die parallel zum Vektor $\vec{a}$ sind.

a) $\vec{a} = \begin{pmatrix} -1 \\ 3 \\ 2 \end{pmatrix}$ **b)** $\vec{a} = \begin{pmatrix} 6 \\ -6 \\ 10 \end{pmatrix}$ **c)** $\vec{a} = \begin{pmatrix} 0 \\ 30 \\ 20 \end{pmatrix}$ **d)** $\vec{a} = \begin{pmatrix} 24 \\ 58 \\ -12 \end{pmatrix}$

13 Gegeben sind die Punkte $A(-1|4|5)$, $B(3|-2|6)$, $C(1|6|4)$ und $D(-3|12|3)$.

a) Zeichnen Sie die Punkte in ein Koordinatensystem.

b) Zeigen Sie, dass die vier Punkte A, B, C und D ein Parallelogramm bilden.

c) Untersuchen Sie, ob es zu den Punkten A, B und C noch andere Möglichkeiten für die
Koordinaten des Punktes D gibt, sodass ABCD ein Parallelogramm ist.

d) Spiegeln Sie das Parallelogramm am Ursprung und geben Sie die Koordinaten der
Bildpunkte A′, B′, C′ und D′ des gespiegelten Parallelogramms an.

14 Körper, die nur von Vielecken begrenzt
werden, heißen Polyeder. Besondere
Polyeder sind die *platonischen Körper*,
benannt nach dem griechischen Philoso-
phen Platon (427 – 347 v. Chr.).

Der Künstler Ekkehard Neumann hat die fünf platonischen Körper im Steinfurter Land-
schaftspark Bagno aus Stahlblech nachgebildet. Der Würfel, der das Element Erde symboli-
siert, hat dort eine Kantenlänge von 100 Zentimetern.

a) Zeichnen Sie den Würfel in ein Koordinatensystem mit den vorderen unteren beiden
Ecken bei $A(50|-50|0)$ und $B(-50|-50|0)$.

b) Bestimmen Sie die Koordinaten der anderen Eckpunkte des Würfels und die Koordinaten
des Körpermittelpunktes.

c) Die Eckpunkte des Würfels liegen auf seiner Umkugel.
Bestätigen Sie mithilfe der Vektorrechnung, dass der Radius dieser Kugel $50 \cdot \sqrt{3}$ beträgt.

4.1 Orthogonalität von Vektoren – Skalarprodukt

Einstieg

🔢 Der griechische Mathematiker Pythagoras wurde um 570 v. Chr. auf der Insel Samos geboren. Ihm zu Ehren steht auf der Hafenmole der nach ihm benannten Stadt Pythagorio auf Samos ein Denkmal. Das aus Stein gefertigte Dreieck hat bezüglich eines Koordinatensystems mit der Einheit Meter die Eckpunkte $A(2|2|1)$, $B(2|-1|9)$ und $C(2|-1|1)$.

Ist das Dreieck ABC rechtwinklig? Entwickeln Sie ein Kriterium, mit dem man überprüfen kann, ob zwei beliebige Vektoren $\vec{a} = \begin{pmatrix} a_1 \\ a_2 \\ a_3 \end{pmatrix}$ und $\vec{b} = \begin{pmatrix} b_1 \\ b_2 \\ b_3 \end{pmatrix}$ orthogonal zueinander sind.

Aufgabe mit Lösung

Rechtwinklige Dreiecke

Ein dreieckiges Segel hat aufgespannt bezüglich eines Koordinatensystems mit der Einheit Meter die Eckpunkte $A(5|3|6)$, $B(1|1|2)$ und $C(2|-1|2)$.

➡️ Hat das Segel die Form eines rechtwinkligen Dreiecks?

Lösung

Mit der Umkehrung des Satzes von Pythagoras kann man nachprüfen, ob ein Dreieck rechtwinklig ist: Wenn für die Seitenlängen a, b, c eines Dreiecks $a^2 + b^2 = c^2$ gilt, dann liegt gegenüber der Seite c ein rechter Winkel.

Man erhält:

$$\left| \overrightarrow{AB} \right| = \left\| \begin{pmatrix} -4 \\ -2 \\ -4 \end{pmatrix} \right\| = \sqrt{16 + 4 + 16} = \sqrt{36} = 6$$

$$\left| \overrightarrow{BC} \right| = \left\| \begin{pmatrix} 1 \\ -2 \\ 0 \end{pmatrix} \right\| = \sqrt{1 + 4} = \sqrt{5}$$

$$\left| \overrightarrow{AC} \right| = \left\| \begin{pmatrix} -3 \\ -4 \\ -4 \end{pmatrix} \right\| = \sqrt{9 + 16 + 16} = \sqrt{41}$$

Es gilt also: $\left| \overrightarrow{AB} \right|^2 + \left| \overrightarrow{BC} \right|^2 = 36 + 5 = 41 = \left| \overrightarrow{AC} \right|^2$

Daher beschreiben $\overrightarrow{AB}$ und $\overrightarrow{BC}$ die Katheten und $\overrightarrow{AC}$ die Hypotenuse des rechtwinkligen Dreiecks ABC.

→ Entwickeln Sie ein Kriterium, mit dem man überprüfen kann, ob zwei beliebige Vektoren $\vec{u} = \begin{pmatrix} u_1 \\ u_2 \\ u_3 \end{pmatrix}$ und $\vec{v} = \begin{pmatrix} v_1 \\ v_2 \\ v_3 \end{pmatrix}$ mit $\vec{u} \neq \vec{o}$ und $\vec{v} \neq \vec{o}$ orthogonal zueinander sind.

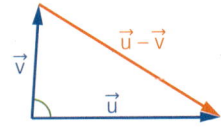

Lösung

Nach dem Satz des Pythagoras und seiner Umkehrung sind die Vektoren $\vec{u}$ und $\vec{v}$ mit $\vec{u} \neq \vec{o}$ und $\vec{v} \neq \vec{o}$ genau dann orthogonal zueinander, wenn $|\vec{u}|^2 + |\vec{v}|^2 = |\vec{u} - \vec{v}|^2$ gilt.

Mithilfe der Koordinaten lässt sich dies so schreiben:

$$u_1^2 + u_2^2 + u_3^2 + v_1^2 + v_2^2 + v_3^2 = (u_1 - v_1)^2 + (u_2 - v_2)^2 + (u_3 - v_3)^2$$
$$= u_1^2 - 2u_1v_1 + v_1^2 + u_2^2 - 2u_2v_2 + v_2^2 + u_3^2 - 2u_3v_3 + v_3^2$$

Durch Subtraktion der quadratischen Terme auf beiden Seiten erhält man

$0 = -2u_1v_1 - 2u_2v_2 - 2u_3v_3$ und damit die Bedingung $u_1v_1 + u_2v_2 + u_3v_3 = 0$.

$\vec{u}$ und $\vec{v}$ sind also genau dann orthogonal zueinander, wenn $u_1v_1 + u_2v_2 + u_3v_3 = 0$ gilt.

Information

Orthogonalität von Vektoren – Skalarprodukt

Zwei Vektoren $\vec{u}$ und $\vec{v}$ heißen **orthogonal** zueinander, falls ihre zugehörigen Pfeile orthogonal zueinander sind.

Man schreibt: $\vec{u} \perp \vec{v}$

Um die Orthogonalität von Vektoren zu prüfen, wird das Skalarprodukt verwendet.

Definition: Das **Skalarprodukt** $\vec{u} * \vec{v}$ zweier Vektoren $\vec{u} = \begin{pmatrix} u_1 \\ u_2 \\ u_3 \end{pmatrix}$ und $\vec{v} = \begin{pmatrix} v_1 \\ v_2 \\ v_3 \end{pmatrix}$ ist die reelle Zahl $u_1v_1 + u_2v_2 + u_3v_3$:

$$\vec{u} * \vec{v} = u_1v_1 + u_2v_2 + u_3v_3$$

Orthogonalitätsbedingung für zwei Vektoren

Satz: Zwei Vektoren $\vec{u}$ und $\vec{v}$ mit $\vec{u} \neq \vec{o}$ und $\vec{v} \neq \vec{o}$ sind orthogonal zueinander, falls $\vec{u} * \vec{v} = 0$, sonst nicht.

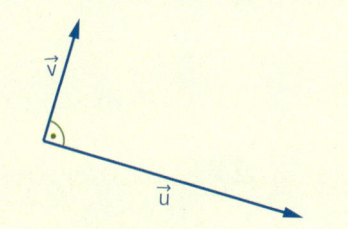

$$\begin{pmatrix} 2 \\ 3 \\ -1 \end{pmatrix} * \begin{pmatrix} 1 \\ 4 \\ 7 \end{pmatrix} = 2 \cdot 1 + 3 \cdot 4 + (-1) \cdot 7 = 7$$

Die Vektoren $\begin{pmatrix} 2 \\ 3 \\ -1 \end{pmatrix}$ und $\begin{pmatrix} 1 \\ 4 \\ 7 \end{pmatrix}$ sind nicht orthogonal zueinander.

$$\begin{pmatrix} 5 \\ 1 \\ 3 \end{pmatrix} * \begin{pmatrix} 0 \\ 3 \\ -1 \end{pmatrix} = 5 \cdot 0 + 1 \cdot 3 + 3 \cdot (-1) = 0$$

Die beiden Vektoren sind orthogonal zueinander: $\begin{pmatrix} 5 \\ 1 \\ 3 \end{pmatrix} \perp \begin{pmatrix} 0 \\ 3 \\ -1 \end{pmatrix}$

Bemerkung: Die Bezeichnung Skalarprodukt kommt daher, dass das Ergebnis dieser Rechenoperation kein Vektor, sondern eine reelle Zahl ist. Reelle Zahlen werden in der Vektorrechnung und in der Physik auch als *Skalare* bezeichnet.

Üben

1 ≡ Berechnen Sie das Skalarprodukt.

a) $\begin{pmatrix} 1 \\ -2 \\ 3 \end{pmatrix} * \begin{pmatrix} 2 \\ 4 \\ 7 \end{pmatrix}$

b) $\begin{pmatrix} 3 \\ 0 \\ 4 \end{pmatrix} * \begin{pmatrix} 6 \\ 7 \\ -4 \end{pmatrix}$

c) $\begin{pmatrix} 1 \\ -2 \\ 0 \end{pmatrix} * \begin{pmatrix} 2 \\ 1 \\ 7 \end{pmatrix}$

d) $\begin{pmatrix} 1 \\ 0 \\ 3 \end{pmatrix} * \begin{pmatrix} 0 \\ -2 \\ 0 \end{pmatrix}$

2 ≡ Finden Sie den Fehler.

a) $\begin{pmatrix} 2 \\ -1 \\ 3 \end{pmatrix} * \begin{pmatrix} 1 \\ 4 \\ 2 \end{pmatrix} = \begin{pmatrix} 2 \\ -4 \\ 6 \end{pmatrix}$ b) $\begin{pmatrix} 1 \\ 1 \\ 1 \end{pmatrix} * \begin{pmatrix} 1 \\ 1 \\ 1 \end{pmatrix} = 1$ c) $\begin{pmatrix} 0 \\ 2 \\ 1 \end{pmatrix} * \begin{pmatrix} 1 \\ 1 \\ 2 \end{pmatrix} = 5$ d) $\begin{pmatrix} 2 \\ 2 \\ 2 \end{pmatrix} * \begin{pmatrix} -1 \\ -1 \\ -1 \end{pmatrix} = -2$

3 ≡ Überprüfen Sie mit dem Skalarprodukt, ob $\vec{u}$ und $\vec{v}$ zueinander orthogonal sind.

a) $\vec{u} = \begin{pmatrix} 2 \\ 3 \\ -2 \end{pmatrix}$; $\vec{v} = \begin{pmatrix} 1 \\ 2 \\ 4 \end{pmatrix}$

b) $\vec{u} = \begin{pmatrix} -1 \\ 2 \\ -4 \end{pmatrix}$; $\vec{v} = \begin{pmatrix} 2 \\ -2 \\ 1 \end{pmatrix}$

c) $\vec{u} = \begin{pmatrix} 3 \\ -5 \\ -4 \end{pmatrix}$; $\vec{v} = \begin{pmatrix} 3 \\ 3 \\ 10 \end{pmatrix}$

d) $\vec{u} = \begin{pmatrix} 0 \\ 0 \\ 1 \end{pmatrix}$; $\vec{v} = \begin{pmatrix} 1 \\ 1 \\ 0 \end{pmatrix}$

4 ≡ Informieren Sie sich, wie Sie mit Ihrem Rechner das Skalarprodukt berechnen können.
Überprüfen Sie damit Ihre Ergebnisse aus Aufgabe 3.

$a := \begin{bmatrix} 1 \\ 2 \\ -4 \end{bmatrix}$

$\begin{bmatrix} 1 \\ 2 \\ -4 \end{bmatrix}$

$b := \begin{bmatrix} 2 \\ 1 \\ 1 \end{bmatrix}$

$\begin{bmatrix} 2 \\ 1 \\ 1 \end{bmatrix}$

$\text{dotP}(a, b)$

0

5 ≡ Auf einem Spielplatz stehen mehrere Stangengerüste als Klettertürme mit dreieckförmigen Dachflächen.
Die Eckpunkte einer der Dachflächen haben in einem Koordinatensystem mit der Einheit Meter die Koordinaten A(2,45|1,3|2,25), B(1,9|4,45|2,38) und C(3,75|3,05|2,57).

Bei der Einweihung des Spielplatzes wurde von einer rechtwinkligen Dachfläche gesprochen. Stimmt dies?

6 ≡ Die Glaskuppel auf dem Dach eines mehrstöckigen Hauses besteht aus Glaselementen, die von Metallstreben zusammengehalten werden. Einige dieser Streben laufen von der Dachspitze strahlenförmig nach außen.

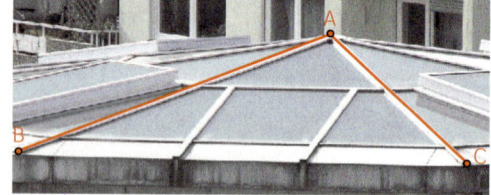

Den Bauplänen kann man die Koordinaten der Endpunkte zweier solcher Streben entnehmen: A(0|0|15), B(4|−2|14) und C(4|2|14), gemessen in Meter.
Untersuchen Sie, ob die beiden Dachstreben einen rechten Winkel einschließen.

7 ≡ Geben Sie drei verschiedene Vektoren an, die orthogonal zu $\vec{u}$ sind.

a) $\vec{u} = \begin{pmatrix} 1 \\ 2 \\ 3 \end{pmatrix}$

b) $\vec{u} = \begin{pmatrix} -1 \\ 2 \\ 4 \end{pmatrix}$

c) $\vec{u} = \begin{pmatrix} 3 \\ -2 \\ 7 \end{pmatrix}$

d) $\vec{u} = \begin{pmatrix} -2 \\ -6 \\ 1 \end{pmatrix}$

Aufgabe mit Lösung

Skalarprodukt zueinander paralleler Vektoren

→ Berechnen Sie das Skalarprodukt des Vektors $\vec{u}$ mit sich selbst und vergleichen Sie mit der Länge von $\vec{u}$. Was fällt auf?

(1) $\vec{u} = \begin{pmatrix} 1 \\ -2 \\ 2 \end{pmatrix}$

(2) $\vec{u} = \begin{pmatrix} u_1 \\ u_2 \\ u_3 \end{pmatrix}$

Lösung

(1) $\begin{pmatrix} 1 \\ -2 \\ 2 \end{pmatrix} * \begin{pmatrix} 1 \\ -2 \\ 2 \end{pmatrix} = 1^2 + (-2)^2 + 2^2 = 9;$ $\left\| \begin{pmatrix} 1 \\ -2 \\ 2 \end{pmatrix} \right\| = \sqrt{1^2 + (-2)^2 + 2^2} = \sqrt{9} = 3$

(2) $\begin{pmatrix} u_1 \\ u_2 \\ u3 \end{pmatrix} * \begin{pmatrix} u_1 \\ u_2 \\ u3 \end{pmatrix} = u_1^2 + u_2^2 + u_3^2;$ $\left\| \begin{pmatrix} u_1 \\ u_2 \\ u3 \end{pmatrix} \right\| = \sqrt{u_1^2 + u_2^2 + u_3^2}$

Es gilt also $\vec{u} * \vec{u} = |\vec{u}|^2$.

→ Berechnen Sie das Skalarprodukt des Vektors $\vec{u}$ mit dem zu $\vec{u}$ parallelen Vektor $\vec{v}$ und vergleichen Sie mit dem Produkt der Längen von $\vec{u}$ und $\vec{v}$. Was fällt auf?

(1) $\vec{u} = \begin{pmatrix} 1 \\ -2 \\ 2 \end{pmatrix};$ $\vec{v} = 3 \cdot \vec{u} = \begin{pmatrix} 3 \\ -6 \\ 6 \end{pmatrix}$

(2) $\vec{u} = \begin{pmatrix} 1 \\ -2 \\ 2 \end{pmatrix};$ $\vec{v} = -2 \cdot \vec{u} = \begin{pmatrix} -2 \\ 4 \\ -4 \end{pmatrix}$

Lösung

(1) $\begin{pmatrix} 1 \\ -2 \\ 2 \end{pmatrix} * \begin{pmatrix} 3 \\ -6 \\ 6 \end{pmatrix} = 1 \cdot 3 + (-2) \cdot (-6) + 2 \cdot 6 = 27;$ $\left\| \begin{pmatrix} 1 \\ -2 \\ 2 \end{pmatrix} \right\| \cdot \left\| \begin{pmatrix} 3 \\ -6 \\ 6 \end{pmatrix} \right\| = 3 \cdot 9 = 27$

Das Skalarprodukt von $\vec{u}$ und $\vec{v}$ ist hier also gleich dem Produkt der Längen.

(2) $\begin{pmatrix} 1 \\ -2 \\ 2 \end{pmatrix} * \begin{pmatrix} -2 \\ 4 \\ -4 \end{pmatrix} = 1 \cdot (-2) + (-2) \cdot 4 + 2 \cdot (-4) = -18;$ $\left\| \begin{pmatrix} 1 \\ -2 \\ 2 \end{pmatrix} \right\| \cdot \left\| \begin{pmatrix} -2 \\ 4 \\ -4 \end{pmatrix} \right\| = 3 \cdot 6 = 18$

Das Skalarprodukt von $\vec{u}$ und $\vec{v}$ ist hier also das Negative des Produkts der Längen.

Information

Skalarprodukt eines Vektors mit sich selbst

Das Skalarprodukt eines Vektors $\vec{u}$ mit sich selbst ist das Quadrat seiner Länge:
$\vec{u} * \vec{u} = |\vec{u}|^2$

$$\begin{pmatrix} 1 \\ 2 \\ -4 \end{pmatrix} * \begin{pmatrix} 1 \\ 2 \\ -4 \end{pmatrix} = 1 \cdot 1 + 2 \cdot 2 + (-4) \cdot (-4)$$
$$= 21$$
$$= \left\| \begin{pmatrix} 1 \\ 2 \\ -4 \end{pmatrix} \right\|^2$$

Skalarprodukt zueinander paralleler Vektoren

Für das Skalarprodukt eines Vektors $\vec{u}$ mit einem Vielfachen $\vec{v} = k \cdot \vec{u}$ für $k \in \mathbb{R}$ gilt:

- Ist $k > 0$, so ist das Skalarprodukt gleich dem Produkt der Längen: $\vec{u} * \vec{v} = |\vec{u}| \cdot |\vec{v}|$

- Ist $k < 0$, so ist das Skalarprodukt das Negative des Produkts der Längen: $\vec{u} * \vec{v} = -|\vec{u}| \cdot |\vec{v}|$

$\vec{u}$ → $\vec{v} = k \cdot \vec{u},\ k > 0$ →

$$\begin{pmatrix} 1 \\ 2 \\ -4 \end{pmatrix} * \begin{pmatrix} 3 \\ 6 \\ -12 \end{pmatrix} = 63 = \left\| \begin{pmatrix} 1 \\ 2 \\ -4 \end{pmatrix} \right\| \cdot \left\| \begin{pmatrix} 3 \\ 6 \\ -12 \end{pmatrix} \right\|$$

← $\vec{v} = k \cdot \vec{u},\ k < 0$ $\vec{u}$ →

$$\begin{pmatrix} 1 \\ 2 \\ -4 \end{pmatrix} * \begin{pmatrix} -2 \\ -4 \\ 8 \end{pmatrix} = -42 = -\left\| \begin{pmatrix} 1 \\ 2 \\ -4 \end{pmatrix} \right\| \cdot \left\| \begin{pmatrix} -2 \\ -4 \\ 8 \end{pmatrix} \right\|$$

8 ≡ Beweisen Sie die Aussage aus der Information auf Seite 145 für das Skalarprodukt paralleler Vektoren. Berechnen Sie dazu für $\vec{u} = \begin{pmatrix} u_1 \\ u_2 \\ u_3 \end{pmatrix}$ und $\vec{v} = k \cdot \vec{u} = \begin{pmatrix} k\,u_1 \\ k\,u_2 \\ k\,u_3 \end{pmatrix}$ einerseits das Skalarprodukt $\vec{u} * \vec{v}$ und andererseits das Produkt der Längen $|\vec{u}| \cdot |\vec{v}|$. Unterscheiden Sie die Fälle $k > 0$ und $k < 0$.

9 ≡ Untersuchen Sie, ob das Dreieck ABC rechtwinklig, gleichschenklig oder gleichseitig ist.
a) $A(0|-1|3)$; $B(-2|1|3)$; $C(-2|-1|8)$
b) $A(1|2|1)$; $B(5|2|-3)$; $C(1|6|-3)$
c) $A(1|2|3)$; $B(4|2|6)$; $C(1|2|1)$

$A(1|1|1)$; $B(6|1|1)$; $C(1|4|5)$
$\overrightarrow{AB} * \overrightarrow{AC} = \begin{pmatrix} 5 \\ 0 \\ 0 \end{pmatrix} * \begin{pmatrix} 0 \\ 3 \\ 4 \end{pmatrix} = 0$
$|\overrightarrow{AB}| = \sqrt{5^2} = 5$
$|\overrightarrow{AC}| = \sqrt{3^2 + 4^2} = 5$
Das Dreieck ABC ist also rechtwinklig und gleichschenklig.

10 ≡ Geben Sie mögliche Koordinaten eine Punktes C an, sodass mit den Punkten $A(1|0|1)$ und $B(2|3|-1)$ gilt:
a) Das Dreieck ABC ist rechtwinklig.   b) Das Dreieck ABC ist gleichschenklig.

11 ≡ Berechnen Sie einen Vektor $\vec{c} = \begin{pmatrix} x \\ y \\ z \end{pmatrix}$, der zu beiden Vektoren $\vec{a}$ und $\vec{b}$ orthogonal ist.
a) $\vec{a} = \begin{pmatrix} 3 \\ 2 \\ 1 \end{pmatrix}$; $\vec{b} = \begin{pmatrix} 3 \\ 0 \\ 2 \end{pmatrix}$ b) $\vec{a} = \begin{pmatrix} -1 \\ 2 \\ 4 \end{pmatrix}$; $\vec{b} = \begin{pmatrix} 2 \\ 1 \\ -2 \end{pmatrix}$

Rechengesetze für das Skalarprodukt

12 ≡ Überprüfen Sie die Rechengesetze für das Skalarprodukt
a) anhand der Vektoren
$\vec{a} = \begin{pmatrix} 2 \\ 1 \\ 3 \end{pmatrix}$, $\vec{b} = \begin{pmatrix} -2 \\ 2 \\ 1 \end{pmatrix}$ und $\vec{c} = \begin{pmatrix} 1 \\ -2 \\ -1 \end{pmatrix}$;
b) allgemein für
$\vec{a} = \begin{pmatrix} a_1 \\ a_2 \\ a_3 \end{pmatrix}$, $\vec{b} = \begin{pmatrix} b_1 \\ b_2 \\ b_3 \end{pmatrix}$ und $\vec{c} = \begin{pmatrix} c_1 \\ c_2 \\ c_3 \end{pmatrix}$.

Kommutativgesetz:
$\vec{a} * \vec{b} = \vec{b} * \vec{a}$

Distributivgesetz:
$\vec{a} * (\vec{b} + \vec{c}) = \vec{a} * \vec{b} + \vec{a} * \vec{c}$

13 ≡ Für die Multiplikation reeller Zahlen a, b, c gilt das Assoziativgesetz $a \cdot (b \cdot c) = (a \cdot b) \cdot c$.
a) Begründen Sie, dass man für das Skalarprodukt kein Assoziativgesetz formulieren kann.
b) Zeigen Sie anhand eines Beispiels, dass auch die folgende Gleichung **nicht** gilt:
$\vec{a} \cdot (\vec{b} * \vec{c}) = (\vec{a} * \vec{b}) \cdot \vec{c}$

14 ≡ Untersuchen Sie, welche besondere Eigenschaften das Viereck ABCD mit den Punkten $A(2|1|3)$, $B(2|7|11)$, $C(12|7|11)$ und $D(12|1|3)$ hat.

Weiterüben

15 ≡ Wie viele Vektoren gibt es, die orthogonal zum Vektor $\vec{u} = \begin{pmatrix} 1 \\ 0 \\ 0 \end{pmatrix}$ sind? Beschreiben Sie ihre geometrische Lage und verallgemeinern Sie dies für einen beliebigen Vektor $\vec{u}$.

16 ≡ Gegeben sind die Punkte A und B. Bestimmen Sie einen Punkt C so, dass die Vektoren $\overrightarrow{AB}$ und $\overrightarrow{AC}$ orthogonal zueinander sind.

a) $A(0|-1|-3)$; $B(2|4|-1)$ **b)** $A(-4|2|3)$; $B(6|-2|5)$

17 ≡ Der abgebildete Würfel hat die Eckpunkte $A(0|0|0)$ und $G(1|1|1)$.

a) Geben Sie die Koordinaten der übrigen Eckpunkte an.

b) Untersuchen Sie, ob die Vektoren $\overrightarrow{AG}$ und $\overrightarrow{BH}$ orthogonal zueinander sind.

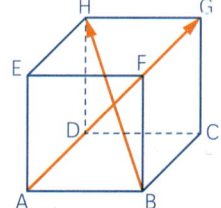

18 ≡ Eine Raute kann durch zwei Vektoren $\vec{a}$ und $\vec{b}$ mit $|\vec{a}| = |\vec{b}|$ beschrieben werden.

Zeigen Sie, dass die Diagonalen in jeder Raute orthogonal zueinander sind.

Stellen Sie dazu die Diagonalen mithilfe von $\vec{a}$ und $\vec{b}$ dar und verwenden Sie das Skalarprodukt.

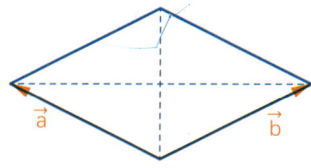

Das kann ich noch!

A Betrachten Sie die Funktionen f_a mit $f_a(x) = 2x^3 + ax + 1$ in Abhängigkeit vom Parameter a.

1) Begründen Sie, dass sich für keinen Wert des Parameters der abgebildete Graph ergibt.

2) Ermitteln Sie, für welche Werte von a der Graph der Funktion f_a keine waagerechten Tangenten hat.

3) Untersuchen Sie, ob es einen Wert für den Parameter a gibt, sodass der Graph von f_a einen Sattelpunkt hat.

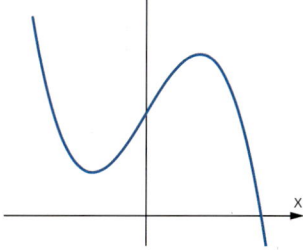

B Die Abbildung zeigt die Graphen einer ganzrationalen Funktion f und einer ihrer Stammfunktionen F.

1) Welche Aussagen können Sie zum Grad der Funktion f bzw. F machen?

2) Zeigen Sie an charakteristischen Punkten, dass die Funktion F eine Stammfunktion von f ist.

3) Berechnen Sie mithilfe des Graphen von F näherungsweise das Integral $\int_0^5 f(x)\,dx$.

4) Verdeutlichen Sie den Wert des Integrals am Graphen von f.

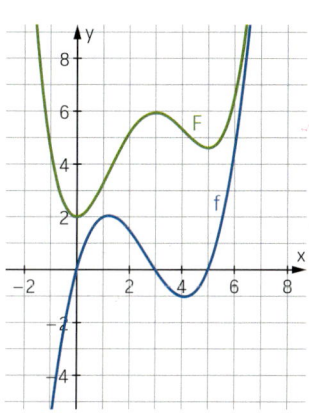

4.2 Winkel zwischen Vektoren

Einstieg

Erkunden Sie mit einer dynamischen Geometrie-Software, wie das Skalarprodukt zweier Vektoren $\vec{a}$ und $\vec{b}$ in der x_1x_2-Ebene mit dem Winkel zwischen ihnen zusammenhängt.

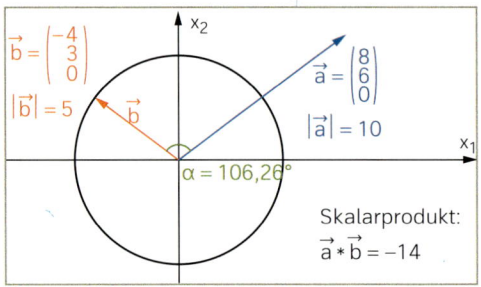

Lassen Sie dazu den Vektor $\vec{a}$ unverändert und bewegen Sie den Vektor $\vec{b}$ auf einem Kreis um den Koordinatenursprung.
Bei welchen Winkeln ist das Skalarprodukt positiv, bei welchen ist es negativ?
Wann ist der Betrag des Skalarprodukts am größten und wie hängt dieser Betrag mit den Längen von $\vec{a}$ und $\vec{b}$ zusammen?

Aufgabe mit Lösung

Zusammenhang zwischen Skalarprodukt und Winkel

Die Vektoren $\vec{u}$ und $\vec{v}$ schließen einen Winkel $\alpha < 90°$ ein.
Entwickeln Sie mithilfe des Skalarprodukts eine Formel für α.

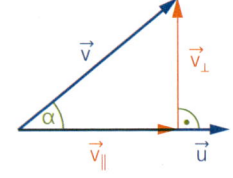

Lösung

Der Winkel α lässt sich mithilfe der beiden Vektoren $\vec{v_\parallel}$ und $\vec{v_\perp}$

über die Definition des Kosinus bestimmen: $\cos(\alpha) = \dfrac{|\vec{v_\parallel}|}{|\vec{v}|}$

Es gilt:

$$\begin{aligned} \vec{u} * \vec{v} &= \vec{u} * \left(\vec{v_\parallel} + \vec{v_\perp}\right) && \left(\text{da } \vec{v} = \vec{v_\parallel} + \vec{v_\perp}\right) \\ &= \vec{u} * \vec{v_\parallel} + \vec{u} * \vec{v_\perp} && (\text{Distributivgesetz für das Skalarprodukt}) \\ &= \vec{u} * \vec{v_\parallel} && \left(\text{da } \vec{u} * \vec{v_\perp} = 0\right) \\ &= |\vec{u}| \cdot |\vec{v_\parallel}| && \left(\text{da } \vec{v_\parallel} \text{ und } \vec{u} \text{ parallel und gleich gerichtet}\right) \end{aligned}$$

Es folgt $|\vec{v_\parallel}| = \dfrac{\vec{u} * \vec{v}}{|\vec{u}|}$ und damit $\cos(\alpha) = \dfrac{\vec{u} * \vec{v}}{|\vec{u}| \cdot |\vec{v}|}$.

Information

Winkel zwischen zwei Vektoren

Definition

Der **Winkel** zwischen zwei Vektoren $\vec{u} \neq \vec{o}$ und $\vec{v} \neq \vec{o}$ ist der Winkel $\alpha \leq 180°$, der von zwei Pfeilen zu $\vec{u}$ und $\vec{v}$ mit einem gemeinsamen Anfangspunkt eingeschlossen wird.

Satz

Für den Winkel α zwischen zwei Vektoren $\vec{u}$ und $\vec{v}$ gilt:

$$\cos(\alpha) = \dfrac{\vec{u} * \vec{v}}{|\vec{u}| \cdot |\vec{v}|}$$

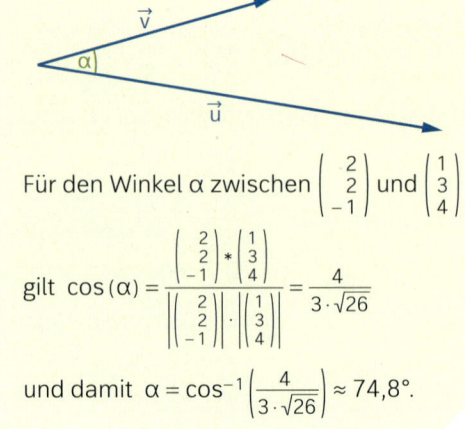

Für den Winkel α zwischen $\begin{pmatrix} 2 \\ 2 \\ -1 \end{pmatrix}$ und $\begin{pmatrix} 1 \\ 3 \\ 4 \end{pmatrix}$

gilt $\cos(\alpha) = \dfrac{\begin{pmatrix} 2 \\ 2 \\ -1 \end{pmatrix} * \begin{pmatrix} 1 \\ 3 \\ 4 \end{pmatrix}}{\left|\begin{pmatrix} 2 \\ 2 \\ -1 \end{pmatrix}\right| \cdot \left|\begin{pmatrix} 1 \\ 3 \\ 4 \end{pmatrix}\right|} = \dfrac{4}{3 \cdot \sqrt{26}}$

und damit $\alpha = \cos^{-1}\left(\dfrac{4}{3 \cdot \sqrt{26}}\right) \approx 74{,}8°$.

Bemerkung: Die Formel aus der Information gilt auch, wenn die Vektoren $\vec{u}$ und $\vec{v}$ einen Winkel $\alpha > 90°$ einschließen.

Beweis: In diesem Fall gilt $\beta = 180° - \alpha$

und $\cos(\beta) = \dfrac{|\vec{v_{\parallel}}|}{|\vec{v}|}$.

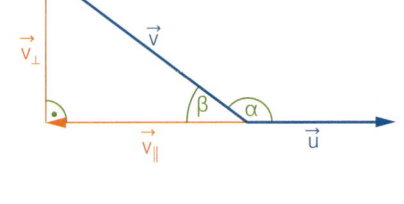

Am Einheitskreis erkennt man, dass $\cos(\beta) = -\cos(\alpha)$.

Daher gilt: $\cos(\alpha) = -\cos(\beta) = -\dfrac{|\vec{v_{\parallel}}|}{|\vec{v}|}$ $\quad (\star)$

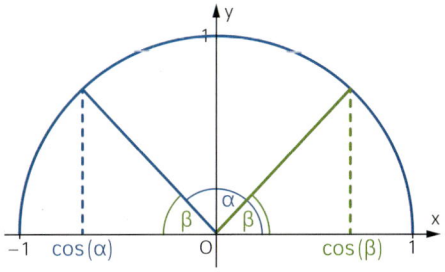

Es ergibt sich:

$$\vec{u} * \vec{v} = \vec{u} * \left(\vec{v_{\parallel}} + \vec{v_{\perp}}\right)$$
$$= \vec{u} * \vec{v_{\parallel}} + \vec{u} * \vec{v_{\perp}}$$
$$= \vec{u} * \vec{v_{\parallel}}$$
$$= -|\vec{u}| \cdot |\vec{v_{\parallel}}| \qquad \left(\text{da } \vec{v_{\parallel}} \text{ und } \vec{u} \text{ parallel und entgegengesetzt gerichtet}\right)$$

Also folgt: $|\vec{v_{\parallel}}| = -\dfrac{\vec{u} * \vec{v}}{|\vec{u}|}$

Setzt man dies in Gleichung $(\star)$ ein, so erhält man $\cos(\alpha) = \dfrac{\vec{u} * \vec{v}}{|\vec{u}| \cdot |\vec{v}|}$.

Üben

1 ≡ Berechnen Sie den Winkel, den die gegebenen Vektoren miteinander einschließen.

a) $\vec{u} = \begin{pmatrix} 2 \\ -1 \\ 2 \end{pmatrix}$; $\vec{v} = \begin{pmatrix} 4 \\ 0 \\ -3 \end{pmatrix}$
    b) $\vec{u} = \begin{pmatrix} 1 \\ 1 \\ 1 \end{pmatrix}$; $\vec{v} = \begin{pmatrix} -5 \\ 3 \\ -1 \end{pmatrix}$

c) $\vec{u} = \begin{pmatrix} -3 \\ -2 \\ 5 \end{pmatrix}$; $\vec{v} = \begin{pmatrix} 7 \\ 1 \\ -4 \end{pmatrix}$
    d) $\vec{u} = \begin{pmatrix} 2 \\ -1 \\ 5 \end{pmatrix}$; $\vec{v} = \begin{pmatrix} 6 \\ 7 \\ 2 \end{pmatrix}$

e) $\vec{u} = \begin{pmatrix} 12 \\ 3 \\ 5 \end{pmatrix}$; $\vec{v} = \begin{pmatrix} 6 \\ 1 \\ -9 \end{pmatrix}$
    f) $\vec{u} = \begin{pmatrix} 1 \\ -2 \\ -3 \end{pmatrix}$; $\vec{v} = \begin{pmatrix} -3 \\ 3 \\ 1 \end{pmatrix}$

2 ≡ Auf dem Dach eines alten Bauernhauses wurde eine Photovoltaik-Anlage installiert. Bei der Planung der Anlage wurde auch der Winkel am Giebel bestimmt.
Drei Eckpunkte der Dachflächen sind in einem Koordinatensystem mit der Einheit Meter durch $A(-7|5|3)$, $B(7,5|5|4,5)$ und $C(3|5|6)$ gegeben.

Berechnen Sie den Winkel, den die Dachkanten im Eckpunkt C miteinander einschließen.

3 ≡ Sven sagt: „Wenn das Skalarprodukt zweier Vektoren einen negativen Wert ergibt, so ist der eingeschlossene Winkel ein stumpfer Winkel. Ist der Wert dagegen positiv, so ist es ein spitzer Winkel."
Begründen Sie seine Aussage.

4 ☰ Bestimmen Sie die Längen der Dreiecksseiten und die Innenwinkel des Dreiecks ABC

a) in der Abbildung;

b) mit $A(1|0|-4)$, $B(2|-2|0)$ und $C(4|4|5)$;

c) mit $A(-1|0|0)$, $B(0|1|0)$ und $C(-4|3|-2)$.

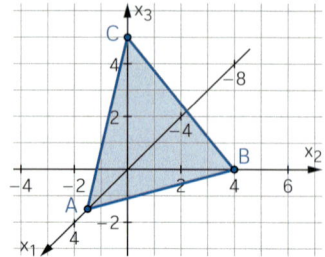

 5 ☰ Laura soll den Winkel α im Dreieck ABC mit $A(1|2|3)$, $B(2|1|3)$ und $C(3|5|4)$

bestimmen. Dazu rechnet sie den Winkel zwischen $\overrightarrow{AC} = \begin{pmatrix} 2 \\ 3 \\ 1 \end{pmatrix}$ und $\overrightarrow{BA} = \begin{pmatrix} -1 \\ 1 \\ 0 \end{pmatrix}$ aus und

erhält α ≈ 79,5°.

Sophie sagt: „Ich habe α ≈ 101,5° herausbekommen."

Erklären Sie, welchen Fehler Laura gemacht hat.

Untersuchen geometrischer Figuren

6 ☰ Bestimmen Sie die Innenwinkel des Dreiecks PQR in der abgebildeten Figur.

7 ☰ Ein Viereck hat die Eckpunkte $A(-3|2|5)$, $B(4|-2|1)$, $C(5|6|8)$ und $D(-2|10|12)$.

a) Zeigen Sie, dass das Viereck ein Parallelogramm ist.

b) Berechnen Sie die Seitenlängen und die Größe der Innenwinkel.

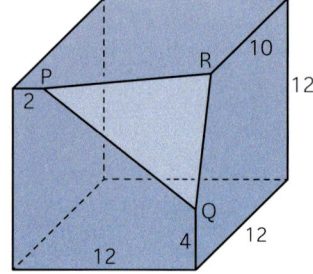

Weiterüben

8 ☰ Der abgebildete Würfel hat eine Kantenlänge von 4 dm.

Untersuchen Sie, unter welchem Winkel sich jeweils zwei Raumdiagonalen schneiden und ob die Schnittwinkel verschieden groß sind.

Schätzen Sie zunächst.

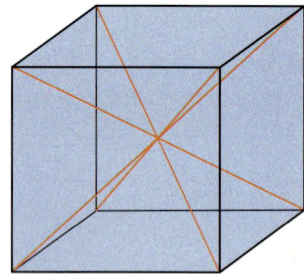

9 ☰ Lena zieht einen Schlitten mit ihrer Schwester Hanna 300 m weit über eine schiefe ebene Schneefläche. Sie bringt dabei eine konstante Kraft von 240 N auf. Die entstehenden Reibungskräfte können vernachlässigt werden.

Bestimmen Sie, wie groß die Kraft ist, die in Wegrichtung wirksam wird. Berechnen Sie die verrichtete Arbeit und erklären Sie, dass man sie als Skalarprodukt deuten kann.

4.3 Geraden im Raum

Einstieg

Ein Tauchboot startet im Punkt $A(10|12|0)$ und bewegt sich konstant pro Minute um den Vektor $\vec{v} = \begin{pmatrix} 74 \\ 65 \\ -4 \end{pmatrix}$ vorwärts. Die Angaben beziehen sich auf ein Koordinatensystem mit der Einheit Meter. Erläutern Sie, wie man die Koordinaten eines beliebigen Punktes des Tauchbootkurses erhalten kann.

Aufgabe mit Lösung

Geraden im Raum mit Vektoren beschreiben

Ein Flugzeug wird bezüglich eines Koordinatensystems mit der Einheit Kilometer von einer Radarstation im Punkt $P(14|-26|4)$ geortet. Eine Minute später befindet es sich im Punkt $Q(-16|30|5)$. Dabei wird vorausgesetzt, dass das Flugzeug seine Richtung und Geschwindigkeit nicht ändert.

→ Wo befindet sich das Flugzeug drei Minuten nach Beobachtungsbeginn, wo befand es sich eine halbe Minute vor Beobachtungsbeginn?

Lösung

Die Flugrichtung kann durch den Vektor $\vec{u} = \overrightarrow{PQ} = \begin{pmatrix} -16 - 14 \\ 30 + 26 \\ 5 - 4 \end{pmatrix} = \begin{pmatrix} -30 \\ 56 \\ 1 \end{pmatrix}$ beschrieben werden.

Drei Minuten nach Beobachtungsbeginn hat sich das Flugzeug 3-mal so weit von P entfernt und befindet sich im Punkt R. Den zurückgelegten Weg kann man durch den Vektor $3 \cdot \begin{pmatrix} -30 \\ 56 \\ 1 \end{pmatrix}$ beschreiben.

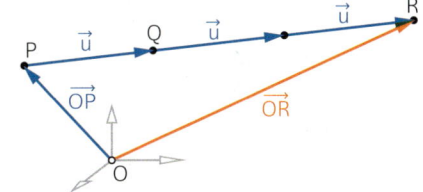

Für den Punkt R gilt also: $\overrightarrow{OR} = \overrightarrow{OP} + 3 \cdot \vec{u} = \begin{pmatrix} 14 \\ -26 \\ 4 \end{pmatrix} + 3 \cdot \begin{pmatrix} -30 \\ 56 \\ 1 \end{pmatrix} = \begin{pmatrix} 14 \\ -26 \\ 4 \end{pmatrix} + \begin{pmatrix} -90 \\ 168 \\ 3 \end{pmatrix} = \begin{pmatrix} -76 \\ 142 \\ 7 \end{pmatrix}$

Das Flugzeug befindet sich drei Minuten nach Beobachtungsbeginn im Punkt $R(-76|142|7)$.

Entsprechend kann der in einer halben Minute zurückgelegte Weg durch den Vektor $\frac{1}{2} \cdot \vec{u} = \frac{1}{2} \cdot \begin{pmatrix} -30 \\ 56 \\ 1 \end{pmatrix}$ beschrieben werden.

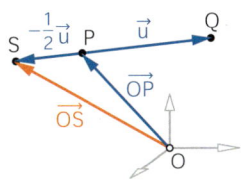

Um den Punkt S zu erreichen, in dem sich das Flugzeug eine halbe Minute vor Beobachtungsbeginn befand, muss man in die entgegengesetzte Richtung gehen:

$\overrightarrow{OS} = \overrightarrow{OP} - \frac{1}{2} \cdot \vec{u} = \begin{pmatrix} 14 \\ -26 \\ 4 \end{pmatrix} - \frac{1}{2} \cdot \begin{pmatrix} -30 \\ 56 \\ 1 \end{pmatrix} = \begin{pmatrix} 14 \\ -26 \\ 4 \end{pmatrix} - \begin{pmatrix} -15 \\ 28 \\ 0{,}5 \end{pmatrix} = \begin{pmatrix} 29 \\ -54 \\ 3{,}5 \end{pmatrix}$

Das Flugzeug befand sich eine halbe Minute vor Beobachtungsbeginn im Punkt $S(29|-54|3{,}5)$.

Später wird das Flugzeug in den Punkten A($-166\,|\,310\,|\,10$) und B($-226\,|\,534\,|\,12$) geortet. Hat das Flugzeug seine Richtung beibehalten?

Lösung

Wenn das Flugzeug seine Richtung $\vec{u}$ beibehält, kann die Flugbahn durch eine Gerade beschrieben werden, auf der die Punkte P, A und B liegen müssten.

Falls A auf dieser Geraden liegt, so müsste man A von P aus erreichen, indem man ein Vielfaches von $\vec{u}$ an $\overrightarrow{OP}$ anträgt, also:

$\overrightarrow{OA} = \overrightarrow{OP} + k \cdot \vec{u}$

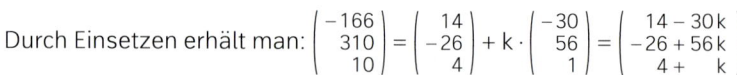

Durch Einsetzen erhält man: $\begin{pmatrix} -166 \\ 310 \\ 10 \end{pmatrix} = \begin{pmatrix} 14 \\ -26 \\ 4 \end{pmatrix} + k \cdot \begin{pmatrix} -30 \\ 56 \\ 1 \end{pmatrix} = \begin{pmatrix} 14 - 30k \\ -26 + 56k \\ 4 + k \end{pmatrix}$

Das heißt, k müsste das folgende lineare Gleichungssystem erfüllen: $\begin{vmatrix} -166 = & 14 - 30k \\ 310 = & -26 + 56k \\ 10 = & 4 + k \end{vmatrix}$

Durch Vereinfachen ergibt sich daraus: $\begin{vmatrix} k = 6 \\ k = 6 \\ k = 6 \end{vmatrix}$

Für den Ortsvektor $\overrightarrow{OA}$ gilt somit: $\overrightarrow{OA} = \overrightarrow{OP} + 6 \cdot \vec{u}$

Das Flugzeug erreicht also den Punkt A, ohne seine Richtung zu ändern.

Falls B auf der Geraden liegt, so müsste es ein k geben, das das lineare Gleichungssystem

$\begin{vmatrix} -226 = & 14 - 30k \\ 534 = & -26 + 56k \\ 12 = & 4 + k \end{vmatrix}$ erfüllt. Durch Vereinfachen erhält man: $\begin{vmatrix} k = 8 \\ k = 10 \\ k = 8 \end{vmatrix}$

Es gibt also kein k, sodass gilt: $\overrightarrow{OB} = \overrightarrow{OP} + k \cdot \vec{u}$. Der Punkt B liegt nicht auf der Geraden durch P und Q.

Somit hat das Flugzeug zwischen den Punkten A und B seine Richtung geändert.

Information

Parameterdarstellung einer Geraden

Durch einen Punkt A und einen Vektor $\vec{u} \neq \vec{o}$ ist eine Gerade g bestimmt.

Für jeden Punkt X auf der Geraden g gibt es eine Zahl $k \in \mathbb{R}$, sodass gilt:
$\overrightarrow{OX} = \overrightarrow{OA} + k \cdot \vec{u}$.

Für Punkte außerhalb der Geraden g gibt es eine solche Zahl k nicht.

Diese Vektorgleichung bezeichnet man als **Parameterdarstellung** der Geraden g mit dem **Parameter** k.

Den Vektor $\overrightarrow{OA}$ bezeichnet man als **Stützvektor** von g, den Vektor $\vec{u}$ als **Richtungsvektor** von g.

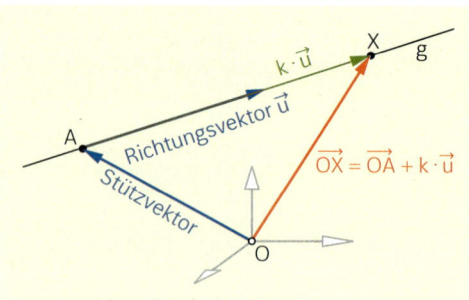

$g: \overrightarrow{OX} = \begin{pmatrix} -2 \\ 3 \\ 1 \end{pmatrix} + k \cdot \begin{pmatrix} 2 \\ -5 \\ 7 \end{pmatrix}$

Für $k = 3$ ergibt sich:

$\overrightarrow{OX} = \begin{pmatrix} -2 \\ 3 \\ 1 \end{pmatrix} + 3 \cdot \begin{pmatrix} 2 \\ -5 \\ 7 \end{pmatrix} = \begin{pmatrix} 4 \\ -12 \\ 22 \end{pmatrix}$

Also liegt der Punkt P($4\,|\,-12\,|\,22$) auf der Geraden g.

Anmerkungen:

(1) Damit man alle Punkte der Geraden erhält, muss der Parameter k alle reellen Zahlen durchlaufen.

(2) Für den Ortsvektor $\overrightarrow{OA}$ eines Punktes A schreibt man kürzer nur $\vec{a}$.

Die Gleichung $\overrightarrow{OX} = \overrightarrow{OA} + k \cdot \vec{u}$ kann man dann kürzer schreiben als $\vec{x} = \vec{a} + k \cdot \vec{u}$.

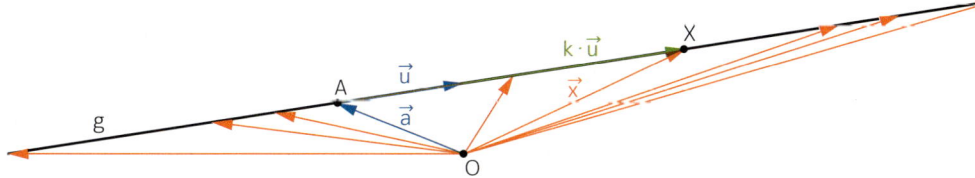

Üben

1 ≡ Gegeben sind der Punkt $P(1|-2|4)$ und der Vektor $\vec{v} = \begin{pmatrix} 4 \\ -5 \\ 3 \end{pmatrix}$.

Stellen Sie eine Gleichung der Geraden g auf, die durch den Punkt P in Richtung des Vektors $\vec{v}$ verläuft.

Berechnen Sie die Koordinaten der Punkte auf g, die man für $k = -2; -1; 0; 1; 2; 3$ erhält.

2 ≡ Bestimmen Sie drei verschiedene Parameterdarstellungen für die Gerade durch die Punkte A und B.

a) $A(-3|6|12)$, $B(5|0|1)$

b) $A(-5|7|4)$, $B(1|-4|6)$

c) $A(9|0|-5)$, $B(0|0|0)$

d) $A(0|0|0)$, $B(7|7|8)$

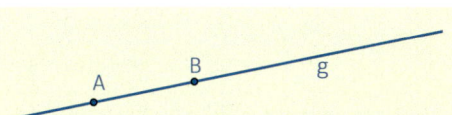

Mögliche Richtungsvektoren für die Gerade g:

$\overrightarrow{AB}, \overrightarrow{BA}, 2 \cdot \overrightarrow{AB}, -0,5 \cdot \overrightarrow{AB}$ ...

3 ≡ Gegeben ist die Gerade g mit $g: \overrightarrow{OX} = \begin{pmatrix} -7 \\ 4 \\ 3 \end{pmatrix} + k \cdot \begin{pmatrix} 8 \\ 6 \\ -8 \end{pmatrix}$.

a) Zeigen Sie, dass durch die Parameterdarstellung $\overrightarrow{OX} = \begin{pmatrix} 1 \\ 10 \\ -5 \end{pmatrix} + k \cdot \begin{pmatrix} -8 \\ -6 \\ 8 \end{pmatrix}$ mit $k \in \mathbb{R}$ dieselbe Gerade beschrieben wird.

b) Geben Sie eine weitere Parameterdarstellung für die Gerade g an.

4 ≡ Eine Gerade durch den Koordinatenursprung heißt *Ursprungsgerade*.

a) Geben Sie drei verschiedene Parameterdarstellungen für die Ursprungsgerade durch den Punkt $A(3|-2|4)$ an.

b) Zeigen Sie, dass auch die Parameterdarstellung $\overrightarrow{OX} = \begin{pmatrix} -9 \\ 6 \\ -12 \end{pmatrix} + k \cdot \begin{pmatrix} 3 \\ -2 \\ 4 \end{pmatrix}$ diese Ursprungsgerade beschreibt.

c) Erläutern Sie, wie man an der Parameterdarstellung einer Geraden feststellen kann, ob es sich um eine Ursprungsgerade handelt.

5 ≡ Prüfen Sie, ob die Punkte A, B und C auf der Geraden g liegen.

a) $g: \vec{x} = \begin{pmatrix} 0 \\ 3 \\ 1 \end{pmatrix} + k \cdot \begin{pmatrix} 2 \\ 1 \\ -2 \end{pmatrix}$

$A(-4|1|5)$; $B(2|4|2)$; $C(10|8|-9)$

b) $g: \vec{x} = \begin{pmatrix} 1 \\ -2 \\ 5 \end{pmatrix} + k \cdot \begin{pmatrix} -1 \\ 1 \\ -1 \end{pmatrix}$

$A(4|-5|8)$; $B(2|-1|4)$; $C(-4|1|2)$

Beschreibung von Strecken

6 ≡ Die Gerade g verläuft durch die Punkte A und B. Prüfen Sie, ob der Punkt P auf der Strecke $\overline{AB}$ liegt.

a) $A(-2|5|3)$; $B(2|-3|1)$; $P(-14|29|9)$

b) $A(5|-3|-1)$; $B(2|-1|2)$; $P(-1|1|6)$

c) $A(3,5|3,5|2,5)$; $B(-0,5|7,5|-1,5)$; $P(3|3|3)$

d) $A\left(\frac{1}{3}\big|\frac{1}{6}\big|\frac{1}{2}\right)$; $B\left(\frac{1}{6}\big|\frac{1}{2}\big|\frac{1}{3}\right)$; $P(0|1|0)$

Gerade durch A und B:
$$g: \overrightarrow{OX} = \overrightarrow{OA} + k \cdot \overrightarrow{AB}$$

Ein Punkt P liegt auf der Strecke $\overline{AB}$, falls gilt: $0 \le k \le 1$

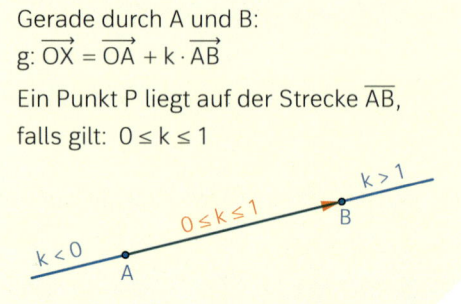

7 ≡ Das Foto zeigt eine Tunnelbohrmaschine. Bei einem Tunnelbau wird vom Tunnelanfang $A(250|780|1\,030)$ aus der Bohrkopf täglich um den Vektor $\vec{v} = \begin{pmatrix} 4 \\ 4 \\ -2 \end{pmatrix}$ vorangetrieben, in einem Koordinatensystem mit der Einheit Meter.

a) Wie viel Meter schafft die Bohrmaschine pro Tag?

b) Nach 10 Tagen ist die Bohrung beendet. Geben Sie die Koordinaten des Tunnelendes an.

c) Erläutern Sie, warum die Parameterdarstellung $\overrightarrow{OX} = \begin{pmatrix} 250 \\ 780 \\ 1\,030 \end{pmatrix} + k \cdot \begin{pmatrix} 4 \\ 4 \\ -2 \end{pmatrix}$ mit $k \in \mathbb{R}$ und $0 \le k \le 10$ die Strecke beschreibt, die der Bohrkopf zurückgelegt hat. Geben Sie drei Punkte an, die auf dieser Strecke liegen.

8 ≡ Erläutern Sie, welche Punkte durch die folgende Parameterdarstellung beschrieben werden.

a) $\vec{x} = \begin{pmatrix} -2 \\ 0 \\ 3 \end{pmatrix} + k \cdot \begin{pmatrix} 1 \\ 3 \\ 0 \end{pmatrix}$; $k \in \mathbb{R}$ und $-2 \le k \le 3$ b) $\vec{x} = \begin{pmatrix} 0 \\ 2 \\ -5 \end{pmatrix} + k \cdot \begin{pmatrix} 4 \\ -2 \\ 1 \end{pmatrix}$; $k \in \mathbb{R}$ und $1 < k < 5$

9 ≡ Zeigen Sie, dass die Punkte $P(-4|2|-2)$, $Q(-6|-2|2)$ $R(-1|8|-8)$ auf einer Geraden liegen. Welcher der drei Punkte liegt zwischen den beiden anderen? Begründen Sie.

10 ≡ Gegeben sind die Punkte $A(9|-1|4)$ und $B(3|-3|0)$.

a) Stellen Sie eine Gleichung der Geraden g auf, die durch die Punkte A und B verläuft. Geben Sie die Koordinaten zweier Punkte auf g an, die zwischen A und B liegen.

b) Untersuchen Sie, ob es einen Punkt mit drei gleichen Koordinaten auf g gibt.

11 ≡ Prüfen Sie, ob die Punkte A und B auf der Geraden g liegen. Falls ja, beschreiben Sie die Strecke $\overline{AB}$ mithilfe der Parameterdarstellung von g.

$g: \vec{x} = \begin{pmatrix} -2 \\ 1 \\ 3 \end{pmatrix} + k \cdot \begin{pmatrix} -4 \\ -4 \\ 2 \end{pmatrix}$; $A(-14|-11|9)$; $B(18|21|-7)$

Spurpunkte einer Geraden

12 ≡ Im abgebildeten Koordinatensystem ist die Gerade g: $\overrightarrow{OX} = \begin{pmatrix} 2 \\ 2 \\ 1 \end{pmatrix} + k \cdot \begin{pmatrix} 1 \\ 2 \\ -1 \end{pmatrix}$ dargestellt. Ihre Lage im Raum ist aus dieser Abbildung nicht gut erkennbar.

Berechnen Sie, in welchen Punkten die Gerade die Koordinatenebenen durchstößt, und beschreiben Sie damit die Lage der Geraden im Raum.

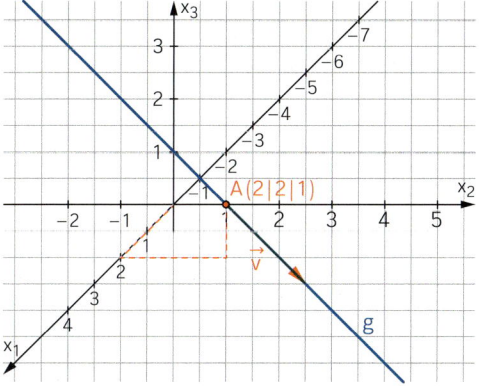

Information

Spurpunkte einer Geraden

Die Schnittpunkte einer Geraden mit den Koordinatenebenen bezeichnet man als **Spurpunkte der Geraden**. Mithilfe der Spurpunkte erhält man eine gute Vorstellung von der Lage der Geraden im Koordinatensystem.

Eine Gerade, die nicht in einer Koordinatenebene liegt, kann drei, zwei oder einen Spurpunkt besitzen.

Für den Spurpunkt S_{12} einer Geraden mit der x_1x_2-Ebene wird in der Parameterdarstellung der Parameter so bestimmt, dass die dritte Koordinate 0 wird. Entsprechend geht man zur Bestimmung von S_{13} und S_{23} vor.

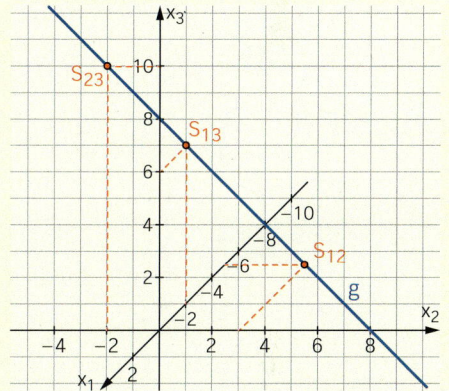

g: $\vec{x} = \begin{pmatrix} -3 \\ 1 \\ 4 \end{pmatrix} + k \cdot \begin{pmatrix} 1 \\ -1 \\ 2 \end{pmatrix}$

Schnittpunkt $S_{12}(x_1 \,|\, x_2 \,|\, 0)$ mit der x_1x_2-Ebene bestimmen:
Damit die 3. Koordinate eines Punktes auf g null wird, muss gelten:
$0 = 4 + k \cdot 2$
Daraus folgt $k = -2$, also: $S_{12}(-5 \,|\, 3 \,|\, 0)$

---

13 ≡ Ermitteln Sie die Spurpunkte der Geraden g und zeichnen Sie damit die Gerade in ein Koordinatensystem. Beschreiben Sie die Lage der Geraden.

a) g: $\vec{x} = \begin{pmatrix} -4 \\ 8 \\ 9 \end{pmatrix} + k \cdot \begin{pmatrix} -2 \\ 3 \\ 3 \end{pmatrix}$ **b)** g: $\vec{x} = \begin{pmatrix} 10 \\ -4 \\ 9 \end{pmatrix} + k \cdot \begin{pmatrix} 0 \\ 2 \\ -3 \end{pmatrix}$ **c)** g: $\vec{x} = \begin{pmatrix} 5 \\ -2 \\ 4 \end{pmatrix} + k \cdot \begin{pmatrix} 1 \\ 0 \\ 0 \end{pmatrix}$

d) g: $\vec{x} = \begin{pmatrix} 2 \\ 2 \\ 2 \end{pmatrix} + k \cdot \begin{pmatrix} -1 \\ 1 \\ -1 \end{pmatrix}$ **e)** g: $\vec{x} = \begin{pmatrix} -3 \\ 0 \\ 5 \end{pmatrix} + k \cdot \begin{pmatrix} 6 \\ 4 \\ -5 \end{pmatrix}$ **f)** g: $\vec{x} = \begin{pmatrix} -4 \\ -1 \\ 10 \end{pmatrix} + k \cdot \begin{pmatrix} 0 \\ 2 \\ 4 \end{pmatrix}$

14 ≡ Bestimmen Sie alle Spurpunkte der Geraden g. Zeichnen Sie die Gerade g mithilfe der Spurpunkte in ein Koordinatensystem und beschreiben Sie die Lage von g im Koordinatensystem. Welcher besondere Fall liegt vor?

a) $g: \vec{x} = \begin{pmatrix} -18 \\ 8 \\ 20 \end{pmatrix} + r \cdot \begin{pmatrix} 6 \\ -2 \\ -5 \end{pmatrix}$
b) $g: \vec{x} = \begin{pmatrix} -20 \\ 10 \\ -15 \end{pmatrix} + r \cdot \begin{pmatrix} 4 \\ -2 \\ 3 \end{pmatrix}$
c) $g: \vec{x} = \begin{pmatrix} -6 \\ 5 \\ -9 \end{pmatrix} + r \cdot \begin{pmatrix} 2 \\ 1 \\ 3 \end{pmatrix}$

d) $g: \vec{x} = \begin{pmatrix} 4 \\ 1 \\ 3 \end{pmatrix} + r \cdot \begin{pmatrix} 2 \\ 0 \\ 1 \end{pmatrix}$
e) $g: \vec{x} = \begin{pmatrix} -2 \\ 2 \\ 1 \end{pmatrix} + r \cdot \begin{pmatrix} 1 \\ 2 \\ 0 \end{pmatrix}$
f) $g: \vec{x} = \begin{pmatrix} -8 \\ 4 \\ 6 \end{pmatrix} + r \cdot \begin{pmatrix} 0 \\ 2 \\ 0 \end{pmatrix}$

15 ≡ Die Gerade g verläuft durch den Punkt A mit dem Richtungsvektor $\vec{v}$.

a) Geben Sie eine Parameterdarstellung der Geraden g an und zeichnen Sie die Gerade in ein Koordinatensystem.

(1) $A(4|2|3)$; $\vec{v} = \begin{pmatrix} -2 \\ 3 \\ -4 \end{pmatrix}$
(2) $A(2|1|-2)$; $\vec{v} = \begin{pmatrix} -4 \\ 2 \\ 4 \end{pmatrix}$
(3) $A(-3|-3|1)$; $\vec{v} = \begin{pmatrix} 3 \\ 2 \\ -1 \end{pmatrix}$

b) Bestimmen Sie den Punkt auf g, dessen x_3-Koordinate null ist. Welche geometrische Bedeutung hat dieser Punkt?

16 ≡ Beschreiben Sie die Lage der Geraden g im Koordinatensystem. Geben Sie für g eine weitere Parameterdarstellung mit einem anderen Stützvektor an.

a) $g: \vec{x} = k \cdot \begin{pmatrix} 1 \\ 1 \\ 0 \end{pmatrix}$
b) $g: \vec{x} = r \cdot \begin{pmatrix} 0 \\ 1 \\ 0 \end{pmatrix}$
c) $g: \vec{x} = s \cdot \begin{pmatrix} 0 \\ 1 \\ -1 \end{pmatrix}$
d) $g: \vec{x} = \begin{pmatrix} 1 \\ 0 \\ 2 \end{pmatrix} + t \cdot \begin{pmatrix} 1 \\ 0 \\ 1 \end{pmatrix}$

17 ≡ Die Gerade g verläuft parallel zur x_1x_2-Ebene. Bestimmen Sie eine Parameterdarstellung der Geraden g und geben Sie die Koordinaten der Spurpunkte an.

a)

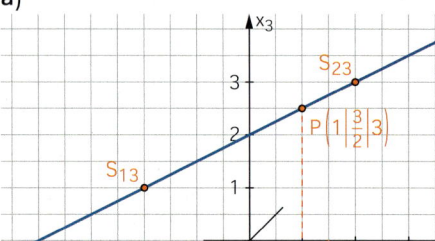

b)

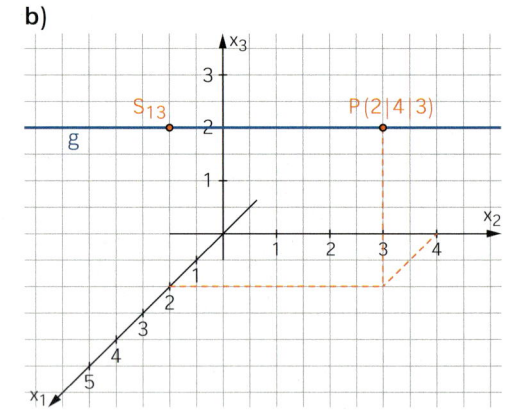

Weiterüben

18 ≡ Zeichnen Sie ein Schrägbild eines Würfels der Kantenlänge 4, dessen unterer hinterer linker Eckpunkt im Koordinatenursprung liegt.
Zeichnen Sie außerdem alle Raumdiagonalen ein und bestimmen Sie für diese die dazugehörigen Parameterdarstellungen.

19 ≡ Beschreiben Sie die Lage einer Geraden bezüglich der Koordinatenachsen bzw. der Koordinatenebenen, die
(1) nur einen Spurpunkt besitzt;
(2) genau zwei Spurpunkte besitzt.

20 ≡ Die Abbildung zeigt eine gerade quadratische Pyramide. Der Punkt L ist der Mittelpunkt der Grundfläche der Pyramide. Die Punkte P und Q sind die Seitenmitten der Pyramidenkanten.
Legen Sie ein geeignetes Koordinatensystem fest. Bestimmen Sie Gleichungen für die Geraden durch L und Q bzw. durch L und P.

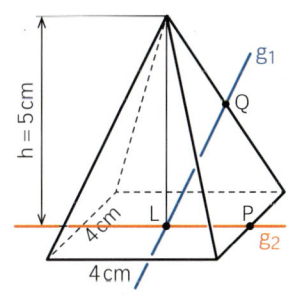

21 ≡ Ein Tauchboot startet im Punkt A$(-6713\,|\,4378\,|\,-236)$ eines Koordinatensystems mit der Einheit Meter.
Es fährt auf einem Kurs in Richtung des

Vektors $\vec{u} = \begin{pmatrix} 63 \\ -71 \\ -8 \end{pmatrix}$ und sucht nach einem

Wrack in etwa 500 m Tiefe. Die x_1x_2-Ebene beschreibt die Meeresoberfläche.

a) In welchem Punkt P erreicht das Tauchboot diese Tiefe, wenn es seinen Kurs beibehält?
b) Der Suchscheinwerfer des Tauchboots kann Objekte in ca. 100 m Entfernung gerade noch sichtbar machen. Kann die Crew des Tauchboots im Punkt P das Wrack sehen, das sich bei Punkt W$(-4565\,|\,2115\,|\,-508)$ befindet? Begründen Sie durch eine Rechnung.

22 ≡ Max behauptet: „Eine Gerade, die parallel zur x_1-Achse verläuft, hat nur einen Spurpunkt, und zwar mit der x_2x_3-Ebene."
Emma entgegnet: „Das ist falsch. Sie kann auch zwei oder drei Koordinatenebenen treffen."
Entscheiden Sie, wer recht hat.

23 ≡ Die Gerade g wird an der x_1x_3-Ebene gespiegelt. Bestimmen Sie eine Parameterdarstellung der Bildgeraden.

a) $\vec{x} = \begin{pmatrix} 4 \\ 3 \\ 2 \end{pmatrix} + k \cdot \begin{pmatrix} 1 \\ -1 \\ -2 \end{pmatrix}$ **b)** $\vec{x} = \begin{pmatrix} -5 \\ 2 \\ -2 \end{pmatrix} + r \cdot \begin{pmatrix} 0 \\ 1 \\ -1 \end{pmatrix}$ **c)** $\vec{x} = \begin{pmatrix} 2 \\ 2 \\ 1 \end{pmatrix} + s \cdot \begin{pmatrix} -2 \\ 0 \\ 3 \end{pmatrix}$ **d)** $\vec{x} = \begin{pmatrix} 2 \\ -3 \\ 1 \end{pmatrix} + t \cdot \begin{pmatrix} 1 \\ 2 \\ -1 \end{pmatrix}$

24 ≡ Bestimmen Sie eine Parameterdarstellung der Geraden g mit den angegebenen Eigenschaften.
a) Die Gerade g liegt auf der x_2-Achse.
b) Die Gerade g verläuft parallel zur x_3-Achse durch den Punkt A$(7\,|\,4\,|\,6)$.
c) Die Gerade g liegt in der x_2x_3-Ebene und die 2. und 3. Koordinate aller Punkte auf g sind gleich.
d) Die Gerade g verläuft parallel im Abstand 3 zur x_1x_2-Ebene, schneidet die x_3-Achse und verläuft durch den Punkt P$(3\,|\,3\,|\,3)$.
e) Die Gerade schneidet die x_2x_3-Ebene im Punkt P$(0\,|\,5\,|\,-2)$ und verläuft parallel zur x_1-Achse.

4.4 Lagebeziehungen zwischen Geraden

Einstieg

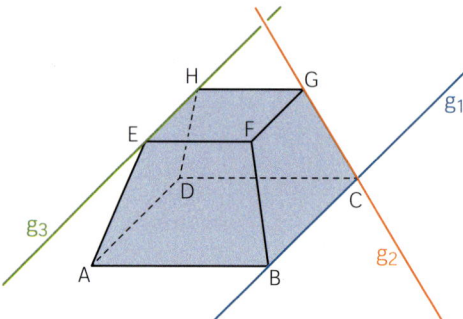

👥 Die Geraden g_1, g_2 und g_3 in der Abbildung liegen auf den Kanten eines quadratischen Pyramidenstumpfs. Erläutern Sie anhand der Abbildung, welche Lagebeziehungen zwischen zwei Geraden im Raum möglich sind. Untersuchen Sie, wie man die gegenseitige Lage zweier Geraden rechnerisch aus ihren Parameterdarstellungen ermitteln kann.

Aufgabe mit Lösung

Lage von Geraden im Raum

Gegeben sind die Geraden $g: \overrightarrow{OX} = \begin{pmatrix} 2 \\ -1 \\ 1 \end{pmatrix} + s \cdot \begin{pmatrix} 1 \\ -1 \\ 2 \end{pmatrix}$ und $h: \overrightarrow{OX} = \begin{pmatrix} 6 \\ -4 \\ 7 \end{pmatrix} + t \cdot \begin{pmatrix} 0 \\ 1 \\ -2 \end{pmatrix}$.

→ Zeigen Sie, dass die Geraden g und h nicht parallel zueinander sind.

Lösung

Ist ein Vektor $\vec{u}$ ein Vielfaches eines Vektors $\vec{v}$, so zeigt $\vec{u}$ in dieselbe Richtung wie $\vec{v}$ oder genau in die entgegengesetzte, je nachdem, ob der Vervielfachungsfaktor positiv oder negativ ist .

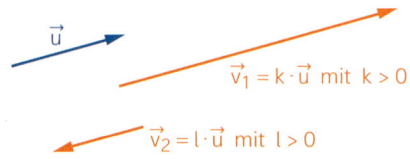

Die Geraden g und h sind somit genau dann parallel zueinander, wenn ihre Richtungsvektoren $\vec{u}$ und $\vec{v}$ Vielfache voneinander sind.

Zu untersuchen ist, ob es einen Vervielfachungsfaktor k mit $\vec{u} = k \cdot \vec{v}$ gibt,

also $\begin{pmatrix} 1 \\ -1 \\ 2 \end{pmatrix} = k \cdot \begin{pmatrix} 0 \\ 1 \\ -2 \end{pmatrix}$ bzw. als Gleichungssystem $\begin{vmatrix} 1 = 0 \\ -1 = k \\ 2 = -2k \end{vmatrix}$.

Dieses Gleichungssystem hat keine Lösung, wie man an der ersten Zeile erkennt. Daher sind die Geraden g und h nicht parallel zueinander.

→ Untersuchen Sie, ob die Geraden g und h einen Schnittpunkt haben.

Lösung

Wenn die Geraden g und h einen Schnittpunkt S haben, liegt dieser sowohl auf g als auch auf h, das heißt, es gibt Werte für s und t, sodass gilt:

$\overrightarrow{OS} = \begin{pmatrix} 2 \\ -1 \\ 1 \end{pmatrix} + s \cdot \begin{pmatrix} 1 \\ -1 \\ 2 \end{pmatrix}$ und $\overrightarrow{OS} = \begin{pmatrix} 6 \\ -4 \\ 7 \end{pmatrix} + t \cdot \begin{pmatrix} 0 \\ 1 \\ -2 \end{pmatrix}$, also $\begin{pmatrix} 2 \\ -1 \\ 1 \end{pmatrix} + s \cdot \begin{pmatrix} 1 \\ -1 \\ 2 \end{pmatrix} = \begin{pmatrix} 6 \\ -4 \\ 7 \end{pmatrix} + t \cdot \begin{pmatrix} 0 \\ 1 \\ -2 \end{pmatrix}$

Als Gleichungssystem geschrieben bedeutet das

$\begin{vmatrix} 2 + s = 6 \\ -1 - s = -4 + t \\ 1 + 2s = 7 - 2t \end{vmatrix}$, also $\begin{vmatrix} s = 4 \\ -1 - 4 = -4 + t \\ 1 + 8 = 7 - 2t \end{vmatrix}$; d.h. $\begin{vmatrix} s = 4 \\ -1 = t \\ 9 = 7 - 2 \cdot (-1) \end{vmatrix}$, also $\begin{vmatrix} s = 4 \\ t = -1 \\ 9 = 9 \end{vmatrix}$.

Somit gilt: $\overrightarrow{OS} = \begin{pmatrix} 2 \\ -1 \\ 1 \end{pmatrix} + 4 \begin{pmatrix} 1 \\ -1 \\ 2 \end{pmatrix} = \begin{pmatrix} 6 \\ -5 \\ 9 \end{pmatrix}$

Die Geraden g und h schneiden sich folglich im Punkt S $(6 \,|\, -5 \,|\, 9)$.

Information

Untersuchung der Lage von zwei Geraden zueinander

(1) Sind die Richtungsvektoren der beiden Geraden Vielfache voneinander, so sind die beiden Geraden **parallel zueinander**.

(1a) Liegt zusätzlich ein Punkt der einen Geraden auf der anderen Geraden, so sind die Geraden sogar **identisch**.

(1b) Ist dies nicht der Fall, so sind die Geraden parallel zueinander, aber nicht identisch.

(2) Sind die Richtungsvektoren keine Vielfachen voneinander, so stellt man fest, ob die beiden Geraden gemeinsame Punkte haben. Dazu setzt man die Parameterdarstellungen gleich und erhält ein lineares Gleichungssystem.

(2a) Hat das Gleichungssystem genau eine Lösung, so schneiden sich die Geraden in einem **Schnittpunkt**.

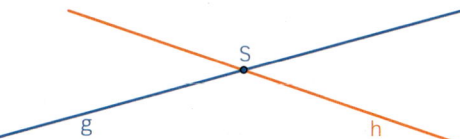

(2b) Hat das Gleichungssystem keine Lösung, so haben die beiden Geraden keinen gemeinsamen Punkt, sind aber nicht parallel zueinander. Die beiden Geraden sind **windschief** zueinander.

$$g: \vec{x} = \begin{pmatrix} 2 \\ -1 \\ 3 \end{pmatrix} + s \cdot \begin{pmatrix} 1 \\ 4 \\ -2 \end{pmatrix}$$

Lage von g zu anderen Geraden

(1a) $h: \vec{x} = \begin{pmatrix} 3 \\ 3 \\ 1 \end{pmatrix} + t \cdot \begin{pmatrix} -2 \\ -8 \\ 4 \end{pmatrix}$

Der Richtungsvektor von h ist das (-2)-Fache des Richtungsvektors von g. Für $s = 1$ liegt der Punkt $(3|3|1)$ auf g. Also ist $g = h$.

(1b) $i: \vec{x} = \begin{pmatrix} 5 \\ 1 \\ 3 \end{pmatrix} + t \cdot \begin{pmatrix} -2 \\ -8 \\ 4 \end{pmatrix}$

Der Richtungsvektor von i ist das (-2)-Fache des Richtungsvektors von g.

Die Gleichung $\begin{pmatrix} 2 \\ -1 \\ 3 \end{pmatrix} + s \cdot \begin{pmatrix} 1 \\ 4 \\ -2 \end{pmatrix} = \begin{pmatrix} 5 \\ 1 \\ 3 \end{pmatrix}$ ist

nicht lösbar, da aus dem Vergleich der ersten Koordinaten $s = 3$ folgt und aus dem der zweiten $s = \frac{1}{2}$.

(2a) $j: \vec{x} = \begin{pmatrix} 5 \\ 1 \\ 3 \end{pmatrix} + t \cdot \begin{pmatrix} 1 \\ -1 \\ 1 \end{pmatrix}$

Der Richtungsvektor von j ist kein Vielfaches des Richtungsvektors von g. Gleichsetzen liefert:

$$\text{linSolve} \begin{pmatrix} \begin{cases} 2+s=5+t \\ -1+4 \cdot s=1-t, \{s,t\} \\ 3-2 \cdot s=3+t \end{cases} \\ \{1,-2\} \end{pmatrix}$$

Also schneiden sich g und j. Durch Einsetzen von $s = 1$ oder $t = -2$ ergibt sich der Schnittpunkt $S(3|3|1)$.

(2b) $k: \vec{x} = \begin{pmatrix} 5 \\ 1 \\ 3 \end{pmatrix} + t \cdot \begin{pmatrix} 1 \\ 1 \\ -1 \end{pmatrix}$

Der Richtungsvektor von k ist kein Vielfaches des Richtungsvektors von g. Gleichsetzen liefert:

$$\text{linSolve} \begin{pmatrix} \begin{cases} 2+s=5+t \\ -1+4 \cdot s=1+t, \{s,t\} \\ 3-2 \cdot s=3-t \end{cases} \\ \text{"Keine Lösung gefunden"} \end{pmatrix}$$

Also sind g und k windschief zueinander.

Üben

1 ≡ Untersuchen Sie die Lage der Geraden g und h zueinander.

a) $g: \vec{x} = \begin{pmatrix} -1 \\ 3 \\ 2 \end{pmatrix} + r \cdot \begin{pmatrix} 2 \\ 1 \\ -1 \end{pmatrix}$

$h: \vec{x} = \begin{pmatrix} -2 \\ 1 \\ 7 \end{pmatrix} + s \cdot \begin{pmatrix} 1 \\ 0 \\ 1 \end{pmatrix}$

b) $g: \vec{x} = \begin{pmatrix} -5 \\ 1 \\ 2 \end{pmatrix} + r \cdot \begin{pmatrix} -2 \\ 3 \\ -1 \end{pmatrix}$

$h: \vec{x} = \begin{pmatrix} 2 \\ 5 \\ 3 \end{pmatrix} + s \cdot \begin{pmatrix} 4 \\ -6 \\ 2 \end{pmatrix}$

c) $g: \vec{x} = \begin{pmatrix} 4 \\ 1 \\ -2 \end{pmatrix} + r \cdot \begin{pmatrix} 1 \\ -3 \\ 2 \end{pmatrix}$

$h: \vec{x} = \begin{pmatrix} 17 \\ -38 \\ 24 \end{pmatrix} + s \cdot \begin{pmatrix} -5 \\ 15 \\ -10 \end{pmatrix}$

d) $g: \vec{x} = \begin{pmatrix} 5 \\ 0 \\ 3 \end{pmatrix} + r \cdot \begin{pmatrix} 1 \\ 2 \\ -1 \end{pmatrix}$

$h: \vec{x} = \begin{pmatrix} -1 \\ -2 \\ 6 \end{pmatrix} + s \cdot \begin{pmatrix} 4 \\ -2 \\ -1 \end{pmatrix}$

e) $g: \vec{x} = \begin{pmatrix} 3 \\ 6 \\ 4 \end{pmatrix} + r \cdot \begin{pmatrix} 2 \\ 4 \\ 1 \end{pmatrix}$

$h: \vec{x} = \begin{pmatrix} 1 \\ 0 \\ 3 \end{pmatrix} + s \cdot \begin{pmatrix} 2 \\ 3 \\ -1 \end{pmatrix}$

f) $g: \vec{x} = \begin{pmatrix} 1 \\ 0 \\ 2 \end{pmatrix} + r \cdot \begin{pmatrix} 1 \\ -1 \\ 1 \end{pmatrix}$

$h: \vec{x} = \begin{pmatrix} 3 \\ -2 \\ 4 \end{pmatrix} + s \cdot \begin{pmatrix} 4 \\ 6 \\ 0 \end{pmatrix}$

2 ≡ Lena hat den Schnittpunkt von g und h berechnet. Was hat sie dabei falsch gemacht?

$g: \vec{x} = \begin{pmatrix} 3 \\ 3 \\ 1 \end{pmatrix} + t \cdot \begin{pmatrix} 2 \\ 3 \\ 1 \end{pmatrix}; \quad h: \vec{x} = \begin{pmatrix} 3 \\ 0 \\ 1 \end{pmatrix} + k \cdot \begin{pmatrix} 1 \\ 3 \\ 1 \end{pmatrix}$

$\left| \begin{array}{l} 3 + 2t = 3 + k \\ 3 + 3t = 3k \\ 1 + t = 1 + k \end{array} \right|$ Aus der ersten Gleichung erhalte ich $k = 2t$.
Dies setze ich in die zweite Gleichung ein.

Löse ich dann die zweite Gleichung nach t auf, so erhalte ich $t = 1$.
Setze ich $t = 1$ in die Parameterdarstellung von g ein, so erhalte ich den Schnittpunkt
$S(5 | 6 | 2)$ der beiden Geraden.

3 ≡ Untersuchen Sie die Lage der Geraden zueinander, ohne einen Rechner zu verwenden.

a) $g: \vec{x} = \begin{pmatrix} 2 \\ 0 \\ 1 \end{pmatrix} + r \cdot \begin{pmatrix} 1 \\ 1 \\ 0 \end{pmatrix}; \; h: \vec{x} = \begin{pmatrix} 1 \\ -1 \\ 2 \end{pmatrix} + s \cdot \begin{pmatrix} 1 \\ 1 \\ 0 \end{pmatrix}$

b) $g: \vec{x} = \begin{pmatrix} 1 \\ 0 \\ 2 \end{pmatrix} + r \cdot \begin{pmatrix} 1 \\ 1 \\ 0 \end{pmatrix}; \; h: \vec{x} = \begin{pmatrix} 0 \\ 1 \\ 0 \end{pmatrix} + s \cdot \begin{pmatrix} -1 \\ -1 \\ 0 \end{pmatrix}$

c) $g: \vec{x} = \begin{pmatrix} 0 \\ 1 \\ 1 \end{pmatrix} + r \cdot \begin{pmatrix} 1 \\ 2 \\ 0 \end{pmatrix}; \; h: \vec{x} = \begin{pmatrix} -1 \\ -1 \\ 1 \end{pmatrix} + s \cdot \begin{pmatrix} 0 \\ 1 \\ 1 \end{pmatrix}$

d) $g: \vec{x} = \begin{pmatrix} 1 \\ 0 \\ 1 \end{pmatrix} + r \cdot \begin{pmatrix} 1 \\ -1 \\ 0 \end{pmatrix}; \; h: \vec{x} = \begin{pmatrix} 0 \\ 1 \\ 0 \end{pmatrix} + s \cdot \begin{pmatrix} 0 \\ 1 \\ 1 \end{pmatrix}$

4 ≡ Gegeben sind die Geraden g und h mit $g: \vec{x} = \begin{pmatrix} 3 \\ 3 \\ 4 \end{pmatrix} + s \cdot \begin{pmatrix} 1 \\ 1 \\ 2 \end{pmatrix}$ und $h: \vec{x} = \begin{pmatrix} 2 \\ 2 \\ 3 \end{pmatrix} + t \cdot \begin{pmatrix} 0 \\ 1 \\ -1 \end{pmatrix}$.

a) Bestimmen Sie die Spurpunkte der Geraden und zeichnen Sie die Geraden in ein Koordinatensystem.

b) Zeigen Sie, dass die beiden Geraden g und h windschief zueinander sind, auch wenn dies in der Zeichnung nicht so aussieht.

5 ≡ Geben Sie eine Parameterdarstellung der Geraden h an, die parallel zu g durch den Punkt P verläuft.

a) $g: \vec{x} = \begin{pmatrix} 3 \\ 8 \\ 4 \end{pmatrix} + k \cdot \begin{pmatrix} -2 \\ -3 \\ 5 \end{pmatrix}; \; P(15 | 26 | 31)$

b) $g: \vec{x} = \begin{pmatrix} -2 \\ 3 \\ 1 \end{pmatrix} + k \cdot \begin{pmatrix} 1 \\ -4 \\ 0 \end{pmatrix}; \; P(8 | 16 | 5)$

6 ≡ Fabian hat die Lage der Geraden g und h untersucht. Überprüfen Sie seine Lösung und korrigieren Sie seine Fehler.

$$g: \vec{x} = \begin{pmatrix} -2 \\ 6 \\ -3 \end{pmatrix} + k \cdot \begin{pmatrix} 3 \\ -2 \\ 2 \end{pmatrix}; \quad h: \vec{x} = \begin{pmatrix} 7 \\ 4 \\ -4 \end{pmatrix} + k \cdot \begin{pmatrix} 1 \\ -2 \\ 3 \end{pmatrix}$$

(1) Die Richtungsvektoren $\begin{pmatrix} 3 \\ -2 \\ 2 \end{pmatrix}$ und $\begin{pmatrix} 1 \\ -2 \\ 3 \end{pmatrix}$ von g und h sind keine Vielfachen,

also sind g und h nicht parallel zueinander.

(2) $\begin{vmatrix} -2 + 3k = 7 + k \\ 6 - 2k = 4 - 2k \\ -3 + 2k = -4 + 3k \end{vmatrix}$, also $\begin{vmatrix} 2k = 9 \\ 0 = -2 \\ -k = -1 \end{vmatrix}$

g und h sind windschief zueinander.

7 ≡ Gegeben ist die Gerade g mit der Parameterdarstellung $g: \vec{x} = \begin{pmatrix} 1 \\ 1 \\ 0 \end{pmatrix} + t \cdot \begin{pmatrix} 4 \\ 2 \\ 1 \end{pmatrix}$.

Geben Sie eine Parameterdarstellung einer Geraden an, die

a) zu g windschief ist;   b) zu g parallel ist;

c) identisch mit g ist;   d) g schneidet.

8 ≡ Bezogen auf ein Koordinatensystem mit der Einheit Meter kann die Flugroute eines Sportflugzeugs nach dem Start näherungsweise durch die Gerade g mit

$$g: \vec{x} = \begin{pmatrix} 420 \\ -630 \\ 120 \end{pmatrix} + r \cdot \begin{pmatrix} 40 \\ 50 \\ 11 \end{pmatrix} \text{ angegeben werden.}$$

In der Nähe des Flugplatzes steht ein Windrad. Der höchste Punkt des Windrads hat die Koordinaten P(1 380 | 570 | 170).

Überprüfen Sie, ob das Flugzeug bei gleichbleibendem Kurs genau über das Windrad hinweg fliegt. Wenn ja, in welchem Abstand überfliegt es das Windrad?

9 ≡ Die Positionen von Flugzeugen im Luftraum kann man durch Punkte in einem räumlichen Koordinatensystem mit der Einheit km beschreiben, bei dem die als Ebene betrachtete Erdoberfläche in der x_1x_2-Ebene liegt.

Ein Passagierflugzeug bewegt sich auf einem als geradlinig angenommenen Kurs vom

Punkt P(8,5 | −28 | 7,5) pro Sekunde um $\begin{pmatrix} -0,12 \\ 0,175 \\ 0 \end{pmatrix}$.

Zum gleichen Zeitpunkt, in dem sich das Passagierflugzeug im Punkt P befindet, fliegt ein zweites Flugzeug vom Punkt Q(22 | 15,5 | 7,3) aus geradlinig so weiter, dass es sich pro

Sekunde um den Vektor $\begin{pmatrix} 0,1 \\ -0,05 \\ 0,001 \end{pmatrix}$ bewegt.

a) Untersuchen Sie, ob es auf den beiden Flugbahnen zu einer Kollision kommen kann.

b) Geben Sie die Geschwindigkeiten der beiden Flugzeuge an.

10 ≡ Gegeben sind die Gerade g mit der Parameterdarstellung $g: \vec{x} = \begin{pmatrix} 2 \\ 1 \\ 8 \end{pmatrix} + r \cdot \begin{pmatrix} 2 \\ 0 \\ -1 \end{pmatrix}$ und

die Punkte A(3|1|4), B(−2|4|1), C(−2|1|3) und D(3|−2|6).

a) Untersuchen Sie, wie die Gerade g und die Gerade durch die Punkte A und B zueinander liegen. Zeichnen Sie die Geraden in ein Koordinatensystem.

b) Zeigen Sie, dass die vier Punkte A, B, C und D Eckpunkte eines Parallelogramms sind. In welchem Punkt schneiden sich die Diagonalen dieses Parallelogramms?

11 ≡ Prüfen Sie, ob sich die beiden Geraden g und h schneiden. Falls ja: Sind sie orthogonal zueinander?

a) $g: \vec{x} = \begin{pmatrix} 2 \\ 4 \\ -3 \end{pmatrix} + r \cdot \begin{pmatrix} -2 \\ 1 \\ 3 \end{pmatrix}$ $h: \vec{x} = \begin{pmatrix} 2 \\ 4 \\ -3 \end{pmatrix} + s \cdot \begin{pmatrix} 1 \\ -1 \\ 1 \end{pmatrix}$

b) $g: \vec{x} = \begin{pmatrix} 1 \\ 4 \\ 6 \end{pmatrix} + r \cdot \begin{pmatrix} -1 \\ 3 \\ 5 \end{pmatrix}$ $h: \vec{x} = \begin{pmatrix} -5 \\ 2 \\ -1 \end{pmatrix} + s \cdot \begin{pmatrix} 7 \\ -1 \\ 2 \end{pmatrix}$

12 ≡ Untersuchen Sie, ob die Geraden g, h und l ein Dreieck bilden. Berechnen Sie gegebenenfalls die Koordinaten der Eckpunkte und die Längen der Seiten des Dreiecks.

a) $g: \vec{x} = \begin{pmatrix} -11 \\ 16 \\ -7 \end{pmatrix} + r \cdot \begin{pmatrix} 6 \\ -5 \\ 5 \end{pmatrix}$ $h: \vec{x} = \begin{pmatrix} 7 \\ -18 \\ 6 \end{pmatrix} + s \cdot \begin{pmatrix} 2 \\ -1 \\ 8 \end{pmatrix}$ $l: \vec{x} = \begin{pmatrix} 15 \\ 7 \\ 16 \end{pmatrix} + k \cdot \begin{pmatrix} 4 \\ 3 \\ 4 \end{pmatrix}$

b) $g: \vec{x} = \begin{pmatrix} -14 \\ -17 \\ -28 \end{pmatrix} + r \cdot \begin{pmatrix} 10 \\ 13 \\ 26 \end{pmatrix}$ $h: \vec{x} = \begin{pmatrix} -3 \\ -2 \\ -5 \end{pmatrix} + s \cdot \begin{pmatrix} 1 \\ 2 \\ -3 \end{pmatrix}$ $l: \vec{x} = \begin{pmatrix} 8 \\ 12 \\ 26 \end{pmatrix} + k \cdot \begin{pmatrix} 2 \\ 3 \\ 2 \end{pmatrix}$

Schnittwinkel zwischen zwei Geraden

13 ≡ Untersuchen Sie, ob sich die beiden Geraden g und h schneiden. Berechnen Sie gegebenenfalls den Schnittwinkel der beiden Geraden.

a) $g: \vec{x} = \begin{pmatrix} 1 \\ 1 \\ 1 \end{pmatrix} + r \cdot \begin{pmatrix} -2 \\ 3 \\ 1 \end{pmatrix}$

$h: \vec{x} = \begin{pmatrix} 3 \\ -2 \\ 0 \end{pmatrix} + s \cdot \begin{pmatrix} 1 \\ 0 \\ 4 \end{pmatrix}$

b) $g: \vec{x} = \begin{pmatrix} 1 \\ 3 \\ 1 \end{pmatrix} + r \cdot \begin{pmatrix} 1 \\ -4 \\ 6 \end{pmatrix}$

$h: \vec{x} = \begin{pmatrix} 3 \\ -2 \\ 1 \end{pmatrix} + s \cdot \begin{pmatrix} -5 \\ 1 \\ 7 \end{pmatrix}$

c) $g: \vec{x} = r \cdot \begin{pmatrix} -6 \\ 1 \\ -2 \end{pmatrix}$

$h: \vec{x} = \begin{pmatrix} 2 \\ -4 \\ 6 \end{pmatrix} + s \cdot \begin{pmatrix} -1 \\ 2 \\ -3 \end{pmatrix}$

d) $g: \vec{x} = \begin{pmatrix} 2 \\ 1 \\ 4 \end{pmatrix} + r \cdot \begin{pmatrix} 2 \\ 1 \\ -2 \end{pmatrix}$

$h: \vec{x} = \begin{pmatrix} -2 \\ -1 \\ 8 \end{pmatrix} + s \cdot \begin{pmatrix} 2 \\ -1 \\ 2 \end{pmatrix}$

Den kleinsten von zwei Geraden eingeschlossenen Winkel bezeichnet man als den **Schnittwinkel** der beiden Geraden.

Man berechnet ihn mithilfe der Richtungsvektoren der beiden Geraden.

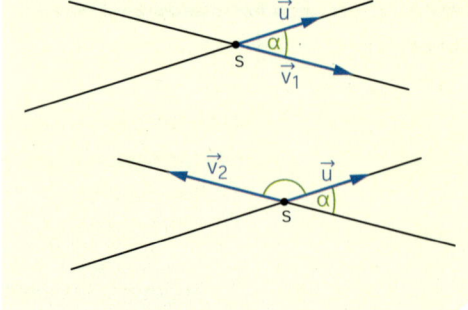

Weiterüben **14** ≡ Die Punkte $A(3|1|-2)$, $B(5|-3|4)$ und $C(1|-5|8)$ sind die Eckpunkte eines Parallelogramms ABCD.

a) Bestimmen Sie die Koordinaten des Eckpunktes D.

b) Der Punkt M_1 ist der Mittelpunkt der Seite $\overline{AB}$, der Punkt M_2 der Mittelpunkt der Seite $\overline{BC}$. Berechnen Sie die Koordinaten des Schnittpunktes der Geraden M_1C und M_2D.

15 ≡ Ein Spat wie in der Abbildung ist gegeben durch die Punkte $A(3|4|2)$, $B(5|4|1)$, $D(3|5|1)$ und $E(4|5|2)$.

a) Bestimmen Sie die Koordinaten der restlichen Eckpunkte des Spats.

b) Untersuchen Sie, ob die Raumdiagonalen AG und EC windschief zueinander sind.

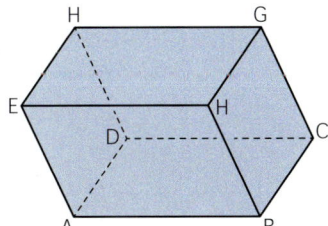

16 ≡ Gegeben sind die zwei Geraden g und h mit den Parameterdarstellungen

$$g: \vec{x} = \begin{pmatrix} 0 \\ -1 \\ 0 \end{pmatrix} + s \cdot \begin{pmatrix} 2 \\ 1 \\ 1 \end{pmatrix} \quad \text{und} \quad h: \vec{x} = \begin{pmatrix} 3 \\ 1 \\ 1 \end{pmatrix} + t \cdot \begin{pmatrix} 1 \\ 0 \\ 1 \end{pmatrix}.$$

a) Bestimmen Sie die Spurpunkte der Geraden und zeichnen Sie die Geraden in ein Koordinatensystem. Zeichnen Sie außerdem den Schnittpunkt S der Geraden g und h ein.

b) Berechnen Sie die Koordinaten des Schnittpunktes S.

Geben Sie drei weitere Punkte an, die im Schrägbild des Koordinatensystems an derselben Stelle wie S liegen.

17 ≡ Von dem abgebildeten Pyramidenstumpf sind die Punkte $A(6|0|0)$, $B(6|6|0)$, $C(0|6|0)$, $E(4|2|5)$ und $F(4|4|5)$ gegeben. Die Deckfläche EFGH ist ein Quadrat.

Die Punkte P und Q sind die Mittelpunkte der Seiten $\overline{BC}$ und $\overline{FG}$.

a) Ermitteln Sie die Koordinaten der Punkte G und H. Zeichnen Sie das Schrägbild des Pyramidenstumpfes in ein Koordinatensystem.

b) Untersuchen Sie die Lage der drei Geraden AQ, BH und EP zueinander.

c) Ergänzen Sie den Pyramidenstumpf zu einer Pyramide und bestimmen Sie die Koordinaten der Pyramidenspitze S.

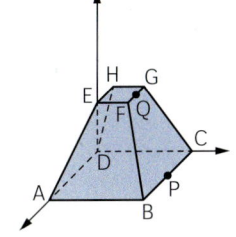

Das kann ich noch! **A** Betrachten Sie den Graphen der abgebildeten quadratischen Funktion f.

1) Ermitteln Sie eine Funktionsgleichung für den Graphen von f. Beschreiben Sie Ihr Vorgehen.

2) Erläutern Sie an der Zeichnung, welche Bedeutung der Term $\frac{f(2) - f(1)}{2 - 1}$ hat.

3) Erläutern Sie, welche Bedeutung der Term $\lim\limits_{x \to 1} \frac{f(x) - f(1)}{x - 1}$ hat.

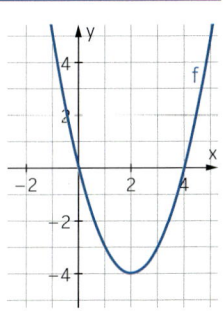

4.5 Ebenen im Raum

Einstieg

Familie Jost möchte ihren Balkon wie auf dem Foto mit einer Markise versehen. In einem Koordinatensystem hat die Markisenecke A die Koordinaten A(0|0|3). Die Markise wird durch die Vektoren

$$\vec{u} = \begin{pmatrix} -1 \\ 2 \\ 0 \end{pmatrix} \text{ und } \vec{v} = \begin{pmatrix} -1 \\ -0,5 \\ 1 \end{pmatrix} \text{ aufgespannt.}$$

Erläutern Sie, wie man die Koordinaten eines beliebigen Punktes der Markise erhalten kann.

Aufgabe mit Lösung

Eine Ebene im Raum beschreiben

Auf dem Dach eines Hauses befindet sich eine Solaranlage. In einem Koordinatensystem hat die linke Ecke der Solaranlage die Koordinaten A(0|0|4). Ein Kollektor kann durch die Vektoren $\vec{u} = \begin{pmatrix} 0 \\ 0,8 \\ 0 \end{pmatrix}$ und

$\vec{v} = \begin{pmatrix} -0,8 \\ 0 \\ 0,6 \end{pmatrix}$ beschrieben werden.

→ Bestimmen Sie die Koordinaten des im Bild eingezeichneten Punktes B.

Lösung

Man erhält die Koordinaten des Punktes B, indem man am Punkt A sechsmal den Vektor $\vec{u}$ und dann einmal den Vektor $\vec{v}$ anträgt.

Es gilt: $\overrightarrow{OB} = \overrightarrow{OA} + 6 \cdot \vec{u} + 1 \cdot \vec{v}$

$$= \begin{pmatrix} 0 \\ 0 \\ 4 \end{pmatrix} + 6 \cdot \begin{pmatrix} 0 \\ 0,8 \\ 0 \end{pmatrix} + 1 \cdot \begin{pmatrix} -0,8 \\ 0 \\ 0,6 \end{pmatrix} = \begin{pmatrix} -0,8 \\ 4,8 \\ 4,6 \end{pmatrix}$$

Der Punkt B hat die Koordinaten B(−0,8|4,8|4,6).

→ Geben Sie den Ortsvektor eines beliebigen Punktes X auf der Solaranlage an.

Lösung

Man kann jeden Punkt X dieser Ebene erreichen, indem man vom Punkt A aus zunächst ein Vielfaches des Vektors $\vec{u}$ zurücklegt und danach ein Vielfaches des Vektors $\vec{v}$.

Für jeden Punkt X der Ebene gibt es also zwei Zahlen s und t, für die gilt:

$\overrightarrow{OX} = \overrightarrow{OA} + s \cdot \vec{u} + t \cdot \vec{v}$

Dabei ist aufgrund der Größe der Solaranlage $0 \leq s \leq 8$ und $0 \leq t \leq 3$.

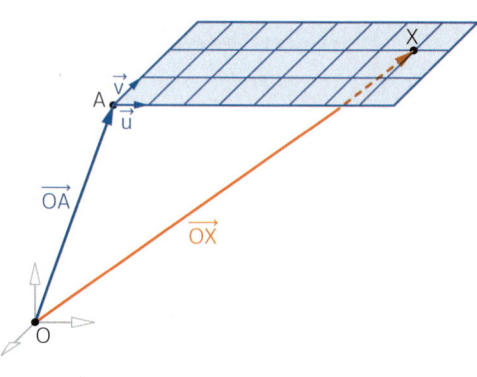

Information

Parameterdarstellung einer Ebene

Durch einen Punkt A und zwei Vektoren $\vec{u} \neq \vec{o}$ und $\vec{v} \neq \vec{o}$, die nicht parallel zueinander sind, ist eine Ebene E bestimmt.

Für jeden Punkt X der Ebene E gilt:
$$\overrightarrow{OX} = \overrightarrow{OA} + s \cdot \vec{u} + t \cdot \vec{v} \text{ mit } s, t \in \mathbb{R}$$

Eine solche Vektorgleichung bezeichnet man als **Parameterdarstellung der Ebene E** mit den **Parametern** s und t.

Andere Schreibweise:
$$E: \vec{x} = \overrightarrow{OA} + s \cdot \vec{u} + t \cdot \vec{v}$$

Setzt man für s und t zwei beliebige Zahlen in die Parameterdarstellung der Ebene E ein, so ergibt sich der Ortsvektor $\overrightarrow{OX}$ eines Punktes X der Ebene E.

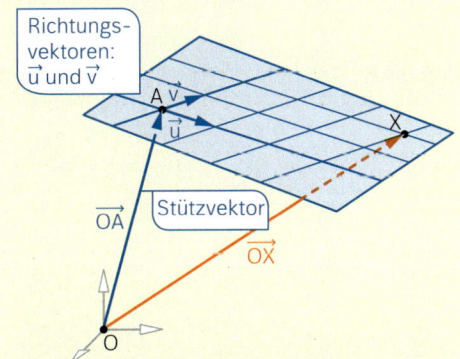

$$A(2|-1|3); \quad \vec{u} = \begin{pmatrix} 1 \\ 0 \\ -2 \end{pmatrix}; \quad \vec{v} = \begin{pmatrix} -6 \\ 5 \\ 9 \end{pmatrix}$$

Da $\vec{u}$ und $\vec{v}$ nicht parallel zueinander sind, spannen sie die Ebene E auf.

$$E: \overrightarrow{OX} = \begin{pmatrix} 2 \\ -1 \\ 3 \end{pmatrix} + s \cdot \begin{pmatrix} 1 \\ 0 \\ -2 \end{pmatrix} + t \cdot \begin{pmatrix} -6 \\ 5 \\ 9 \end{pmatrix}$$

Für s = 2 und t = 1 ergibt sich aus der Parameterdarstellung der Punkt P(-2|4|8):

$$\begin{pmatrix} 2 \\ -1 \\ 3 \end{pmatrix} + 2 \cdot \begin{pmatrix} 1 \\ 0 \\ -2 \end{pmatrix} + 1 \cdot \begin{pmatrix} -6 \\ 5 \\ 9 \end{pmatrix} = \begin{pmatrix} -2 \\ 4 \\ 8 \end{pmatrix}$$

Üben

1 ≡ Gegeben ist die Parameterdarstellung der Ebene $E: \vec{x} = \begin{pmatrix} 3 \\ -5 \\ 10 \end{pmatrix} + s \cdot \begin{pmatrix} -1 \\ 6 \\ 2 \end{pmatrix} + t \cdot \begin{pmatrix} 3 \\ -0,5 \\ 12 \end{pmatrix}$.

Bestimmen Sie die Punkte der Ebene zu den folgenden Parameterwerten.

(1) $s = 2$; $t = 3$ (2) $s = -4$; $t = 12$ (3) $s = 0,6$; $t = -2,4$ (4) $s = \frac{1}{5}$; $t = -\frac{3}{8}$

2 ≡ Eine Ebene kann festgelegt werden durch drei Punkte, die nicht auf einer Geraden liegen.
Maren und Janik haben Parameterdarstellungen für die Ebene E durch die drei Punkte A(2|3|-2), B(-2|5|6) und C(7|0|-7) bestimmt.

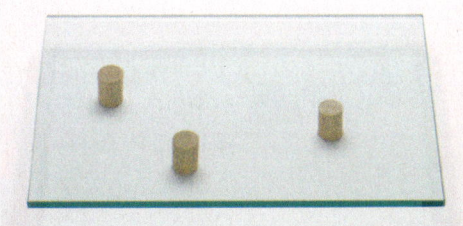

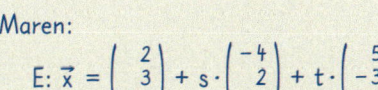

Maren:
$$E: \vec{x} = \begin{pmatrix} 2 \\ 3 \\ -2 \end{pmatrix} + s \cdot \begin{pmatrix} -4 \\ 2 \\ 8 \end{pmatrix} + t \cdot \begin{pmatrix} 5 \\ -3 \\ -5 \end{pmatrix}$$

Janik:
$$E: \vec{x} = \begin{pmatrix} -2 \\ 5 \\ 6 \end{pmatrix} + s \cdot \begin{pmatrix} 2 \\ -1 \\ -4 \end{pmatrix} + t \cdot \begin{pmatrix} 9 \\ -5 \\ -13 \end{pmatrix}$$

Erläutern Sie die Vorgehensweise der beiden. Geben Sie selbst zwei weitere Parameterdarstellungen für die Ebene E an.

3 ≡ Kim hat zu drei gegebenen Punkten A, B und C eine Parameterdarstellung einer Ebene aufgestellt, in der diese drei Punkte liegen.
Beurteilen Sie die Lösung.

$$A(2\,|\,4\,|\,0);\ B(5\,|\,7\,|\,-2);\ C(11\,|\,13\,|\,-6)$$

$$\overrightarrow{OX} = \begin{pmatrix} 2 \\ 4 \\ 0 \end{pmatrix} + r \cdot \begin{pmatrix} 5-2 \\ 7-4 \\ -2-0 \end{pmatrix} + s \cdot \begin{pmatrix} 11-2 \\ 13-4 \\ -6-0 \end{pmatrix} = \begin{pmatrix} 2 \\ 4 \\ 0 \end{pmatrix} + r \cdot \begin{pmatrix} 3 \\ 3 \\ -2 \end{pmatrix} + s \cdot \begin{pmatrix} 9 \\ 9 \\ -6 \end{pmatrix}$$

4 ≡ Untersuchen Sie, ob die Punkte A, B und C in der Ebene E liegen.

a) $E: \vec{x} = \begin{pmatrix} 1 \\ 5 \\ -1 \end{pmatrix} + r \cdot \begin{pmatrix} 2 \\ -3 \\ 6 \end{pmatrix} + s \cdot \begin{pmatrix} 0 \\ 1 \\ 4 \end{pmatrix}$

A(5 | – 3 | 9)
B(3 | 5 | 17)
C(6 | – 10 | 29)

b) $E: \vec{x} = \begin{pmatrix} 1 \\ 2 \\ 0 \end{pmatrix} + r \cdot \begin{pmatrix} -2 \\ 4 \\ 5 \end{pmatrix} + s \cdot \begin{pmatrix} 2 \\ 3 \\ -4 \end{pmatrix}$

A(9 | 14 | – 16)
B(3 | 19 | – 2)
C(4 | 15 | 29)

c) $E: \vec{x} = \begin{pmatrix} 7 \\ -5 \\ -3 \end{pmatrix} + r \cdot \begin{pmatrix} 12 \\ 0 \\ -9 \end{pmatrix} + s \cdot \begin{pmatrix} 8 \\ -4 \\ 0 \end{pmatrix}$

A(13 | – 6 | – 6)
B(15 | – 7 | – 6)
C(7 | – 5 | – 5)

$$E: \vec{x} = \begin{pmatrix} 2 \\ 0 \\ -1 \end{pmatrix} + r \cdot \begin{pmatrix} -1 \\ 1 \\ 3 \end{pmatrix} + s \cdot \begin{pmatrix} 2 \\ 1 \\ 0 \end{pmatrix}$$

A(4 | 15 | 29)

Falls der Punkt A in der Ebene E liegt, gibt es Zahlen r und s, sodass gilt:

$$\begin{pmatrix} 2 \\ 0 \\ -1 \end{pmatrix} + r \cdot \begin{pmatrix} -1 \\ 1 \\ 3 \end{pmatrix} + s \cdot \begin{pmatrix} 2 \\ 1 \\ 0 \end{pmatrix} = \begin{pmatrix} 4 \\ 15 \\ 29 \end{pmatrix}$$

Zeilenweise geschrieben, ergibt sich daraus ein lineares Gleichungssystem mit drei Gleichungen und zwei Variablen:

$$\begin{vmatrix} 2 - r + 2s = 4 \\ r + s = 15 \\ -1 + 3r = 29 \end{vmatrix} \text{ bzw. } \begin{vmatrix} -r + 2s = 2 \\ r + s = 15 \\ 3r = 30 \end{vmatrix}$$

Aus den letzten beiden Gleichungen folgt r = 10 und s = 5. Setzt man diese Werte in die erste Gleichung ein, erhält man jedoch 0 = 2. Das Gleichungssystem hat also keine Lösung.
Somit liegt der Punkt A liegt nicht in der Ebene E.

5 ≡ Timo hat überprüft, ob der Punkt P (5 | 0 | 11) in der Ebene mit der Parameterdarstellung $\vec{x} = \begin{pmatrix} 3 \\ 1 \\ 4 \end{pmatrix} + s \cdot \begin{pmatrix} -2 \\ 3 \\ 1 \end{pmatrix} + t \cdot \begin{pmatrix} 0 \\ 1 \\ 3 \end{pmatrix}$ liegt.
Erläutern Sie, was er falsch gemacht hat.

$$\begin{pmatrix} 5 \\ 0 \\ 11 \end{pmatrix} = \begin{pmatrix} 3 \\ 1 \\ 4 \end{pmatrix} + s \cdot \begin{pmatrix} -2 \\ 3 \\ 1 \end{pmatrix} + t \cdot \begin{pmatrix} 0 \\ 1 \\ 3 \end{pmatrix}, \text{ also } \begin{vmatrix} 2 = -2s \\ -1 = 3s + t \\ 7 = s + 3t \end{vmatrix}$$

Aus der ersten Zeile erhalte ich s = – 1. Eingesetzt in die zweite Zeile erhalte ich daraus t = 2. Also liegt P in der Ebene.

6 ≡ Untersuchen Sie, ob die gegebenen vier Punkte ein *ebenes Viereck* bestimmen, also ein Viereck, das in einer Ebene liegt.

Erläutern Sie, wie Sie dabei vorgegangen sind.

a) $P_1(7|2|-1)$ $\qquad$ $P_2(-1|2|3)$ $\qquad$ $P_3(0|-2|2)$ $\qquad$ $P_4(3|2|1)$

b) $P_1(2|1|3)$ $\qquad$ $P_2(-2|2|1)$ $\qquad$ $P_3(0|0|4)$ $\qquad$ $P_4(-2|-1|5)$

7 ≡ Gegeben ist die Parameterdarstellung einer Ebene $E: \vec{x} = \begin{pmatrix} -2 \\ 0 \\ 1 \end{pmatrix} + s \cdot \begin{pmatrix} 1 \\ 1 \\ 1 \end{pmatrix} + t \cdot \begin{pmatrix} -1 \\ 2 \\ 0 \end{pmatrix}$.

Wählen Sie drei Punkte in der Ebene. Ermitteln Sie aus den Koordinaten dieser drei Punkte eine andere Parameterdarstellung der Ebene.

8 ≡ Die Punkte $A(1|4|3)$, $B(2|3|8)$ und $C(4|5|2)$ sind die Eckpunkte des Parallelogramms ABCD.

a) Bestimmen Sie die Koordinaten des Punktes D.

b) Untersuchen Sie, ob die Punkte $F(2,5|4,5|2,5)$ und $P(-1|-2|25)$ im Parallelogramm ABCD liegen.

> Ein Punkt P liegt dann in einem Parallelogramm ABCD, das von den Vektoren $\vec{u}$ und $\vec{v}$ vom Punkt A aufgespannt wird, wenn gilt:
> $$\overrightarrow{OP} = \overrightarrow{OA} + r \cdot \vec{u} + s \cdot \vec{v}$$
> mit $0 \le r \le 1$ und $0 \le s \le 1$

9 ≡ Geben Sie eine Parameterdarstellung für die Ebene an, in der das Dreieck bzw. das Viereck liegt.

Die Punkte liegen entweder in den Koordinatenebenen oder ihr Abstand von der x_1x_2-Ebene ist eingezeichnet. Eine Kästchenlänge entspricht einer Koordinateneinheit.

a)

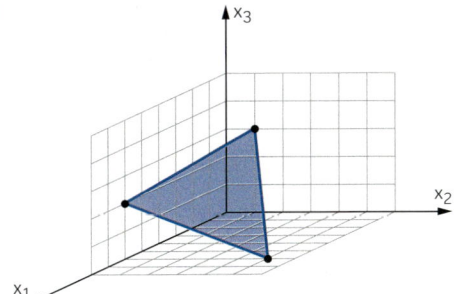

b)

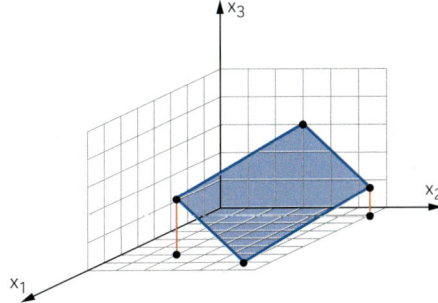

10 ≡ Das Dach einer Kirche hat die Form einer geraden quadratischen Pyramide mit einer Höhe von 12 m und einer Breite von 5 m.

Legen Sie ein Koordinatensystem fest, in dem die Pyramide liegen soll. Bestimmen Sie Parameterdarstellungen für die Ebenen, in denen jeweils eine der vier Seitenflächen oder die Grundfläche der Pyramide liegen.

11 ≡ Geben Sie eine Parameterdarstellung der Ebene an, in der die Gerade g und der Punkt P liegen.

a) $g: \vec{x} = \begin{pmatrix} 4 \\ 0 \\ 2 \end{pmatrix} + s \cdot \begin{pmatrix} 3 \\ -1 \\ -3 \end{pmatrix}$; $P(1|4|-1)$

b) $g: \vec{x} = \begin{pmatrix} 1 \\ 0 \\ 0 \end{pmatrix} + s \cdot \begin{pmatrix} 5 \\ 2 \\ -3 \end{pmatrix}$; $P(2|4|-3)$

c) $g: \vec{x} = \begin{pmatrix} -200 \\ 150 \\ 30 \end{pmatrix} + t \cdot \begin{pmatrix} 10 \\ -10 \\ 5 \end{pmatrix}$; $P(0|0|0)$

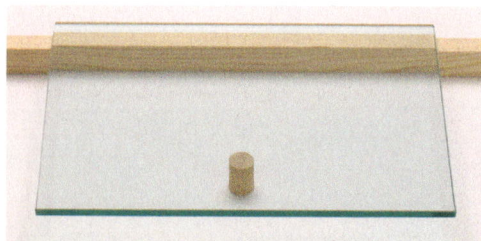

Eine Ebene kann festgelegt werden durch eine Gerade und einen Punkt, der nicht auf dieser Geraden liegt.

12 ≡ Gegeben sind die Geraden g und h mit

$g: \vec{x} = \begin{pmatrix} -3 \\ 2 \\ -1 \end{pmatrix} + s \cdot \begin{pmatrix} -1 \\ 2 \\ 1 \end{pmatrix}$ und

$h: \vec{x} = \begin{pmatrix} -2 \\ 0 \\ -2 \end{pmatrix} + t \cdot \begin{pmatrix} 2 \\ 1 \\ -1 \end{pmatrix}$.

Zeigen Sie, dass sich die beiden Geraden in einem Punkt schneiden.
Geben Sie eine Parameterdarstellung der Ebene an, die durch diese beiden Geraden festgelegt ist.

Eine Ebene kann festgelegt werden durch zwei Geraden, die sich in einem Punkt S schneiden.

13 ≡ Zeigen Sie, dass die beiden Geraden zueinander parallel sind.
Geben Sie eine Parameterdarstellung für die Ebene an, in der beide Geraden liegen.

a) $g: \vec{x} = \begin{pmatrix} 5 \\ 0 \\ 2 \end{pmatrix} + s \cdot \begin{pmatrix} 3 \\ -1 \\ 4 \end{pmatrix}$; $h: \vec{x} = \begin{pmatrix} 0 \\ -1 \\ -1 \end{pmatrix} + t \cdot \begin{pmatrix} -3 \\ 1 \\ -4 \end{pmatrix}$

b) $g: \vec{x} = \begin{pmatrix} 2 \\ 1 \\ 3 \end{pmatrix} + s \cdot \begin{pmatrix} 1 \\ 1 \\ -2 \end{pmatrix}$; $h: \vec{x} = \begin{pmatrix} 3 \\ -4 \\ 1 \end{pmatrix} + t \cdot \begin{pmatrix} -3 \\ -3 \\ 6 \end{pmatrix}$

c) $g: \vec{x} = \begin{pmatrix} 0 \\ 4 \\ 0 \end{pmatrix} + s \cdot \begin{pmatrix} 1 \\ -5 \\ 6 \end{pmatrix}$;

$h: \vec{x} = \begin{pmatrix} 3 \\ -1 \\ 2 \end{pmatrix} + t \cdot \begin{pmatrix} -0,5 \\ 2,5 \\ -3 \end{pmatrix}$

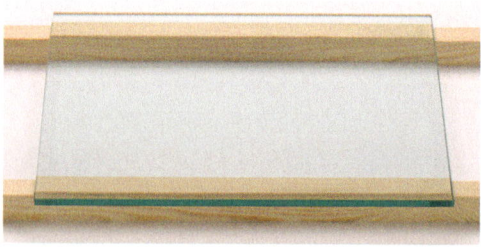

Eine Ebene kann festgelegt werden durch zwei Geraden, die parallel zueinander sind.

14 ≡ Beschreiben Sie eine mögliche Vorgehensweise beim Aufstellen einer Parameterdarstellung für die Ebene E.

a) E ist gegeben durch eine Gerade und einen Punkt, der nicht auf der Geraden liegt.

b) E ist gegeben durch zwei sich schneidende Geraden.

c) E ist gegeben durch zwei parallele Geraden.

Schrägbild einer Ebene mithilfe der Spurpunkte zeichnen

15 ≡ Die Schnittpunkte einer Ebene mit den Koordinatenachsen heißen **Spurpunkte der Ebene**. Mithilfe der Spurpunkte lässt sich die Ebene im Koordinatensystem gut zeichnen.

$$E: \vec{x} = \begin{pmatrix} 3 \\ 4 \\ 3 \end{pmatrix} + r \cdot \begin{pmatrix} 6 \\ 4 \\ 9 \end{pmatrix} + s \cdot \begin{pmatrix} 6 \\ -4 \\ 3 \end{pmatrix}$$

$$\text{linSolve}\begin{pmatrix} x=3+6\cdot r+6\cdot s \\ 0=4+4\cdot r-4\cdot s, \{x,r,s\} \\ 0=3+9\cdot r+3\cdot s \end{pmatrix}$$
$$\left\{3, \frac{-1}{2}, \frac{1}{2}\right\}$$

$$\text{linSolve}\begin{pmatrix} 0=3+6\cdot r+6\cdot s \\ y=4+4\cdot r-4\cdot s, \{y,r,s\} \\ 0=3+9\cdot r+3\cdot s \end{pmatrix}$$
$$\left\{4, \frac{-1}{4}, \frac{-1}{4}\right\}$$

$$\text{linSolve}\begin{pmatrix} 0=3+6\cdot r+6\cdot s \\ 0=4+4\cdot r-4\cdot s, \{z,r,s\} \\ z=3+9\cdot r+3\cdot s \end{pmatrix}$$
$$\left\{-3, \frac{-3}{4}, \frac{1}{4}\right\}$$

Die jeweilige Lösung wird in die Ebenengleichung eingesetzt. Man erhält die Spurpunkte:
$S_1(3|0|0)$; $S_2(0|4|0)$; $S_3(0|0|-3)$

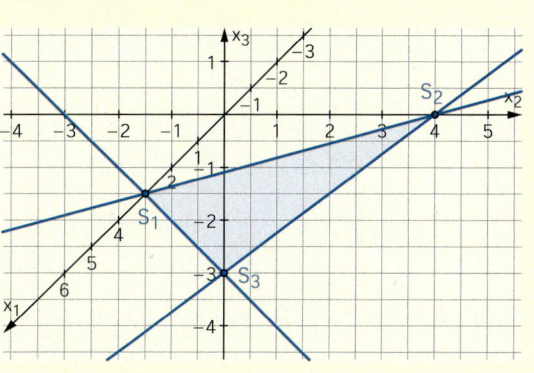

Bestimmen Sie die Spurpunkte der Ebene und zeichnen Sie anschließend ein Schrägbild der Ebene im Koordinatensystem.

a) $E: \vec{x} = \begin{pmatrix} 4 \\ 0 \\ 0 \end{pmatrix} + r \cdot \begin{pmatrix} -4 \\ 3 \\ 0 \end{pmatrix} + s \cdot \begin{pmatrix} -2 \\ 0 \\ 3 \end{pmatrix}$

b) $E: \vec{x} = \begin{pmatrix} 0 \\ 3 \\ 0 \end{pmatrix} + r \cdot \begin{pmatrix} 0 \\ 3 \\ 4 \end{pmatrix} + s \cdot \begin{pmatrix} 2 \\ -1 \\ 0 \end{pmatrix}$

c) $E: \vec{x} = \begin{pmatrix} 0 \\ 0 \\ -4 \end{pmatrix} + r \cdot \begin{pmatrix} 2 \\ 0 \\ 2 \end{pmatrix} + s \cdot \begin{pmatrix} 0 \\ 3 \\ 1 \end{pmatrix}$

d) $E: \vec{x} = \begin{pmatrix} 3 \\ 0 \\ 1 \end{pmatrix} + r \cdot \begin{pmatrix} -2 \\ 3 \\ 0 \end{pmatrix} + s \cdot \begin{pmatrix} 1 \\ 0 \\ 1 \end{pmatrix}$

16 ≡ Die Schnittgeraden einer Ebene mit den Koordinatenebenen heißen **Spurgeraden** der Ebene.

Bestimmen Sie alle Spurpunkte und Spurgeraden der Ebene E.

a) $E: \vec{x} = \begin{pmatrix} 0 \\ 5 \\ 0 \end{pmatrix} + r \cdot \begin{pmatrix} 8 \\ -5 \\ 0 \end{pmatrix} + s \cdot \begin{pmatrix} 0 \\ 0 \\ 1 \end{pmatrix}$

b) $E: \vec{x} = \begin{pmatrix} 7 \\ 0 \\ 0 \end{pmatrix} + r \cdot \begin{pmatrix} 0 \\ 3 \\ 0 \end{pmatrix} + s \cdot \begin{pmatrix} -7 \\ 0 \\ 5 \end{pmatrix}$

c) $E: \vec{x} = \begin{pmatrix} 0 \\ 0 \\ 10 \end{pmatrix} + r \cdot \begin{pmatrix} -2 \\ 0 \\ -10 \end{pmatrix} + s \cdot \begin{pmatrix} 0 \\ 2 \\ 0 \end{pmatrix}$

d) $E: \vec{x} = \begin{pmatrix} 0 \\ -8 \\ 0 \end{pmatrix} + r \cdot \begin{pmatrix} -5 \\ 0 \\ 0 \end{pmatrix} + s \cdot \begin{pmatrix} 0 \\ 8 \\ 8 \end{pmatrix}$

$$E: \vec{x} = \begin{pmatrix} 1 \\ -2 \\ 3 \end{pmatrix} + r \cdot \begin{pmatrix} 3 \\ 4 \\ 0 \end{pmatrix} + s \cdot \begin{pmatrix} 6 \\ -4 \\ 3 \end{pmatrix}$$

Man kann eine Spurgerade wie folgt bestimmen:

- mithilfe zweier Spurpunkte festlegen
- z. B.: Spurgerade mit der x_1x_2-Ebene bestimmen

Die x_3-Koordinate muss null sein:
$$0 = 3 + 0 \cdot r + 3 \cdot s$$

Die Lösung $r \in \mathbb{R}$ und $s = -1$ wird in die Ebenengleichung eingesetzt:
$$g_{12}: \vec{x} = \begin{pmatrix} -5 \\ 2 \\ 0 \end{pmatrix} + r \cdot \begin{pmatrix} 3 \\ 4 \\ 0 \end{pmatrix}$$

17 ≡ Bestimmen Sie eine Parameterdarstellung für die Ebene, deren Spurpunkte und Spurgeraden abgebildet sind.

a)

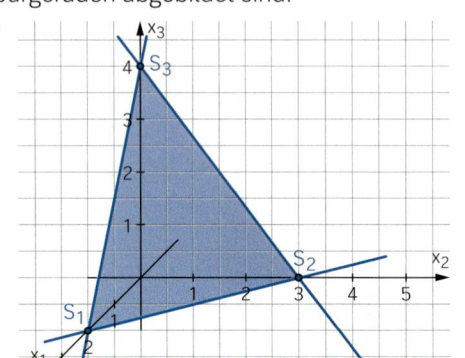

b)

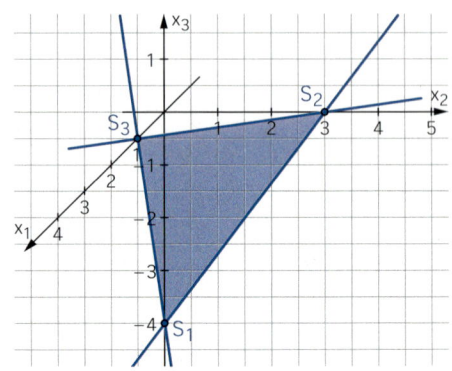

18 ≡ Gegeben ist die Ebene $E: \vec{x} = \begin{pmatrix} 2 \\ 3 \\ 10 \end{pmatrix} + r \cdot \begin{pmatrix} -2 \\ 3 \\ 0 \end{pmatrix} + t \cdot \begin{pmatrix} 4 \\ -6 \\ 5 \end{pmatrix}$.

a) Hannes hat den Spurpunkt der Ebene E mit der x_3-Achse mit seinem Rechner bestimmt.
Erläutern Sie das Rechnerfenster.

$$\text{linSolve} \begin{cases} 0 = 2 - 2 \cdot r + 4 \cdot t \\ 0 = 3 + 3 \cdot r - 6 \cdot t, \{r, s, t\} \\ s = 10 + 5 \cdot t \end{cases}$$

"Keine Lösung gefunden"

b) Bestimmen Sie die Spurpunkte der Ebene E mit den beiden anderen Koordinatenachsen und zeichnen Sie ein Schrägbild von E in ein Koordinatensystem.

c) Geben Sie für jede Spurgerade der Ebene E eine Parameterdarstellung an.
Beschreiben Sie die Lage der Ebene im Koordinatensystem.

d) Beschreiben Sie, wie eine Ebene, die nur zwei Spurpunkte hat, im Koordinatensystem liegen kann.

19 ≡ Gegeben ist die Ebene $E: \vec{x} = \begin{pmatrix} 6 \\ -10 \\ 3 \end{pmatrix} + r \cdot \begin{pmatrix} 2 \\ 0 \\ 0 \end{pmatrix} + t \cdot \begin{pmatrix} 0 \\ 5 \\ 0 \end{pmatrix}$.

a) Zeigen Sie, dass die Ebene E nur einen Spurpunkt hat und dass sie parallel zur $x_1 x_2$-Ebene verläuft. Zeichnen Sie ein Schrägbild von E in ein Koordinatensystem.

b) Beschreiben Sie, wie eine Ebene, die nur einen Spurpunkt hat, im Koordinatensystem liegen kann.

20 ≡ Bestimmen Sie eine Parameterdarstellung der Ebene E mit den angegebenen Eigenschaften.

a) E hat den Spurpunkt $S_2(0|5|0)$. Weitere Spurpunkte gibt es nicht.

b) E hat die beiden Spurpunkte $S_1(6|0|0)$ und $S_3(0|0|7)$. Weitere Spurpunkte gibt es nicht.

c) E hat nur eine Spurgerade $g: \vec{x} = \begin{pmatrix} 0 \\ 0 \\ 3 \end{pmatrix} + r \cdot \begin{pmatrix} 0 \\ 3 \\ -3 \end{pmatrix}$.

21 ≡ Gegeben sind die Geraden g und h mit $g: \vec{x} = \begin{pmatrix} 5 \\ 6 \\ -1 \end{pmatrix} + r \cdot \begin{pmatrix} -3 \\ 1 \\ -4 \end{pmatrix}$ und $h: \vec{x} = \begin{pmatrix} 4 \\ 5 \\ 0 \end{pmatrix} + s \cdot \begin{pmatrix} 3 \\ 2 \\ -1 \end{pmatrix}$.

Begründen Sie, dass die Geraden g und h keine Ebene aufspannen können.
Verallgemeinern Sie das Ergebnis.

Weiterüben

22 ≡ Prüfen Sie, ob durch die Angabe eine Ebene festgelegt ist. Formulieren Sie die zu prüfenden Kriterien.

a) Gegeben sind drei Punkte P, Q und R.

(1) $P(1|2|3)$; $Q(2|3|4)$; $R(3|4|5)$ ⠀⠀⠀⠀⠀ (2) $P(4|0|1)$; $Q(-1|0|-2)$; $R(-6|0|-5)$

b) Gegeben sind eine Gerade g und ein Punkt P.

(1) $g: \vec{x} = \begin{pmatrix} 1 \\ 0 \\ 0 \end{pmatrix} + s \cdot \begin{pmatrix} 5 \\ 2 \\ -3 \end{pmatrix}$; $P(14|6|9)$ ⠀⠀⠀ (2) $g: \vec{x} = \begin{pmatrix} 1 \\ -1 \\ 2 \end{pmatrix} + s \cdot \begin{pmatrix} -1 \\ 0 \\ 3 \end{pmatrix}$; $P(-9|-1|32)$

c) Gegeben sind zwei Geraden g_1 und g_2.

(1) $g_1: \vec{x} = \begin{pmatrix} 2 \\ 1 \\ 4 \end{pmatrix} + s \cdot \begin{pmatrix} 3 \\ 0 \\ 1 \end{pmatrix}$; $g_2: x = \begin{pmatrix} 1 \\ 2 \\ 3 \end{pmatrix} + t \cdot \begin{pmatrix} -1 \\ 2 \\ 1 \end{pmatrix}$ ⠀⠀ (2) $g_1: \vec{x} = s \cdot \begin{pmatrix} 2 \\ -1 \\ 0 \end{pmatrix}$; $g_2: \vec{x} = \begin{pmatrix} 2 \\ 3 \\ 1 \end{pmatrix} + t \cdot \begin{pmatrix} 4 \\ -2 \\ 0 \end{pmatrix}$

23 ≡ Stellen Sie alle Möglichkeiten zusammen, wie man eine Ebene festlegen kann. Geben Sie jeweils ein Beispiel an.

24 ≡ Geben Sie eine Parameterdarstellung für eine Ebene an. Bestimmen Sie dann drei Punkte, die in der Ebene liegen, und drei Punkte, die nicht in der Ebene liegen. Beschreiben Sie Ihr Vorgehen.

25 ≡ Die im Foto sichtbare Dachfläche eines Hauses liegt in einer Ebene, zu der in einem Koordinatensystem mit Einheit Meter der Punkt $A(0|7|4)$ und die Richtungsvektoren $\vec{u} = \begin{pmatrix} 0 \\ -2 \\ 0 \end{pmatrix}$ und $\vec{v} = \begin{pmatrix} -2 \\ 0 \\ 2 \end{pmatrix}$ gehören. Die Dachfläche misst 7 m mal 4 m.

a) Bestimmen Sie eine Parameterdarstellung der Ebene, in der die Dachfläche liegt.

b) Man kann alle Punkte der Dachfläche beschreiben, indem man die Parameter für die Ebene einschränkt. Führen Sie dies durch.

c) Geben Sie die Koordinaten aller Eckpunkte der Dachfläche an. Bestimmen Sie drei Punkte, die außerhalb der Dachfläche, aber in derselben Ebene wie die Dachfläche liegen.

26 ≡ Geben Sie eine Parameterdarstellung der Ebene an, die

a) durch die x_1- und die x_2-Achse aufgespannt wird (x_1x_2-Koordinatenebene);

b) durch die x_2- und die x_3-Achse aufgespannt wird (x_2x_3-Koordinatenebene);

c) durch $P(3|1|-2)$ verläuft und parallel zur x_1x_3-Koordinatenebene ist;

d) zur x_1- und zur x_2-Achse parallel ist und die x_3-Achse an der Stelle 2 schneidet;

e) die x_1-Achse an der Stelle 3, die x_2-Achse an der Stelle 1 und die x_3-Achse an der Stelle -1 schneidet;

f) mit der x_1x_2-Koordinatenebene die Punkte $P(3|0|0)$ und $Q(0|-2|0)$ gemeinsam hat und die x_3-Achse an der Stelle 4 schneidet;

g) die x_3-Achse enthält und mit der x_1x_2-Ebene die Gerade $g: \vec{x} = t \cdot \begin{pmatrix} 1 \\ 2 \\ 0 \end{pmatrix}$ gemeinsam hat.

4.6 Lagebeziehungen zwischen Geraden und Ebenen

Einstieg

🔲 Auf einen Schneehang soll mithilfe von Laserstrahlen ein Bild projiziert werden. Dabei soll vom Punkt $P(8|2|-1)$ aus ein Laserstrahl in Richtung des Vektors

$\vec{u} = \begin{pmatrix} -8 \\ 4 \\ 2 \end{pmatrix}$ verlaufen.

Der Hang stellt einen Ausschnitt der Ebene

$E: \vec{x} = \begin{pmatrix} 2 \\ 0 \\ 0 \end{pmatrix} + r \cdot \begin{pmatrix} -2 \\ 0 \\ 2 \end{pmatrix} + s \cdot \begin{pmatrix} 0 \\ 3 \\ 0 \end{pmatrix}$ dar.

Bestimmen Sie die Koordinaten des Punktes, in dem der Laserstrahl auf den Hang trifft.

Aufgabe mit Lösung

Lage von Gerade und Ebene

Eine neue Technologie ermöglicht es, Offshore-Windkrafträder auf schwimmenden Plattformen zu errichten. Die Plattformen werden auf dem Meeresboden verankert. In einem Koordinatensystem mit der Meeresoberfläche als $x_1 x_2$-Ebene und der Einheit Meter liegt ein Punkt $P(826|722|-12)$ am Boden einer Plattform.

Von P aus soll ein Stahlseil zur Verankerung auf dem Meeresboden befestigt werden.

Aus statischen Gründen soll dies in Richtung des Vektors $\vec{v} = \begin{pmatrix} 37 \\ 39 \\ -280 \end{pmatrix}$ verlaufen.

Der Meeresboden in diesem Bereich wird modelliert durch eine Ebene E mit der Gleichung

$E: \vec{x} = \begin{pmatrix} 0 \\ 0 \\ -200 \end{pmatrix} + s \cdot \begin{pmatrix} 413 \\ 361 \\ -42 \end{pmatrix} + t \cdot \begin{pmatrix} 9 \\ 8 \\ -1 \end{pmatrix}$.

➡ Berechnen Sie den Punkt S, in dem das Stahlseil auf dem Meeresboden verankert wird.

Lösung

Das Stahlseil wird durch die Gerade g mit $g: \vec{x} = \begin{pmatrix} 826 \\ 722 \\ -12 \end{pmatrix} + r \cdot \begin{pmatrix} 37 \\ 39 \\ -280 \end{pmatrix}$ modelliert.

Der gesuchte Punkt S ist der Schnittpunkt der Geraden g mit der Ebene E. Zur Bestimmung des Schnittpunktes werden die beiden Parameterdarstellungen von E und g gleichgesetzt:

$\begin{pmatrix} 0 \\ 0 \\ -200 \end{pmatrix} + s \cdot \begin{pmatrix} 413 \\ 361 \\ -42 \end{pmatrix} + t \cdot \begin{pmatrix} 9 \\ 8 \\ -1 \end{pmatrix} = \begin{pmatrix} 826 \\ 722 \\ -12 \end{pmatrix} + r \cdot \begin{pmatrix} 37 \\ 39 \\ -280 \end{pmatrix}$

Man erhält daraus das lineare Gleichungssystem $\begin{vmatrix} 413s + 9t - 37r = 826 \\ 361s + 8t - 39r = 722 \\ -42s - t + 280r = 188 \end{vmatrix}$; also $\begin{vmatrix} s = 1 \\ t = 50 \\ r = 1 \end{vmatrix}$.

Durch Einsetzen von z. B. $r = 1$ in die Geradengleichung ergibt sich der Schnittpunkt $S(863|761|-292)$.

Information

Untersuchung der Lage von Gerade und Ebene zueinander

Man setzt die Terme der Parameterdarstellungen der Geraden g und der Ebene E gleich.

Dabei ist darauf zu achten, dass die drei Parameter unterschiedlich bezeichnet sind. Dadurch erhält man ein lineares Gleichungssystem mit drei Gleichungen und drei Variablen.

Drei Fälle sind möglich:

(1) Das lineare Gleichungssystem hat genau eine Lösung. Die Gerade g schneidet die Ebene E in einem Punkt S.

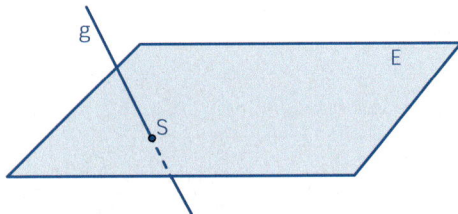

(2) Das lineare Gleichungssystem hat keine Lösung. Die Gerade g verläuft parallel zur Ebene E und hat mit dieser keine gemeinsamen Punkte.

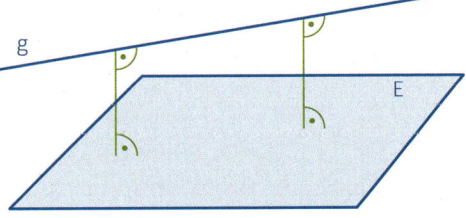

(3) Das lineare Gleichungssystem hat unendlich viele Lösungen. Die Gerade g liegt in der Ebene E.

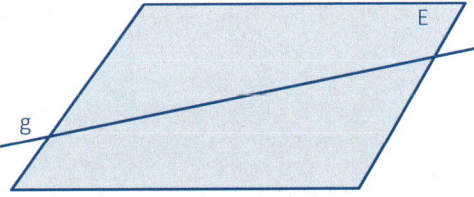

(1) $g: \vec{x} = \begin{pmatrix} 1 \\ 0 \\ 5 \end{pmatrix} + r \cdot \begin{pmatrix} 0 \\ 3{,}5 \\ 0 \end{pmatrix}$

$E: \vec{x} = \begin{pmatrix} 2 \\ 0 \\ 1 \end{pmatrix} + s \cdot \begin{pmatrix} -1 \\ 3 \\ 3 \end{pmatrix} + t \cdot \begin{pmatrix} 0 \\ 8 \\ 2 \end{pmatrix}$

Gleichsetzen liefert:

$\begin{pmatrix} 2 \\ 0 \\ 1 \end{pmatrix} + s \cdot \begin{pmatrix} -1 \\ 3 \\ 3 \end{pmatrix} + t \cdot \begin{pmatrix} 0 \\ 8 \\ 2 \end{pmatrix} = \begin{pmatrix} 1 \\ 0 \\ 5 \end{pmatrix} + r \cdot \begin{pmatrix} 0 \\ 3{,}5 \\ 0 \end{pmatrix}$

$\text{linSolve} \begin{pmatrix} 2-s=1 \\ 3 \cdot s+8 \cdot t=3.5 \cdot r, \{r,s,t\} \\ 1+3 \cdot s+2 \cdot t=5 \end{pmatrix}$

$\{2., 1., 0.5\}$

Durch Einsetzen von z. B. $r = 2$ in die Geradengleichung ergibt sich der Schnittpunkt $S(1 \mid 7 \mid 5)$.

(2) $g: x = \begin{pmatrix} 0 \\ 7 \\ 5 \end{pmatrix} + r \cdot \begin{pmatrix} -2 \\ 10 \\ 7 \end{pmatrix}$

$E: \vec{x} = \begin{pmatrix} 2 \\ 0 \\ 1 \end{pmatrix} + s \cdot \begin{pmatrix} -1 \\ 3 \\ 3 \end{pmatrix} + t \cdot \begin{pmatrix} 0 \\ 4 \\ 1 \end{pmatrix}$

Gleichsetzen liefert:

$\begin{pmatrix} 2 \\ 0 \\ 1 \end{pmatrix} + s \cdot \begin{pmatrix} -1 \\ 3 \\ 3 \end{pmatrix} + t \cdot \begin{pmatrix} 0 \\ 4 \\ 1 \end{pmatrix} = \begin{pmatrix} 0 \\ 7 \\ 5 \end{pmatrix} + r \cdot \begin{pmatrix} -2 \\ 10 \\ 7 \end{pmatrix}$

$\text{linSolve} \begin{pmatrix} 2-s=-2 \cdot r \\ 3 \cdot s+4 \cdot t=7+10 \cdot r, \{r,s,t\} \\ 1+3 \cdot s+t=5+7 \cdot r \end{pmatrix}$

"Keine Lösung gefunden"

Also sind g und E parallel zueinander und haben keine gemeinsamen Punkte.

(3) $g: x = \begin{pmatrix} 1 \\ 7 \\ 5 \end{pmatrix} + r \cdot \begin{pmatrix} -2 \\ 2 \\ 5 \end{pmatrix}$

$E: \vec{x} = \begin{pmatrix} 2 \\ 0 \\ 1 \end{pmatrix} + s \cdot \begin{pmatrix} -1 \\ 3 \\ 3 \end{pmatrix} + t \cdot \begin{pmatrix} 0 \\ 4 \\ 1 \end{pmatrix}$

Gleichsetzen liefert:

$\begin{pmatrix} 2 \\ 0 \\ 1 \end{pmatrix} + s \cdot \begin{pmatrix} -1 \\ 3 \\ 3 \end{pmatrix} + t \cdot \begin{pmatrix} 0 \\ 4 \\ 1 \end{pmatrix} = \begin{pmatrix} 1 \\ 7 \\ 5 \end{pmatrix} + r \cdot \begin{pmatrix} -2 \\ 2 \\ 5 \end{pmatrix}$

$\text{linSolve} \begin{pmatrix} 2-s=1-2 \cdot r \\ 3 \cdot s+4 \cdot t=7+2 \cdot r, \{r,s,t\} \\ 1+3 \cdot s+t=5+5 \cdot r \end{pmatrix}$

$\{-(c1-1), -(2 \cdot c1-3), c1\}$

Es gibt unendlich viele Lösungen.
Also liegt g in E.

Üben

1 ≡ Bestimmen Sie die gemeinsamen Punkte der Ebene E mit den drei Geraden.

$$E: \vec{x} = \begin{pmatrix} 1 \\ 3 \\ 4 \end{pmatrix} + s \cdot \begin{pmatrix} -1 \\ 3 \\ 3 \end{pmatrix} + t \cdot \begin{pmatrix} -2 \\ 2 \\ 5 \end{pmatrix}$$

$$g_1: \vec{x} = \begin{pmatrix} 1 \\ 0 \\ 5 \end{pmatrix} + r \cdot \begin{pmatrix} 0 \\ 7 \\ 0 \end{pmatrix}; \quad g_2: \vec{x} = \begin{pmatrix} 0 \\ 7 \\ 5 \end{pmatrix} + r \cdot \begin{pmatrix} -2 \\ 10 \\ 7 \end{pmatrix}; \quad g_3: \vec{x} = \begin{pmatrix} 1 \\ 7 \\ 5 \end{pmatrix} + r \cdot \begin{pmatrix} -1 \\ 7 \\ 4 \end{pmatrix}$$

2 ≡ Untersuchen Sie die Lage der Geraden g zur Ebene E.

a) $g: \vec{x} = \begin{pmatrix} -1 \\ 1 \\ 2 \end{pmatrix} + r \cdot \begin{pmatrix} -1 \\ -2 \\ 1 \end{pmatrix}$

$E: \vec{x} = \begin{pmatrix} 0 \\ 0 \\ 3 \end{pmatrix} + s \cdot \begin{pmatrix} 3 \\ 0 \\ 1 \end{pmatrix} + t \cdot \begin{pmatrix} 4 \\ 2 \\ 0 \end{pmatrix}$

b) $g: \vec{x} = \begin{pmatrix} -3 \\ 1 \\ 3 \end{pmatrix} + r \cdot \begin{pmatrix} 1 \\ 0 \\ -1 \end{pmatrix}$

$E: \vec{x} = \begin{pmatrix} -3 \\ 0 \\ 3 \end{pmatrix} + s \cdot \begin{pmatrix} -5 \\ 1 \\ 3 \end{pmatrix} + t \cdot \begin{pmatrix} -2 \\ 0 \\ 1 \end{pmatrix}$

c) $g: \vec{x} = \begin{pmatrix} 1 \\ 4 \\ -3 \end{pmatrix} + r \cdot \begin{pmatrix} 2 \\ 2 \\ 3 \end{pmatrix}$

$E: \vec{x} = \begin{pmatrix} 3 \\ -1 \\ 3 \end{pmatrix} + s \cdot \begin{pmatrix} 0 \\ 2 \\ -2 \end{pmatrix} + t \cdot \begin{pmatrix} 2 \\ -1 \\ 2 \end{pmatrix}$

d) $g: \vec{x} = \begin{pmatrix} -1 \\ 1 \\ 2 \end{pmatrix} + r \cdot \begin{pmatrix} -1 \\ -2 \\ 1 \end{pmatrix}$

$E: \vec{x} = \begin{pmatrix} 0 \\ 0 \\ 3 \end{pmatrix} + s \cdot \begin{pmatrix} 3 \\ 0 \\ 1 \end{pmatrix} + t \cdot \begin{pmatrix} 4 \\ 2 \\ 0 \end{pmatrix}$

e) $g: \vec{x} = \begin{pmatrix} 1 \\ 1 \\ 3 \end{pmatrix} + r \cdot \begin{pmatrix} 1 \\ 2 \\ 3 \end{pmatrix}$

$E: \vec{x} = \begin{pmatrix} 4 \\ 1 \\ 3 \end{pmatrix} + s \cdot \begin{pmatrix} 2 \\ 4 \\ -2 \end{pmatrix} + t \cdot \begin{pmatrix} -1 \\ -2 \\ 5 \end{pmatrix}$

f) $g: \vec{x} = \begin{pmatrix} 2 \\ -3 \\ 4 \end{pmatrix} + r \cdot \begin{pmatrix} 1 \\ -2 \\ 1 \end{pmatrix}$

$E: \vec{x} = \begin{pmatrix} 5 \\ 1 \\ 3 \end{pmatrix} + s \cdot \begin{pmatrix} 2 \\ 2 \\ 1 \end{pmatrix} + t \cdot \begin{pmatrix} 4 \\ 3 \\ -1 \end{pmatrix}$

3 ≡ Luise hat den Schnittpunkt der Ebene E mit der Geraden g mit ihrem Rechner bestimmt.

$$E: \vec{x} = \begin{pmatrix} 2 \\ 1 \\ 3 \end{pmatrix} + s \cdot \begin{pmatrix} -2 \\ 5 \\ 0 \end{pmatrix} + t \cdot \begin{pmatrix} 5 \\ 3 \\ -2 \end{pmatrix}$$

$$g: \vec{x} = \begin{pmatrix} 0 \\ 1 \\ 0 \end{pmatrix} + t \cdot \begin{pmatrix} 2 \\ 0 \\ 3 \end{pmatrix}$$

$$\text{linSolve}\left(\begin{cases} 2-2 \cdot s+5 \cdot t=-2 \cdot t \\ 1+5 \cdot s+3 \cdot t=1 \\ 3-2 \cdot t=3 \cdot t \end{cases}, \{s,t\} \right)$$

"Keine Lösung gefunden"

Sie sagt: „Die Gerade g und die Ebene E haben keine gemeinsamen Punkte."
Was hat Luise falsch gemacht? Bestimmen Sie den Schnittpunkt.

4 ≡ Einem Würfel, der wie abgebildet im Koordinatensystem liegt, ist ein regelmäßiges Tetraeder mit den Eckpunkten ACFH einbeschrieben.

a) Die Gerade g verläuft durch die beiden Punkte A und G. Bestimmen Sie den Schnittpunkt S von g mit der Ebene E durch die Punkte C, F und H.

b) Zeigen Sie, dass der Schnittpunkt S aus Teilaufgabe a) auch der Schnittpunkt der Seitenhalbierenden im Dreieck CFH ist.

c) Bestimmen Sie die Höhe des Tetraeders.

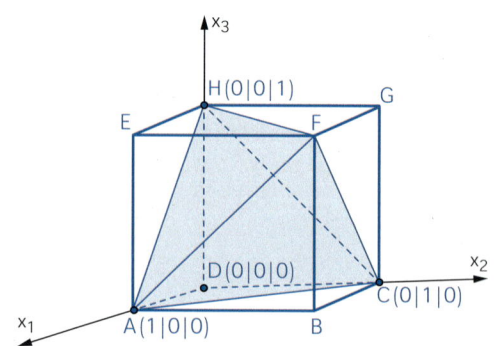

5 ≡ Gegeben ist die Ebene E mit $E: \vec{x} = \begin{pmatrix} 8 \\ 0 \\ 0 \end{pmatrix} + s \cdot \begin{pmatrix} 6 \\ 1 \\ 2 \end{pmatrix} + t \cdot \begin{pmatrix} 8 \\ 0 \\ 2 \end{pmatrix}$.

Geben Sie zur der Ebene E eine Parameterdarstellung einer Geraden an, die

a) die Ebene E schneidet;

b) die Ebene E im Punkt $S(6|3|1)$ schneidet;

c) parallel zur Ebene E verläuft;

d) die Ebene E orthogonal im Punkt $S(8|0|0)$ schneidet;

e) in der Ebene E liegt;

f) durch den Koordinatenursprung verläuft und E schneidet.

6 ≡ Die Lage einer Schlechtwetterfront kann durch den Ausschnitt einer Ebene E mit Einheit km beschrieben werden:

$E: \vec{x} = \begin{pmatrix} 0 \\ 0 \\ 8 \end{pmatrix} + s \cdot \begin{pmatrix} 0 \\ 0 \\ 4 \end{pmatrix} + t \cdot \begin{pmatrix} 3 \\ 4 \\ 0 \end{pmatrix}$,

wobei $0 \le s \le 2$ und $0 \le t \le 20$.

Ein Flugzeug bewegt sich vom Punkt $P(120|150|10)$ geradlinig in Richtung des

Vektors $\vec{v} = \begin{pmatrix} -2 \\ -1 \\ 0 \end{pmatrix}$.

Untersuchen Sie, ob das Flugzeug seine Richtung ändern muss, wenn es nicht durch die Schlechtwetterfront fliegen will.

7 ≡ Ein Lichtstrahl aus Punkt $A(1|1|-9)$ ist auf den Punkt $B(-2|4|6)$ gerichtet. Welcher Punkt der von den Punkten $P_1(-1|3|5)$, $P_2(-8|8|2)$ und $P_3(13|-7|3)$ aufgespannten Ebene wird von diesem Lichtstrahl getroffen?

8 ≡ Ein Tauchboot startet im Punkt $P(25|-12|-4)$ unter Wasser und bewegt sich in Richtung des Vektors $\vec{v} = \begin{pmatrix} -2 \\ 3 \\ 1 \end{pmatrix}$. Die Wassertiefe beträgt 800 m.

Die Wasseroberfläche wird durch die x_1x_2-Ebene dargestellt und der Meeresboden verläuft parallel zur Wasseroberfläche. Die Koordinateneinheiten sind in 100 m angegeben.

Taucht das Boot auf oder ab? In welchem Punkt der Wasseroberfläche taucht das Boot auf bzw. in welchem Punkt trifft es auf dem Meeresboden auf?

9 ≡ Gegeben sind die Gerade g mit der Parameterdarstellung $g: \vec{x} = \begin{pmatrix} 2 \\ -3 \\ 5 \end{pmatrix} + t \cdot \begin{pmatrix} 4 \\ -1 \\ -3 \end{pmatrix}$ und

die Punkte $A(1|2|0)$, $B(3|5|0)$ und $D(1|4|6)$.

Ergänzen Sie den Punkt C so, dass ABCD ein Parallelogramm ist. Untersuchen Sie, ob die Gerade g das Parallelogramm ABCD trifft.

10 ☰ Fassen Sie die Geraden g und h mit

g: $\vec{x} = \begin{pmatrix} 1 \\ 1 \\ 3 \end{pmatrix} + r \cdot \begin{pmatrix} -1 \\ 1 \\ 2 \end{pmatrix}$ und

h: $\vec{x} = \begin{pmatrix} 3 \\ 1 \\ -2 \end{pmatrix} + s \cdot \begin{pmatrix} -1 \\ 1 \\ 2 \end{pmatrix}$ als Schnittgeraden

der abgebildeten Figur auf.

Geben Sie drei geeignete Ebenen an.

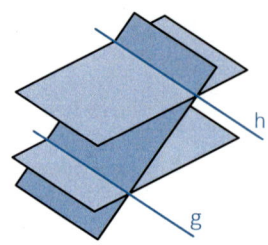

Weiterüben

11 ☰ Gegeben sind die Ebene $E: \vec{x} = \begin{pmatrix} 3 \\ -2 \\ 5 \end{pmatrix} + s \cdot \begin{pmatrix} 3 \\ -2 \\ 1 \end{pmatrix} + t \cdot \begin{pmatrix} 2 \\ -2 \\ 5 \end{pmatrix}$ und der Punkt $A(-1|2|3)$.

Geben Sie eine Parameterdarstellung einer Geraden g an, die

a) durch A verläuft und E schneidet;

b) durch A verläuft und parallel zu E ist;

c) ganz in E liegt.

12 ☰ Gegeben sind die Gerade g mit der Parametergleichung $g: \vec{x} = \begin{pmatrix} -1 \\ 1 \\ 2 \end{pmatrix} + r \cdot \begin{pmatrix} -1 \\ -2 \\ 1 \end{pmatrix}$ und

die Punkte $A(2|0|3)$ und $B(-2|4|7)$.

Geben Sie eine Parameterdarstellung einer Ebene E an, die

a) die Punkte A und B enthält und die Gerade g schneidet.

b) die Punkte A und B enthält und parallel zur Geraden g verläuft.

13 ☰ Eine Ebene E hat die Parameterdarstellung $E: \vec{x} = \begin{pmatrix} 3 \\ 1 \\ 2 \end{pmatrix} + s \cdot \begin{pmatrix} 1 \\ -1 \\ 2 \end{pmatrix} + t \cdot \begin{pmatrix} 2 \\ 1 \\ 4 \end{pmatrix}$.

a) Woran erkennt man leicht, dass die Geraden g_1 und g_2 in der Ebene liegen?

$g_1: \vec{x} = \begin{pmatrix} 3 \\ 1 \\ 2 \end{pmatrix} + r \cdot \begin{pmatrix} 1 \\ -1 \\ 2 \end{pmatrix}$; $g_2: \vec{x} = \begin{pmatrix} 3 \\ 1 \\ 2 \end{pmatrix} + r \cdot \begin{pmatrix} -2 \\ -1 \\ -4 \end{pmatrix}$

b) Geben Sie einen Punkt P an, der nicht in der Ebene E liegt.

Bestimmen Sie eine Parameterdarstellung einer Ebene, die den Punkt P enthält und parallel zu E verläuft.

Erläutern Sie Ihr Vorgehen.

14 ☰ Bei der Planung und dem Bau eines Daches sind viele Berechnungen erforderlich. Die Maßangaben in der Zeichnung sind in Meter angegeben.

a) Erstellen Sie für die Dachflächen E_1 und E_2 jeweils eine Parameterdarstellung.

b) Ermitteln Sie für das Schornsteinrohr die Koordinaten des Punktes, an dem es die Dachfläche E_1 durchstößt.

Der Durchmesser des Schornsteinrohres soll dabei vernachlässigt werden.

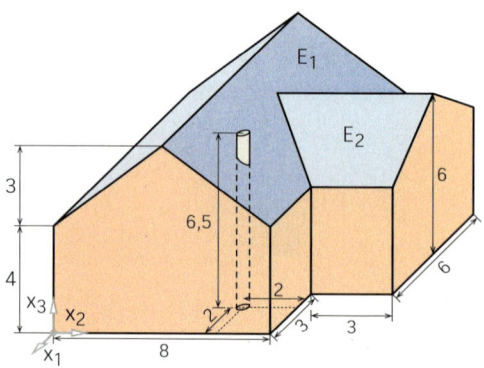

Licht und Schatten

Wenn Licht auf einen Gegenstand fällt, dann entsteht am Boden oder an der nebenstehenden Wand ein Schatten. Dabei unterscheidet man zwei Fälle:

Fällt das Licht parallel ein (z. B. Sonnenlicht), spricht man von **Parallelprojektion**.

Geht das Licht von einer punktförmigen Lichtquelle aus, spricht man von **Zentralprojektion**.

In vielen Bereichen der Computeranimation werden Lichteffekte mit den entsprechenden Schatten eingesetzt. Wie berechnet man solche Schattenbilder?

Beispiel

Ein quaderförmiges Kunstobjekt wird tagsüber von der Sonne angestrahlt und nachts von einem Scheinwerfer beleuchtet. Wie berechnet und zeichnet man jeweils den Schatten?

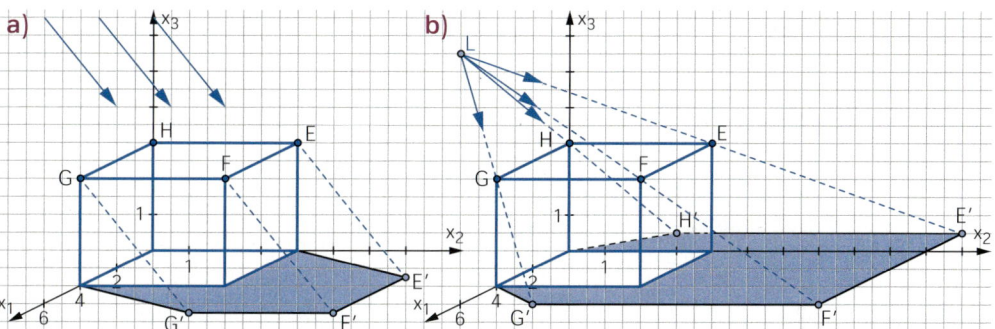

Der Quader hat eine Grundfläche von 4 m × 4 m und eine Höhe von 3 m.
Eine Ecke liegt im Koordinatenursprung.

a) Die parallelen Sonnenstrahlen treffen mit der Richtung $\vec{v} = \begin{pmatrix} 2 \\ 3 \\ -2 \end{pmatrix}$ auf den Quader.

Der Abbildung kann man entnehmen, dass die Eckpunkte G, F und E den Schatten bestimmen. Der Lichtstrahl durch den Punkt G kann als Gerade mit dem Richtungsvektor $\vec{v}$ beschrieben werden. Er trifft die x_1x_2-Ebene im Punkt G′, d. h., für G′ gilt $x_3 = 0$.

Der Punkt G′ liegt auf der Geraden mit $\overrightarrow{OX} = \begin{pmatrix} 4 \\ 0 \\ 3 \end{pmatrix} + s \cdot \begin{pmatrix} 2 \\ 3 \\ -2 \end{pmatrix}$ mit der Bedingung $x_3 = 0$,

also $0 = 3 - 2s$. Daraus folgt $s = 1{,}5$.

Setzt man diesen Wert in die Geradengleichung ein, so ergibt sich G′(7|4,5|0). Durch analoges Vorgehen erhält man die anderen Schattenpunkte F′(7|8,5|0) und E′(3|8,5|0).

b) Die Lichtquelle L befindet sich an der Position L(2|−2|6). In diesem Fall hat jeder Lichtstrahl einen anderen Richtungsvektor. Beispielsweise liegt der Schattenpunkt G auf der Geraden LG mit $\overrightarrow{OX} = \begin{pmatrix} 2 \\ -2 \\ 6 \end{pmatrix} + t \cdot \begin{pmatrix} 4-2 \\ 0+2 \\ 3-6 \end{pmatrix} = \begin{pmatrix} 2 \\ -2 \\ 6 \end{pmatrix} + t \cdot \begin{pmatrix} 2 \\ 2 \\ -3 \end{pmatrix}$.

Aus der Bedingung $x_3 = 0$ bestimmt man $t = 2$ und somit G′(6|2|0).
Die anderen Schattenpunkte sind F′(6|10|0), E′(−2|10|0) und H′(−2|2|0).

1 In Wohngebieten und auf Landstraßen werden bewegliche Schatten als störend empfunden. Die Schatten sind besonders lang, wenn die Sonne weit östlich oder westlich am Himmel steht.
Große Windräder können eine Gesamthöhe von 200 m haben.

Berechnen Sie die Schattenlängen einer solchen Anlage für Sonnenstrahlen, die mit den folgenden beiden Richtungen auf das Windrad treffen: $\vec{v} = \begin{pmatrix} 1 \\ 4 \\ -1 \end{pmatrix}$ und $\vec{u} = \begin{pmatrix} 2 \\ -6 \\ -1 \end{pmatrix}$

2 Vor einer Wand steht eine gerade quadratische Pyramide mit der Kantenlänge 4 und der Höhe 5 Koordinateneinheiten.

a) Die Pyramide wird von der Sonne beschienen. Die Sonnenstrahlen treffen mit der Richtung $\vec{v} = \begin{pmatrix} 2 \\ 3 \\ -2 \end{pmatrix}$ auf die Pyramide. Berechnen und zeichnen Sie den Schatten am Boden.

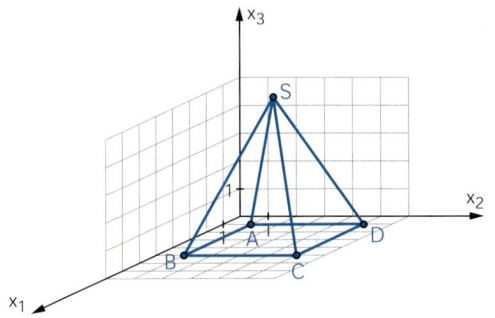

b) Parallele Lichtstrahlen fallen mit der Richtung $\vec{v} = \begin{pmatrix} 0{,}5 \\ -2 \\ -1 \end{pmatrix}$ auf die Pyramide.

Berechnen und zeichnen Sie den Schatten, der am Boden und an der Wand in der x_1x_3-Ebene entsteht.
Hinweis: Berechnen Sie zunächst den Schattenpunkt von S am Boden, um die „Knickstellen" an der x_1-Achse zu erhalten.

c) Berechnen und zeichnen Sie den Schatten am Boden für eine Zentralprojektion mit einer Lichtquelle in $L(0|2|10)$.

3 Vor einer Wand in der x_2x_3-Ebene steht ein kleiner Turm mit quadratischer Grundfläche und der Höhe 6 m.

a) Bestimmen Sie die Eckpunkte.

b) Der Turm wirft einen Schatten auf die Wand und den Boden.
Berechnen Sie die Schattenpunkte, wenn die Richtung der Sonnenstrahlen durch

$\vec{v} = \begin{pmatrix} -5 \\ 3 \\ -3 \end{pmatrix}$ gegeben ist.

c) Berechnen und zeichnen Sie den Schatten für den Fall, dass der Turm von einer Lichtquelle in $L(2|0|10)$ beleuchtet wird.

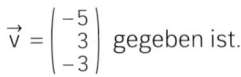
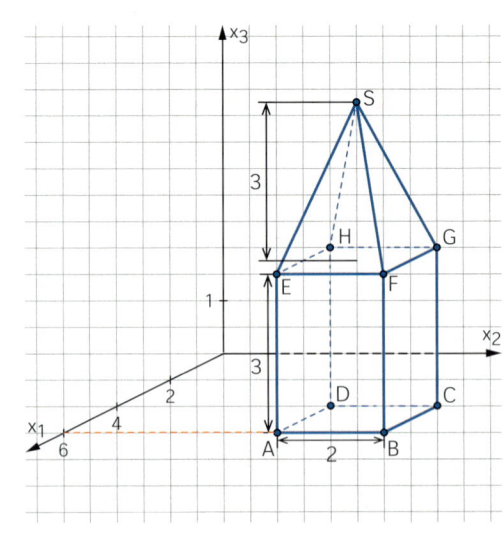

Skalarprodukt

Das **Skalarprodukt** zweier Vektoren $\vec{u}$ und $\vec{v}$ wird wie folgt berechnet:

$$\vec{u} * \vec{v} = \begin{pmatrix} u_1 \\ u_2 \\ u_3 \end{pmatrix} * \begin{pmatrix} v_1 \\ v_2 \\ v_3 \end{pmatrix} = u_1 v_1 + u_2 v_2 + u_3 v_3$$

Das Skalarprodukt eines Vektors mit sich selbst ist das Quadrat seiner Länge:
$$\vec{u} * \vec{u} = |\vec{u}|^2$$

$$\vec{u} = \begin{pmatrix} -2 \\ 3 \\ 1 \end{pmatrix}; \ \vec{v} = \begin{pmatrix} 4 \\ -1 \\ 8 \end{pmatrix}$$

$$\vec{u} * \vec{v} = (-2)\cdot 4 + 3\cdot(-1) + 1\cdot 8 = -3$$

$$\begin{pmatrix} -2 \\ 3 \\ 1 \end{pmatrix} * \begin{pmatrix} -2 \\ 3 \\ 1 \end{pmatrix} = 14 = \left\| \begin{pmatrix} -2 \\ 3 \\ 1 \end{pmatrix} \right\|^2$$

Orthogonalität von Vektoren

Zwei Vektoren $\vec{u}$ und $\vec{v}$ mit $\vec{u} \neq \vec{o}$ und $\vec{v} \neq \vec{o}$ sind **orthogonal** zueinander, wenn ihr Skalarprodukt den Wert 0 hat, sonst nicht.

$$\vec{u} = \begin{pmatrix} -2 \\ 3 \\ 1 \end{pmatrix}; \ \vec{v} = \begin{pmatrix} 4 \\ 0 \\ 8 \end{pmatrix}$$

$$\vec{u} * \vec{v} = (-2)\cdot 4 + 3\cdot 0 + 1\cdot 8 = 0,$$
also $\vec{u} \perp \vec{v}$

Winkel zwischen zwei Vektoren

Für den Winkel α mit $0° \leq \alpha \leq 180°$ zwischen zwei Vektoren $\vec{u} \neq \vec{o}$ und $\vec{v} \neq \vec{o}$ gilt:

$$\cos(\alpha) = \frac{\vec{u} * \vec{v}}{|\vec{u}| \cdot |\vec{v}|}$$

$$\vec{u} = \begin{pmatrix} -2 \\ 3 \\ 1 \end{pmatrix}; \ \vec{v} = \begin{pmatrix} 4 \\ -1 \\ 8 \end{pmatrix}; \ \vec{u} * \vec{v} = -3$$

$$\cos(\alpha) = \frac{-3}{\sqrt{14 \cdot 9}};$$

$$\alpha = \cos^{-1}\left(\frac{-3}{\sqrt{14 \cdot 9}} \right) \approx 95°$$

Parameterdarstellung einer Geraden

Eine Gerade g durch einen Punkt A mit einem Richtungsvektor $\vec{v} \neq \vec{o}$ kann durch eine **Parameterdarstellung** mit dem **Parameter k** beschrieben werden:
$$g: \overrightarrow{OX} = \overrightarrow{OA} + k \cdot \vec{v} \ \text{ mit } k \in \mathbb{R}$$

Eine Gerade kann durch verschiedene Parameterdarstellungen beschrieben werden.

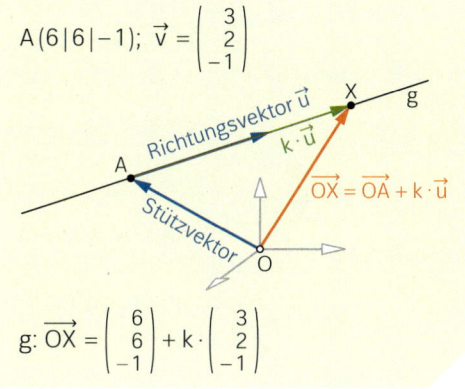

$$A(6|6|-1); \ \vec{v} = \begin{pmatrix} 3 \\ 2 \\ -1 \end{pmatrix}$$

$$g: \overrightarrow{OX} = \begin{pmatrix} 6 \\ 6 \\ -1 \end{pmatrix} + k \cdot \begin{pmatrix} 3 \\ 2 \\ -1 \end{pmatrix}$$

Parameterdarstellung einer Ebene

Durch einen Punkt A und zwei Vektoren $\vec{u} \neq \vec{o}$ und $\vec{v} \neq \vec{o}$, die nicht parallel zueinander sind, ist eine Ebene E bestimmt. Diese Ebene E kann durch eine **Parameterdarstellung** mit den **Parametern s und t** beschrieben werden:
$$E: \overrightarrow{OX} = \overrightarrow{OA} + s \cdot \vec{u} + t \cdot \vec{v} \ \text{ mit } s, t \in \mathbb{R}$$

Eine Ebene kann durch verschiedene Parameterdarstellungen beschrieben werden.

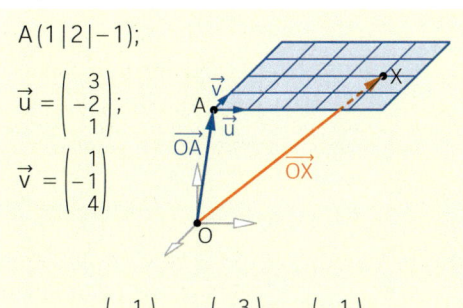

$$A(1|2|-1);$$

$$\vec{u} = \begin{pmatrix} 3 \\ -2 \\ 1 \end{pmatrix};$$

$$\vec{v} = \begin{pmatrix} 1 \\ -1 \\ 4 \end{pmatrix}$$

$$E: \overrightarrow{OX} = \begin{pmatrix} 1 \\ 2 \\ -1 \end{pmatrix} + s \cdot \begin{pmatrix} 3 \\ -2 \\ 1 \end{pmatrix} + t \cdot \begin{pmatrix} 1 \\ -1 \\ 4 \end{pmatrix}$$

**Lage-
beziehungen
von Geraden**

Für die Lage zweier Geraden g und h
zueinander sind vier Fälle möglich:

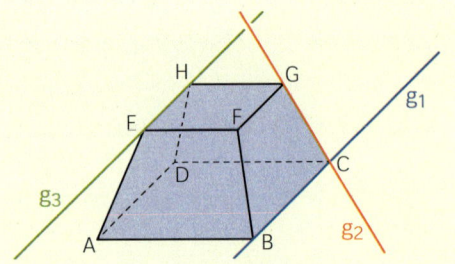

	Richtungs-vektoren von g und h sind Vielfache voneinander	Richtungs-vektoren von g und h sind keine Vielfachen voneinander
g und h haben gemeinsame Punkte	**Fall (1)** g und h sind **identisch**; g = h	**Fall (3)** g und h **schneiden sich** in einem Punkt
g und h haben keine gemein-samen Punkte	**Fall (2)** g und h sind **parallel** und nicht identisch	**Fall (4)** g und h sind **windschief**

Fall (2): $g_1 \parallel g_3$ und $g_1 \neq g_3$
Fall (3): g_1 und g_2 schneiden sich in C
Fall (4): g_2 und g_3 sind windschief

Schnittpunkt bestimmen:

$$g: \vec{x} = \begin{pmatrix} 1 \\ 0 \\ 2 \end{pmatrix} + r \cdot \begin{pmatrix} 1 \\ 3 \\ -2 \end{pmatrix}$$

$$h: \vec{x} = \begin{pmatrix} 2 \\ 3 \\ 0 \end{pmatrix} + s \cdot \begin{pmatrix} 1 \\ 2 \\ 4 \end{pmatrix}$$

$$\text{linSolve} \left(\begin{cases} 1+r=2+s \\ 3 \cdot r = 3 + 2 \cdot s , \{r,s\} \\ 2-2 \cdot r = 4 \cdot s \end{cases} \right)$$
$$\{1,0\}$$

Durch Einsetzen von r = 1 oder s = 0
in die zugehörige Parameterdarstellung
ergibt sich der Schnittpunkt S (2 | 3 | 0).

Um gemeinsame Punkte zu bestimmen,
setzt man die Parameterdarstellungen
von g und h gleich. Man erhält ein lineares
Gleichungssystem.
Im Fall (1) hat dieses Gleichungssystem
unendlich viele Lösungen, im Fall (3) genau
eine Lösung und in den Fällen (2) und (4)
keine Lösung.

**Lage-
beziehungen
zwischen
Gerade und
Ebene**

Für die Lage einer Geraden g und einer
Ebene E zueinander sind drei Fälle möglich:

Fall (1): g schneidet E in einem Punkt.
Fall (2): g verläuft parallel zu E und hat
keine gemeinsamen Punkte mit E.
Fall (3): g liegt in E.

Um gemeinsame Punkte zu bestimmen,
setzt man die Parameterdarstellungen
von g und E gleich. Man erhält ein lineares
Gleichungssystem.
Im Fall (1) hat dieses Gleichungssystem
genau eine Lösung, im Fall (2) keine Lösung
und im Fall (3) unendlich viele Lösungen.

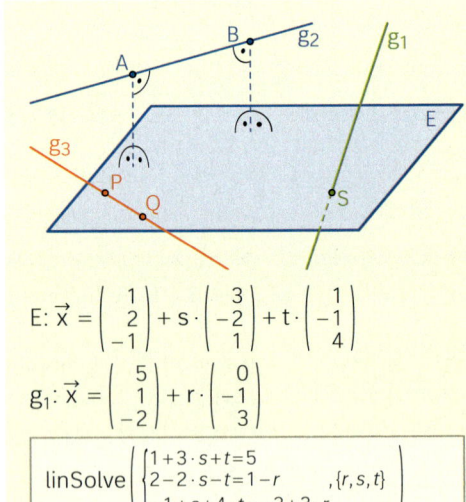

$$E: \vec{x} = \begin{pmatrix} 1 \\ 2 \\ -1 \end{pmatrix} + s \cdot \begin{pmatrix} 3 \\ -2 \\ 1 \end{pmatrix} + t \cdot \begin{pmatrix} 1 \\ -1 \\ 4 \end{pmatrix}$$

$$g_1: \vec{x} = \begin{pmatrix} 5 \\ 1 \\ -2 \end{pmatrix} + r \cdot \begin{pmatrix} 0 \\ -1 \\ 3 \end{pmatrix}$$

$$\text{linSolve} \left(\begin{cases} 1+3 \cdot s+t=5 \\ 2-2 \cdot s-t=1-r \quad , \{r,s,t\} \\ -1+s+4 \cdot t=-2+3 \cdot r \end{cases} \right)$$
$$\{2,1,1\}$$

Einsetzen von r = 2 in g_1 ergibt:
g_1 schneidet E in S (5 | −1 | 4).

Teil A **Lösen Sie die folgenden Aufgaben ohne Formelsammlung und ohne Taschenrechner.**

1 Eine Gerade g ist gegeben durch $g: \vec{x} = \begin{pmatrix} 2 \\ -3 \\ 4 \end{pmatrix} + k \cdot \begin{pmatrix} 4 \\ 1 \\ -2 \end{pmatrix}$.

  a) Geben Sie eine zweite Parameterdarstellung von g an.

  b) Zeigen Sie, dass durch $\vec{x} = \begin{pmatrix} 86 \\ 18 \\ -38 \end{pmatrix} + r \cdot \begin{pmatrix} -20 \\ -5 \\ 10 \end{pmatrix}$ die Gerade g ebenfalls dargestellt wird.

2 Gegeben sind die Punkte $A(2|3|1)$, $B(5|1|-2)$ und $C(-4|7|7)$.
  Untersuchen Sie, ob die drei Punkte auf einer Geraden liegen.

3 Die Gerade g verläuft durch die Punkte $P(-5|-11|6)$ und $Q(10|10|-3)$.

  a) Bestimmen Sie die Koordinaten der Spurpunkte von g, d. h. die Koordinaten der Schnittpunkte von g mit den Koordinatenebenen.

  b) Zeichnen Sie die Gerade g in ein Koordinatensystem.

4 **a)** Welche der folgenden Vektoren sind orthogonal zueinander? Begründen Sie.
  $\vec{u} = \begin{pmatrix} 1 \\ -2 \\ 3 \end{pmatrix}$; $\vec{v} = \begin{pmatrix} 2 \\ 1 \\ 3 \end{pmatrix}$; $\vec{w} = \begin{pmatrix} -1 \\ 1 \\ 1 \end{pmatrix}$

  b) Bestimmen Sie einen Vektor $\vec{a}$, der sowohl zu $\vec{u}$ als auch zu $\vec{v}$ orthogonal ist.

5 Gegeben sind die Punkte $A(3|-1|4)$, $B(7|3|1)$, $C(5|4|2)$ und $D(1|0|5)$.

  a) Zeigen Sie, dass die vier Punkte die Eckpunkte eines Parallelogramms sind.

  b) Prüfen Sie, ob das Parallelogramm eine Raute ist.

  c) Bestimmen Sie die Koordinaten des Schnittpunktes der Diagonalen des Parallelogramms.

6 Von einer Ebene sind der Punkt $A(3|-1|5)$ und die Richtungsvektoren $\vec{u} = \begin{pmatrix} -1 \\ 0 \\ 2 \end{pmatrix}$ und
  $\vec{v} = \begin{pmatrix} 3 \\ 1 \\ 2 \end{pmatrix}$ bekannt.

  a) Geben Sie eine Parameterdarstellung für diese Ebene an.

  b) Geben Sie drei Punkte an, die in dieser Ebene liegen.

  c) Geben Sie die Parameterdarstellungen zweier Geraden an, die in dieser Ebene liegen.

Teil B **Bei der Lösung dieser Aufgaben können Sie die Formelsammlung und den Taschenrechner verwenden.**

7 Gegeben sind die Punkte $A(11|1|6)$ und $B(5|-1|2)$.

  a) Stellen Sie eine Gleichung der Geraden g auf, die durch die Punkte A und B verläuft. Geben Sie die Koordinaten zweier Punkte auf der Geraden g an, die zwischen den Punkten A und B liegen.

  b) Untersuchen Sie, ob es einen Punkt mit drei gleichen Koordinaten auf der Geraden g gibt.

8 Ein Heißluftballon bewegt sich nach dem Start
einige Minuten lang konstant pro Sekunde um den

Vektor $\vec{v} = \begin{pmatrix} 1{,}2 \\ -1{,}8 \\ 0{,}5 \end{pmatrix}$ vorwärts; dabei sind die Koordinaten

in Meter angegeben.

a) Geben Sie die Geschwindigkeit des Ballons in $\frac{km}{h}$ an.

b) Der Start des Ballons befand sich im Punkt
$P_1(232\,|\,98\,|\,159)$.

Bestimmen Sie die Koordinaten des Punktes P_2, in dem sich
der Ballon zwei Minuten nach dem Start befindet.

c) Prüfen Sie, ob der Ballon auf dem Weg von P_1 nach P_2 den Punkt $Q(340\,|\,-80\,|\,204)$
passiert.

9 Gegeben sind die Geraden g und h mit g: $\vec{x} = \begin{pmatrix} 2 \\ -3 \\ 4 \end{pmatrix} + k \cdot \begin{pmatrix} 4 \\ 1 \\ -2 \end{pmatrix}$ und h: $\vec{x} = \begin{pmatrix} -6 \\ -5 \\ 8 \end{pmatrix} + t \cdot \begin{pmatrix} 3 \\ 2 \\ 1 \end{pmatrix}$.

a) Bestimmen Sie den Schnittpunkt der Geraden g mit der Geraden h.

Bestimmen Sie den Schnittwinkel, den beide Geraden miteinander einschließen.

b) Zeigen Sie, dass der Punkt $P(3\,|\,1\,|\,11)$ auf der Geraden h liegt.

Bestimmen Sie eine Gerade k durch P, die parallel zur Geraden g verläuft.

10 In einem kartesischen Koordinatensystem sind
die Punkte $A(2\,|\,1\,|\,-1)$, $B(6\,|\,4\,|\,-2)$, $C(5\,|\,6\,|\,0)$, $D(1\,|\,3\,|\,1)$,
$F(4\,|\,6\,|\,4)$ und $H(-1\,|\,5\,|\,7)$ gegeben.
Die Punkte A, B, C, D, E, F, G und H sind Eckpunkte eines
schiefen Prismas mit der Grundfläche ABCD (siehe Abbildung).

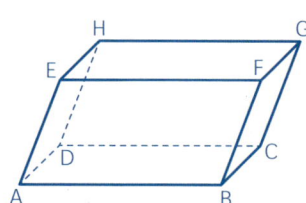

a) Geben Sie die Koordinaten der Punkte G und E an.

b) Weisen Sie nach, dass die Grundfläche des Prismas ein Rechteck ist.

c) Untersuchen Sie, ob sich alle Raumdiagonalen des Prismas in genau einem Punkt
schneiden. Berechnen Sie gegebenenfalls die Koordinaten des Schnittpunktes dieser
Raumdiagonalen.

11 Betrachten Sie die Abbildung.
Die roten Punkte sollen in den Koordinatenebenen liegen.
Schneidet die Gerade die Ebene?
Begründen Sie.

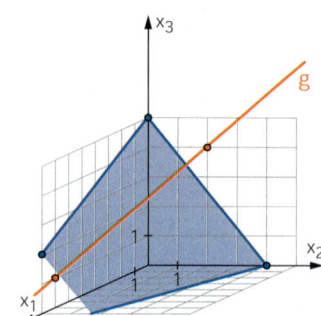

12 Bestimmen Sie die Schnittpunkte der Ebene E mit
den Koordinatenachsen (Spurpunkte) und stellen Sie
die Ebene E in einem Koordinatensystem dar.

$$E: \vec{x} = \begin{pmatrix} 2 \\ 1 \\ 0 \end{pmatrix} + s \cdot \begin{pmatrix} -2 \\ 1 \\ 0 \end{pmatrix} + t \cdot \begin{pmatrix} -0{,}8 \\ 0 \\ 1 \end{pmatrix}$$

Wahrscheinlichkeits-verteilungen

5

▲ *Albino-Eichhörnchen sind sehr selten zu sehen. Eine Genmutation, durch welche die Bildung von Farbstoffen für Haut, Haare und Augen gestört ist, kommt etwa bei einem von 100 000 Tieren vor.*

In diesem Kapitel
verwenden Sie neue Kenngrößen für Häufigkeits- und Wahrscheinlichkeitsverteilungen, um diese besser beurteilen zu können. Außerdem lernen Sie eine besondere Wahrscheinlichkeitsverteilung kennen, bei der nur die Ereignisse „Erfolg" und „Misserfolg" betrachtet werden. ▶

5.1 Arithmetisches Mittel und empirische Standardabweichung

Einstieg

Jedes Jahr im Winter rufen der Naturschutzbund Deutschland (NABU) und der Landesbund für Vogelschutz (LBV) zur „Stunde der Wintervögel" auf. Eine Stunde lang werden Vögel z. B. im Garten oder vor dem Fenster gezählt.

Das Diagramm zeigt für jede Anzahl von Vögeln die relative Häufigkeit von Beobachtern, die diese Anzahl von Vögeln in einer Stunde gesehen haben. Hierbei haben z. B. $0,1 = \frac{1}{10} = 10\%$ aller Beobachter genau 3 Vögel in der Beobachtungsstunde gesehen.

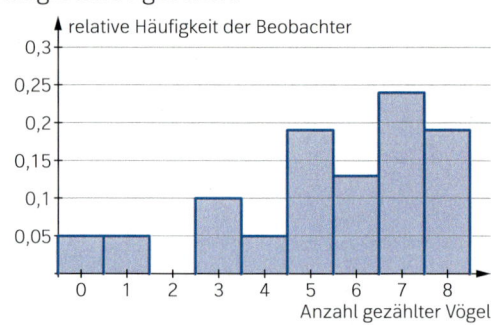

Bestimmen Sie, wie viele Vögel durchschnittlich in einer Stunde beobachtet wurden.

Aufgabe mit Lösung

Mittelwert einer Häufigkeitsverteilung mit relativen Häufigkeiten

In einer Großstadt wurde eine Verkehrszählung durchgeführt. Gezählt wurde, mit wie vielen Personen die beobachteten Pkw jeweils besetzt waren.

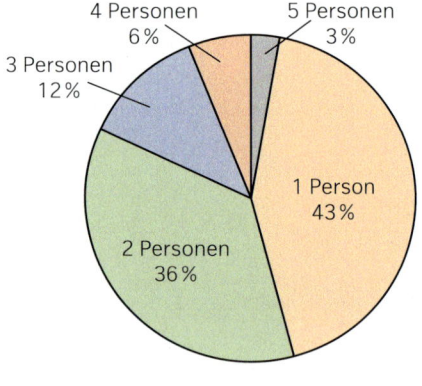

 Bestimmen Sie, wie viele Personen durchschnittlich in einem Fahrzeug saßen.

Lösung

Stellt man sich vor, dass 100 Pkw beobachtet wurden, so berechnet man das arithmetische Mittel, indem man zunächst die Gesamtanzahl aller Pkw-Insassen berechnet und dann durch 100 dividiert:

$$\overline{x} = \frac{1 \cdot 43 + 2 \cdot 36 + 3 \cdot 12 + 4 \cdot 6 + 5 \cdot 3}{100} = 1,9$$

Diesen Term kann man auch so umformen, dass er die relativen Häufigkeiten enthält:

$$\overline{x} = 1 \cdot 0,43 + 2 \cdot 0,36 + 3 \cdot 0,12 + 4 \cdot 0,06 + 5 \cdot 0,03 = 1,9$$

$$0,43 = \frac{43}{100} = 43\%$$

Die Anzahl der Pkw wird also zur Berechnung nicht benötigt.

Die mittlere Personenzahl pro Fahrzeug betrug somit etwa zwei Personen.

Information

Häufigkeitsverteilung

Erfasst man, wie oft die Werte x_1, x_2, ..., x_m jeweils auftreten, so kann man diese Werte und ihre relativen Häufigkeiten übersichtlich in einer Tabelle notieren.

Die Zuordnung, die jedem Wert seine (relative) Häufigkeit zuordnet, heißt **Häufigkeitsverteilung**.

Die Summe aller relativen Häufigkeiten ist $1 = 100\,\%$.

Anzahl der Eier des Sperlings im Nest.

Anzahl x der Eier	relative Häufigkeit h (x) der Nester mit x Eiern
1	0,04
2	0,09
3	0,13
4	0,43
5	0,31

Die durchschnittliche Anzahl der Eier pro Sperling-Nest beträgt

$$\bar{x} = 1 \cdot 0,04 + 2 \cdot 0,09 + 3 \cdot 0,13 + 4 \cdot 0,43 + 5 \cdot 0,31 = 3,75$$

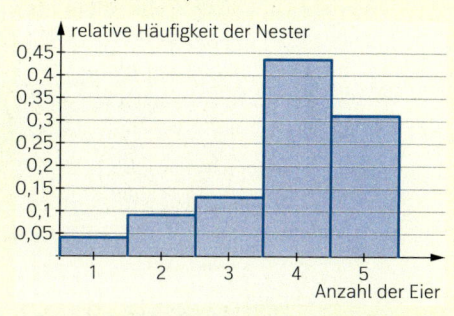

> Im Alltag ist oft vom „Durchschnitt" oder „Mittelwert" die Rede; gemeint ist meistens das arithmetische Mittel.

Arithmetisches Mittel einer Häufigkeitsverteilung

Treten die Werte x_1, x_2, ..., x_m mit den relativen Häufigkeiten $h(x_1)$, $h(x_2)$, ..., $h(x_m)$ auf, so erhält man das **arithmetische Mittel** der Häufigkeitsverteilung, indem man jeden Wert mit der zugehörigen relativen Häufigkeit multipliziert und die Summe der Produkte bildet:

$$\bar{x} = x_1 \cdot h(x_1) + x_2 \cdot h(x_2) + ... + x_m \cdot h(x_m)$$

Üben

1 ☰ In einer statistischen Erhebung wurde die Anzahl der Computer (PCs oder Laptops) in den Haushalten einer Region erfasst. Stellen Sie die Daten in Form eines Säulendiagramms dar und berechnen Sie das arithmetische Mittel.

Anzahl der Computer im Haushalt	0	1	2	3	4	5
relative Häufigkeit der Haushalte	0,07	0,2	0,5	0,15	0,07	0,01

2 ☰ In einer Klasse wurden Umfragen zu Freizeitbeschäftigungen der Schülerinnen und Schüler durchgeführt. Überlegen Sie anhand der abgebildeten Diagramme, welche Freizeitbeschäftigung, Schwimmbad- oder Kinobesuche, in dieser Klasse beliebter ist.

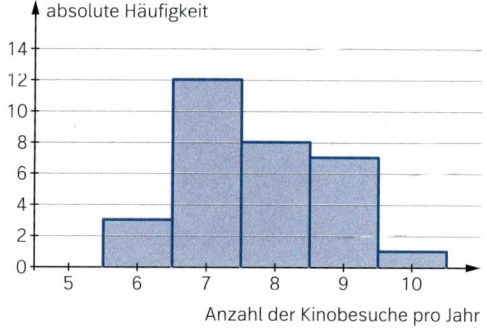

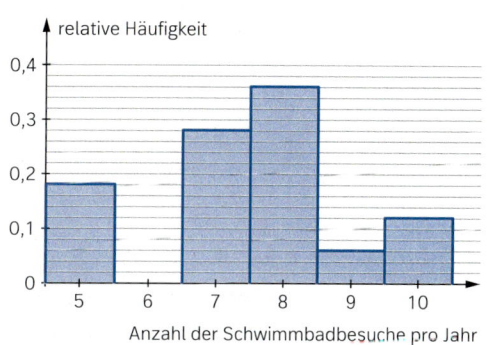

185

3 ≡ Erheben Sie in Ihrem Kurs Daten zur Anzahl der Geschwister der Schülerinnen und Schüler. Zur weiteren Auswertung kann eine Tabelle hilfreich sein.

Anzahl x_i der Geschwister	0	1	2	…	Summe
absolute Häufigkeit					Kontrolle: Stichprobengröße
relative Häufigkeit $h(x_i)$					Kontrolle: 1
Produkte $x_i \cdot h(x_i)$					$\overline{x} =$

a) Berechnen Sie die relativen Häufigkeiten, mit denen die jeweilige Anzahl an Geschwistern in Ihrem Kurs auftritt.

b) Berechnen Sie die mittlere Anzahl an Geschwistern in Ihrem Kurs.

Aufgabe mit Lösung

Streuung um das arithmetische Mittel

In einer Firma füllen drei Maschinen Blumensamen in Tüten ab. Im Rahmen einer Qualitätskontrolle werden von allen Maschinen abgefüllte Tüten nachgewogen.

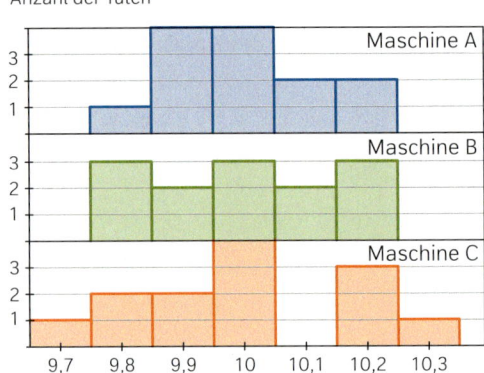

Anzahl der Tüten

Füllgewicht in g

→ Berechnen Sie das arithmetische Mittel der Tütengewichte.

Lösung

Maschine A: $\overline{x}_A = \dfrac{9,8\,g \cdot 1 + 9,9\,g \cdot 4 + 10\,g \cdot 4 + 10,1\,g \cdot 2 + 10,2\,g \cdot 2}{13} = 10,0\,g$

Maschine B: $\overline{x}_B = \dfrac{9,8\,g \cdot 3 + 9,9\,g \cdot 2 + 10\,g \cdot 3 + 10,1\,g \cdot 2 + 10,2\,g \cdot 3}{13} = 10,0\,g$

Maschine C: $\overline{x}_C = \dfrac{9,7\,g \cdot 1 + 9,8\,g \cdot 2 + 9,9\,g \cdot 2 + 10\,g \cdot 4 + 10,2\,g \cdot 3 + 10,3\,g \cdot 1}{13} = 10,0\,g$

Bei allen drei Maschinen beträgt das arithmetische Mittel der Tütenfüllungen 10,0 g.

→ Berechnen Sie für alle drei Maschinen die Differenz zwischen dem kleinsten und dem größten auftretenden Tütengewicht, die sogenannte *Spannweite*.

Lösung

Maschine A: 10,2 g – 9,8 g = 0,4 g

Maschine B: 10,2 g – 9,8 g = 0,4 g

Maschine C: 10,3 g – 9,7 g = 0,6 g

Die Maschinen A und B haben mit 0,4 g die gleiche Spannweite, die Spannweite der Maschine C beträgt 0,6 g, ist also 0,2 g größer.

→ Trotz gleicher Spannweiten scheint Maschine A genauer zu arbeiten als Maschine B, da sich bei A mehr Werte in der Nähe des arithmetischen Mittels befinden. Berechnen Sie daher das arithmetische Mittel der Abweichungen der Tütenfüllungen von 10,0 g.

Lösung

Maschine A: $\dfrac{(9,8-10)\cdot 1+(9,9-10)\cdot 4+(10-10)\cdot 4+(10,1-10)\cdot 2+(10,2-10)\cdot 2}{13}=0$

Maschine B: $\dfrac{(9,8-10)\cdot 3+(9,9-10)\cdot 2+(10-10)\cdot 3+(10,1-10)\cdot 2+(10,2-10)\cdot 3}{13}=0$

Maschine C: $\dfrac{(9,7-10)\cdot 1+(9,8-10)\cdot 2+(9,9-10)\cdot 2+(10-10)\cdot 4+(10,2-10)\cdot 3+(10,3-10)\cdot 1}{13}=0$

Das arithmetische Mittel der Abweichungen aller drei Maschinen beträgt 0, da sich positive und negative Abweichungen jeweils aufheben.

→ Das arithmetische Mittel der Abweichungen ist also ungeeignet, um die Streuung der Füllmengen zu beschreiben. Um zu verhindern, dass sich positive und negative Abweichungen aufheben, könnte man die Beträge der Abweichungen bilden. Üblich ist es jedoch, die Abweichungen zu quadrieren und das arithmetische Mittel der quadrierten Abweichungen zu bilden. Anschließend zieht man daraus die Wurzel, um ein Ergebnis in derselben Maßeinheit Gramm wie die Füllmengen zu erhalten. Berechnen Sie für alle drei Maschinen dieses Streuungsmaß, die sogenannte *empirische Standardabweichung*.

Lösung

Maschine A: $\sqrt{\dfrac{(9,8-10)^2\cdot 1+(9,9-10)^2\cdot 4+(10-10)^2\cdot 4+(10,1-10)^2\cdot 2+(10,2-10)^2\cdot 2}{13}}=0,117$

Maschine B: $\sqrt{\dfrac{(9,8-10)^2\cdot 3+(9,9-10)^2\cdot 2+(10-10)^2\cdot 3+(10,1-10)^2\cdot 2+(10,2-10)^2\cdot 3}{13}}=0,148$

Maschine C: $\sqrt{\dfrac{(9,7-10)^2+(9,8-10)^2\cdot 2+(9,9-10)^2\cdot 2+(10-10)^2\cdot 4+(10,2-10)^2\cdot 3+(10,3-10)^2}{13}}$

$=0,175$

Aus diesen drei Vergleichswerten erkennt man: Bei Maschine A streuen die Abfüllmengen am wenigsten, bei Maschine B etwas mehr und bei Maschine C am stärksten.

Information

Empirische Standardabweichung einer Häufigkeitsverteilung

Die **(empirische) Standardabweichung** $\bar{s}$ ist ein Maß für die Streuung einer Häufigkeitsverteilung um ihr arithmetisches Mittel $\bar{x}$. Hat die Häufigkeitsverteilung die Werte $x_1, \ldots, x_m$ mit den relativen Häufigkeiten $h(x_1), \ldots, h(x_m)$, so wird festgelegt:

$$\bar{s}=\sqrt{(x_1-\bar{x})^2\cdot h(x_1)+\ldots+(x_m-\bar{x})^2\cdot h(x_m)}$$

Man kann die Standardabweichung auch schrittweise berechnen, indem man die **mittlere quadratische Abweichung** $\bar{s}^2$ berechnet und daraus die Wurzel zieht:

$$\bar{s}=\sqrt{\bar{s}^2}$$

Im Basketball-Training werfen Kinder zweimal auf den Korb.

Anzahl x_i der Treffer	0	1	2
$h(x_i)$ dieser Trefferzahl	0,2	0,3	0,5

Das arithmetische Mittel der Trefferzahl ist $\bar{x}=0\cdot 0,2+1\cdot 0,3+2\cdot 0,5=1,3$.

Mittlere quadratische Abweichung:
$\bar{s}^2=(0-1,3)^2\cdot 0,2+(1-1,3)^2\cdot 0,3$
$\quad +(2-1,3)^2\cdot 0,5=0,61$

Standardabweichung: $\bar{s}=\sqrt{0,61}\approx 0,78$

Mit den Befehlen σ_n bzw. σ_x kann man die Standardabweichung mit einem Rechner bestimmen.

σ (sigma): griechischer Buchstabe

4 ☰ Ein Tierheim hat ein Jahr lang über alle Katzengeburten im Heim Buch geführt. Notiert wurde, wie viele junge Kätzchen eine Katzenmutter zur Welt brachte.

Bestimmen Sie die empirische Standardabweichung dieser Häufigkeitsverteilung.

Anzahl x_i der Babys bei einer Geburt (Wurf)	1	2	3	4	5	6	7
Anzahl $H(x_i)$ der Katzenmütter mit x_i Babys	0	1	2	6	5	3	1

5 ☰ Die Tabelle zeigt Wertungen der beiden erstplatzierten Paare in acht Folgen einer Tanzshow im Fernsehen. Untersuchen Sie, welches Paar die konstantere Leistung zeigte.

	Wertungen für die gezeigten Tänze							
Paar 1	24	26	20	25	18	29	30	23
Paar 2	25	29	19	23	17	22	18	29

6 ☰ Ein Lebensmittelhändler möchte Aprikosen von möglichst gleichmäßiger Qualität verkaufen. Er vergleicht je eine Stichprobe zweier Anbieter.

Gewicht x_i in g	34	35	36	37	38	39	40	41	42	43
$h(x_i)$	0,06	0,1	0,12	0,15	0,13	0,14	0,11	0,08	0,07	0,04

Gewicht x_i in g	33	34	35	36	37	38	39	40	41	42
$h(x_i)$	0,01	0,03	0,06	0,09	0,13	0,21	0,21	0,17	0,07	0,02

Vergleichen Sie das mittlere Gewicht und die Standardabweichung der Aprikosen beider Anbieter. Beurteilen Sie damit, für welchen Anbieter sich der Händler entscheiden sollte.

7 ☰ Bei Lebensmitteln stimmen die angegebenen Inhaltsmengen oft nicht genau. Eine Überprüfung der Inhalte von Kakaopackungen ergab folgende relativen Häufigkeiten:

Inhalt in g	491	492	493	494	495	496	497	498	499	500
Sorte A	0,00	0,02	0,00	0,04	0,08	0,09	0,05	0,09	0,08	0,10
Sorte B	0,01	0,00	0,03	0,04	0,08	0,05	0,07	0,09	0,06	0,07

Inhalt in g	501	502	503	504	505	506	507	508	509	510
Sorte A	0,09	0,13	0,10	0,08	0,01	0,00	0,03	0,00	0,00	0,01
Sorte B	0,08	0,10	0,11	0,09	0,05	0,04	0,01	0,00	0,02	0,00

Vergleichen Sie die Inhaltsmengen der beiden Sorten mithilfe des arithmetischen Mittels und der empirischen Standardabweichung.

mittleres Temperaturmaximum:
Mittelwert der täglichen Temperaturmaxima

8 ☰ Die Tabelle zeigt die langjährigen mittleren Temperaturmaxima der Städte Berlin und Bonn in den einzelnen Monaten.

°C	Jan.	Feb.	Mär.	Apr.	Mai	Jun.	Jul.	Aug.	Sep.	Okt.	Nov.	Dez.
Berlin	1,7	3,0	7,9	13,5	19,1	22,3	23,8	23,3	19,4	13,3	7,0	3,2
Bonn	4,7	6,1	9,9	14,1	18,6	21,8	23,2	22,8	19,8	14,7	9,0	5,8

Vergleichen Sie die Städte mithilfe des arithmetischen Mittels und der Standardabweichung.

9 ≡ ⊞ Nathan Chen wurde bei der WM 2019 Weltmeister im Eiskunstlauf.

Die Tabelle zeigt die Bewertung der einzelnen Programmkomponenten seiner Kür durch die neun Jurymitglieder.

Juror / Programm-komponente	J1	J2	J3	J4	J5	J6	J7	J8	J9
Scating Skills (Eislauffertigkeit)	9,75	9,50	9,50	9,50	9,25	9,75	9,50	9,50	9,25
Transitions (Verbindungselemente)	9,50	9,00	9,50	9,25	9,00	9,75	8,75	9,25	9,00
Performance (Durchführung)	9,50	9,50	9,50	9,75	9,75	10,00	9,00	9,75	9,50
Composition (Choreografie)	9,50	9,25	9,75	9,50	9,50	9,75	9,25	9,75	9,25
Interpretation	9,50	9,75	9,50	9,50	9,50	9,75	9,00	9,75	9,50

a) Bestimmen Sie arbeitsteilig

(1) das arithmetische Mittel der Punkte für jede Programmkomponente;

(2) die empirische Standardabweichung für jede Programmkomponente.

b) Tragen Sie die Ergebnisse zusammen. Bei welcher Programmkomponente waren sich die Juroren besonders uneinig, bei welcher besonders einig?

Weiterüben

10 ≡ Die Schülerinnen und Schüler eines Kurses haben mit einem Videofilm zu Situationen im Straßenverkehr ihre Reaktionszeiten auf ein unerwartetes Ereignis gemessen:

> 1,02 s; 1,15 s; 1,10 s; 1,26 s; 1,19 s; 1,11 s; 1,06 s; 1,13 s; 1,15 s; 1,18 s;
> 1,22 s; 1,04 s; 1,11 s; 1,16 s; 1,17 s; 1,24 s; 1,07 s; 1,21 s; 1,09 s; 1,14 s

a) Begründen Sie, dass man kein aussagekräftiges Säulendiagramm erhält, wenn man diese Daten so darstellt.

b) Fassen Sie daher die Daten in Klassen zusammen: $1,00 \leq t < 1,05$; $1,05 \leq t < 1,10$; ... Zeichnen Sie für die so klassierten Daten ein Säulendiagramm.

c) Berechnen Sie zunächst das arithmetische Mittel der Originaldaten.

Bei manchen Erhebungen werden nur die schon zu Klassen zusammengefassten Werte veröffentlicht. Auch aus ihnen lässt sich näherungsweise das arithmetische Mittel berechnen, indem man ersatzweise für alle Daten einer Klasse die Klassenmitte wählt. Führen Sie dies zum Vergleich für die klassierten Daten durch.

d) Berechnen Sie für sowohl die Originaldaten als auch die klassierten Daten die empirische Standardabweichung und vergleichen Sie die Ergebnisse.

11 ≡ Das Statistische Bundesamt veröffentlichte auf Basis des Mikrozensus 2017 folgende Daten zur Anzahl der Kinder in Familien in Deutschland:

Anzahl k der Kinder	1	2	3	4	5 und mehr
Anteil h (k) der Familien mit k Kindern	51,4 %	36,6 %	9,3 %	2,0 %	0,7 %

Prüfen Sie die Aussage des Zeitungsartikels.

> **In Deutschland wieder mehr Kinder**
>
> Mit durchschnittlich 1,64 Kindern pro Familie hält die Trendwende zu wieder mehr Kindern in Deutschland im Jahr 2017 an.

Boxplots

Zum Vergleich der Leistungen der Schülerinnen und Schüler in verschiedenen Ländern (PISA-Studie) oder Klassen werden Tests geschrieben. Die Veröffentlichung aller Einzelergebnisse ist oft zu umfangreich. Die bloße Angabe eines Mittelwerts dagegen zeigt viele Besonderheiten nicht. Daher zeichnet man oft sogenannte Boxplots.

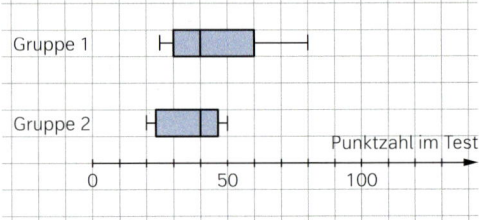

Ein **Boxplot** ist folgendermaßen aufgebaut:

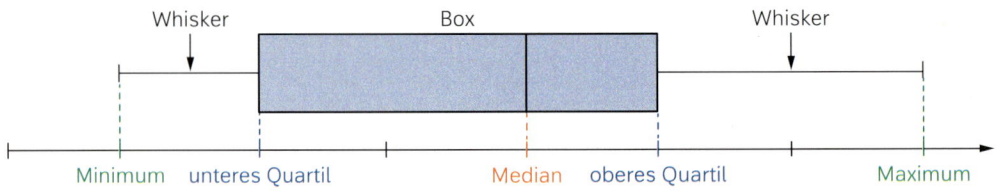

Median:
in der Mitte stehender Wert einer Datenreihe, die der Größe nach geordnet ist

Im Bereich der Box befindet sich die Hälfte der Werte. Der Median aller Daten ist zusätzlich gekennzeichnet. Die Whisker verbinden die Box mit dem kleinsten und größten Wert.
Der Median der unteren Hälfte wird auch als **unteres Quartil** bezeichnet, der Median der oberen Hälfte der Daten als **oberes Quartil**.
Die Differenz von oberem und unterem Quartil heißt **Quartilsabstand**.

1 Vergleichen Sie die in den Boxplots dargestellten Leistungen der beiden Gruppen.

2 Bei einem Reaktionstest ergaben sich Daten, die mithilfe eines Boxplots dargestellt werden können (Angaben in Sekunden). Welche Informationen lassen sich dem Diagramm entnehmen?

3 In einer Studie wurde das Körpergewicht von 74 Sportlerinnen und 102 Sportlern erfasst. Die Grafik zeigt die Boxplots dazu im Vergleich.
Werten Sie die Grafik möglichst umfassend aus, indem Sie sämtliche mögliche Daten entnehmen und zueinander in Beziehung setzen.

Boxplots werden wie hier auch häufig vertikal dargestellt.

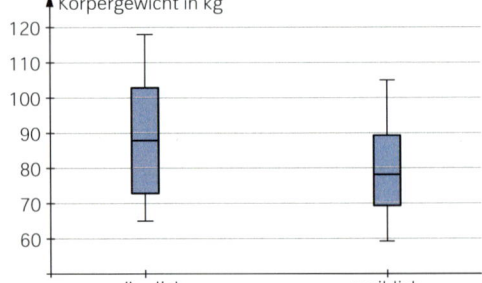

4 Alex trainiert für den 7,5-km-Stadtlauf. Er läuft mit einer Trainingsapp auf seinem Smartphone, die die gelaufenen Zeiten in Minuten festhält:

49; 40; 40; 39; 37; 40; 38; 42; 35; 38; 37; 44; 41

Ermitteln Sie die Kennwerte der Datenreihe und zeichnen Sie den zugehörigen Boxplot.

5 Eine Autozeitschrift hat ein Automodell von 14 Frauen und 18 Männern auf den Benzinverbrauch in Liter pro 100 km testen lassen.

Frauen: 7,0; 4,8; 6,1; 8,8; 4,5; 5,7; 7,9; 5,7; 7,4; 4,8; 5,6; 7,2; 5,3; 5,4

Männer: 6,3; 8,9; 9,0; 5,4; 9,4; 8,9; 7,6; 5,3; 7,3; 7,2; 6,3; 7,9; 4,6; 6,0; 9,8; 6,5

Vergleichen Sie die Stichproben anhand von Boxplots.

6 Ordnen Sie die Säulendiagramme zum Taschengeld pro Monat in Euro bei 100 befragten Schülerinnen und Schülern den zugehörigen Boxplots zu.

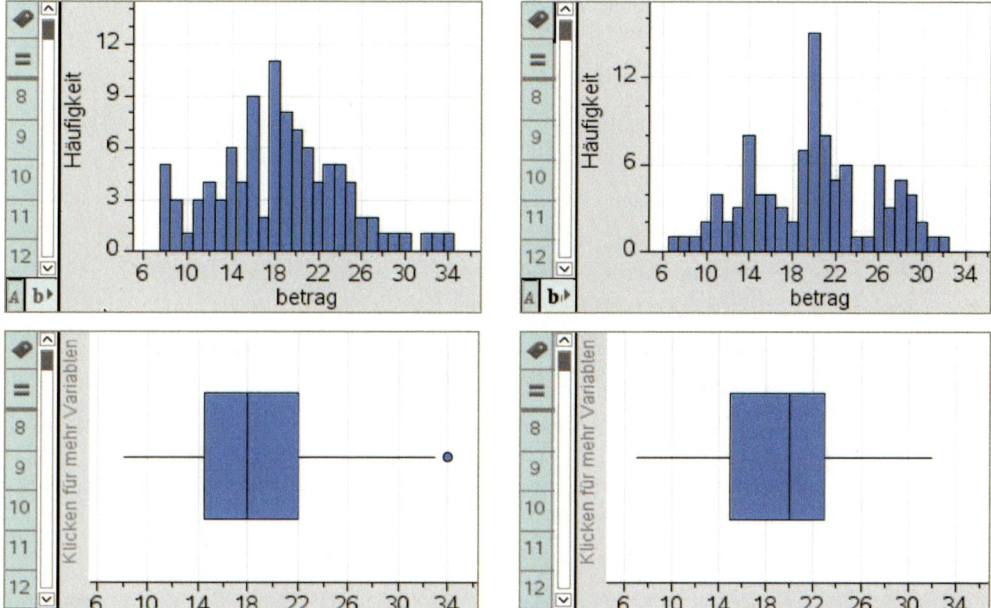

7 Die Grafiken zeigen die Anzahl der Milchzähne bei zwei Gruppen von 100 untersuchten Kindern unter drei Jahren. Zeichnen Sie jeweils einen passenden Boxplot.

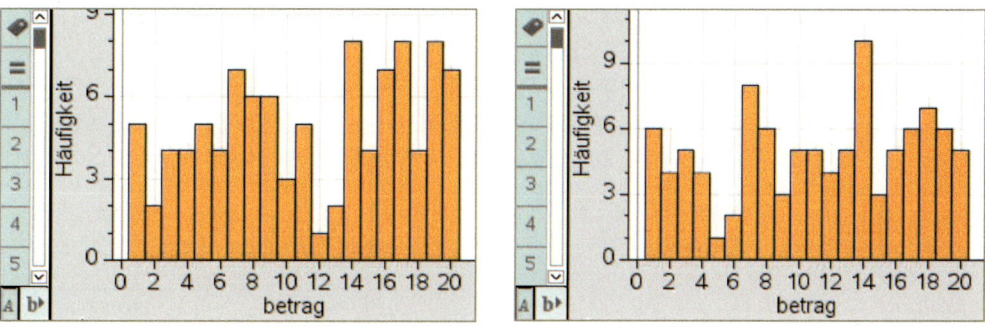

5.2 Wahrscheinlichkeitsverteilung – Erwartungswert einer Zufallsgröße

Einstieg

Bei einem Würfelspiel mit zwei Würfeln beträgt der Einsatz 2 €. Würfelt man einen Pasch oder ein „Mäxchen" (eine 2 und eine 1), so erhält man folgende Auszahlung:

Pasch und Mäxchen gewinnen:						
11	22	33	44	55	66	21
1€	2€	3€	4€	5€	6€	10€

Wie hoch ist der zu erwartende Gewinn oder Verlust?

Aufgabe mit Lösung

Bestimmen des Erwartungswertes einer Zufallsgröße

Bei einem Schulfest möchte die Q1 ein Glücksspiel zugunsten der Abikasse anbieten:
Die Kunden drehen an zwei Glücksrädern und erhalten beim Erscheinen der entsprechenden Symbole im Gewinnfeld eine Auszahlung. Der Einsatz beträgt 1 €.

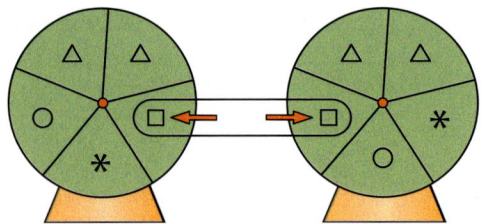

> Spielen und gewinnen!
> 5 € bei zwei Quadraten
> 2 € bei zwei anderen gleichen Symbolen
> 1 € bei genau einem Kreis
> Teilnahme nur 1 €

Kann die Q1 mit diesem Glücksspiel Einnahmen für die Abikasse erwarten?

Lösung

Mit einem zweistufigen Baumdiagramm ermittelt man:

P (zwei Quadrate) $= \frac{1}{5} \cdot \frac{1}{5} = \frac{1}{25}$ P (zwei andere gleiche Symbole) $= 2 \cdot \frac{1}{5} \cdot \frac{1}{5} + \frac{2}{5} \cdot \frac{2}{5} = \frac{6}{25}$

P (genau ein Kreis) $= \frac{1}{5} \cdot \frac{4}{5} + \frac{4}{5} \cdot \frac{1}{5} = \frac{8}{25}$ P (Verlust) $= 1 - \frac{1}{25} - \frac{6}{25} - \frac{8}{25} = \frac{10}{25} = \frac{2}{5}$

Damit ergibt sich folgende Wahrscheinlichkeitsverteilung:

Auszahlung	5€	2€	1€	0€
Wahrscheinlichkeit	$\frac{1}{25}$	$\frac{6}{25}$	$\frac{8}{25}$	$\frac{2}{5}$

Diese Wahrscheinlichkeiten sind Schätzwerte für die relativen Häufigkeiten, wenn man das Zufallsexperiment oft durchführt. Berechnet man das arithmetische Mittel dieser Häufigkeitsverteilung, so erhält man als durchschnittlich zu erwartende Auszahlung:

$5 € \cdot \frac{1}{25} + 2 € \cdot \frac{6}{25} + 1 € \cdot \frac{8}{25} = \frac{25}{25} € = 1 €$

Da dies mit dem Spieleinsatz von 1 € übereinstimmt, kann die Q1 auf lange Sicht weder Einnahmen noch Verluste erwarten. Um einen Gewinn zu erzielen, sollte sie den Teilnahmepreis erhöhen oder die Gewinne verringern oder die Gewinnregel verändern.

Information

Zufallsgrößen und deren Wahrscheinlichkeitsverteilung

Eine **Zufallsgröße X** ordnet jedem Ergebnis eines Zufallsexperiments eine reelle Zahl k zu.

Alle Ergebnisse, denen die Zahl k zugeordnet wird, kann man zu einem Ereignis zusammenfassen. Dieses Ereignis beschreibt man durch $X = k$.

Die **Wahrscheinlichkeitsverteilung** einer Zufallsgröße X ordnet jedem Wert k der Zufallsgröße seine Wahrscheinlichkeit $P(X = k)$ zu.

Eine Münze wird dreimal geworfen. Je Wappen beträgt der Gewinn 1 €, je Zahl ist 1 € zu zahlen.

Zufallsgröße X: *Gewinn/Verlust beim dreifachen Münzwurf*

Ergebnis	Gewinn k	Ereignis	$P(X = k)$
W W W	3	$X = 3$	$P(X=3)$ $=\frac{1}{2}\cdot\frac{1}{2}\cdot\frac{1}{2}=\frac{1}{8}$
W W Z	1		
W Z W	1	$X = 1$	$P(X=1)$ $=3\cdot\left(\frac{1}{2}\cdot\frac{1}{2}\cdot\frac{1}{2}\right)=\frac{3}{8}$
Z W W	1		
W Z Z	−1		
Z W Z	−1	$X = -1$	$P(X=-1)$ $=3\cdot\left(\frac{1}{2}\cdot\frac{1}{2}\cdot\frac{1}{2}\right)=\frac{3}{8}$
Z Z W	−1		
Z Z Z	−3	$X = -3$	$P(X=-3)$ $=\frac{1}{2}\cdot\frac{1}{2}\cdot\frac{1}{2}=\frac{1}{8}$

Erwartungswert einer Zufallsgröße

Eine Zufallsgröße X nimmt die Werte $a_1, ..., a_m$ mit den Wahrscheinlichkeiten $P(X = a_1), ..., P(X = a_m)$ an.
Der **Erwartungswert** der Zufallsgröße X ist:

$$E(X) = a_1 \cdot P(X = a_1) + ... + a_m \cdot P(X = a_m)$$

Er beschreibt das zu erwartende arithmetische Mittel der aufgetretenen Werte der Zufallsgröße bei häufiger Versuchsdurchführung.

> Ein Spiel ist **fair**, wenn der Erwartungswert des Gewinns gleich 0 ist.

Der Erwartungswert für den Gewinn beträgt

$$E(X) = 3 \cdot \frac{1}{8} + 1 \cdot \frac{3}{8} + (-1) \cdot \frac{3}{8} + (-3) \cdot \frac{1}{8} = 0$$

Man kann erwarten, in dem Spiel langfristig weder Geld zu gewinnen noch Geld zu verlieren. Man sagt: Das Spiel ist *fair*.

Anmerkung: Für den Erwartungswert einer Zufallsgröße X schreibt man auch μ statt $E(X)$.

Üben

1 ≡ Übertragen Sie die Tabelle in Ihr Heft und bestimmen Sie den Erwartungswert der Zufallsgröße X.

k	10	25	40	80	Summe
$P(X = k)$	0,41	0,33	0,17	0,09	
$k \cdot P(X = k)$					

2 ≡ Bestimmen Sie die Wahrscheinlichkeitsverteilung der Zufallsgröße X und berechnen Sie deren Erwartungswert.

a) X: *Augensumme beim zweifachen Werfen eines Würfels*

b) X: *Augenprodukt beim zweifachen Werfen eines Würfels*

c) X: *größtmögliche Zahl, die sich ergibt, wenn man die beim zweifachen Werfen eines Würfels gewürfelten Zahlen als Ziffern einer zweistelligen Zahl notiert*

3 ≡ Ein Wurf bei einer Hunderasse umfasst ein bis zwölf Welpen.

Bestimmen Sie den Erwartungswert der Zufallsgröße X: *Anzahl der Welpen pro Wurf*.

Wurfgröße k	1	2	3	4	5	6	7	8	9	10	11	12
$P(X=k)$	0,01	0,01	0,02	0,06	0,15	0,25	0,25	0,15	0,06	0,02	0,01	0,01

4 ≡ Ein Ikosaeder ist ein regelmäßiger
Körper mit 20 Flächen. Als Zufallsgerät wird
er mit den Zahlen 1 bis 20 beschriftet.
Die Zufallsvariable X gibt die Quersumme
der damit gewürfelten Zahl an.

a) Bestimmen Sie die Wahrscheinlichkeitsverteilung der Zufallsgröße X mithilfe einer
Tabelle wie hier abgebildet.

Quersumme k	1	2		...
zugehörige Ergebnisse	1; 10	2; 20; 11		...
$P(X=k)$	...	...		...

b) Bestimmen Sie den Erwartungswert der Zufallsgröße X.

5 ≡ Bei einem Spielautomaten wird jedem Ergebnis eine Auszahlung zugeordnet.
Eine Firma hat einen Automaten so eingestellt, dass er pro Spiel in 25 % der Fälle kein Geld
ausschüttet, in 40 % der Fälle 50 Cent, in 23 % der Fälle 1 €, in 10 % der Fälle 2 € und in 2 %
der Fälle 5 €.
Der Einsatz pro Spiel beträgt 1 €. Ermitteln Sie, welche Auszahlung bei diesem Spielautomaten im Mittel auf lange Sicht zu erwarten ist.

6 ≡ Ordnen Sie Zufallsexperiment und Wahrscheinlichkeitsverteilung einander begründet zu.

(1)
Ein Würfel wird mit den
Zahlen 1, 1, 1, 2, 2, 2
beschriftet und dreimal
geworfen.

(2)
Die abgebildeten Glücks-
räder werden gedreht und
die Augensumme wird
gebildet.

(3)
Aus den abgebildeten
Spielkarten werden zwei
ohne Zurücklegen gezogen
und die Zahlen multipliziert.

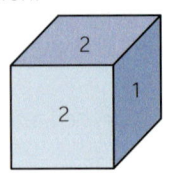
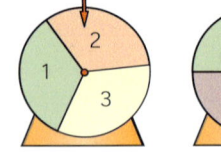
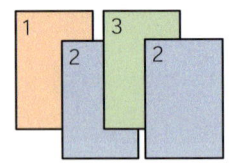

(A)
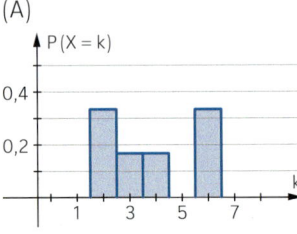

(B)
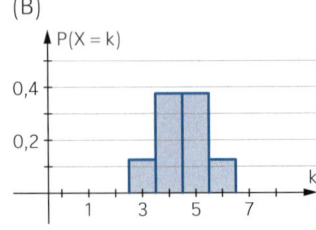

(C)
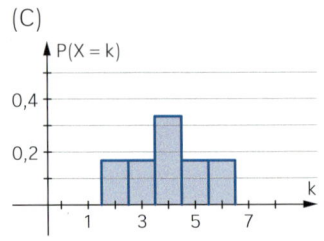

7 ☰ In einem Spielautomaten drehen sich zwei Räder, auf denen jeweils die vier Symbole ♠, ♣, ♥, ♦ mehrfach, aber gleich oft aufgetragen sind.

a) Welche Auszahlung kann man im Mittel pro Spiel erwarten?

b) Untersuchen Sie, bei welchem Spieleinsatz das Spiel fair ist.

Ergebnis	Auszahlung
♣ ♠, ♠ ♣	0,00 €
♦ ♣, ♣ ♦, ♠ ♦, ♦ ♠	0,10 €
♥ ♣, ♣ ♥, ♥ ♠, ♠ ♥	0,20 €
♣ ♣, ♠ ♠, ♦ ♦	0,30 €
♥ ♦, ♦ ♥	0,40 €
♥ ♥	0,50 €

8 ☰ Der Erwartungswert der Zufallsgröße beträgt $E(X) = 9{,}84$.
Bestimmen Sie die fehlenden Werte.

k	4	6	10	▪	16
$P(X=k)$	0,15	0,2	0,18	▪	0,15

Weiterüben

9 ☰ Das abgebildete Glücksrad wird gedreht. Bleibt der Zeiger auf Rot stehen, erhält der Spieler eine Auszahlung von 2 €. Der Spieleinsatz beträgt 1 €.
Verändern Sie das Glücksspiel so, dass es ein faires Spiel wird, indem Sie

a) den Einsatz verändern;

b) die Auszahlung verändern;

c) die Größe bzw. Anzahl der Sektoren auf dem Glücksrad verändern.

10 ☰ Ein mobiler Crêpe-Verkäufer hat folgende Erfahrungswerte:

In der Innenstadt nimmt er täglich 200 € ein; im Stadtpark nimmt er an Sonnentagen sogar 600 € ein, bei viel Regen 0 € und sonst 70 €.

Nach einer neuen Verordnung der Stadt darf er seinen Verkaufswagen nur noch an einem festen Standort aufstellen.

Laut Wetterstatistik scheint in der Region an 30 von 100 Tagen die Sonne und an 34 von 100 Tagen regnet es viel.

Bestimmen Sie anhand der Erfahrungen, die der Crêpe-Verkäufer gemacht hat, für welchen Standort er sich entscheiden sollte.

11 ☰ Bei einem Gewinnspiel werden alle Auszahlungen
a) verdoppelt; **b)** um 20 % erhöht.
Wie ändert sich der Erwartungswert der Zufallsgröße X: *Höhe der Auszahlung*?

12 ☰ Berechnen Sie die Erwartungswerte für die Augensumme beim Würfeln mit einem, zwei bzw. drei Würfeln. Was fällt auf? Erklären Sie Ihre Beobachtungen.

5.3 Standardabweichung einer Zufallsgröße

Einstieg

Ein Roulette-Kessel ist in 37 gleich große Felder unterteilt. Davon sind die Felder 1 bis 36 abwechselnd schwarz und rot gefärbt; das 37. Feld ist grün und trägt die Ziffer 0.

Beim Spiel wird eine Kugel in den sich drehenden Kessel geworfen und bleibt dann zufällig in einem der Felder liegen. Setzt man auf eine konkrete Zahl, so erhält man im Gewinnfall das 36-Fache des Einsatzes ausgezahlt. Setzt man auf die Farbe Schwarz oder Rot, so gibt es den doppelten Einsatz als Auszahlung.

Ein Spieler setzt auf Schwarz, der andere auf die Zahl 13. Welchen Gewinn haben die beiden zu erwarten? Bei welcher Variante streuen die Gewinne stärker um den Erwartungswert?

Aufgabe mit Lösung

Streuung der Werte um den Erwartungswert einer Zufallsgröße

Der Einsatz an zwei Spielautomaten beträgt jeweils 0,20 €. Die Ausschüttung erfolgt nach den folgenden Plänen:

Automat A:

Betrag in €	0	0,20	0,50	1	2
Wahrscheinlichkeit	0,79	0,10	0,05	0,04	0,02

Automat B:

Betrag in €	0	0,10	0,20	0,50	1	2
Wahrscheinlichkeit	0,60	0,20	0,10	0,05	0,04	0,01

→ Vergleichen Sie den Erwartungswert der Auszahlungsbeträge an beiden Automaten.

Lösung

Für jeden Automaten berechnet man den Erwartungswert der Zufallsgröße.

X_A: Auszahlungsbetrag bei Automat A in €

X_B: Auszahlungsbetrag bei Automat B in €

$\mu_A = E(X_A) = 0 \cdot 0{,}79 + 0{,}20 \cdot 0{,}1 + 0{,}50 \cdot 0{,}05 + 1 \cdot 0{,}04 + 2 \cdot 0{,}02 = 0{,}125$

$\mu_B = E(X_B) = 0 \cdot 0{,}6 + 0{,}10 \cdot 0{,}2 + 0{,}20 \cdot 0{,}1 + 0{,}50 \cdot 0{,}05 + 1 \cdot 0{,}04 + 2 \cdot 0{,}01 = 0{,}125$

Bei beiden Automaten beträgt der zu erwartende Auszahlungsbetrag 0,125 € = 12,5 Cent pro Spiel.

→ Untersuchen Sie das Streuverhalten der Auszahlungsbeträge um den Erwartungswert.

Lösung

Die Wahrscheinlichkeiten für die einzelnen Auszahlungsbeträge sind Schätzwerte für die relativen Häufigkeiten, wenn man das Zufallsexperiment oft durchführt.

Man erhält also einen Schätzwert für die empirische Standardabweichung in einer großen Stichprobe, wenn man in der Formel die relativen Häufigkeiten durch die Wahrscheinlichkeiten und das arithmetische Mittel durch den Erwartungswert ersetzt.

Damit ergibt sich für die Standardabweichung vom Erwartungswert 0,125 €

- beim Automaten A:

$$\sqrt{(0\,€ - 0{,}125\,€)^2 \cdot 0{,}79 + (0{,}20\,€ - 0{,}125\,€)^2 \cdot 0{,}1 + \ldots + (2\,€ - 0{,}125\,€)^2 \cdot 0{,}02} = 0{,}348\,€$$

- beim Automaten B:

$$\sqrt{(0\,€ - 0{,}125\,€)^2 \cdot 0{,}6 + (0{,}10\,€ - 0{,}125\,€)^2 \cdot 0{,}2 + \ldots + (2\,€ - 0{,}125\,€)^2 \cdot 0{,}01} = 0{,}288\,€$$

Beim Automaten A streuen die ausgezahlten Beträge stärker um den Erwartungswert 0,125 € als beim Automaten B. Ein Grund dafür ist, dass beim Automaten A die Wahrscheinlichkeit für den Hauptgewinn mit 2 € doppelt so groß ist wie beim Automaten B. Hieraus ergibt sich, dass beim Automaten A höhere Gewinne, aber auch stärkere Verluste wahrscheinlicher sind als beim Automaten B. Ein vorsichtiger Spieler wird also am Automaten B spielen, ein risikoreicherer Spieler am Automaten A. Auf lange Sicht verliert man an beiden Automaten ohnehin 20 Cent – 12,5 Cent = 7,5 Cent pro Spiel.

Information

Standardabweichung einer Zufallsgröße

Eine Zufallsgröße X nimmt die Werte $a_1, \ldots, a_m$ mit den Wahrscheinlichkeiten $P(X = a_1), \ldots, P(X = a_m)$ an und hat den Erwartungswert $\mu = E(X)$.
Die **Standardabweichung σ** der Zufallsgröße X ist:

$$\sigma = \sqrt{(a_1 - \mu)^2 \cdot P(X = a_1) + \ldots + (a_m - \mu)^2 \cdot P(X = a_m)}$$

Sie ist ein Maß für die Streuung der Wahrscheinlichkeitsverteilung um μ.

Man kann beim Berechnen der Standardabweichung zunächst die **mittlere quadratische Abweichung σ^2** oder auch **Varianz** ermitteln:

$$\sigma^2 = (a_1 - \mu)^2 \cdot P(X = a_1) + \ldots + (a_m - \mu)^2 \cdot P(X = a_m)$$

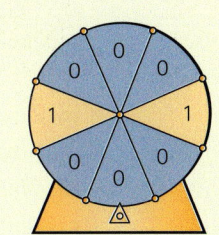

X: *Auszahlung in €*

$$\mu = E(X) = 0 \cdot 0{,}75 + 1 \cdot 0{,}25$$
$$= 0{,}25$$
$$\sigma = \sqrt{(-0{,}25)^2 \cdot 0{,}75 + 0{,}75^2 \cdot 0{,}25}$$
$$= \sqrt{0{,}1875} \approx 0{,}43$$

Statt σ^2 schreibt man auch $V(X)$.

Hinweise:

(1) Das Berechnen der Standardabweichung lässt sich gut in einer Tabelle schrittweise organisieren.
(2) Mit einem Rechner lässt sich die Standardabweichung von Zufallsgrößen ebenfalls berechnen. Informieren Sie sich über die Vorgehensweise bei Ihrem Rechnermodell.

k	...	
$P(X = k)$	...	Summe = 1
$k \cdot P(X = k)$	...	$E(X) = \ldots$
$k - \mu$	...	
$(k - \mu)^2$	...	
$(k - \mu)^2 \cdot P(X = k)$	...	$V(X) = \ldots$
		$\sigma = \sqrt{V(X)} = \ldots$

Üben

1 ≡ Neben fairen Würfeln werden auch gezinkte Würfel zum Kauf angeboten.

fairer Würfel						
Augenzahl	1	2	3	4	5	6
Wahrscheinlichkeit	$\frac{1}{6}$	$\frac{1}{6}$	$\frac{1}{6}$	$\frac{1}{6}$	$\frac{1}{6}$	$\frac{1}{6}$

gezinkter Würfel						
Augenzahl	1	2	3	4	5	6
Wahrscheinlichkeit	$\frac{1}{12}$	$\frac{1}{6}$	$\frac{1}{4}$	$\frac{1}{4}$	$\frac{1}{6}$	$\frac{1}{12}$

Stellen Sie beide Verteilungen grafisch dar und bestimmen Sie für beide Würfel Erwartungswert und Standardabweichung.

Erläutern Sie anhand der Diagramme die Bedeutung beider Werte.

2 ≡ Ein Spielautomat ist so programmiert, dass er verschiedene Beträge mit den angegebenen Wahrscheinlichkeiten auswirft. Der Spieleinsatz beträgt 1 €.

Auszahlung in €	1	2	3	4
Wahrscheinlichkeit der Auszahlung	$\frac{1}{4}$	$\frac{1}{9}$	$\frac{1}{15}$	$\frac{1}{20}$

Bestimmen Sie den Erwartungswert und die Standardabweichung der Zufallsgröße
X: Gewinn bei einem Spiel mit dem Spielautomaten.

3 ≡ Eine Firma fertigt Holzstifte zur Verbindung von Möbelteilen. Angestrebt wird ein Durchmesser von 5 mm. Bei Abweichungen von mehr als 0,2 mm sind die Stifte nicht zu gebrauchen. Die Zufallsgröße X beschreibt die Abweichung in mm.

Abweichung a_i in mm	−0,4	−0,2	0,0	0,2	0,4
$P(X = a_i)$	0,15	0,18	0,27	0,22	0,18

Bestimmen Sie den Erwartungswert und die Standardabweichung.

4 ≡ Gegeben ist ein fairer Würfel.
a) Bestimmen Sie die Standardabweichung der Augenzahlen beim Würfeln.
b) Würfeln Sie einen solchen Würfel 20-mal und notieren Sie Ihre Häufigkeitsverteilung.
c) Summieren Sie die Werte aus Teilaufgabe b) für Ihren gesamten Kurs und stellen Sie die Daten in einem Säulendiagramm dar.
d) Vergleichen Sie Ihr Ergebnis aus Teilaufgabe b) mit dem aus Teilaufgabe a), also Realität und Modell, und diskutieren Sie die Bedeutung der Kenngrößen im Sachzusammenhang.

5 ≡ Die Fluggesellschaft Budgetfly bietet generell mehr Tickets pro Flug zum Verkauf an, als Plätze im Flugzeug vorhanden sind, da erfahrungsgemäß nicht alle gebuchten Flüge angetreten werden. So lassen sich Kosten sparen.
Eine Maschine verfügt über 150 Plätze; angeboten werden 155 Tickets.
Bekommen Passagiere keinen Platz im gebuchten Flugzeug, steht ihnen eine Erstattung des Flugpreises von 250 € zu.
Die empirisch ermittelte Wahrscheinlichkeit, dass zu viele Budgetfly-Passagiere ihren Flug wirklich antreten, ist in der Tabelle dargestellt.

überzählige Fluggäste	0	1	2	3	4	5
Wahrscheinlichkeit	0,68	0,17	0,08	0,04	0,02	0,01

Bestimmen Sie den Erwartungswert und die Standardabweichung der Erstattungssumme.

6 ≡ Bei einer Kalkulation für einen neuen Versicherungstarif für Pkw werden Schäden in grobe Kategorien eingeteilt. Aus den in der Vergangenheit gemeldeten Daten werden die Wahrscheinlichkeiten der Schadenshöhen prognostiziert. Für die Laufzeit von 24 Monaten ergibt sich pro Versicherungsvertrag folgende Wahrscheinlichkeitsverteilung:

Höhe des Schadens in €	150	300	500	1000	1500	2500	5000
Wahrscheinlichkeit	0,29	0,27	0,12	0,12	0,09	0,06	0,05

a) Bestimmen Sie die nach diesen Daten auf lange Sicht entstehende Schadenssumme in 24 Monaten pro Versicherungsvertrag. Ermitteln Sie, ob der geplante Monatsbeitrag von 35 € ausreichend ist.

b) Nach einigen Monaten wird klar, dass der in Teilaufgabe a) angegebene Monatsbeitrag viel zu knapp bemessen ist. Legen Sie einen neuen Monatsbeitrag fest und erläutern Sie Ihre Entscheidung.

c) Berechnen Sie die Standardabweichung der Zufallsgröße X: *Höhe des Schadens*.

Weiterüben

7 ≡ In einem Supermarkt werden pro Tag 3 kg von einer Bio-Frucht angeboten. Pro Kilogramm zahlt der Supermarkt an den Erzeuger 4,20 € und verkauft es für 6,50 €. Verdorbenes Obst muss an jedem Abend entsorgt werden. Der Geschäftsführer nutzt die bisherigen Verkaufszahlen für seine Planungen.

Nachfrage pro Tag in kg	0	1	2	3	4
Wahrscheinlichkeit	0,12	0,34	0,37	0,11	0,06

Der Geschäftsführer muss entscheiden, ob er die Frucht weiterhin anbieten soll. Dazu bestimmt er die zu erwartende Verkaufsmenge. Weiterhin ist es geschäftsschädigend, wenn die Frucht ausverkauft ist, da dann die Kunden zu einem Konkurrenten wechseln könnten. Mit welcher Streuung der Nachfrage muss der Geschäftsführer kalkulieren? Bestimmen Sie die Menge an Obst, die er dann vorhalten muss. Lohnt sich der Verkauf dieser Frucht?

8 ≡ Bei vier Glücksrädern werden die Gewinnbeträge wie in den Diagrammen gezeigt ausgeschüttet. Ordnen Sie die Glücksräder ohne weitere Rechnung nach der Größe ihrer Standardabweichung. Begründen Sie Ihr Ergebnis.

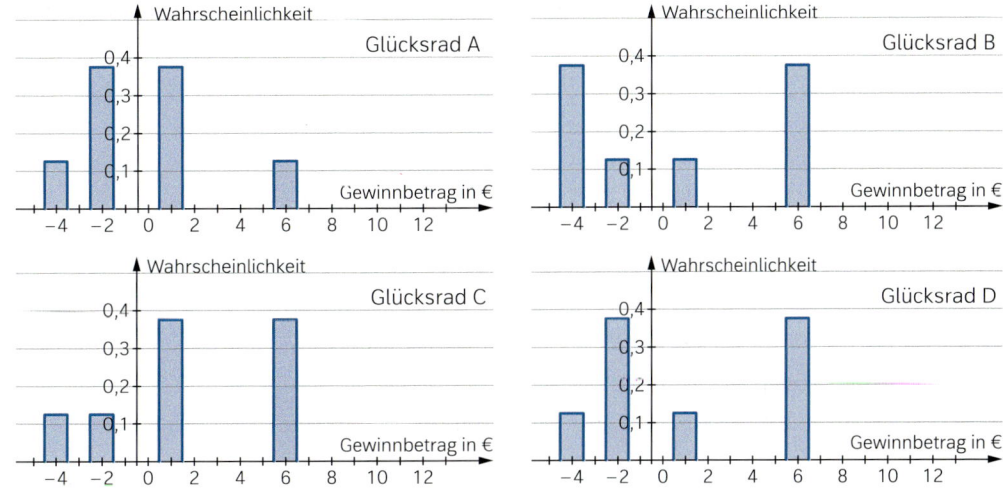

5.4 Binomialverteilung

Einstieg

🎲 Ein Hersteller von Erfrischungsgetränken wirbt damit, dass im Deckel jeder siebten Flasche ein Gewinncode abgedruckt ist. Joris kauft drei Flaschen des Erfrischungsgetränks.

Bestimmen Sie die Wahrscheinlichkeit dafür, dass Joris keinen, genau einen, zwei bzw. drei Gewinncodes erhält.

Aufgabe mit Lösung

Wahrscheinlichkeitsverteilung einer 3-stufigen Bernoulli-Kette

Julia schafft es im Schnitt nur an einem von fünf Schultagen, morgens beim ersten Klingeln aufzustehen. Die Zufallsgröße X gibt an, wie oft Julia an drei aufeinanderfolgenden Tagen beim ersten Klingeln aufsteht.

➡ Bestimmen Sie die Wahrscheinlichkeitsverteilung der Zufallsgröße X.

Lösung

Auf jeder Stufe des dreistufigen Zufallsexperiments interessiert nur, ob Julia direkt aufsteht (Erfolg) oder nicht (Misserfolg). Man erhält die folgenden Wahrscheinlichkeiten:

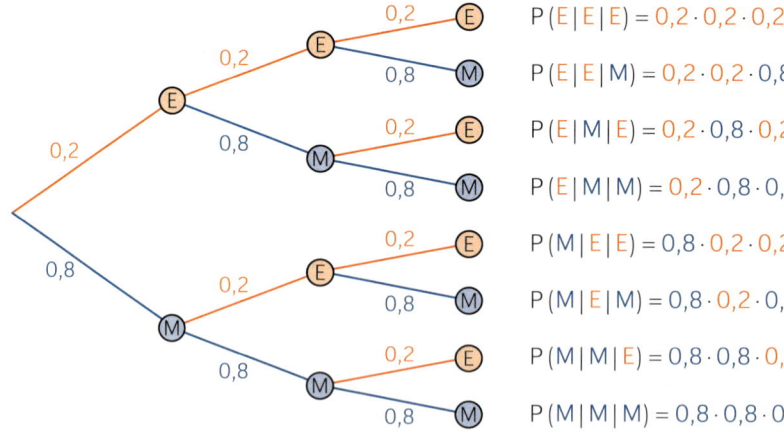

$P(E|E|E) = 0{,}2 \cdot 0{,}2 \cdot 0{,}2 = 0{,}2^3$

$P(E|E|M) = 0{,}2 \cdot 0{,}2 \cdot 0{,}8 = 0{,}2^2 \cdot 0{,}8$

$P(E|M|E) = 0{,}2 \cdot 0{,}8 \cdot 0{,}2 = 0{,}2^2 \cdot 0{,}8$

$P(E|M|M) = 0{,}2 \cdot 0{,}8 \cdot 0{,}8 = 0{,}2 \cdot 0{,}8^2$

$P(M|E|E) = 0{,}8 \cdot 0{,}2 \cdot 0{,}2 = 0{,}2^2 \cdot 0{,}8$

$P(M|E|M) = 0{,}8 \cdot 0{,}2 \cdot 0{,}8 = 0{,}2 \cdot 0{,}8^2$

$P(M|M|E) = 0{,}8 \cdot 0{,}8 \cdot 0{,}2 = 0{,}2 \cdot 0{,}8^2$

$P(M|M|M) = 0{,}8 \cdot 0{,}8 \cdot 0{,}8 = 0{,}8^3$

Für die Wahrscheinlichkeitsverteilung der Zufallsgröße X ergibt sich damit:

Anzahl k der Erfolge	Anzahl der Pfade	Wahrscheinlichkeit eines Pfades	Wahrscheinlichkeit P(X = k) für k Erfolge
3	1	$0{,}2^3 \cdot 0{,}8^0$	$1 \cdot 0{,}2^3 \cdot 0{,}8^0 = 0{,}008$
2	3	$0{,}2^2 \cdot 0{,}8^1$	$3 \cdot 0{,}2^2 \cdot 0{,}8^1 = 0{,}096$
1	3	$0{,}2^1 \cdot 0{,}8^2$	$3 \cdot 0{,}2^1 \cdot 0{,}8^2 = 0{,}384$
0	1	$0{,}2^0 \cdot 0{,}8^3$	$1 \cdot 0{,}2^0 \cdot 0{,}8^3 = 0{,}512$

Information

Jakob I
Bernoulli
(1655 – 1705)

Bernoulli-Experiment

Ein Zufallsexperiment mit nur zwei möglichen Ergebnissen heißt **Bernoulli-Experiment**. Die Ergebnisse nennt man **Erfolg** bzw. **Misserfolg**.
Die Erfolgswahrscheinlichkeit bezeichnet man mit p. Die Wahrscheinlichkeit für einen Misserfolg ist dann 1 − p.

Bernoulli-Kette und Binomialverteilung

Wird ein Bernoulli-Experiment n-mal durchgeführt und ändert sich die Erfolgswahrscheinlichkeit nicht, so spricht man von einer n-stufigen **Bernoulli-Kette**.
In der Regel wird dabei die Zufallsgröße X betrachtet, die die Anzahl der Erfolge angibt. Die Verteilung der Zufallsgröße X nennt man **Binomialverteilung**.

Binomialkoeffizient

Im Baumdiagramm einer n-stufigen Bernoulli-Kette nennt man die Anzahl der Pfade mit genau k Erfolgen **Binomialkoeffizient**.
Dieser wird mit $\binom{n}{k}$ bezeichnet.

Gelesen:
n über k

Man kann den Binomialkoeffizienten mit dem Taschenrechnerbefehl nCr bestimmen.

Bernoulli-Formel

Satz:

Für eine n-stufige Bernoulli-Kette mit der Erfolgswahrscheinlichkeit p gilt für die Wahrscheinlichkeit für genau k Erfolge:

$$P(X = k) = \binom{n}{k} \cdot p^k \cdot (1 - p)^{n-k}$$

Wahrscheinlichkeit für genau k Erfolge

Anzahl der Pfade mit genau k Erfolgen

Wahrscheinlichkeit eines Pfades mit genau k Erfolgen

Bernoulli-Experiment: Würfelwurf

Zum Beispiel wird eine Sechs als Erfolg angesehen. Alle anderen Augenzahlen gelten dann als Misserfolg.

Erfolgswahrscheinlichkeit: $p = \frac{1}{6}$

Misserfolgswahrscheinlichkeit: $1 - p = \frac{5}{6}$

Wirft man den Würfel 5-mal, so handelt es sich um eine 5-stufige Bernoulli-Kette.

Die Zufallsgröße X gibt nun die Anzahl der Sechsen an und kann die Werte 0, 1, 2, 3, 4, 5 annehmen. Die Verteilung von X ist eine Binomialverteilung.

Pfade im Baumdiagramm mit genau drei Sechsen:

– E – E – E – M – M
– E – E – M – E – M
– E – E – M – M – E   E: Erfolg; M: Misserfolg
– E – M – E – E – M
– E – M – E – M – E
– E – M – M – E – E
– M – E – E – M – E $\binom{5}{3} = 10$
– M – E – E – E – M
– M – E – M – E – E
– M – M – E – E – E   nCr(5,3)

k	P (X = k)
0	$P(X = 0) = \binom{5}{0} \cdot \left(\frac{1}{6}\right)^0 \cdot \left(\frac{5}{6}\right)^5 = 0,40188$
1	$P(X = 1) = \binom{5}{1} \cdot \left(\frac{1}{6}\right)^1 \cdot \left(\frac{5}{6}\right)^4 = 0,40188$
2	$P(X = 2) = \binom{5}{2} \cdot \left(\frac{1}{6}\right)^2 \cdot \left(\frac{5}{6}\right)^3 = 0,16075$
3	$P(X = 3) = \binom{5}{3} \cdot \left(\frac{1}{6}\right)^3 \cdot \left(\frac{5}{6}\right)^2 = 0,03215$
4	$P(X = 4) = \binom{5}{4} \cdot \left(\frac{1}{6}\right)^4 \cdot \left(\frac{5}{6}\right)^1 = 0,00322$
5	$P(X = 5) = \binom{5}{5} \cdot \left(\frac{1}{6}\right)^5 \cdot \left(\frac{5}{6}\right)^0 = 0,00013$

Anmerkung: Der Binomialkoeffizient wird in diesem Abschnitt immer mithilfe des Taschenrechners oder durch Abzählen bestimmt. Es gibt aber auch eine Formel zur Berechnung von $\binom{n}{k}$. Diese wird im Fokus *Binomialkoeffizienten* hergeleitet (Seite 206/207).

Üben

1 ≡ Entscheiden Sie, ob es sich bei dem jeweiligen Zufallsexperiment um eine Bernoulli-Kette handelt. Begründen Sie Ihre Entscheidung.

(1) Ein Würfel wird achtmal geworfen. Es wird die Augenzahl notiert.

(2) Ein Glücksrad mit Sektoren in den Farben Grün, Blau, Gelb und Rot wird gedreht. Es wird notiert, wie häufig Grün oder Rot gedreht wird.

(3) Zwei Münzen werden geworfen. Wenn beide Münzen das gleiche Ergebnis zeigen, gewinnt man.

(4) In einer Geldbörse befinden sich 1-Euro-, 2-Euro- und 50-Cent-Geldstücke. Es wird fünfmal nacheinander gezogen. 50-Cent-Geldstücke werden nach dem Ziehen wieder zurückgelegt, Eurostücke beiseitegelegt.

(5) Aus einer Urne mit 20 schwarzen und 10 weißen Kugeln werden 12 Kugeln gezogen. Die gezogenen Kugeln werden jedes Mal in die Urne zurückgelegt. Die Anzahl der gezogenen weißen Kugeln wird gezählt.

(6) Aus einer Kiste mit Schrauben werden nacheinander 10 Stück herausgenommen, auf ihre Brauchbarkeit überprüft und wieder zurückgelegt. Die Anzahl der brauchbaren Schrauben wird gezählt.

2 ≡ Definieren Sie eine Zufallsgröße X so, dass das jeweilige Zufallsexperiment als Bernoulli-Kette aufgefasst werden kann.

(1) Aus einem Skatblatt werden nacheinander vier Karten gezogen, wobei die gezogene Karte jeweils sofort zurückgelegt wird.

(2) Auf einer Website wird zufällig einer von insgesamt acht verschiedenen Werbebannern eingeblendet.

(3) In einem Beutel befinden sich die Buchstaben A, B, ..., K. Siebenmal wird mit Zurücklegen nach jeder einzelnen Entnahme gezogen.

(4) Das Ziehen der jeweils ersten Zahl beim Lotto „6 aus 49" wird ein Jahr lang beobachtet.

(5) Bei einem Medikament treten bei 12 % der Patienten die in der Packungsbeilage genannten Nebenwirkungen auf.

(6) Bei einem Autohersteller wird jedes Auto nach der Fertigstellung einer Qualitätskontrolle unterzogen, ob es in diesem Zustand ausgeliefert werden kann. Bei etwa 5 % der Autos sind Nachbesserungen nötig.

3 ≡ Der britische Naturforscher Sir Francis Galton (1822–1911) hatte die Idee, Kugeln durch ein Feld mit gleichmäßig angeordneten Nägeln laufen zu lassen.
Unten fallen die Kugeln in verschiedene nebeneinander angeordnete Fächer (Galton-Brett).
Erläutern Sie, unter welchen Bedingungen eine solche Versuchsanordnung durch eine Bernoulli-Kette beschrieben werden kann.

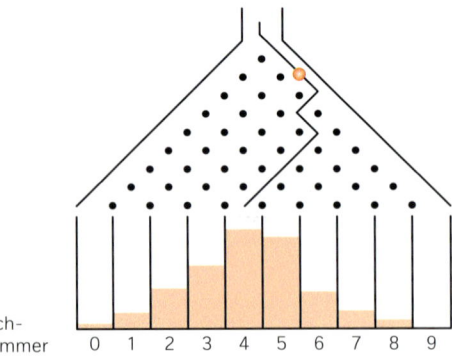

Fach-Nummer   0 1 2 3 4 5 6 7 8 9

4 ☰ Ermitteln Sie den Wert des Binomialkoeffizienten und erläutern Sie dessen Bedeutung im Zusammenhang mit Baumdiagrammen und Binomialverteilung.

a) $\binom{34}{15}$ b) $\binom{18}{1}$ c) $\binom{5}{0}$ d) $\binom{24}{24}$

5 ☰ Begründen Sie, dass unabhängig von n gilt:

a) $\binom{n}{0} = 1$ b) $\binom{n}{n} = 1$ c) $\binom{n}{1} = n$ d) $\binom{n}{n-1} = n$

6 ☰ Ein Hersteller von Schokoladenkugeln wirbt damit, dass in jede siebte Kugel eine Figur enthalten ist, die unter Sammlern als besonders wertvoll gilt. Daher ist die Freude groß, wenn man in seiner Kugel eine solche Figur entdeckt.
Emma kauft vier Schokoladenkugeln.
Stellen Sie jeweils einen Term zur Berechnung der Wahrscheinlichkeit auf, dass Emma keine, genau eine, zwei, drei bzw. vier Figuren erhält. Berechnen Sie diese anschließend.

7 ☰ Stellen Sie einen Term zur Berechnung der gesuchten Wahrscheinlichkeit auf und berechnen Sie diese anschließend.

a)	b)	c)	d)
Ein Würfel wird 6-mal geworfen.	Ein reguläres Oktaeder wird 8-mal geworfen.	Ein reguläres Dodekaeder wird 12-mal geworfen.	Ein reguläres Ikosaeder wird 20-mal geworfen.
Mit welcher Wahrscheinlichkeit tritt die Augenzahl 6 (1) genau 2-mal; (2) genau 4-mal auf?	Mit welcher Wahrscheinlichkeit tritt die Augenzahl 3 (1) genau 1-mal; (2) genau 2-mal auf?	Mit welcher Wahrscheinlichkeit tritt die Augenzahl 12 (1) genau 3-mal; (2) genau 4-mal auf?	Mit welcher Wahrscheinlichkeit tritt die Augenzahl 5 (1) genau 2-mal; (2) genau 4-mal auf?

8 ☰ Bei einer Umfrage in den USA gaben 44 % der Jugendlichen und 41 % der Erwachsenen an, an Geister zu glauben.
Wie groß ist die Wahrscheinlichkeit dafür, dass unter 24 in den USA zufällig ausgesuchten
(1) Jugendlichen genau 10 an Geister glauben;
(2) Erwachsenen genau 8 an Geister glauben?

Das kann ich noch!

A Berechnen Sie den Flächeninhalt der Fläche, die von den Graphen der Funktionen f und g mit $f(x) = 3x$ und $g(x) = -3x^2 + 9x$ eingeschlossen wird.

B Geben Sie eine Parameterdarstellung für die Gerade g durch die Punkte A$(1|-3|5)$ und B$(4|0|-2)$ an. Untersuchen Sie, ob der Punkt P$(10|6|-14)$ auf der Geraden g liegt.

9 ≡ Im Menü des Taschenrechners findet man unter den Wahrscheinlichkeitsverteilungen auch die Binomialverteilung.
Der Befehl zur Berechnung von $P(X = k)$ lautet binomPdf(n, p, k).

a) Ein Oktaederwürfel wird sechsmal geworfen.
Berechnen Sie mit dem Taschenrechner die Wahrscheinlichkeitsverteilung der Zufallsgröße X: *Man wirft eine Drei oder eine Vier*.

b) Trägt man in der 1. Spalte einer Tabelle alle möglichen Werte der Zufallsgröße und in der 2. Spalte die zugehörigen Wahrscheinlichkeiten ein, so lässt sich das zugehörige Säulendiagramm erzeugen.

Zeichnen Sie für die Verteilung der Zufallsgröße X aus Teilaufgabe a) das Säulendiagramm mit dem Taschenrechner.

Berechnen der Werte einer binomialverteilten Zufallsgröße X mit $n = 5$ und $p = 0,4$:

$$P(X = 2) = \binom{5}{2} \cdot 0,4^2 \cdot (1 - 0,4)^3$$

binomPdf(5, 0.4, 2)

0.3456

Gibt man keinen Wert für k ein, so erhält man die Wahrscheinlichkeiten für alle Werte von 0 bis n:

binomPdf(5, 0.4)
{0.07776, 0.2592, 0.3456, 0.2304, 0.0768, 0.01024}

Darstellung im Säulendiagramm:

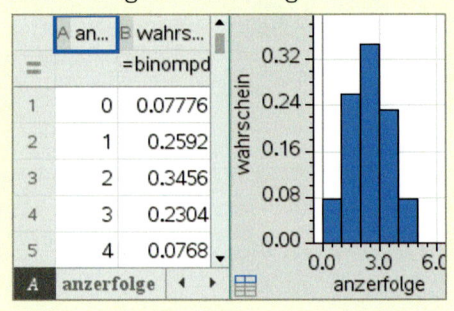

10 ≡ Die Wahrscheinlichkeit, dass ein Neugeborenes ein Junge ist, beträgt etwa 0,514.
a) In einem Krankenhaus werden an einem Tag 12 Kinder geboren. Bestimmen Sie die Wahrscheinlichkeit, dass es genau 6 Jungen und 6 Mädchen sind.
b) Bestimmen Sie die Verteilung der Zufallsgröße X: *Anzahl der Mädchen in einer Familie mit 4 Kindern*.
c) Mit welcher Wahrscheinlichkeit sind in einer Familie mit 6 Kindern mehr Jungen als Mädchen?

11 ≡ 25 % aller Wahlberechtigten sind jünger als 30 Jahre, 75 % sind jünger als 60 Jahre.
a) Wie groß ist die Wahrscheinlichkeit dafür, dass unter 8 zufällig ausgesuchten Wahlberechtigten
(1) genau 2 Personen jünger als 30 Jahre sind;
(2) genau 6 Personen jünger als 60 Jahre sind?
b) Bestimmen Sie die Binomialverteilung für   (1) $p = 0,25$ und   (2) $p = 0,75$
bei einer Zufallsauswahl von 10 wahlberechtigten Personen. Stellen Sie diese Verteilung grafisch dar.

12 ≡ Bei einem Glücksspiel wird mit zwei Würfeln geworfen, deren Würfelnetze abgebildet sind. Es wird immer das Produkt der Augenzahlen gebildet.

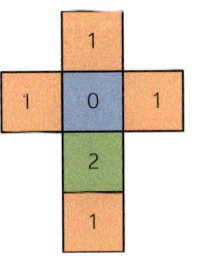

a) Bestimmen Sie die Wahrscheinlichkeitsverteilung der Zufallsgröße X: *Anzahl des Ergebnisses 0 bei 10 Würfen.*

b) Zeichnen Sie das zugehörige Säulendiagramm.

c) Wirft der Spieler das Produkt 0, so muss er 3 € an die Bank zahlen. Legen Sie Gewinnsummen für die anderen möglichen Produkte fest, sodass das Spiel fair ist.

13 ≡ Begründen Sie:

Man erhält das Säulendiagramm einer Binomialverteilung für $p_2 = 1 - p_1$, indem man das Säulendiagramm für p_1 an der Parallelen zur P-Achse durch $k = \frac{n}{2}$ spiegelt.

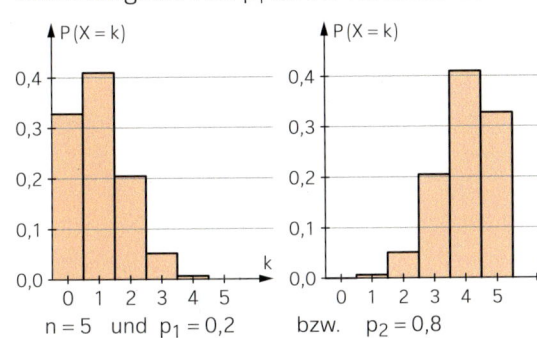
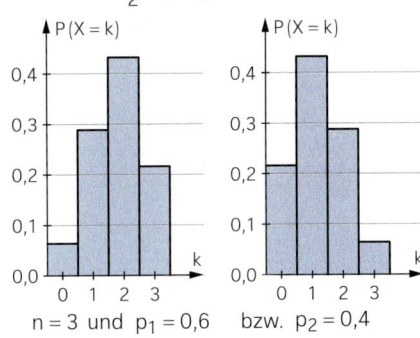

$n = 5$ und $p_1 = 0,2$ bzw. $p_2 = 0,8$ $n = 3$ und $p_1 = 0,6$ bzw. $p_2 = 0,4$

Weiterüben

14 ≡ In einem Kurs sind 15 Mädchen und 12 Jungen.

a) Für ein Interview sollen drei Jugendliche zufällig ausgewählt werden. Die Zufallsauswahl geschieht durch ein Losverfahren, also durch Ziehen ohne Zurücklegen.

Bestimmen Sie die Wahrscheinlichkeitsverteilung der Zufallsgröße

X: *Anzahl der durch Losverfahren für das Interview ausgewählten Mädchen.*

b) Wenn die Zufallsauswahl als Ziehen mit Zurücklegen erfolgen würde, könnte es vorkommen, dass eine Person mehr als einmal ausgewählt würde. Andererseits ist dann die Bestimmung der Wahrscheinlichkeitsverteilung weniger aufwendig.

Vergleichen Sie die Wahrscheinlichkeitsverteilung der Zufallsgröße X aus Teilaufgabe a) mit der Wahrscheinlichkeitsverteilung der Zufallsgröße

Y: *Anzahl der durch ein Glücksrad für das Interview ausgewählten Mädchen.*

c) Die Zufallsauswahl von drei Jugendlichen erfolgt in der Jahrgangsstufe, die von 150 Mädchen und 120 Jungen besucht wird. Bestimmen Sie die beiden Wahrscheinlichkeitsverteilungen der oben genannten Zufallsgrößen X und Y.

d) Erläutern Sie aufgrund der berechneten Wahrscheinlichkeiten in den Teilaufgaben a), b) und c) die folgende Regel:

Zieht man aus einer großen Gesamtheit nur wenige Elemente zufällig heraus, so ergeben sich annähernd gleiche Wahrscheinlichkeitswerte beim Ziehen mit oder ohne Zurücklegen.

Binomialkoeffizienten

1 Für eine 6-stufige Bernoulli-Kette gibt der Binomialkoeffizient $\binom{6}{4}$ die Anzahl aller Pfade im Baumdiagramm mit genau vier Erfolgen an. Überlegen Sie sich eine Strategie, wie Sie diese Anzahl systematisch abzählen können, ohne das komplette Baumdiagramm zu zeichnen.

Abkürzendes Notieren aller Möglichkeiten durch Zahlen

Zur Bestimmung des Binomialkoeffizienten $\binom{5}{3}$ müssen bei einer 5-stufigen Bernoulli-Kette alle Pfade im Baumdiagramm mit genau drei Erfolgen abgezählt werden. Diese Pfade kann man abkürzend darstellen, indem man Zahlen für die Stufen aufschreibt, bei denen „Erfolg" auftritt. Dabei stehen z. B. die Zahlen 2, 3, 5 für den Pfad – M – E – E – M – E.

Man kann alle Möglichkeiten wie dreistellige Zahlen der Größe nach ordnen:

1, 2, 3　　1, 2, 4　　1, 2, 5　　1, 3, 4　　1, 3, 5　　1, 4, 5　　2, 3, 4　　2, 3, 5　　2, 4, 5　　3, 4, 5

Es ergeben sich genau 10 Möglichkeiten. Also ist $\binom{5}{3} = 10$.

2 Notieren Sie zur Bestimmung des Binomialkoeffizienten alle relevanten Pfade, indem Sie diese durch Zahlen darstellen.

a) $\binom{5}{2}$　　　　**b)** $\binom{6}{3}$　　　　**c)** $\binom{7}{6}$　　　　**d)** $\binom{7}{2}$

Berechnen von Binomialkoeffizienten

Das Auflisten aller Möglichkeiten zur Bestimmung von Binomialkoeffizienten kann sehr aufwendig werden. Daher stellt sich die Frage, wie sie berechnet werden können.

Im Beispiel $\binom{5}{3}$ müssen immer drei Zahlen von 1 bis 5 ausgewählt werden. Dazu kann man den Auswahlprozess gedanklich in drei Schritte aufteilen:

- Für die erste Zahl gibt es 5 Möglichkeiten.
- Ist die erste Zahl ausgewählt, gibt es noch 4 Möglichkeiten für die nächste Zahl.
- Schließlich sind es noch 3 Möglichkeiten für die dritte Zahl.

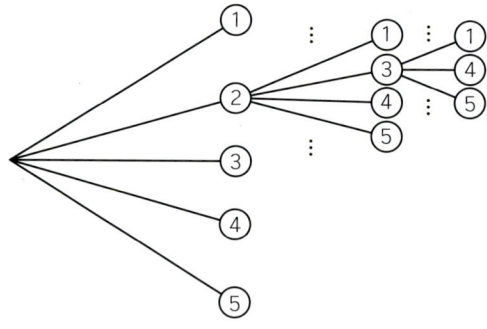

So erhält man die folgenden $5 \cdot 4 \cdot 3 = 60$ Möglichkeiten:

1, 2, 3	1, 2, 4	1, 2, 5	1, 3, 4	1, 3, 5	1, 4, 5	2, 3, 4	2, 3, 5	2, 4, 5	3, 4, 5
1, 3, 2	1, 4, 2	1, 5, 2	1, 4, 3	1, 5, 3	1, 5, 4	2, 4, 3	2, 5, 3	2, 5, 4	3, 5, 4
2, 1, 3	2, 1, 4	2, 1, 5	3, 1, 4	3, 1, 5	4, 1, 5	3, 2, 4	3, 2, 5	4, 2, 5	4, 3, 5
2, 3, 1	2, 4, 1	2, 5, 1	3, 4, 1	3, 5, 1	4, 5, 1	3, 4, 2	3, 5, 2	4, 5, 2	4, 5, 3
3, 1, 2	4, 1, 2	5, 1, 2	4, 1, 3	5, 1, 3	5, 1, 4	4, 2, 3	5, 2, 3	5, 2, 4	5, 3, 4
3, 2, 1	4, 2, 1	5, 2, 1	4, 3, 1	5, 3, 1	5, 4, 1	4, 3, 2	5, 3, 2	5, 4, 2	5, 4, 3

mögliche Anordnungen der Zahlen 1, 2, 3

mögliche Anordnungen der Zahlen 3, 4, 5

Auf diese Weise wurden zu viele Möglichkeiten berechnet, da die unterschiedlichen Anordnungen der Zahlen keine verschiedenen Anordnungen der Erfolge darstellen. Wenn man aber die $3 \cdot 2 \cdot 1 = 6$ Anordnungen dreier Zahlen untereinander in einer Spalte nun nachträglich wieder zusammenfasst, erhält man:

$$\binom{5}{3} = \frac{5 \cdot 4 \cdot 3}{3 \cdot 2 \cdot 1} = \frac{60}{6} = 10$$

Definition der Fakultät

Für das Produkt aller natürlichen Zahlen von 1 bis n schreibt man n!:

$n! = 1 \cdot 2 \cdot \ldots \cdot n$

n! gibt die Anzahl der Möglichkeiten an, n Objekte untereinander anzuordnen.

Gelesen:
n Fakultät

$0! = 1$ (Vereinbarung)
$1! = 1$
$2! = 1 \cdot 2 = 2$
$3! = 1 \cdot 2 \cdot 3 = 6$
$4! = 1 \cdot 2 \cdot 3 \cdot 4 = 24$

Allgemeines Vorgehen zur Berechnung von $\binom{n}{k}$

- Es gibt n Möglichkeiten für die Auswahl der ersten Zahl, dann noch $(n-1)$ Möglichkeiten für die zweite Zahl usw. Damit erhält man für die Auswahl von k Zahlen insgesamt $\underbrace{n \cdot (n-1) \cdot \ldots \cdot (n-k+1)}_{k \text{ Faktoren}}$ Möglichkeiten, bei denen aber die unterschiedlichen Anordnungen der k Zahlen untereinander berücksichtigt werden.

- Für die gewählten k Zahlen gibt es untereinander $k! = k \cdot (k-1) \cdot \ldots \cdot 1$ Anordnungen, denn für die erste Zahl hat man k mögliche Positionen, für die zweite Zahl nur noch $(k-1)$ usw.

- Damit diese verschiedenen Anordnungen nur als eine Möglichkeit gezählt werden, muss noch dividiert werden: $\binom{n}{k} = \frac{n \cdot (n-1) \cdot \ldots \cdot (n-k+1)}{k \cdot (k-1) \cdot \ldots \cdot 1}$

3 Berechnen Sie die Binomialkoeffizienten aus Aufgabe 2 mit dem allgemeinen Vorgehen.

4 Berechnen Sie durch geschicktes Kürzen.

a) $\binom{7}{5}$　　　　　b) $\binom{9}{6}$

c) $\binom{8}{3}$　　　　　d) $\binom{10}{2}$

$\binom{6}{4} = \frac{6 \cdot 5 \cdot 4 \cdot 3}{4 \cdot 3 \cdot 2 \cdot 1} = \frac{6 \cdot 5}{2 \cdot 1} = 3 \cdot 5 = 15$

Mithilfe der Fakultät kann man den Binomialkoeffizienten etwas übersichtlicher aufschreiben. Dazu erweitert man geeignet: $\binom{5}{3} = \frac{5 \cdot 4 \cdot 3}{3 \cdot 2 \cdot 1} = \frac{5 \cdot 4 \cdot 3 \cdot 2 \cdot 1}{3 \cdot 2 \cdot 1 \cdot 2 \cdot 1} = \frac{5!}{3! \cdot 2!}$

Formel für den Binomialkoeffizienten

Für den Binomialkoeffizienten $\binom{n}{k}$ gilt:

$$\binom{n}{k} = \frac{n!}{k! \cdot (n-k)!}$$

$\binom{5}{3} = \frac{5!}{3! \cdot (5-3)!} = \frac{5!}{3! \cdot 2!} = 10$

$\binom{4}{4} = \frac{4!}{4! \cdot (4-4)!} = \frac{4!}{4! \cdot 0!} = 1$

5 Stellen Sie den Binomialkoeffizienten mithilfe der Fakultät dar und berechnen Sie ihn.

a) $\binom{7}{3}$　　　　b) $\binom{8}{4}$　　　　c) $\binom{9}{0}$　　　　d) $\binom{10}{10}$

5.5 Kumulierte Binomialverteilung

Einstieg

In einem Supermarkt werden Äpfel 2. Wahl zu einem Sonderpreis in Tüten zu je 8 Äpfeln verkauft. Leider hat in diesen Tüten durchschnittlich einer von vier Äpfeln eine Druckstelle.

Ermitteln Sie die Wahrscheinlichkeit dafür,

(1) höchstens 4;   (2) weniger als 3;

(3) mehr als 6;   (4) mindestens 5;

(5) mindestens 2 und höchstens 5

Äpfel mit Druckstellen in einer Tüte zu finden. Erläutern Sie Ihr Vorgehen am Diagramm der Verteilung.

Aufgabe mit Lösung

Summation von Wahrscheinlichkeiten

Mit ca. 56 % aller Reparaturen bei Smartphones ist der Bruch des Displays, z. B. durch Herunterfallen, der häufigste Defekt. Es wird zufällig eine Stichprobe von 8 defekten Smartphones untersucht.

→ Berechnen Sie die Wahrscheinlichkeit, dass höchstens 5 Smartphones in der Stichprobe einen Displayschaden haben. Veranschaulichen Sie Ihr Vorgehen am Säulendiagramm.

Lösung

Die Wahrscheinlichkeiten für 0, 1, 2, 3, 4 und 5 Smartphones mit Displayschaden werden addiert ($n = 8$; $p = 0{,}56$):

$$P(X \le 5) = P(X=0) + P(X=1) + P(X=2) + P(X=3) + P(X=4) + P(X=5)$$
$$\approx 0{,}001 + 0{,}014 + 0{,}064 + 0{,}162 + 0{,}258 + 0{,}263$$
$$= 0{,}762$$

→ Um nicht alle Wahrscheinlichkeiten für 0 bis 5 Erfolge einzeln addieren zu müssen, gibt es einen Taschenrechnerbefehl.

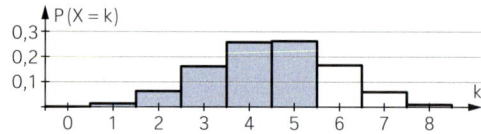

binomCdf(8, 0.56, 0, 5)
    0.762352

Nutzen Sie entsprechende Befehle zur Berechnung der Wahrscheinlichkeit, dass

(1) weniger als 4;   (2) mindestens 6;

(3) mehr als 2;   (4) mindestens 2 und höchstens 7

Smartphones einen Displayschaden haben.

Veranschaulichen Sie dies jeweils an einem Säulendiagramm.

Lösung

(1) Da „weniger als 4" gleichbedeutend mit „höchstens 3" ist, wird $P(X \leq 3)$ berechnet:

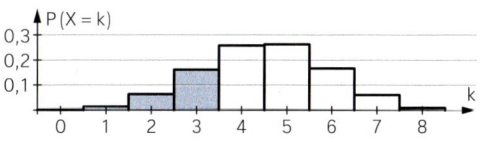

binomCdf(8, 0.56, 0, 3)

0.241612

(2) Es wird $P(X \geq 6)$ berechnet:

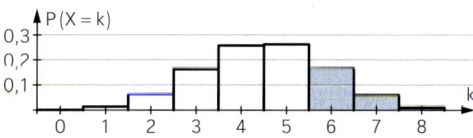

binomCdf(8, 0.56, 6, 8)

0.237648

$X \geq 6$ ist das Gegenereignis von $X \leq 5$.
Also ist $P(X \geq 6) = 1 - P(X \leq 5)$.

(3) Da „mehr als 2" gleichbedeutend mit „mindestens 3" ist, wird $P(X \geq 3)$ berechnet:

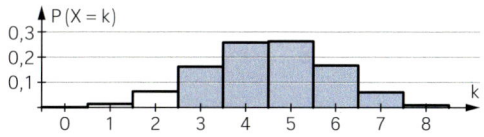

binomCdf(8, 0.56, 3, 8)

0.920575

(4) Es wird $P(2 \leq X \leq 7)$ berechnet:

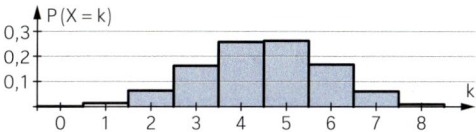

binomCdf(8, 0.56, 2, 7)

0.97462

Information

Kumulierte Binomialverteilung

Das Aufsummieren von Wahrscheinlichkeiten wird als **Kumulieren** bezeichnet.
Für eine binomialverteilte Zufallsgröße X nennt man die Wahrscheinlichkeit
$P(X \leq k) = P(X = 0) + P(X = 1) + ... + P(X = k)$
kumulierte Wahrscheinlichkeit.
Die **kumulierte Wahrscheinlichkeitsverteilung** ordnet jedem k die Wahrscheinlichkeit $P(X \leq k)$ zu.

Intervallwahrscheinlichkeiten

Folgende Wahrscheinlichkeiten werden bei Binomialverteilungen häufig berechnet:

Ereignis	Wahrscheinlichkeit
höchstens k Erfolge	$P(X \leq k)$
weniger als k Erfolge	$P(X < k)$
mehr als k Erfolge	$P(X > k)$
mindestens k Erfolge	$P(X \geq k)$
mindestens a und höchstens b Erfolge	$P(a \leq X \leq b)$

Kumulierte Binomialverteilung für
$n = 5$ und $p = 0{,}4$:

k	$P(X = k)$	kumulierte Wahrscheinlichkeit $P(X \leq k)$
0	0,078	$P(X \leq 0) = 0{,}078$
1	0,259	$P(X \leq 1) = 0{,}078 + 0{,}259 = 0{,}337$
2	0,346	$P(X \leq 2) = 0{,}337 + 0{,}346 = 0{,}683$
3	0,230	$P(X \leq 3) = 0{,}683 + 0{,}230 = 0{,}913$
4	0,077	$P(X \leq 4) = 0{,}913 + 0{,}077 = 0{,}990$
5	0,010	$P(X \leq 5) = 0{,}990 + 0{,}010 = 1$

Die gesuchten Wahrscheinlichkeiten lassen sich mit einem Rechner direkt berechnen.

Wahrscheinlichkeit	Rechnerbefehl
$P(X \leq 2)$	binomCdf(5, 0.4, 0, 2)
$P(X < 2)$	binomCdf(5, 0.4, 0, 1)
$P(X > 3)$	binomCdf(5, 0.4, 4, 5)
$P(X \geq 3)$	binomCdf(5, 0.4, 3, 5)
$P(1 \leq X \leq 4)$	binomCdf(5, 0.4, 1, 4)

Üben

1 ≡ Ein Würfel wird 20-mal geworfen.

Bestimmen Sie die Wahrscheinlichkeit der folgenden Ereignisse:

(1) Mehr als 3-mal Augenzahl 2

(2) Höchstens 8-mal Augenzahl 5 oder 6

(3) Weniger als 6-mal eine Augenzahl kleiner als 5

(4) Mindestens 10-mal eine Augenzahl größer als 1

(5) Mehr als 4-mal, aber weniger als 9-mal Augenzahl 2 oder 3

(6) Mindestens 11-mal und höchstens 14-mal keine Sechs

2 ≡ Ein Multiple-Choice-Test besteht aus 50 Items (Aufgaben) mit jeweils 5 Antworten, von denen jeweils nur eine richtig ist. Mit welcher Wahrscheinlichkeit kann man durch bloßes Raten

(1) mehr als 20 Items;

(2) genau 15 Items;

(3) weniger als 10 Items;

(4) mindestens 10 und höchstens 20 Items richtig beantworten?

3 ≡ Das „German Wunderkind" Dirk Nowitzki spielte vom Jahr 1998 bis zum Jahr 2019 für die Dallas Mavericks in der nordamerikanischen Basketball-Liga NBA. Seine Quote erfolgreicher Freiwürfe während seiner NBA-Karriere liegt bei ca. 88 %.

Berechnen Sie die Wahrscheinlichkeit, dass bei 10 zufällig aus seiner aktiven Zeit ausgewählten Freiwürfen

(1) genau 8 Treffer;

(2) mindestens 9 Treffer;

(3) höchstens 7 Treffer;

(4) mehr als 5 und weniger als 10 Treffer waren.

4 ≡ In Schweden ist es eine Tradition, dass Weihnachten Milchreis zum Dessert serviert wird. In einem der Schälchen findet sich versteckt eine Mandel. Derjenige, der diese findet, bekommt ein zusätzliches Geschenk. Die Familie Sigurdsson feiert das Weihnachtsfest stets mit insgesamt 8 Personen. Eine dieser Personen ist der 7-jährige Ole.

Bestimmen Sie die Wahrscheinlichkeit dafür, dass Ole in den nächsten zehn Jahren

(1) nie eine Mandel findet;

(2) mindestens fünf- und höchstens siebenmal eine Mandel findet;

(3) weniger als sieben Mandeln findet;

(4) mehr als zwei Mandeln findet;

(5) nur in genau fünf Jahren eine Mandel findet.

5 ≡ Berechnen Sie die gesuchten Werte mit der Tabelle.

(1) $P(X \leq 2)$ (2) $P(X > 2)$

(3) $P(3 \leq X)$ (4) $P(2 \leq X \leq 4)$

(5) $P(X \leq a) \approx 0{,}985$ (6) $P(a \leq X \leq b) \approx 0{,}75$

Zeichnen Sie außerdem das zugehörige Diagramm für $P(X \leq k)$.

k	$P(X = k)$
0	0,237305
1	0,395508
2	0,263672
3	0,087891
4	0,014648
5	0,000977

Weiterüben

6 ≡ Geben Sie jeweils ein Zufallsexperiment und ein Ereignis an, zu dem die Berechnung der Wahrscheinlichkeit durch den Rechnerbefehl passt.

(1)

$$\text{binomCdf}\left(8, \tfrac{1}{6}, 3\right)$$

(2)

$$\text{binomCdf}(20, 0{,}75, 8, 12)$$

(3)

$$\text{binomCdf}(9, 0{,}5, 4)$$

7 ≡ Geben Sie das Intervall mithilfe der Zufallsgröße X an, dessen Wahrscheinlichkeit durch die eingefärbten Säulen dargestellt ist.

(1)   (2)   (3)

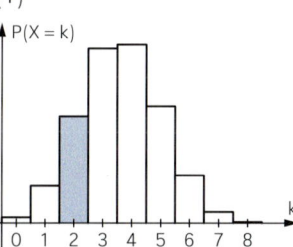 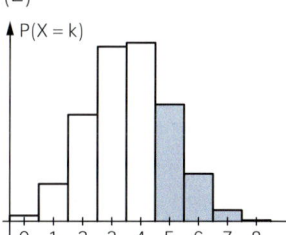 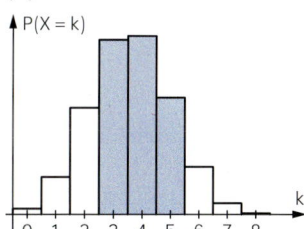

8 ≡ Von den 100 Beschäftigten eines Betriebs kommen durchschnittlich 40 % mit dem Auto zur Arbeit.

Mit welcher Wahrscheinlichkeit genügt ein Parkplatz mit 50 Plätzen? Wie viele Plätze müssen zur Verfügung stehen, damit diese mit einer Wahrscheinlichkeit von mindestens 90 % ausreichen? Welche Annahme muss gemacht werden, damit dieser Vorgang als Bernoulli-Kette modelliert werden kann?

9 ≡ Bei der Seitenwahl in einer Fußball-Liga wird immer die Auswärtsmannschaft zuerst gefragt, ob sie die farbige oder die schwarze Seite der Münze wählt. Der Kapitän vom FCP wählt bei Auswärtsspielen immer die schwarze Seite.

a) Berechnen Sie die Wahrscheinlichkeit, dass er bei insgesamt 18 Saisonspielen die Seitenwahl

(1) genau 7-mal gewinnt;

(2) mindestens 12-mal und höchstens 14-mal gewinnt;

(3) mehr als 9-mal gewinnt;

(4) weniger als 10-mal gewinnt.

b) Begründen Sie, warum die Wahrscheinlichkeit, dass der Kapitän die Seitenwahl 2-mal gewinnt, genau so groß ist wie jene, dass er sie 16-mal gewinnt.

5.6 Auslastungsmodell

In einer Bank sollen im Vorraum Automaten zum Ausdrucken von Konto-auszügen aufgestellt werden. Das Drucken dauert im Mittel eine Minute. Während der Hauptgeschäftszeit benutzen in einer Stunde 120 Kunden einen Automaten. Berechnen Sie die Wahrscheinlichkeit, dass die Ausstattung mit zwei, drei bzw. vier Automaten ausreicht. Überlegen Sie, welche Gesichtspunkte in einer solchen Modellie-rung nicht berücksichtigt werden.

Aufgabe mit Lösung

Auslastung von Maschinen als Bernoulli-Experiment

Beim Wechsel der Räder an einem Auto kann es notwendig sein, diese auszu-wuchten. In einer Werkstatt benötigt dieser Vorgang im Mittel zehn Minuten. Man geht davon aus, dass während der Reifen-wechselphase pro Stunde 5 Aufträge zum Wuchten der Räder vorliegen werden. Damit keine allzu langen Wartezeiten an den Wuchtmaschinen entstehen, muss die voraussichtliche Auslastung der Maschinen untersucht und hieraus eine sinnvolle Anzahl an Maschinen ermittelt werden.

Erläutern Sie, welche vereinfachenden Annahmen notwendig sind, damit der Vorgang als 5-stufiges Bernoulli-Experiment mit Erfolgswahrscheinlichkeit $p = \frac{1}{6}$ modelliert werden kann. Nennen Sie Gesichtspunkte, die bei einer solchen Modellierung nicht berücksichtigt bzw. vernachlässigt werden.

Lösung

Eine Modellierung als 5-stufiges Bernoulli-Experiment setzt voraus, dass die 5 Aufträge unabhängig voneinander in der Werkstatt eintreffen. Der Ansatz von $p = \frac{1}{6}$ ist angemessen, wenn man die durchschnittliche Dauer eines Vorgangs betrachtet. Man betrachtet dann irgendeine dieser 6 Zeiteinheiten von je zehn Minuten. Das Ereignis „*Ein Auftrag kommt in dieser Zeiteinheit an*" wird als Erfolg interpretiert und hat daher die Erfolgswahrschein-lichkeit $p = \frac{1}{6}$ und die Misserfolgswahrscheinlichkeit $1 - p = \frac{5}{6}$.

Dann ist die Zufallsgröße X: *Anzahl der in einer Zeiteinheit eintreffenden Aufträge* binomial-verteilt mit $n = 5$ und $p = \frac{1}{6}$.

Die vorgenommenen Vereinfachungen beschreiben die Realität nicht immer in ausreichen-dem Maße:

- Oft treffen Aufträge nicht einzeln und unabhängig voneinander ein. Beispielsweise gibt es Häufungen, wenn die Witterung einen Radwechsel erfordert.
- Bei der Modellierung werden Zeitintervalle berücksichtigt, aber die Situation so vereinfacht, dass die Aufträge immer zu Beginn eines solchen Zeitintervalls eintreffen.
- Das Modell geht von Durchschnittswerten für die benötigte Dauer der Nutzung und für die Anzahl der Aufträge aus. In der Realität kann es Abweichungen davon geben.

→ Berechnen Sie die Wahrscheinlichkeit, dass die Ausstattung der Werkstatt mit einer, zwei bzw. drei Maschinen ausreicht.

Lösung

- $P(X \leq 1) \approx 0{,}80$, also $P(X > 1) = 1 - P(X \leq 1) = 0{,}20$

  Ist die Werkstatt nur mit einer Maschine ausgestattet, könnte das in 80 % der Fälle ausreichend sein, da mit einer Wahrscheinlichkeit von 80 % höchstens ein Auftrag vorliegt. In 20 % der Fälle würden aber Verzögerungen durch eine belegte Maschine entstehen.

- $P(X \leq 2) \approx 0{,}96$, also $P(X > 2) = 1 - P(X \leq 2) = 0{,}04$

  Zwei Maschinen würden in 96 % der Fälle ausreichen, in 4 % der Fälle allerdings nicht.

- $P(X \leq 3) \approx 1$

  Sind drei Maschinen vorhanden, kann man davon ausgehen, dass diese Anzahl nahezu immer ausreicht.

Information

Auslastung von Ressourcen mithilfe eines Binomialmodells beurteilen

Die Auslastung von Maschinen, Geräten, Personen oder anderen Ressourcen lässt sich mit starken Vereinfachungen als Bernoulli-Kette modellieren:

Man nimmt an, dass eine einmalige Nutzung z. B. einer Maschine im Mittel die Dauer d hat. Die Wahrscheinlichkeit, dass die einmalige Nutzung einer Maschine während eines Zeitraums Z in einem bestimmten Zeitintervall der Länge d liegt, ist dann $p = \frac{d}{Z}$.

Soll die Maschine in dem betrachteten Zeitraum n-mal genutzt werden, kann die Zufallsgröße X, die die Anzahl der Nutzungen der Maschine in diesem Zeitraum angibt, als binomialverteilt mit der Erfolgswahrscheinlichkeit p angenommen werden. $P(X \leq k)$ gibt dann die Wahrscheinlichkeit an, mit der im betrachteten Zeitraum k Maschinen für die Nutzung ausreichen.

In einer Werkstatt nutzen fünf Angestellte eine Maschine mehrfach in einer Stunde für jeweils eine Minute. Insgesamt nutzt jeder von ihnen die Maschine durchschnittlich 8-mal.

Dabei wird vereinfachend so getan, als würden $5 \cdot 8 = 40$ Personen unabhängig voneinander die Maschine benutzen.

Man kann den Vorgang also als 40-stufiges Bernoulli-Experiment mit $p = \frac{1}{60}$ modellieren.

Für die Auslastung einer Maschine ergibt sich mithilfe der kumulierten Wahrscheinlichkeit:
$P(X \leq 1) \approx 0{,}86$

Das heißt, in 86 % aller Fälle reicht eine Maschine aus, in 14 % der Fälle reicht eine Maschine nicht aus.

Üben

1 ≡ Ein Unternehmen will für seine Mitarbeiter Netzwerkdrucker zur Verfügung stellen. Erfahrungsgemäß dauert es im Mittel 30 Sekunden, bis ein Druckauftrag abgeschlossen ist. Innerhalb von 10 Minuten gehen durchschnittlich 45 Druckaufträge ein. Geben Sie eine geeignete Modellierung an, mit deren Hilfe überlegt werden kann, wie viele Netzwerkdrucker installiert werden sollten. Gehen Sie auf die Vereinfachungen ein, die bei der Modellierung gemacht wurden.

2 ≡ Im Jahr 2021 wurden in den Bundesländern wegen der Corona-Pandemie Impfzentren eingerichtet, in denen man sich gegen das Virus Covid-19 impfen lassen konnte.

Die Impfungen erfolgen zeitlich gestuft für unterschiedliche Personengruppen.
Im Bundesland Mecklenburg-Vorpommern wurden die jeweiligen Personengruppen angeschrieben. Über eine Telefon-Hotline konnten sie dann einen Impftermin vereinbaren. Eine telefonische Terminvereinbarung dauerte im Mittel 40 Sekunden. Innerhalb einer Stunde gingen durchschnittlich 450 Anrufe ein.
Untersuchen Sie, wie viele Mitarbeiter für die Terminvergabe benötigt wurden, damit in über 85 % der Anrufe ein Termin vereinbart werden konnte.

3 ≡ Auf einem Kundenparkplatz können 30 Autos parken. Innerhalb der Öffnungszeiten von 9 bis 12 Uhr bleiben die Kunden in der Regel 12 Minuten.
Verkraftet der Parkplatz 100 Kunden im Laufe des Vormittags? Welche Vereinfachungen müssen für die Modellierung gemacht werden?

4 ≡ In einem Callcenter eines Herstellers von Haushaltgeräten werden telefonische Anfragen in durchschnittlich 5 Minuten beantwortet oder andernfalls an Experten weitergeleitet. Im Laufe eines Nachmittags erfolgen stündlich im Mittel 100 Anfragen.
a) Ein eingehendes Gespräch soll nur in 10 % der Fälle in eine Warteschleife weitergeleitet werden.

Untersuchen Sie, wie viele Mitarbeiter nachmittags für die Arbeit im Callcenter zur Verfügung stehen sollten, um die Anrufe entgegenzunehmen.
b) Durch Trainingsprogramme gelingt es, die Mitarbeiter im Callcenter so fit zu machen, dass die durchschnittliche Zeit einer Kundenbetreuung nur noch 4 Minuten dauert.
Untersuchen Sie, wie sich dies auf die notwendige Personalausstattung des Callcenters auswirkt.

5.7 Mindestzahl an Versuchen für mindestens einen Erfolg

Einstieg

:::🎲 Zu Beginn des Spiels *Mensch ärgere dich nicht* müssen die Spielteilnehmer eine Sechs würfeln, um eine Spielfigur ins Spiel zu bringen. Wie oft muss man mindestens würfeln, damit mit einer Wahrscheinlichkeit von mindestens 90 % mindestens eine Sechs dabei ist?

Aufgabe mit Lösung

Mindestens ein Erfolg

Der Autor Mark Burnett untersuchte in seinem Buch *Perfect Passwords* 6 Millionen Accounts und erstellte aus den Daten eine Liste der 1000 beliebtesten Passwörter. In einer Liste der beliebtesten Passwörter von 2016 liegt 123456 auf dem ersten Platz. Gut 4 % aller untersuchten Nutzerkonten verwenden dieses Passwort.

Worst passwords of 2016	
1. 123456	2. password
3. 12345	4. 12345678
5. football	6. qwerty
7. 1234567890	8. 1234567
9. princess	10. 1234

➔ Bei Attacken auf Internetkonten werden oft einfach sehr viele Passwörter ausprobiert, um Zugang zu einem Konto zu erhalten. Wie viele Konten muss ein Angreifer mindestens attackieren, damit mit einer Wahrscheinlichkeit von mindestens 95 % mindestens ein Passwort darunter 123456 lautet?

Lösung

Die Zufallsgröße X beschreibt die Anzahl der Nutzerkonten mit dem Passwort 123456 bei insgesamt n Konten. Die Erfolgswahrscheinlichkeit ist $p = 0{,}04$, damit ist $1 - p = 0{,}96$. Gesucht wird der kleinste Wert n, sodass für das Ereignis $X \geq 1$ gilt:

$$P(X \geq 1) = 1 - P(X = 0) = 1 - 0{,}96^n \geq 0{,}95; \text{ also } 0{,}96^n \leq 0{,}05$$

Mit einem Rechner findet man durch Probieren folgende Werte:

n	60	70	75	**74**	73
$0{,}96^n$	0,08635	0,05741	0,04681	**0,04876**	0,05079

Der kleinste Wert n, für den $0{,}96^n \leq 0{,}05$ gilt, ist $n = 74$.

Man kann die Gleichung auch mit einem Rechner nach n lösen.

```
nSolve((0.96)^n = 0.05, n)
                            73.3853
```

Es genügt also schon, mindestens 74 Benutzerkonten zu attackieren, damit mit einer Wahrscheinlichkeit von mindestens 95 % mindestens ein Benutzerkonto darunter mit dem Passwort 123456 ist. Die „Ungewöhnlichkeit" eines Passworts ist also ein wichtiger Sicherheitsfaktor.

Information

> Da in der Aufgabenstellung dreimal das Wort „mindestens" vorkommt, werden Aufgaben dieses Typs oft als **Dreimal-mindestens-Aufgaben** bezeichnet.

Mindestzahl an Versuchen für mindestens einen Erfolg

Manchmal tritt die Frage auf, wie oft man ein Bernoulli-Experiment mit der Erfolgswahrscheinlichkeit p mindestens durchführen muss, um mit einer Mindestwahrscheinlichkeit m mindestens einen Erfolg zu haben.

Aus der Bedingung $P(X \geq 1) \geq m$ ergibt sich nach der Komplementärregel $1 - P(X = 0) \geq m$ und somit $P(X = 0) \leq 1 - m$.
Gesucht ist also ein Mindestwert für n, sodass $(1 - p)^n \leq 1 - m$ gilt.

Wie oft muss man mit zwei Würfeln mindestens würfeln, um mit einer Wahrscheinlichkeit von mindestens 90 % mindestens einmal einen Sechser-Pasch zu würfeln?

$$\left(1 - \frac{1}{36}\right)^n \leq 1 - 0,9$$

$$\left(\frac{35}{36}\right)^n \leq 0,1$$

$$\text{nSolve}\left(\left(\frac{35}{36}\right)^n = 0.1, n\right)$$
$$81.7364$$

Man muss mindestens 82-mal würfeln.

Üben

1 ≡ Nach den Ergebnissen der Verbraucherstichprobe verfügt mittlerweile jeder zehnte Haushalt in Deutschland über einen Pay-TV-Anschluss.
Wie viele Haushalte müsste man mindestens für eine Stichprobe auswählen, damit in dieser Stichprobe mit einer Wahrscheinlichkeit von mindestens 95 % mindestens ein Haushalt mit Pay-TV-Anschluss ist?

2 ≡ Beim illegalen Schneeballwerfen auf dem Schulhof treffen nur zwei von zehn Schneebällen ihr Ziel. Die Q1 fragt sich, wie viele Schneebälle mindestens geworfen werden müssen, damit das Ziel mit einer Wahrscheinlichkeit von mindestens 95 % mindestens einmal getroffen wird.

a) Maximilian hat die Aufgabe grafisch gelöst. Erläutern Sie sein Vorgehen.

b) Treffen Sie mit dieser Methode jeweils eine Aussage, wie sich die benötigte Mindestanzahl der Würfe verändert,

(1) wenn sich die Trefferquote verbessert;

(2) wenn man eine kleinere Wahrscheinlichkeit für mindestens einen Treffer wählt.

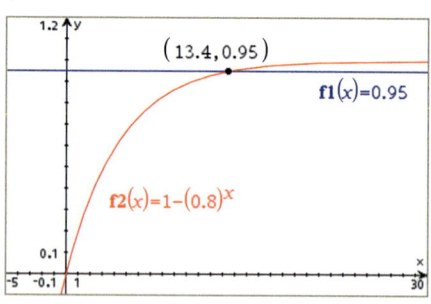

3 ≡ Ein Spieler setzt beim Roulette mit 37 Fächern auf seine Lieblingszahl 1.

a) Wie groß ist die Wahrscheinlichkeit, dass die Kugel

(1) erst in der siebten Runde auf der 1 liegen bleibt?

(2) in sieben Runden nicht auf der 1 liegen geblieben ist?

b) Wie viele Runden müssen mindestens durchgeführt werden, damit man die Aussage „Die Kugel wird mindestens einmal auf der 1 liegen bleiben" mit einer Wahrscheinlichkeit von mindestens 90 % machen kann?

Das Wichtigste auf einen Blick

Häufigkeitsverteilung eines Merkmals	Eine Tabelle, in der jedem möglichen Wert x eines Merkmals eine relative Häufigkeit $h(x)$ zugeordnet wird, beschreibt die **Häufigkeitsverteilung** dieses Merkmals. Die Summe der relativen Häufigkeiten einer Häufigkeitsverteilung ist gleich 1.

50 Pkw wurden bei der Hauptuntersuchung auf Mängel überprüft.

Anzahl x_i der Mängel	Anteil $h(x_i)$ der Pkw mit x_i Mängeln	gewichteter Wert $x_i \cdot h(x_i)$
0	0,42	$0 \cdot 0,42 = 0,42$
1	0,22	$1 \cdot 0,22 = 0,22$
2	0,16	$2 \cdot 0,16 = 0,32$
3	0,15	$3 \cdot 0,15 = 0,45$
4	0,05	$4 \cdot 0,05 = 0,20$
Summe	1	$\overline{x} - 1,61$

Arithmetisches Mittel einer Häufigkeitsverteilung	Das **arithmetische Mittel $\overline{x}$** einer Häufigkeitsverteilung ist das gewichtete Mittel der Werte. Für Werte $x_1, x_2, …, x_m$ mit den relativen Häufigkeiten $h(x_1), h(x_2), …, h(x_m)$ gilt: $$\overline{x} = x_1 \cdot h(x_1) + x_2 \cdot h(x_2) + … + x_m \cdot h(x_m)$$

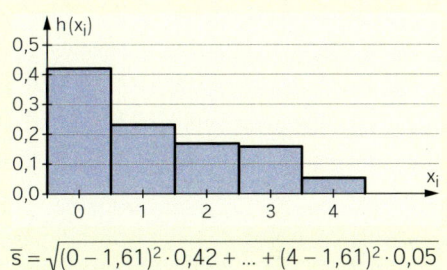

$$\overline{s} = \sqrt{(0 - 1,61)^2 \cdot 0,42 + … + (4 - 1,61)^2 \cdot 0,05}$$
$$= 1,33$$

Empirische Standardabweichung einer Häufigkeitsverteilung	Das Streuverhalten der Werte um den Mittelwert einer Häufigkeitsverteilung kann durch die **empirische Standardabweichung $\overline{s}$** angegeben werden: $$\overline{s} = \sqrt{(x_1 - \overline{x})^2 \cdot h(x_1) + … + (x_m - \overline{x})^2 \cdot h(x_m)}$$

Zufallsgröße und deren Wahrscheinlichkeitsverteilung	Eine **Zufallsgröße X** ordnet jedem Ergebnis eines Zufallsexperiments eine reelle Zahl zu. Mit **$P(X = k)$** bezeichnet man die Wahrscheinlichkeit des Ereignisses, dass die Zufallsgröße X den Wert k annimmt. Die **Wahrscheinlichkeitsverteilung** einer Zufallsgröße erhält man, indem man allen möglichen Werten der Zufallsgröße die zugehörigen Wahrscheinlichkeiten zuordnet.

X: *Anzahl von Wappen beim Werfen dreier Münzen*

a_i	$P(X = a_i)$	$a_i \cdot P(X = a_i)$
0	$\frac{1}{8}$	0
1	$\frac{3}{8}$	$\frac{3}{8}$
2	$\frac{3}{8}$	$\frac{6}{8}$
3	$\frac{1}{8}$	$\frac{3}{8}$
Summe	1	$E(X) = 1,5$

Erwartungswert einer Zufallsgröße	Nimmt die Zufallsgröße X die Werte $a_1, a_2, …, a_m$ mit den Wahrscheinlichkeiten $P(X = a_1), P(X = a_2), …, P(X = a_m)$ an, dann ist der **Erwartungswert $E(X) = \mu$** der Zufallsgröße X: $$\mu = a_1 \cdot P(X = a_1) + … + a_m \cdot P(X = a_m)$$

a_i	$P(X = a_i)$	$(a_i - \mu)^2 \cdot P(X = a_i)$
0	$\frac{1}{8}$	$(0 - 1,5)^2 \cdot \frac{1}{8}$
1	$\frac{3}{8}$	$(1 - 1,5)^2 \cdot \frac{3}{8}$
2	$\frac{3}{8}$	$(2 - 1,5)^2 \cdot \frac{3}{8}$
3	$\frac{1}{8}$	$(3 - 1,5)^2 \cdot \frac{1}{8}$
Summe	1	$\sigma = \sqrt{\frac{3}{4}} \approx 0,866$

Standardabweichung einer Zufallsgröße	Die **Standardabweichung σ** einer Zufallsgröße X mit dem Erwartungswert $\mu = E(X)$ ist wie folgt definiert: $$\sigma = \sqrt{(a_1 - \mu)^2 \cdot P(X = a_1) + … + (a_m - \mu)^2 \cdot P(X = a_m)}$$

| **Bernoulli-Experiment, Bernoulli-Kette** | Ein Zufallsexperiment mit nur zwei möglichen Ergebnissen (Erfolg bzw. Misserfolg) heißt **Bernoulli-Experiment**. Die Wahrscheinlichkeit für einen Erfolg ist die Erfolgswahrscheinlichkeit p. Die Misserfolgswahrscheinlichkeit ist dann $1 - p$. Wird ein Bernoulli-Experiment n-mal wiederholt und ändert sich die Erfolgswahrscheinlichkeit p von Stufe zu Stufe nicht, so spricht man von einer n-stufigen **Bernoulli-Kette**. | Ziehen einer Karte aus einem Skatblatt mit 32 Karten Erfolg: *Es wird ein Ass gezogen* Misserfolg: *Es wird kein Ass gezogen* $p = \frac{4}{32} = \frac{1}{8}$; $1 - p = 1 - \frac{1}{8} = \frac{7}{8}$ 10-stufige Bernoulli-Kette: Es werden nacheinander mit Zurücklegen 10 Karten aus dem Skatblatt gezogen. |

| **Binomialkoeffizient** | Im Baumdiagramm einer n-stufigen Bernoulli-Kette nennt man die Anzahl der Pfade mit genau k Erfolgen **Binomialkoeffizient**. Dieser wird mit $\binom{n}{k}$ bezeichnet. Man kann den Binomialkoeffizienten mit dem Taschenrechnerbefehl nCr bestimmen. | Würfelwurf; Erfolg: *Augenzahl 6*; $n = 5$ Pfade im Baumdiagramm mit genau drei Sechsen: – E – E – E – M – M – E – E – M – E – M – E – E – M – M – E – E – M – E – E – M – E – M – E – M – E – E – M – M – E – E – M – E – E – M – E – M – E – M – E – E – M – E – E – M – E – M – M – E – E – E |

E: Erfolg; M: Misserfolg

$$\binom{5}{3} = 10$$

nCr(5,3)

| **Bernoulli-Formel, Binomialverteilung** | Für eine n-stufige Bernoulli-Kette mit der Erfolgswahrscheinlichkeit p kann die Wahrscheinlichkeit, dass die Zufallsgröße X den Wert k annimmt, berechnet werden durch: $$P(X = k) = \binom{n}{k} \cdot p^k \cdot (1 - p)^{n-k}$$ Die zu einer Bernoulli-Kette gehörende Wahrscheinlichkeitsverteilung heißt **Binomialverteilung**. | Gesucht ist die Wahrscheinlichkeit, beim 10-maligen Ziehen einer Karte aus einem Skatblatt (mit Zurücklegen) 3 Asse zu ziehen. X: *Anzahl der Asse* $n = 10$; $p = \frac{1}{8}$; $k = 3$ $P(X = 3) = \binom{10}{3} \cdot \left(\frac{1}{8}\right)^3 \cdot \left(\frac{7}{8}\right)^7 = 0,092$ |

| **Mindestzahl an Versuchen für mindestens einen Erfolg** | Wie hoch die Anzahl n an Versuchen mindestens sein muss, damit bei einer Bernoulli-Kette mit der Erfolgswahrscheinlichkeit p gilt $P(X \geq 1) \geq m$, wobei m eine vorgegebene Mindestwahrscheinlichkeit ist, lässt sich anhand der Formel $1 - q^n \geq m$ bestimmen. | Wie oft muss man *mindestens* würfeln, um mit einer Wahrscheinlichkeit von *mindestens* 90 % *mindestens* eine 6 zu würfeln? $P(X \geq 1) = 1 - \left(\frac{5}{6}\right)^n \geq 0,9$ Für $n = 13$ gilt erstmals $1 - \left(\frac{5}{6}\right)^n \geq 0,9$. Man muss also mindestens 13-mal würfeln. |

Kumulierte Binomialverteilung

Für eine n-stufige Bernoulli-Kette mit der Erfolgswahrscheinlichkeit p kann man folgende Fälle betrachten:

- höchstens k Erfolge: $P(X \le k)$
- weniger als k Erfolge:
  $P(X < k) = P(X \le k - 1)$
- mehr als k Erfolge: $P(X > k) = 1 - P(X \le k)$
- mindestens k Erfolge:
  $P(X \ge k) = 1 - P(X \le k - 1)$
- mindestens a, höchstens b Erfolge:
  $P(a \le X \le b) = P(X \le b) - P(X \le a - 1)$

$n = 5; \; p = \frac{1}{8}$

- $P(X \le 3) \approx 0{,}9989$

$$\text{binomCdf}\left(5, \frac{1}{8}, 3\right) \qquad 0.998901$$

- $P(X < 3) = P(X \le 2) \approx 0{,}9839$
- $P(X > 3) = 1 - P(X \le 3) \approx 1 - 0{,}9989$
  $\approx 0{,}0011$
- $P(X \ge 3) = 1 - P(X \le 2) \approx 1 - 0{,}9839$
  $= 0{,}0161$
- $P(2 \le X \le 4) = P(X \le 4) - P(X \le 1)$
  $\approx 0{,}1207$

Klausurtraining

Lösungen im Anhang

Teil A

Lösen Sie die folgenden Aufgaben ohne Formelsammlung und ohne Taschenrechner.

1 Einige Profi-Fußballvereine und Fußballschulen in Europa verwenden zum Torwarttraining eine *Football Passing Machine* als Torschussmaschine. Ein Forscherteam hat eine Maschine so umkonstruiert, dass der Ball zufällig in die linke oder die rechte Torecke und dabei zufällig flach oder hoch geschossen wird.
Erläutern Sie, warum sich das Training mit der Maschine als Bernoulli-Kette auffassen lässt, und geben Sie verschiedene Möglichkeiten an, was dabei als „Erfolg" interpretiert werden kann.

2 In einem Gefäß sind 1 rote, 2 grüne und 3 blaue Kugeln.
Bei einem Spiel werden nacheinander Kugeln ohne Zurücklegen gezogen – so lange, bis von jeder Farbe mindestens eine Kugel gezogen wurde.
a) Welche Werte kann die Zufallsgröße X: *Anzahl der notwendigen Ziehungen* annehmen? Überlegen Sie jeweils, welche Spielverläufe zu diesen Werten gehören.
b) Bestimmen Sie die Wahrscheinlichkeitsverteilung von X.
c) Wie viele Ziehungen sind im Mittel notwendig?

3 Ein Würfel wird sechsmal geworfen. Als Erfolg wird jede Augenzahl größer als 4 gewertet. Begründen Sie mithilfe der Bernoulli-Formel, warum
(1) die Wahrscheinlichkeit für 1 Erfolg dreimal so groß ist wie die für 0 Erfolge;
(2) die Wahrscheinlichkeit für 2 Erfolge viermal so groß ist wie die für 4 Erfolge;
(3) die Wahrscheinlichkeit für 4 Erfolge fünfmal so groß ist wie die für 5 Erfolge.

Teil B

Bei der Lösung dieser Aufgaben können Sie die Formelsammlung und den Taschenrechner verwenden.

4 Eine Basketball-Mannschaft der amerikanischen NBA besteht aus 30 Spielern.
Ihre Körpergrößen in cm sind in der folgenden Tabelle dargestellt:

206	213	201	193	185	188	193	198	193	198
196	208	191	206	196	203	185	211	185	201
211	203	183	198	208	203	201	211	213	201

Berechnen Sie die mittlere Größe der Basketballspieler sowie die Standardabweichung.

5 20 % der Einwohner Deutschlands sind jünger als 20 Jahre.
Wie groß ist die Wahrscheinlichkeit dafür, dass unter 100 zufällig ausgewählten Personen
(1) genau 17 Personen jünger als 20 Jahre sind;
(2) mindestens 15, höchstens 25 Personen jünger als 20 Jahre sind;
(3) mehr als 80 Personen mindestens 20 Jahre alt sind;
(4) höchstens 75 Personen mindestens 20 Jahre alt sind?

6 Ein Unternehmen beteiligt sich an der Sommeraktion „Mit dem Rad zur Arbeit" der AOK
und des ADFC unter der Schirmherrschaft des Bundesministeriums für Verkehr, Bau und
Stadtentwicklung.
Da die Radwege vor Ort gut ausgebaut sind, erwartet die Unternehmensleitung, dass
durchschnittlich 30 % der 50 Angestellten mit dem Fahrrad zur Arbeit kommen. Um die
Aktion zu unterstützen, soll ein abschließbarer Fahrradunterstand gebaut werden.
a) Geben Sie geeignete Modellannahmen an, damit dieser Vorgang als Bernoulli-Kette
interpretiert werden kann.
b) Untersuchen Sie, mit welcher Wahrscheinlichkeit 20 Fahrradständer genügen.
c) Ermitteln Sie, wie viele Fahrradständer zur Verfügung stehen sollten, damit diese mit
einer Wahrscheinlichkeit von mindestens 90 % ausreichen.

7 In einem Warenlager stehen 5 Mitarbeiter für die Ausgabe von Geräten zur Verfügung.
Für die Ausführung eines Auftrages benötigen sie durchschnittlich 10 Minuten. Während der
Öffnungszeiten am Vormittag von 8 bis 12 Uhr kommen im Mittel 100 Kunden.
Kommt es oft vor, dass Kunden warten müssen? Begründen Sie.
Welche vereinfachenden Annahmen müssen für die Modellierung gemacht werden?

8 Bei der Produktion von Leuchtdioden muss man mit einem konstanten Ausschussanteil
von 4 % rechnen. Eine bestimmte Sorte wird vom Hersteller zum Stückpreis von 1,60 € in
Einheiten von 50 Stück geliefert. Falls in einer Lieferung defekte Leuchtdioden enthalten
sind, wird der Stückpreis für die gesamte Einheit reduziert, und zwar
• um 0,10 €, wenn in der Einheit 1 oder 2 Leuchtdioden defekt sind,
• um 0,20 €, wenn mehr als 2 Leuchtdioden defekt sind.
Bestimmen Sie den zu erwartenden tatsächlichen Gesamtpreis für eine Einheit von
50 Leuchtdioden.

Beurteilende Statistik

▲ *Bei der 59. Präsidentschaftswahl in den USA im Jahr 2020 gaben über 100 Millionen Wahlberechtigte ihre Stimme ab. Die Demokratische Partei mit ihren Kandidaten Joe Biden und Kamala Harris gewann die Wahl mit 306 Wahlleuten und erhielt 51,3 % der Stimmen.*

In diesem Kapitel

lernen Sie Regeln kennen, mit deren Hilfe Sie Prognosen treffen und Aussagen überprüfen können, die sich auf Zusammensetzung einer Grundgesamtheit (z. B. Wählerschaft) beziehen.

Außerdem beschreiben Sie zufällige Veränderungen von Häufigkeitsverteilungen mathematisch mithilfe von Matrizen. ▶

6.1 Erwartungswert und Standardabweichung einer Binomialverteilung

Einstieg

Ein Blumenhändler gibt für seine Blumenzwiebeln eine 90 %-Keimgarantie. Die Zufallsgröße X gibt für eine Packung mit 6 Zwiebeln die Anzahl der keimenden Zwiebeln an.

Stellen Sie eine begründete Vermutung für den Erwartungswert von X auf. Berechnen Sie dann den Erwartungswert und vergleichen Sie mit Ihrer Vermutung.

Berechnen Sie außerdem die Standardabweichung und zeigen Sie, dass diese mit dem Wert $\sqrt{6 \cdot 0{,}9 \cdot 0{,}1}$ übereinstimmt.

Aufgabe mit Lösung

Erwartungswert und Standardabweichung einer Binomialverteilung

Ein Dartwerfer trifft mit einer Wahrscheinlichkeit von 20 % das sogenannte *Bull's Eye*, das sich in der Mitte der Dartscheibe befindet. Er wirft 5-mal auf die Scheibe.

→ Stellen Sie eine begründete Vermutung für den Erwartungswert μ für die Anzahl der Treffer auf.

Lösung

Der Dartwerfer trifft durchschnittlich 20 % seiner Würfe. Daher wird er bei 5 Versuchen im Schnitt etwa 20 % seiner 5 Würfe treffen, was den Erwartungswert $\mu = 0{,}2 \cdot 5 = 1$ ergibt.

→ Berechnen Sie μ mithilfe der Definition und bestätigen Sie damit obige Vermutung.

Lösung

Mit der Formel von Bernoulli oder dem Rechner für $n = 5$ und $p = 0{,}2$ erhält man:

k	0	1	2	3	4	5	Summe
$P(X = k)$	0,32768	0,4096	0,2048	0,0512	0,0064	0,00032	1
$k \cdot P(X = k)$	0	0,4096	0,4096	0,1536	0,0256	0,0016	$\mu = 1$

Es ergibt sich also mithilfe der Definition tatsächlich der Erwartungswert 1.

→ Berechnen Sie die Standardabweichung σ mithilfe der Definition und zeigen Sie, dass das Ergebnis mit dem Wert $\sqrt{5 \cdot 0{,}2 \cdot 0{,}8}$ übereinstimmt.

Lösung

Es gilt: $\sigma^2 = (0 - 1)^2 \cdot 0{,}32768 + (1 - 1)^2 \cdot 0{,}4096 + (2 - 1)^2 \cdot 0{,}2048$
$\qquad + (3 - 1)^2 \cdot 0{,}0512 + (4 - 1)^2 \cdot 0{,}0064 + (5 - 1)^2 \cdot 0{,}00032$

Damit ergibt sich $\sigma^2 = 0{,}8$ und $\sigma = \sqrt{0{,}8}$. Dies stimmt mit $\sqrt{5 \cdot 0{,}2 \cdot 0{,}8}$ überein.

→ Berechnen Sie für eine binomialverteilte Zufallsgröße X mit einer beliebigen Erfolgswahrscheinlichkeit p in den beiden Fällen $n = 1$ sowie $n = 2$ den Erwartungswert und
die Standardabweichung. Vereinfachen Sie die auftretenden Terme und stellen Sie eine
Vermutung für den allgemeinen Fall auf.

Lösung

Im Fall $n = 1$ gilt:

$\mu = 0 \cdot (1 - p) + 1 \cdot p = \mathbf{p}$ und

$\sigma = \sqrt{(0 - \mathbf{p})^2 \cdot (1 - p) + (1 - \mathbf{p})^2 \cdot p}$

$= \sqrt{p^2 \cdot (1 - p) + p \cdot (1 - p)^2}$

Ausklammern von $p \cdot (1 - p)$ ergibt:

$\sigma = \sqrt{p \cdot (1 - p) \cdot (p + (1 - p))} = \sqrt{p \cdot (1 - p)}$

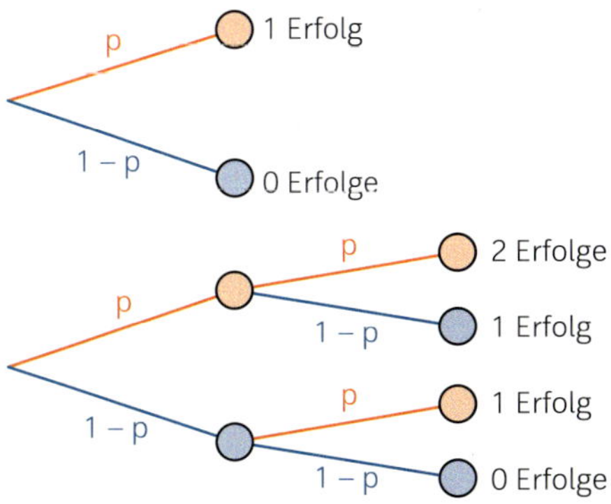

Im Fall $n = 2$ gilt für den Erwartungswert:

$\mu = 0 \cdot (1 - p)^2 + 1 \cdot 2p \cdot (1 - p) + 2 \cdot p^2$

$= 2p - 2p^2 + 2p^2 = \mathbf{2p}$

Für die Standardabweichung erhält man:

$\sigma = \sqrt{(0 - \mathbf{2p})^2 \cdot (1 - p)^2 + (1 - \mathbf{2p})^2 \cdot 2p \cdot (1 - p) + (2 - \mathbf{2p})^2 \cdot p^2}$

$= \sqrt{4p^2 \cdot (1 - p)^2 + 2p \cdot (1 - p) \cdot (1 - 2p)^2 + 4p^2 \cdot (1 - p)^2}$

$= \sqrt{2p \cdot (1 - p) \cdot \underbrace{\left(2p \cdot (1 - p) + (1 - 2p)^2 + 2p \cdot (1 - p)\right)}}$

Ausklammern von $2p \cdot (1 - p)$

$= 2p - 2p^2 + 1 - 4p + 4p^2 + 2p - 2p^2 = 1$

$= \sqrt{2p \cdot (1 - p)}$

Für den allgemeinen Fall kann man somit vermuten: $\mu = n \cdot p$ und $\sigma = \sqrt{n \cdot p \cdot (1 - p)}$

Information

**Erwartungswert
einer Binomialverteilung**

Satz: Für den Erwartungswert μ einer
binomialverteilten Zufallsgröße gilt:

$\mu = n \cdot p$

Dabei gibt n die Anzahl der Versuche und
p die Erfolgswahrscheinlichkeit an.

**Standardabweichung
einer Binomialverteilung**

Satz: Für die Standardabweichung σ
einer binomialverteilten Zufallsgröße gilt:

$\sigma = \sqrt{n \cdot p \cdot (1 - p)}$

X: *Anzahl von
Blau beim
12-maligen
Drehen des
Glücksrads*

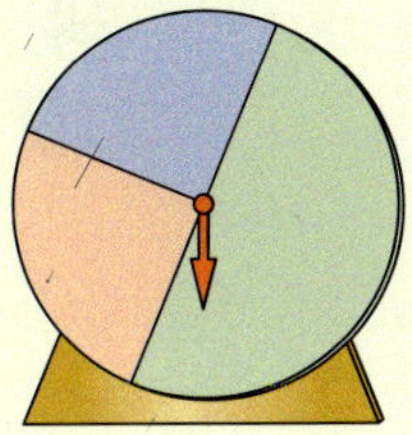

$\mu = 12 \cdot \dfrac{1}{4} = 3$

Im Mittel erhält man 3-mal Blau bei
12 Drehungen.

$\sigma = \sqrt{12 \cdot \dfrac{1}{4} \cdot \dfrac{3}{4}} = \sqrt{\dfrac{9}{4}} = \dfrac{3}{2} = 1,5$

Die Standardabweichung beträgt 1,5.

Üben

1 ≡ Ein Würfel wird 8-mal geworfen.

Berechnen Sie den Erwartungswert und die Standardabweichung für die Zufallsgrößen
X, Y und Z mit X: *Anzahl der gewürfelten Sechsen*, Y: *Anzahl der Würfe mit gerader Augenzahl*, Z: *Anzahl der Würfe mit Augenzahl höchstens vier*.

2 ≡ Die Zufallsgröße X gibt die Anzahl der Einsen beim 6-fachen Werfen eines regelmäßigen Tetraeders an.
Berechnen Sie den Erwartungswert und die Standardabweichung von X mithilfe der Definitionen und vergleichen Sie mit den Werten, die sich aus den Formeln in der Information (Seite 223) ergeben.

3 ≡ Berechnen Sie die fehlenden Werte für folgende Binomialverteilungen.

(1) $n = 50$; $p = 30\%$; $\mu = \blacksquare$; $\sigma = \blacksquare$ (2) $n = 120$; $p = 0{,}65$; $\mu = \blacksquare$; $\sigma = \blacksquare$

(3) $n = 500$; $p = 10\%$; $\mu = \blacksquare$; $\sigma = \blacksquare$ (4) $n = \blacksquare$; $p = 25\%$; $\mu = 2{,}75$; $\sigma = \blacksquare$

4· ≡ Die Abbildung zeigt die Säulendiagramme für Binomialverteilungen mit $p = 0{,}3$ und verschiedenen Werten für n.

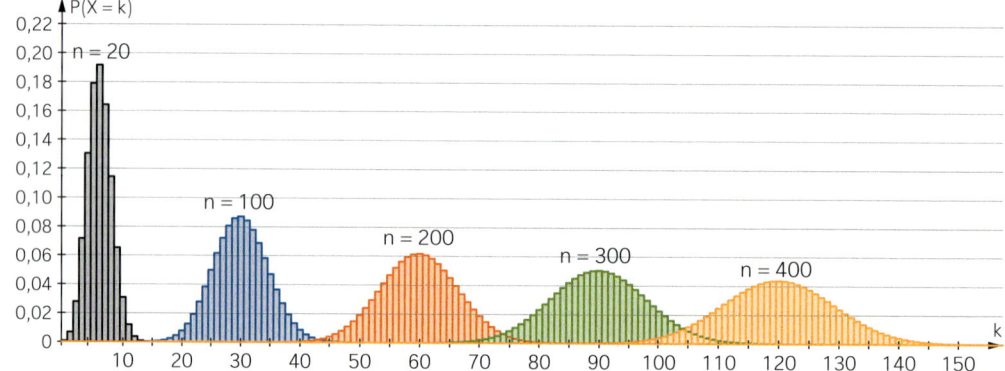

a) Beschreiben Sie, wie sich die Diagramme in Abhängigkeit von n verändern.

b) Wie verändern sich μ und σ in Abhängigkeit von n? Wie verändern sich μ und σ, wenn sich n vervierfacht?

5 ≡ Die Abbildung zeigt die Säulendiagramme für Binomialverteilungen mit $n = 60$ und verschiedenen Werten für p.

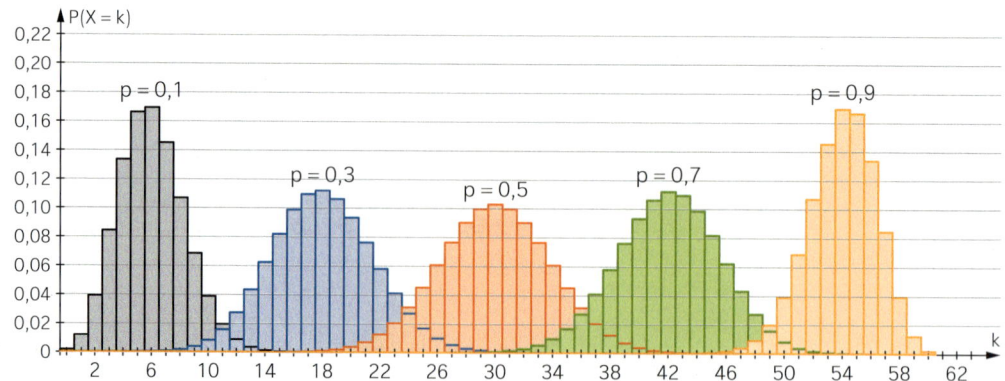

a) Beschreiben Sie, wie sich die Diagramme in Abhängigkeit von p verändern.

b) Wie verändert sich μ in Abhängigkeit von p? Wie verändert sich μ, wenn sich p verdreifacht?

c) Wie verändert sich σ in Abhängigkeit von p? Für welches p ist σ am größten?

6 ≡ Bei den Olympischen Winterspielen 2018 im südkoreanischen Pyeongchang konnte der Biathlet Arnd Peiffer die Goldmedaille in der Disziplin Sprint gewinnen. Dabei müssen auf einer 10 km langen Langlauf-Strecke zwei Schießübungen (liegend, stehend) mit jeweils 5 Schüssen bewältigt werden.

Peiffer traf jeden seiner Schüsse.

Basierend auf den Daten der Saison 2017/2018 trifft Peiffer 86,47 % seiner Schüsse.

a) Berechnen Sie, wie viele Treffer man vor dem olympischen Sprint-Wettkampf von Peiffer erwarten konnte.

b) Wie groß war die Wahrscheinlichkeit für diese Anzahl an Treffern? Vergleichen Sie mit der Wahrscheinlichkeit für die erzielten 10 Treffer.

c) Berechnen Sie die Standardabweichung.

7 ≡ Gegeben sind zwei Binomialverteilungen mit den abgebildeten Säulendiagrammen.

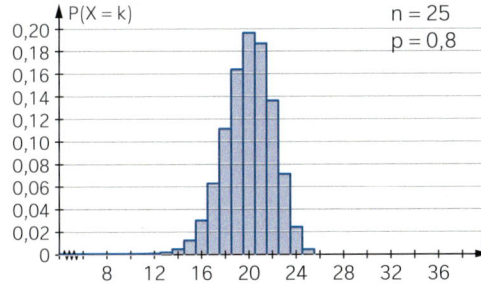

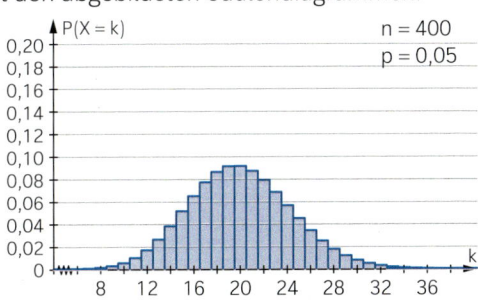

a) Beschreiben Sie Gemeinsamkeiten und Unterschiede der beiden Wahrscheinlichkeitsverteilungen.

b) Erklären Sie, woran man ohne Rechnung erkennen kann, welche der beiden Binomialverteilungen die größere Standardabweichung besitzt. Überprüfen Sie Ihre Aussage rechnerisch.

c) Geben Sie drei weitere Binomialverteilungen an, die denselben Erwartungswert besitzen und sich in ihrer Standardabweichung unterscheiden. Überprüfen Sie, indem Sie mit dem Rechner die entsprechenden Säulendiagramme zeichnen lassen, ob Sie auch hier die Größe der Standardabweichung grafisch unterscheiden können.

8 ≡ Zwei Glücksspiele werden für einen Einsatz von jeweils 2 € angeboten.

(1) Bei einem gewöhnlichen Kartenspiel wird 8-mal mit Zurücklegen gezogen und man erhält für jede Karokarte 1 €.

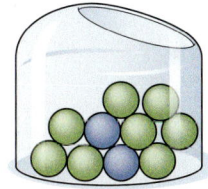

(2) Aus der abgebildeten Urne wird 10-mal mit Zurücklegen gezogen und man erhält für jede blaue Kugel 1 €.

Vergleichen Sie die beiden Spiele mithilfe von Erwartungswert und Standardabweichung.

6.2 Sigma-Regeln – Prognoseintervalle

Einstieg

:: Berechnen Sie für jedes Zufalls-experiment den Erwartungswert µ und die Standardabweichung σ von X. Berechnen Sie anschließend mit dem Rechner folgende Wahrscheinlichkeiten:

- $P(\mu - \sigma \leq X \leq \mu + \sigma)$,
- $P(\mu - 2\sigma \leq X \leq \mu + 2\sigma)$
- $P(\mu - 3\sigma \leq X \leq \mu + 3\sigma)$

Was fällt auf?

Aufgabe mit Lösung

Sigma-Regeln

→ Beschreiben Sie die Diagramme von drei Binomialverteilungen. Stellen Sie einen Bezug zu den Erwartungswerten und Standardabweichungen her.

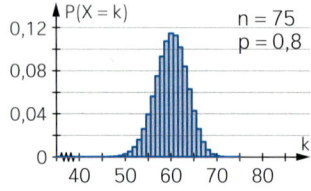 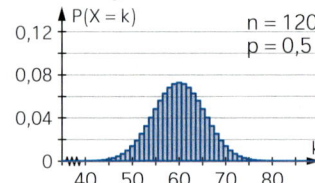 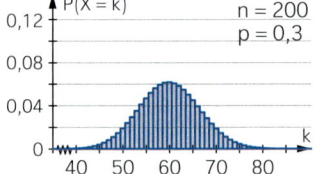

Lösung

Alle drei Diagramme haben ihre höchste Säule bei 60 Erfolgen. Dies passt zu den Erwartungswerten:

(1) $\mu = 75 \cdot 0{,}8 = 60$ (2) $\mu = 120 \cdot 0{,}5 = 60$ (3) $\mu = 200 \cdot 0{,}3 = 60$

Das erste Diagramm hat die höchsten Säulen und ist am wenigsten breit; das dritte hat die kleinsten Säulen und ist am breitesten. Dies passt zu den Standardabweichungen:

(1) $\sigma = \sqrt{75 \cdot 0{,}8 \cdot 0{,}2} \approx 3{,}10$ (2) $\sigma = \sqrt{120 \cdot 0{,}5 \cdot 0{,}5} \approx 5{,}48$ (3) $\sigma = \sqrt{200 \cdot 0{,}3 \cdot 0{,}7} \approx 6{,}48$

→ Um ein besseres Verständnis der Standardabweichung zu gewinnen, berechnen Sie für alle drei Binomialverteilungen folgende Wahrscheinlichkeiten:

$P(\mu - \sigma \leq X \leq \mu + \sigma)$ $P(\mu - 2\sigma \leq X \leq \mu + 2\sigma)$ $P(\mu - 3\sigma \leq X \leq \mu + 3\sigma)$

Lösung

Diese Intervallwahrscheinlichkeiten werden mit einem Rechner berechnet:

n	p	1σ-Umgebung: $P(\mu - \sigma \leq X \leq \mu + \sigma)$	2σ-Umgebung: $P(\mu - 2\sigma \leq X \leq \mu + 2\sigma)$	3σ-Umgebung: $P(\mu - 3\sigma \leq X \leq \mu + 3\sigma)$
75	0,8	$P(56{,}9 \leq X \leq 63{,}1) = 0{,}688$	$P(53{,}8 \leq X \leq 66{,}2) = 0{,}941$	$P(50{,}7 \leq X \leq 69{,}3) = 0{,}994$
120	0,5	$P(54{,}5 \leq X \leq 65{,}5) = 0{,}685$	$P(49{,}05 \leq X \leq 70{,}95) = 0{,}945$	$P(43{,}5 \leq X \leq 76{,}5) = 0{,}998$
200	0,3	$P(53{,}5 \leq X \leq 66{,}5) = 0{,}684$	$P(47{,}04 \leq X \leq 72{,}96) = 0{,}947$	$P(40{,}5 \leq X \leq 79{,}5) = 0{,}997$
allgemein:		$\approx 68\,\%$	$\approx 95\,\%$	$\approx 99{,}5\,\%$

Für alle drei Binomialverteilungen ist die Intervallwahrscheinlichkeit der 1σ-Umgebungen um den Erwartungswert µ nahezu gleich, dasselbe gilt für die 2σ- und die 3σ-Umgebungen. Die Standardabweichung σ macht die Streuung der Verteilungen gut vergleichbar.

Information

σ > 3 ist die sogenannte **Laplace-Bedingung**.

Sigma-Regeln

Für Binomialverteilungen, deren Standardabweichung σ größer als 3 ist, ist die Wahrscheinlichkeit

$$P(\mu - z\sigma \leq X \leq \mu + z\sigma)$$

für alle Erfolgswahrscheinlichkeiten p und Stufenzahlen n ungefähr gleich.

Häufiger wählt man nicht die Vorfaktoren von σ „glatt", sondern die Intervallwahrscheinlichkeiten:

- Mit einer Wahrscheinlichkeit von ca. 90 % liegt die Anzahl der Erfolge im Intervall zwischen $\mu - 1{,}64\sigma$ und $\mu + 1{,}64\sigma$ (**1,64 σ-Umgebung von μ**).

- Mit einer Wahrscheinlichkeit von ca. 95 % liegt die Anzahl der Erfolge im Intervall zwischen $\mu - 1{,}96\sigma$ und $\mu + 1{,}96\sigma$ (**1,96 σ-Umgebung von μ**).

- Mit einer Wahrscheinlichkeit von ca. 99 % liegt die Anzahl der Erfolge im Intervall zwischen $\mu - 2{,}58\sigma$ und $\mu + 2{,}58\sigma$ (**2,58 σ-Umgebung von μ**).

Für eine binomialverteilte Zufallsgröße X mit σ > 3 gilt näherungsweise:

z σ-Umgebung	$P(\mu - z\sigma \leq X \leq \mu + z\sigma)$
1 σ	≈ 68 %
2 σ	≈ 95,5 %
3 σ	≈ 99,7 %

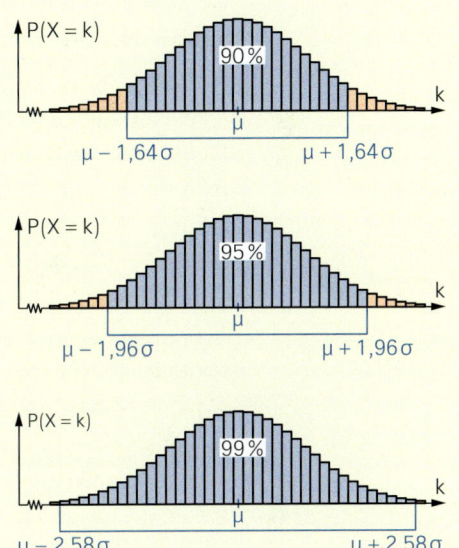

Üben

1 ☰ Eine Münze und ein Würfel werden je n-mal geworfen.
Bestimmen Sie für die Münze und den Würfel die 1 σ-, 2 σ- und 3 σ-Intervalle.

a) n = 240   b) n = 600   c) n = 1200   d) 1800

2 ☰ Berechnen Sie für die gegebenen Binomialverteilungen die Wahrscheinlichkeiten $P(\mu - z\sigma \leq X \leq \mu + z\sigma)$ für z = 1, z = 2 und z = 3. Überprüfen Sie die Ergebnisse mit den Sigma-Regeln.

(1) p = 0,5 und n = 8   (2) p = 0,5 und n = 10

3 ☰ Überprüfen Sie mit einem Rechner die Sigma-Regeln aus der Information für n = 100 und p = 0,1; 0,2; 0,25; 0,3; 0,4; 0,5.
Warum ist dies auch eine Bestätigung der Regeln für p = 0,6; 0,7; 0,75; 0,8; 0,9?
Welche Wahrscheinlichkeit hat die 2,58 σ-Umgebung von μ?

4 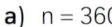 Das Glücksrad wird n-mal gedreht.

Die Zufallsvariable X gibt die Anzahl der gedrehten Zweien an.

Geben Sie die Intervalle um den Erwartungswert μ für ca. 90 %ige,

95 %ige und 99 %ige Wahrscheinlichkeit an.

a) n = 360 **b)** n = 800 **c)** n = 1 600

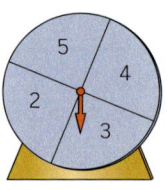

Aufgabe mit Lösung

Prognose einer zu erwartenden Häufigkeit

Das Kreisdiagramm zeigt die Marktanteile der Betriebssysteme von Smartphones in Deutschland für das Jahr 2020.

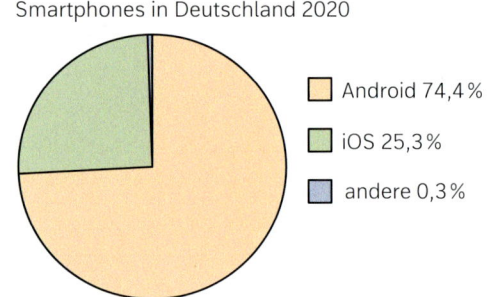

Marktanteile der Betriebssysteme von Smartphones in Deutschland 2020

- Android 74,4 %
- iOS 25,3 %
- andere 0,3 %

→ Der Oberstufen-Jahrgang Q1 einer Schule hat 93 Schülerinnen und Schüler. Bestimmen Sie ein Intervall, in dem sich die Anzahl der Schülerinnen und Schüler dieses Jahrgangs mit Android-Smartphone mit mindestens 95 %iger Wahrscheinlichkeit befindet.

Lösung

Man betrachtet die Zufallsgröße *X: Anzahl der Schülerinnen und Schüler mit Android-Smartphone*.

Wenn man davon ausgeht, dass jede Schülerin und jeder Schüler ein Smartphone besitzt und dass die Marktanteile auch für diese Altersgruppe zutreffen, ergibt sich eine Binomial-verteilung mit der Stufenzahl n = 93 und der Erfolgswahrscheinlichkeit p = 0,744.

Da die Standardabweichung $\sigma = \sqrt{93 \cdot 0,744 \cdot (1 - 0,744)} = 4,19 > 3$ ist, können die Sigma-Regeln angewendet werden.

Mit einer Wahrscheinlichkeit von ca. 95 % gilt:

$\mu - 1,96\,\sigma \leq X \leq \mu + 1,96\,\sigma$

$69,2 - 1,96 \cdot 4,19 \leq X \leq 69,2 + 1,96 \cdot 4,19$

$60,99 \leq X \leq 77,41$

$60 \leq X \leq 78$

> Zur Vergrößerung der Wahrscheinlichkeit des Intervalls wird nach außen gerundet.

Also macht man die Prognose, dass mindestens 60 und höchstens 78 Schülerinnen und Schüler des 11. Jahrgangs ein Smartphone mit dem Betriebssystem Android besitzen.

→ Das mit den Sigma-Regeln bestimmte Prognoseintervall wurde zur Sicherheit beim Runden vergrößert. Berechnen Sie die genaue Wahrscheinlichkeit dieses Intervalls und prüfen Sie, ob man es beidseitig verkleinern kann.

Lösung

Mit einem Rechner ermittelt man:

$P(60 \leq X \leq 78) = 0,9768$ $P(61 \leq X \leq 77) = 0,9575$ $P(62 \leq X \leq 76) = 0,9261$

Man kann also mit $61 \leq X \leq 77$ sogar ein kleineres Intervall angeben, in dem die Anzahl der Schülerinnen und Schüler des 11. Jahrgangs mit einem Android-Smartphone mit 95 %iger Wahrscheinlichkeit liegt.

Information

Schluss von der Gesamtheit auf die Stichprobe – Prognoseintervalle

Für eine n-stufige Bernoulli-Kette mit Erfolgswahrscheinlichkeit p kann man folgende Prognosen über die erwartete Anzahl an Erfolgen abgeben:

- **Punktschätzung:** Man berechnet den Erwartungswert $\mu = n \cdot p$.
- **Prognoseintervall:** Man gibt ein zum Erwartungswert μ symmetrisches Intervall an, in dem die Anzahl der Erfolge mit einer vorgegebenen Sicherheitswahrscheinlichkeit liegen wird.

Falls die Standardabweichung $\sigma > 3$ ist (Laplace-Bedingung), können die Sigma-Regeln verwendet werden:

(1) In 90 % aller Fälle gilt:
$$\mu - 1{,}64\,\sigma \le X \le \mu + 1{,}64\,\sigma$$
(2) In 95 % aller Fälle gilt:
$$\mu - 1{,}96\,\sigma \le X \le \mu + 1{,}96\,\sigma$$
(3) In 99 % aller Fälle gilt:
$$\mu - 2{,}58\,\sigma \le X \le \mu + 2{,}58\,\sigma$$

Dieses Verfahren heißt auch **Schluss von der Gesamtheit auf die Stichprobe**. Zur Kontrolle kann man die Wahrscheinlichkeit des Prognoseintervalls mit der Binomialverteilung berechnen.

Signifikante und hochsignifikante Abweichungen

Ergebnisse, die nur in höchstens 5 % der Fälle auftreten, treten selten auf. Man spricht dann von einer **signifikanten Abweichung** vom Erwartungswert μ. Diese Ergebnisse liegen außerhalb der $1{,}96\,\sigma$-Umgebung von μ.

Ergebnisse, die nur in höchstens 1 % der Fälle auftreten, nennt man **hochsignifikant abweichend** von μ. Sie liegen sogar außerhalb der $2{,}58\,\sigma$-Umgebung von μ.

In Deutschland beträgt der Anteil der Linkshänder 10,6 %. Wie viele Linkshänder kann man an einer Schule mit 400 Schülerinnen und Schülern erwarten?

X: *Anzahl der Linkshänder*
$n = 400$; $p = 0{,}106$

Der Erwartungswert μ beträgt $400 \cdot 0{,}106 = 42{,}4$.
Man erwartet 42 Linkshänder.

$\sigma = \sqrt{400 \cdot 0{,}106 \cdot (1 - 0{,}106)} = 6{,}16 > 3$
Die Laplace-Bedingung ist erfüllt.

In 99 % aller Fälle gilt für die Anzahl der Linkshänder:
$$\mu - 2{,}58\,\sigma \le X \le \mu + 2{,}58\,\sigma$$
$$42{,}4 - 2{,}58 \cdot 6{,}16 \le X \le 42{,}4 + 2{,}58 \cdot 6{,}16$$
$$26{,}51 \le X \le 58{,}29$$
$$26 \le X \le 59$$

> Zur Vergrößerung der Wahrscheinlichkeit des Intervalls wird nach außen gerundet.

Mit dem Taschenrechner rechnet man nach: $P(26 \le X \le 59) \approx 0{,}9943$
Wegen $P(27 \le X \le 58) \approx 0{,}9908$, aber $P(28 \le X \le 57) \approx 0{,}9854$ ist $27 \le X \le 58$ das kleinste Prognoseintervall für 99 % Sicherheit.

signifikante Abweichung von μ	Stichprobenergebnis verträglich mit μ	signifikante Abweichung von μ
	$\mu - 1{,}96\,\sigma \qquad \mu \qquad \mu + 1{,}96\,\sigma$	X

Findet man in einer Stichprobe von 400 Personen weniger als 27 oder mehr als 59 Linkshänder, so spricht man davon, dass in dieser Stichprobe der Anteil der Linkshänder hochsignifikant vom Anteil in Deutschland abweicht.

Üben

5 ≡ Nach Veröffentlichungen des Statistischen Bundesamtes verfügen 97 % der Haushalte über ein Mobiltelefon, 85 % der Haushalte über ein Flachbild-TV und 77 % der Haushalte über einen Pkw.
Eine Stichprobe vom Umfang 720 wird durchgeführt.
Untersuchen Sie, in wie vielen Haushalten man

a) ein Mobiltelefon **b)** ein Flachbild-TV **c)** einen Pkw finden wird.
Geben Sie Intervalle an, in denen die Anzahl mit 90 % Wahrscheinlichkeit liegen wird.
Führen Sie Kontrollrechnungen mit dem Taschenrechner durch.

6 ≡ Bis zum 34. Spieltag der Bundesliga-Saison 2020/21 wurden seit der Saison 1963/64 insgesamt 18 820 Spiele ausgetragen. Davon endeten 9 434 mit einem Heimsieg, 5 040-mal war die Auswärtsmannschaft erfolgreich. Eine Bundesliga-Saison hat 306 Spiele.
Geben Sie ein zum Erwartungswert symmetrisches Intervall an, in dem die Anzahl der Unentschieden in der kommenden Saison mit 95 % Wahrscheinlichkeit liegen wird.

7 ≡ Eine Schulleiterin will jeder Abiturientin und jedem Abiturienten mit Einser-Abitur ein Buchgeschenk machen. Der Abiturjahrgang umfasst 121 Personen. Aus der Presse ist bekannt, dass der Anteil der Einser-Abiture in NRW im Vorjahr bei 22 % lag.
a) Ermitteln Sie, mit wie vielen Buchgeschenken die Schulleiterin rechnen muss, wenn sie eine Sicherheitswahrscheinlichkeit von 95 % zugrunde legt.
b) Ab welcher Anzahl von Einser-Abituren kann die Schulleiterin sagen, dass sich der Anteil von Einser-Abituren an ihrer Schule (hoch)signifikant vom Landesschnitt abweicht?

8 ≡ Im Internet gibt es tagesaktuelle Statistiken, wie oft die einzelnen Lottozahlen bisher gezogen wurden. Die folgende Grafik zeigt, wie oft jede der 49 Zahlen in allen Ziehungen seit 1955 vorkam (Stand: 07.08.2021).

Berechnen Sie 90 %-, 95 %- und 99 %-Prognoseintervalle für die Ziehungshäufigkeit einer Gewinnzahl. Zählen Sie jeweils aus, wie viele Gewinnzahlen außerhalb des jeweiligen Prognoseintervalls liegen, und bewerten Sie das Ergebnis.

9 ≡ Ein Hersteller von Kartoffelchips versteckt in seinen Verpackungen derzeit separat verpackte Puzzleteile. Von jedem der 25 verschiedenen Puzzleteile gibt es gleich viele Exemplare. Auf einem Puzzlestück ist das Herstellerlogo aufgedruckt.

Die Zufallsgröße X zählt die Anzahl der Puzzlestücke mit dem Herstellerlogo und ist als binomialverteilt anzusehen.

a) Berechnen Sie die Wahrscheinlichkeit dafür, dass in acht Tüten mindestens einmal ein Puzzlestück mit dem Herstellerlogo zu finden ist.

b) Bestimmen Sie ein um den Erwartungswert symmetrisches Intervall, in dem mit einer Wahrscheinlichkeit von 95 % die Anteile der Puzzlestücke mit Herstellerlogo bei 150 gekauften Chipstüten liegt.

c) Geben Sie die Bedeutung des folgenden Intervalls an:

$$\left[800 \cdot 0{,}04 - 2{,}58 \cdot \sqrt{800 \cdot 0{,}04 \cdot 0{,}96} \; ; \quad 800 \cdot 0{,}04 + 2{,}58 \cdot \sqrt{800 \cdot 0{,}04 \cdot 0{,}96} \right]$$

10 ≡ **Roulette-Gaunerei**

Ein manipulierter Roulette-Kessel stand am Anfang der Spielbank-Affäre in Hittfeld. Die Staatsanwaltschaft Lüneburg ermittelte monatelang wegen Betrugs. Bereits 1998 war eine Zahlenhäufung an einem der Zahlenkessel aufgefallen. Daraufhin legte die Spielbankenaufsicht das Gerät still und ordnete eine Prüfung durch den TÜV an. Dieser fand keine Spuren, und so wurde das Gerät wieder in Betrieb genommen. Zunächst waren die Ergebnisse normal, zur Jahreswende allerdings fielen einige Zahlen wieder deutlich häufiger als normal.

Zur Kontrolle eines Roulette-Kessels sollen auf diesem 3 700 Spiele durchgeführt werden. Bestimmen Sie den Bereich, in dem mit hoher Wahrscheinlichkeit die absoluten Häufigkeiten der einzelnen Ergebnisse liegen müssen. Welche Ergebnisse würde man als signifikant abweichend bezeichen?

Prognoseintervalle für relative Häufigkeiten

11 ≡ Die Wahlbeteiligung bei der Wahl zum Deutschen Bundestag 2017 betrug 76,2 %. In einer Umfrage an 1 000 Personen soll festgestellt werden, ob Personen, die nicht gewählt haben, dies auch zugeben.

Bestimmen Sie den Anteil an Nichtwählern, der mit einer Wahrscheinlichkeit von 95 % in der Stichprobe zu erwarten ist.

Schätzen zu erwartender absoluter Häufigkeiten mit 95 %:

$$\mu - 1{,}96\,\sigma \le X \le \mu + 1{,}96\,\sigma$$

Die Division dieser Ungleichung durch n liefert:

Schätzen zu erwartender relativer Häufigkeiten mit 95 %:

$$p - 1{,}96\,\frac{\sigma}{n} \le \frac{X}{n} \le p + 1{,}96\,\frac{\sigma}{n}$$

12 ≡ 15,8 % der volljährigen Bundesbürger sind unter 30 Jahre alt.

Für eine Umfrage werden 800 Bundesbürger über 18 Jahre zufällig ausgewählt.

a) Machen Sie eine Punkt- und eine Intervallschätzung, wie viele der 800 ausgewählten Personen unter 30 Jahre sind (Sicherheitswahrscheinlichkeit 95 %).

b) Berechnen Sie aus dem in Teilaufgabe a) ermittelten Intervall ein Intervall mit relativen Häufigkeiten, d. h., geben Sie mit einer Sicherheitswahrscheinlichkeit von 95 % den Anteil der Personen unter 30 Jahre in der Stichprobe an.

13 ≡ Nach Daten des Statistischen Bundesamtes fühlen sich 13 % der Bevölkerung durch die monatlichen Wohnkosten stark belastet. Eine Bürgerinitiative einer Kleinstadt mit 12 000 Einwohnern möchte Zahlen haben, wie hoch dieser Prozentsatz in ihrer Stadt sein könnte. Als Sicherheitswahrscheinlichkeit wünschen sie 95 %.

Führen Sie die erforderlichen Berechnungen durch.

Geben Sie an, welche Anteile als signifikant abweichend bezeichnet werden können.

14 ≡ Nach dem Gesetz der großen Zahlen erwartet man, dass die relativen Häufigkeiten eines Ergebnisses mit zunehmender Versuchsanzahl immer weniger um dessen Wahrscheinlichkeit schwanken.

Betrachten Sie die Augenzahl 1 beim Werfen eines Würfels.

Bestimmen Sie dafür 95 %-Umgebungen für die relativen Häufigkeiten nach 100, 200, 300, 400 bzw. 500 Würfen und stellen Sie diese grafisch dar.

Weiterüben

15 ≡ Vor dem Abfüllen von Getränken in Mehrwegflaschen werden die gereinigten Flaschen einer vollautomatischen Flaschenkontrolle auf z. B. Reinigungsrückstände oder Beschädigungen unterzogen. Diese Kontrollmaschinen arbeiten mit einer hohen Genauigkeit, einer geringen Fehlerquote und der vollen Leistung von 48 000 Flaschen pro Stunde. Durch einen Defekt am Sensor steigt die Fehlerquote einer Kontrollmaschine für 20 Minuten auf 15 % an.

Schätzen Sie ab, wie viele defekte Flaschen mit einer Wahrscheinlichkeit von mindestens 90 %, 95 % bzw. 99 % nicht erkannt und somit befüllt wurden, wenn zu dieser Zeit die Leistung der Maschine nur ein Viertel betrug.

16 ≡ Die Deutsche Bahn AG führt regelmäßig Befragungen unter ihren ICE-Fahrgästen durch. Allerdings sind nur 56 % der angesprochenen Personen bereit, einen Fahrgastbogen auszufüllen.

a) Bei einer Aktion werden 800 Fahrgäste angesprochen.

Machen Sie eine Prognose auf dem 90 %-Niveau, wie viele Personen den Bogen ausfüllen.

b) Für die Auswertung sollten möglichst 500 ausgefüllte Bögen vorliegen.

Untersuchen Sie, wie viele Fahrgäste angesprochen werden müssen, damit mit einer Wahrscheinlichkeit von mindestens 95 % tatsächlich genügend viele ausgefüllte Bögen vorliegen.

6.3 Entscheidungsregel beim Schluss von der Stichprobe auf die Gesamtheit

Einstieg

Ein Würfel-Hersteller formt seine Würfel nicht regelmäßig, sondern als asymmetrische Trapezoeder, verspricht aber, dass diese Würfel genauso fair wie gewöhnliche Würfel sind.

Zur Überprüfung soll der Würfel 120-mal geworfen und nach folgender Regel verfahren werden: *Der Aussage des Herstellers wird misstraut, wenn die Anzahl der Sechsen kleiner als 13 oder größer als 27 ist.*

Untersuchen Sie, ob diese aufgestellte Regel vernünftig ist. Berechnen Sie dazu die Wahrscheinlichkeiten.

Aufgabe mit Lösung

Eine Entscheidungsregel erläutern – statistisches Schließen

Bei einer Stadtratswahl erhielt Partei A einen Anteil von 51 % der Stimmen.
100 Tage nach der Wahl wird für eine Zeitungsreportage eine Meinungsumfrage durchgeführt.
Es werden 1 000 Personen, die sich an der Wahl beteiligt haben, zufällig ausgewählt. Unter anderem wird die Frage gestellt, welche Partei sie jetzt wählen würden.

→ Der Parteivorsitzende behauptet: „Unser Wähleranteil beträgt nach wie vor 51 %.
Erst wenn in der Stichprobe weniger als 480 oder mehr als 540 Wähler für Partei A sind, kann man davon ausgehen, dass sich unser Wähleranteil geändert hat."
Nehmen Sie an, dass sich der Wähleranteil der Partei seit der Wahl nicht geändert hat. Berechnen Sie die Wahrscheinlichkeit, dass in der Stichprobe mindestens 480 bis höchstens 540 Personen angeben, Partei A zu wählen.

Lösung

Die Zufallsgröße X: *Anzahl der Wähler für Partei A* ist binomialverteilt mit $n = 1 000$ und $p = 0,51$. Mit dem Rechner ermittelt man $P(480 \leq X \leq 540) = 0,946$.
Das heißt: Wenn sich der Wähleranteil nicht verändert hat, erhält man mit einer Wahrscheinlichkeit von fast 95 % ein Stichprobenergebnis von mindestens 480 bis höchstens 540 Partei-A-Wählern.

→ Erläutern Sie, welche Folgerungen man jeweils ziehen kann, wenn das Stichprobenergebnis innerhalb bzw. außerhalb des Intervalls [480; 540] liegt.

233

Lösung

Liegt das Ergebnis in dem Intervall, so gibt es keinen Anlass, daran zu zweifeln, dass der Wähleranteil von Partei A immer noch bei 51 % liegt.

Liegt das Ergebnis außerhalb des Intervalls, so ist dies ein Anlass zu vermuten, dass sich der Wähleranteil geändert haben könnte.

Information

Mithilfe einer Entscheidungsregel von der Stichprobe auf die Gesamtheit schließen

Eine **Entscheidungsregel** besagt, für welche Ergebnisse einer Stichprobe man nicht mehr bereit ist zu akzeptieren, dass die zugehörige Grundgesamtheit eine bestimmte Zusammensetzung hat.

Eine Entscheidungsregel ist wie folgt aufgebaut:

Ist das Stichprobenergebnis kleiner als ein **unterer kritischer Wert k_u** oder größer als ein **oberer kritischer Wert k_o**, dann geht man davon aus, dass die Gesamtheit nicht so zusammengesetzt ist wie angenommen.

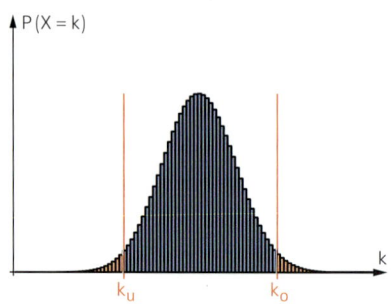

Liegt das Stichprobenergebnis zwischen den beiden kritischen Werten, dann behält man die entsprechende Annahme zur Zusammensetzung bei.
Diese Zusammensetzung ist damit aber keinesfalls bewiesen.

Der Bereich zwischen den kritischen Werten hat bei einer Entscheidungsregel eine hohe Wahrscheinlichkeit. Gibt man diese vor, so kann man den Bereich mithilfe der Sigma-Regeln bestimmen.

Im Jahr 2020 verfügten 26 % der Haushalte in Deutschland über einen Heimtrainer. Eine Stichprobe vom Umfang 500 wird genommen, um zu entscheiden, ob sich der Anteil verändert hat.
Liegt das Stichprobenergebnis unter 110 oder über 150, so soll von einer Veränderung des Anteils der Haushalte in Deutschland mit Heimtrainer ausgegangen werden.

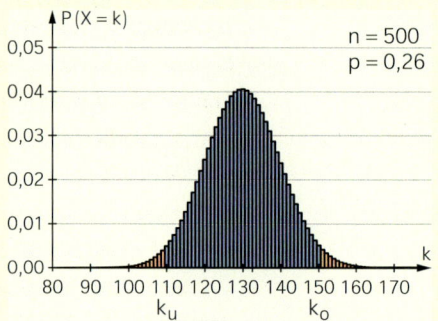

Der Bereich zwischen den kritischen Werten hat die Wahrscheinlichkeit
$P(110 \leq X \leq 150) = 0{,}96$.
Liegt das Stichprobenergebnis in diesem Bereich, so behält man die Annahme bei, dass 26 % der Haushalte in Deutschland einen Heimtrainer haben.

Hier gilt:
$p = 0{,}26$; $\mu = 500 \cdot 0{,}26 = 130$;
$\sigma = \sqrt{500 \cdot 0{,}26 \cdot 0{,}74} = 9{,}8 > 3$
Mit etwa 99 % Wahrscheinlichkeit gilt:
$130 - 2{,}58 \cdot 9{,}8 \leq X \leq 130 + 2{,}58 \cdot 9{,}8$
$$104 \leq X \leq 156$$

Üben

1 ☰ Der Anteil ausländischer Studierender an deutschen Hochschulen beträgt nach Angaben des Statistischen Bundesamtes 14,2 % (Stand 2020). An einem Universitätsstandort möchte man überprüfen, ob das auch dort der Fall ist. Dazu untersucht man die Datensätze von 200 zufällig ausgewählten Studierenden.

a) Eine wissenschaftliche Mitarbeiterin des Lehrstuhls für Statistik schlägt vor, davon auszugehen, dass der Anteil an der Uni vom Bundesschnitt abweicht, wenn weniger als 18 oder mehr als 38 Studierende eine ausländische Staatsangehörigkeit haben.
Beurteilen Sie dieses Vorgehen unter Bezugnahme auf die Sigma-Regeln.

b) Beurteilen Sie folgende möglichen Ergebnisse in der Stichprobe vom Umfang 200:

(1) 21 Studierende haben eine ausländische Staatsangehörigkeit.

(2) 35 Studierende haben eine ausländische Staatsangehörigkeit.

2 ☰ Um den Zufallszahlengenerator eines Taschenrechners zu überprüfen, stellt Tim folgende Entscheidungsregel auf: „Für mich ist der Zufallszahlengenerator des Rechners nicht in Ordnung, wenn er beim Erzeugen von 1 000 Nullen und Einsen weniger als 469 oder mehr als 531 Nullen bzw. Einsen auftreten."

a) Überlegen Sie, wie Tim zu dieser Entscheidungsregel gekommen ist.

b) Jule wendet ein: „Es kann durchaus vorkommen, dass weniger als 469-mal oder mehr als 531-mal Null bzw. Eins auftritt, ohne dass man gleich an der Qualität des Zufallszahlengenerators zweifeln muss." Erläutern Sie, was Jule damit meint.

c) Jan tippt auf seinem Taschenrechner den Befehl sum(randInt(0, 1, 1000)) ein und wiederholt den Befehl so lange, bis er schließlich das Ergebnis *536-mal Eins* erhält.

(1) Was wird mit dem Befehl bewirkt?

(2) Jan meint: „536-mal Eins ist der Beweis dafür, dass der Zufallszahlengenerator des Rechners nicht in Ordnung ist."
Nehmen Sie Stellung.

sum(randInt(0, 1, 1000))	
	489
sum(randInt(0, 1, 1000))	
	506
sum(randInt(0, 1, 1000))	
	482
sum(randInt(0, 1, 1000))	
	513
sum(randInt(0, 1, 1000))	
	536

3 ☰ In Spielwarenabteilungen von Kaufhäusern findet man oft Kugeln, auf denen in den sechs möglichen Richtungen eines dreidimensionalen Koordinatensystems die Augenzahlen 1 bis 6 aufgedruckt sind.

Die Kugeln sind innen hohl und enthalten eine kleine Metallkugel, die in einer der sechs möglichen Vertiefungen liegen bleiben kann, sodass der runde Würfel zunächst rollt und dann in einer stabilen Lage zur Ruhe kommt.

Lina will überprüfen, ob bei einem runden Würfel auch $p = \frac{1}{6}$ für Augenzahl 1 zutrifft.
Sie wirft den Würfel 600-mal und bestimmt die Anzahl der Einsen.
Wie würden Sie das Versuchsergebnis *121-mal Augenzahl 1* beurteilen, wie das Versuchsergebnis *88-mal Augenzahl 1*?

4 ≡ Nach der Einführung des Euro am 1. Januar 2002 gab es große Diskussionen darüber, ob die Ein-Euro-Münze zur Seitenwahl im Fußballspiel geeignet ist.

> **SPORTMAGAZIN**
>
> *Euro-Münzen für Schiedsrichterentscheidung ungeeignet*
>
> Fußballer kennen das Spiel vor dem Spiel: den Münzwurf des Schiedsrichters.
> Zahl oder Wappen entscheidet über die Seitenwahl und darüber, welche Mannschaft
> Anstoß hat. Seit mehr als 100 Jahren ist das so, ohne dass es damit Probleme gab –
> bis zur Einführung der Euro-Münzen. Bundesadler kommt zu oft – sagt der DFB.
> Beim 250-maligen Werfen kam 140-mal der Adler.

a) Entscheiden Sie, welche Entscheidungsregel im Sachkontext besser geeignet ist, um zu entscheiden, ob die Ein-Euro-Münze geeignet ist, um fair zu losen.

(1) Wenn die Ein-Euro-Münze nicht in ungefähr der Hälfte der Fälle Adler zeigt, dann ist sie ungeeignet.

(2) Wenn die Ein-Euro-Münze weniger als 120-mal oder häufiger als 130-mal Adler zeigt, dann ist sie ungeeignet.

(3) Wenn die Ein-Euro-Münze häufiger als 138-mal Adler zeigt, dann ist sie ungeeignet.

(4) Wenn die Ein-Euro-Münze weniger als 110-mal oder häufiger als 140-mal Adler zeigt, dann ist sie ungeeignet.

b) Entscheiden Sie mithilfe der statistischen Daten im Artikel, ob die Ein-Euro-Münze geeignet ist, um fair zu losen.

Einseitige Vermutungen überpüfen

5 ≡ Aus umfangreichen Untersuchungen weiß man, dass 11 % der 6- bis 10-jährigen Mädchen manuelle Tätigkeiten eher mit der linken als mit der rechten Hand durchführen. Obwohl es heutzutage kaum noch vorkommt, dass linkshändige Kinder zur Rechtshändigkeit gezwungen werden, hat man die Vermutung, dass Kinder diese Linkshändigkeit verlernen, d. h., dass der Anteil p der Linkshänder mit den Lebensjahren abnimmt.

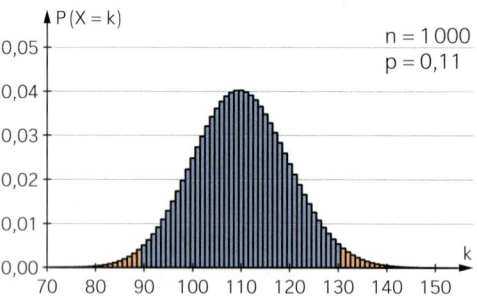

Signifikante Abweichungen haben weniger als 5 % Wahrscheinlichkeit.

Zur Untersuchung dieser Frage will man eine Stichprobe vom Umfang 1 000 unter 13-jährigen Mädchen durchführen.

Erläutern Sie, wie man folgende Vermutung überprüfen kann:

„Mindestens 11 % der Kinder führen manuelle Tätigkeiten mit der linken Hand aus."

6 ≡ Beurteilen Sie die Vermutung „Gefoulte schießen den Strafstoß nicht schlechter als andere Spieler".

Mythos Elfmeter: Soll der Gefoulte selbst schießen oder nicht?

Am 3. Spieltag der Bundesliga der Saison 2020/21 steht es im Spiel Bayern München gegen Hertha BSC kurz vor der Nachspielzeit 3:3 unentschieden. Robert Lewandowski wird gefoult. Er hält sich nicht an die Regel, dass ein gefoulter Spieler den Strafstoß nicht selbst schießen sollte. Mit seinem glorreichen Elfmeter in der letzten Minute verschafft er seiner Mannschaft den 4:3-Sieg.

Fußballstatistiker haben herausgefunden, dass 75 % aller Foul-Elfmeter verwandelt werden. Von insgesamt 102 Elfermetern, die von den gefoulten Spielern selbst geschossen wurden, waren 74 erfolgreich.

Weiterüben

7 ≡ Im Jahr 2013 führten Nicolas Guéguen, Sébastian Meineri und Jacques Fischer-Lokou für die französische Universität de Bretagne-Sud eine Studie durch, in der untersucht werden sollte, ob das Spielen eines Instruments die Attraktivität von Männern auf Frauen vergrößert. Dazu sprach ein 20 Jahre alter Proband dreimal 100 junge Frauen an und fragte sie nach ihrer Telefonnummer.
Bei den ersten hundert Versuchen hatte er eine Gitarre dabei, bei weiteren hundert Versuchen eine Sporttasche und bei weiteren hundert Versuchen gar nichts.
Von den hundert Frauen, die der junge Mann mit Gitarre ansprach, gaben ihm 31 ihre Telefonnummer. Mit Sporttasche bekam er 9 Telefonnummern. Von den hundert Frauen, die er mit nichts in den Händen ansprach, gaben ihm 14 ihre Telefonnummer.
a) Erläutern Sie die folgende Aussage:
„Es ist vernünftig, anzunehmen, dass die Wahrscheinlichkeit, die Telefonnummer einer jungen Frau, die man anspricht, zu erhalten, in der Regel 14 % beträgt."
b) Berechnen Sie die Wahrscheinlichkeit, mindestens so viele Telefonnummern zu bekommen, wie der Proband erhalten hat, als er eine Gitarre dabei hatte. Berechnen Sie ebenfalls die Wahrscheinlichkeit, höchstens so viele Telefonnummern zu bekommen, wie der Proband erhalten hat, als er eine Sporttasche dabei hatte.
Beurteilen Sie mithilfe dieser Wahrscheinlichkeiten die statistischen Daten.

Das kann ich noch!

A Lösen Sie das lineare Gleichungssystem ohne Hilfsmittel.

$$1)\ \begin{vmatrix} x + y + z = 6 \\ -x + 2y - z = -3 \\ 2x - 2y + z = 1 \end{vmatrix}$$

$$2)\ \begin{vmatrix} -x + 2y - z = -3 \\ x + 4y + z = 5 \\ x + y + z = 6 \end{vmatrix}$$

$$3)\ \begin{vmatrix} 2x + 5y + 2z = 24 \\ x + y + z = 6 \\ -x + 2y - z = -3 \end{vmatrix}$$

B Untersuchen Sie, wie die drei Geraden zueinander liegen.

$$g: \overrightarrow{OX} = \begin{pmatrix} -2 \\ 8 \\ 8 \end{pmatrix} + r \cdot \begin{pmatrix} 2 \\ -6 \\ -4 \end{pmatrix} \qquad h: \overrightarrow{OX} = \begin{pmatrix} 2 \\ -4 \\ 5 \end{pmatrix} + s \cdot \begin{pmatrix} -3 \\ 9 \\ 6 \end{pmatrix} \qquad i: \overrightarrow{OX} = \begin{pmatrix} 10 \\ 2 \\ -12 \end{pmatrix} + t \cdot \begin{pmatrix} 8 \\ 6 \\ -12 \end{pmatrix}$$

6.4 Stochastische Matrizen

Einstieg

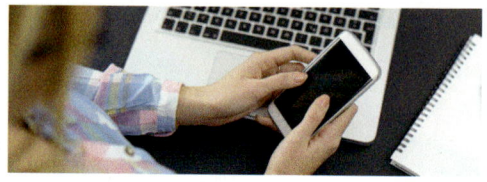

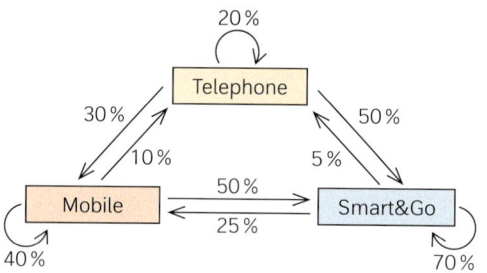

🎱 Drei Mobilfunkanbieter versuchen durch neue Smartphones, Zusatzleistungen und Tarifanpassungen Jahr für Jahr, ihre Kunden zu halten und anderen Anbietern Kunden abzuwerben.

Das Diagramm zeigt das Wechselverhalten der Kunden für ein Jahr. Es wechseln z. B. 30 % der Telephone-Kunden im Folgejahr zu Mobile. Derzeit betragen die Kundenanteile von Telephone 45 %, von Mobile 20 % und von Smart&Go 35 %.

Ermitteln Sie die Kundenanteile der Anbieter im Folgejahr.

Aufgabe mit Lösung

Änderung einer Häufigkeitsverteilung bestimmen

Ein Carsharing-Anbieter verfügt über Fahrzeuge, die an drei über das Stadtgebiet verteilten Abstellplätzen A, B und C tageweise gemietet und abgeholt werden können. Nach der Benutzung kann das Fahrzeug auf einem beliebigen der drei Abstellplätze wieder zurückgegeben werden. Die Tabelle gibt Aufschluss über die Wechsel der Fahrzeuge zwischen den Abstellplätzen an einem Tag. Zu Beginn eines Tages stehen 36 % der Fahrzeuge auf dem Platz A, 25 % auf B und 39 % auf C.

Wechsel der Abstellplätze		Ausleihe		
		von A	von B	von C
Rückgabe	bei A	0,3	0,2	0,3
	bei B	0,2	0,3	0,6
	bei C	0,5	0,5	0,1

➡ Wie sind die Fahrzeuge voraussichtlich am Folgetag auf den drei Abstellplätzen A, B und C verteilt?

> Die Wahrscheinlichkeit, dass ein Fahrzeug von B am nächsten Tag bei C steht, beträgt 50 %.

Lösung

Zunächst wird der Anteil der Fahrzeuge ermittelt, die nach einem Tag am Abstellplatz A abgegeben werden. Von den 36 % der Fahrzeuge auf dem Abstellplatz A bleiben 30 % dort bzw. werden wieder dort abgestellt.

20 % der Fahrzeuge vom Platz B und 30 % vom Platz C wechseln zum Platz A,

also insgesamt: $\qquad 0,3 \cdot 0,36 + 0,2 \cdot 0,25 + 0,3 \cdot 0,39 = 0,275$

Für Platz B ergibt sich entsprechend: $\qquad 0,2 \cdot 0,36 + 0,3 \cdot 0,25 + 0,6 \cdot 0,39 = 0,381$

Für Platz C erhält man: $\qquad 0,5 \cdot 0,36 + 0,5 \cdot 0,25 + 0,1 \cdot 0,39 = 0,344$

Am Folgetag befinden sich voraussichtlich 27,5 % der Fahrzeuge auf dem Abstellplatz A, 38,1 % auf B und 34,4 % auf C.

Information

Stochastische Prozesse

Ändert sich eine Häufigkeitsverteilung zufällig innerhalb einer festgelegten Zeiteinheit, so spricht man von einem **stochastischen Prozess**.

Die **Übergangswahrscheinlichkeiten** für solche Änderungen können in einem Diagramm oder einer Tabelle notiert werden.

Stochastische Matrizen

Definition

Eine **n × n-Matrix A** ist eine Zahlentabelle aus n Zeilen und n Spalten.

Die Zahlen $a_{ij} \in \mathbb{R}$ in der i-ten Zeile von oben und der j-ten Spalte von links heißen **Elemente** der Matrix.

$$A = \begin{pmatrix} a_{11} & a_{12} & \dots & a_{1n} \\ a_{21} & a_{22} & \dots & a_{2n} \\ \vdots & \vdots & \vdots & \vdots \\ a_{n1} & a_{n2} & \dots & a_{nn} \end{pmatrix}$$

Eine n × n-Matrix, die nur aus nicht-negativen Zahlen besteht und deren Spaltensummen jeweils den Wert 1 haben, heißt **stochastische Matrix** oder **Übergangsmatrix**.

Multiplikation einer Matrix mit einem Vektor

Ein Zustandsvektor $\vec{z_0} = \begin{pmatrix} z_1 \\ \vdots \\ z_n \end{pmatrix}$ beschreibt die aktuelle Häufigkeitsverteilung.

Der neue Zustandsvektor $\vec{z_1}$ ergibt sich aus dem **Produkt** der zugehörigen Übergangsmatrix **M** mit dem Vektor $\vec{z_0}$ und wird wie folgt berechnet:

$$\vec{z_1} = \mathbf{M} \cdot \vec{z_0}$$

$$= \begin{pmatrix} m_{11} & m_{12} & \vdots & m_{1n} \\ m_{21} & m_{22} & \dots & m_{2n} \\ \vdots & \vdots & \vdots & \vdots \\ m_{n1} & m_{n2} & \dots & m_{nn} \end{pmatrix} \cdot \begin{pmatrix} z_1 \\ \vdots \\ z_n \end{pmatrix}$$

$$= \begin{pmatrix} m_{11} \cdot z_1 + m_{12} \cdot z_2 + \dots + m_{1n} \cdot z_n \\ m_{21} \cdot z_1 + m_{22} \cdot z_2 + \dots + m_{2n} \cdot z_n \\ \vdots \\ m_{n1} \cdot z_1 + m_{n2} \cdot z_2 + \dots + m_{nn} \cdot z_n \end{pmatrix}$$

Gelesen:
n Kreuz n Matrix

---

a_{23} wird gelesen „a zwei drei" und steht in der **2. Zeile** und der **3. Spalte**.
Merke: Zeilen zuerst

Leihfahrzeuge können an drei Standorten E_1, E_2 und E_3 ausgeliehen werden. Innerhalb eines Tages können sich die Häufigkeitsverteilung der Fahrzeuge an den Standorten zufällig ändern.

Übergangsdiagramm:

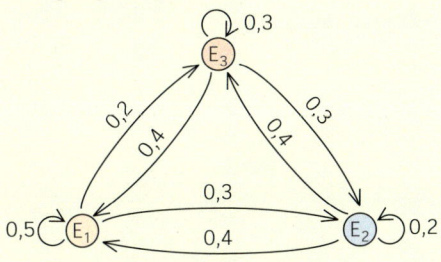

Übergangstabelle:

		Wechsel von		
		E_1	E_2	E_3
Wechsel nach	E_1	0,5	0,4	0,4
	E_2	0,3	0,2	0,3
	E_3	0,2	0,4	0,3
	Summe	1	1	1

Die Spaltensumme ist 1, weil in einer Spalte die Wahrscheinlichkeiten für alle möglichen Wechsel stehen.

Übergangsmatrix:

$$\mathbf{M} = \begin{pmatrix} 0,5 & 0,4 & 0,4 \\ 0,3 & 0,2 & 0,3 \\ 0,2 & 0,4 & 0,3 \end{pmatrix}$$

$m_{23} = 0,3;$
$m_{32} = 0,4$

> Die Wahrscheinlichkeit beträgt 40 %, dass ein Fahrzeug von E_3 nach E_1 wechselt.

Zustandsvektor:

$$\vec{z_0} = \begin{pmatrix} 0,2 \\ 0,5 \\ 0,3 \end{pmatrix}$$

> 20 % stehen bei E_1, 50 % bei E_2, 30 % bei E_3

Neuer Zustandsvektor:

$$\vec{z_1} = \mathbf{M} \cdot \vec{z_0}$$

$$= \begin{pmatrix} 0,5 & 0,4 & 0,4 \\ 0,3 & 0,2 & 0,3 \\ 0,2 & 0,4 & 0,3 \end{pmatrix} \cdot \begin{pmatrix} 0,2 \\ 0,5 \\ 0,3 \end{pmatrix}$$

$$= \begin{pmatrix} 0,5 \cdot 0,2 + 0,4 \cdot 0,5 + 0,4 \cdot 0,3 \\ 0,3 \cdot 0,2 + 0,2 \cdot 0,5 + 0,3 \cdot 0,3 \\ 0,2 \cdot 0,2 + 0,4 \cdot 0,5 + 0,3 \cdot 0,3 \end{pmatrix} = \begin{pmatrix} 0,42 \\ 0,25 \\ 0,33 \end{pmatrix}$$

Üben

1 ≡ Für einen Tretmobilverleih mit drei Standorten gilt das abgebildete Übergangsdiagramm.

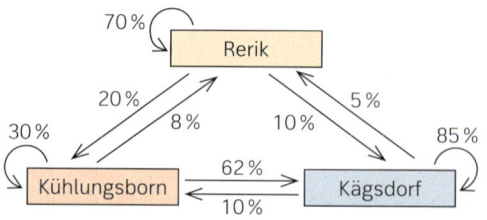

a) Bestimmen Sie die zugehörige Übergangsmatrix.

b) An einem Tag stehen in den drei Standorten jeweils ein Drittel der Tretmobile.

Berechnen Sie, wie sich die Tretmobile nach einem Tag auf die drei Standorte verteilen.

2 ≡ Geben Sie zum folgenden Übergangsdiagramm die zugehörige Übergangsmatrix an.

a)

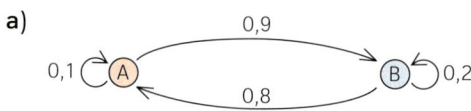

b)

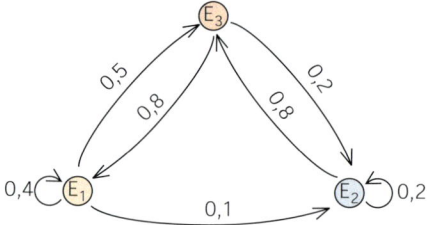

c) 0,7 ⟲ X ——— 0,3 ——→ Y ⟲ 1

3 ≡ Die Matrix **M** zeigt, mit welchen Übergangswahrscheinlichkeiten sich eine Verteilung auf E_1, E_2 und E_3 für eine feste Zeitspanne zufällig ändert.

$$M = \begin{pmatrix} 0,10 & 0,35 & 0,60 \\ 0,05 & 0,45 & 0,25 \\ 0,85 & 0,20 & 0,15 \end{pmatrix}$$

a) Begründen Sie, dass **M** eine stochastische Matrix ist.

b) Welcher Übergang hat eine Wahrscheinlichkeit von 25 %?

c) Wie hoch ist die Wahrscheinlichkeit eines Übergangs vom Merkmal E_2 zum Merkmal E_1?

d) Welche Bedeutung hat die Angabe 0,05 in der Matrix **M**?

e) Geben Sie zu der Matrix **M** das zugehörige Übergangsdiagramm an.

4 ≡ Berechnen Sie das Produkt aus der Matrix und dem Vektor ohne Rechner.

a) $\begin{pmatrix} 0,8 & 0,3 \\ 0,2 & 0,7 \end{pmatrix} \cdot \begin{pmatrix} 0,6 \\ 0,4 \end{pmatrix}$

b) $\begin{pmatrix} 0,1 & 0,5 & 0,3 \\ 0,8 & 0,5 & 0,3 \\ 0,1 & 0 & 0,4 \end{pmatrix} \cdot \begin{pmatrix} 0,3 \\ 0,5 \\ 0,2 \end{pmatrix}$

c) $\begin{pmatrix} 0,5 & 0,2 & 0,4 \\ 0,2 & 0,4 & 0,3 \\ 0,3 & 0,4 & 0,3 \end{pmatrix} \cdot \begin{pmatrix} 10 \\ 12 \\ 8 \end{pmatrix}$

5 ≡ Berechnen Sie das Produkt aus der Matrix und dem Vektor ohne Rechner.

a) $\begin{pmatrix} 1 & 0 & 0 \\ 0 & 1 & 0 \\ 0 & 0 & 1 \end{pmatrix} \cdot \begin{pmatrix} a \\ b \\ c \end{pmatrix}$

b) $\begin{pmatrix} 0 & 1 & 0 \\ 1 & 0 & 0 \\ 0 & 0 & 1 \end{pmatrix} \cdot \begin{pmatrix} a \\ b \\ c \end{pmatrix}$

c) $\begin{pmatrix} 0 & 0 & 1 \\ 0 & 1 & 0 \\ 1 & 0 & 0 \end{pmatrix} \cdot \begin{pmatrix} a \\ b \\ c \end{pmatrix}$

6 ≡ Multipliziert man eine stochastische Matrix mit einem Vektor, so ändert sich die Spaltensumme des Vektors nicht.

a) Überprüfen Sie diese Eigenschaft an selbst gewählten Beispielen.

b) Zeigen Sie für eine selbst gewählte stochastische 3×3-Matrix **M** und einen allgemeinen Vektor $\begin{pmatrix} a \\ b \\ c \end{pmatrix}$, dass das Produkt $M \cdot \begin{pmatrix} a \\ b \\ c \end{pmatrix}$ wieder die Spaltensumme $a + b + c$ hat.

7 ≡ Man kann das Produkt einer Matrix mit einem Vektor auch mit einem Taschenrechner bestimmen.
Der Vektor wird dabei wie eine Matrix mit nur einer Spalte eingegeben.

Untersuchen Sie, welche Möglichkeiten Ihr Rechner dafür bietet, und berechnen Sie das Produkt $A \cdot \vec{v}$.

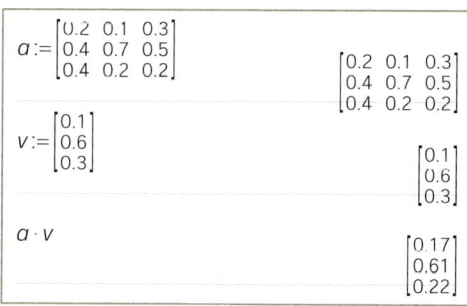

$$a := \begin{bmatrix} 0.2 & 0.1 & 0.3 \\ 0.4 & 0.7 & 0.5 \\ 0.4 & 0.2 & 0.2 \end{bmatrix}$$

$$\begin{bmatrix} 0.2 & 0.1 & 0.3 \\ 0.4 & 0.7 & 0.5 \\ 0.4 & 0.2 & 0.2 \end{bmatrix}$$

$$v := \begin{bmatrix} 0.1 \\ 0.6 \\ 0.3 \end{bmatrix}$$

$$\begin{bmatrix} 0.1 \\ 0.6 \\ 0.3 \end{bmatrix}$$

$$a \cdot v$$

$$\begin{bmatrix} 0.17 \\ 0.61 \\ 0.22 \end{bmatrix}$$

a) $A = \begin{pmatrix} 0 & 0,2 & 0 \\ 0,6 & 0,7 & 1 \\ 0,4 & 0,1 & 0 \end{pmatrix}$; $\vec{v} = \begin{pmatrix} 0,3 \\ 0,2 \\ 0,5 \end{pmatrix}$

b) $A = \begin{pmatrix} 0,1 & 0 & 0,3 & 0,6 \\ 0,2 & 0,6 & 0,5 & 0 \\ 0,4 & 0 & 0,1 & 0,3 \\ 0,3 & 0,4 & 0,1 & 0,1 \end{pmatrix}$; $\vec{v} = \begin{pmatrix} 0,25 \\ 0,31 \\ 0,41 \\ 0,03 \end{pmatrix}$

8 ≡ Der Zustandsvektor $\vec{z_0}$ beschreibt eine Häufigkeitsverteilung.
Die Übergangsmatrix **M** enthält die Übergangswahrscheinlichkeiten für eine Zeitspanne von einer Woche.
Bestimmen Sie die Zustandsvektoren $\vec{z_1}$, $\vec{z_2}$ und $\vec{z_3}$ nach einer, zwei und drei Wochen unter der Voraussetzung, dass sich die Übergangswahrscheinlichkeiten nicht ändern.

$$\vec{z_0} = \begin{pmatrix} 0,2 \\ 0,3 \\ 0,5 \end{pmatrix}$$

$$M = \begin{pmatrix} 0,5 & 0 & 0,8 \\ 0,5 & 0,6 & 0,1 \\ 0 & 0,4 & 0,1 \end{pmatrix}$$

9 ≡ In einem Kurort gibt es zwei Warteplätze für den innerstädtischen Taxiverkehr: am Kurhaus und am Bahnhof. Aufträge gehen nur an die beiden Standplätze. Nach Erledigung eines Auftrags fahren die Taxen jeweils zum nächsten Warteplatz.
Durch Beobachtung stellt man fest, dass im Mittel 30 % der Taxen, die morgens am Bahnhof stehen, abends wieder dort stehen. Je 50 % der Taxen, die morgens am Kurhaus stehen, sind am Abend wieder am Kurhaus bzw. am Bahnhof.
Die Taxifahrer kehren morgens an denjenigen Warteplatz zurück, an dem sie am Vorabend ihren Dienst beendet haben.
Am Morgen steht
(1) jeweils die Hälfte der Taxen an den beiden Warteplätzen;
(2) ein Drittel der Taxen am Bahnhof und zwei Drittel am Kurhaus.
Ermitteln Sie jeweils die Verteilung der Taxen am Ende des Tages.

Weiterüben

10 ≡ In einer Region gibt es drei Einkaufsmärkte: Modi, A-Kauf und Centy.
Eine Marktstudie beziffert die aktuellen Marktanteile auf 30 % für Modi, 50 % für A-Kauf und 20 % für Centy, der erst seit zwei Jahren in der Region ansässig ist.
Bei der Entwicklung der Anteile für die nächsten Jahre geht man von den dargestellten Übergängen pro Jahr aus.
Das Übergangsverhalten war auch im Vorjahr gleich.
Bestimmen Sie die Marktanteile vor einem Jahr. Beschreiben Sie Ihr Vorgehen bei der Lösung.

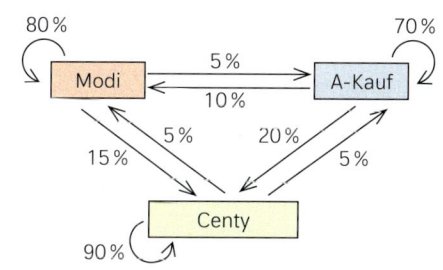

6.5 Potenzen stochastischer Matrizen – stabile Zustände

Einstieg

Ein Fahrradverleih in einer Urlaubs-region hat die Standorte A und B. An beiden Standorten können die Räder ausgeliehen und am Ende eines Tages wieder abgege-ben werden. Erfahrungsgemäß werden am Ende eines Tages 75 % der Räder vom Standort A auch dort wieder abgegeben. Von den Rädern, die am Standort B geliehen wurden, kommen nur 30 % wieder dorthin.

Geben Sie eine passende Übergangsmatrix für einen Tag an. Bestimmen Sie die Übergangs-matrix mit den Übergangswahrscheinlichkeiten für eine Zeitspanne von zwei Tagen.

Aufgabe mit Lösung

Matrix mal Matrix

Ein Fläschchen mit Duftöl wird in einen Raum gestellt und geöffnet. Mit einer Wahrscheinlichkeit von 15 % verlässt ein Duftmolekül das Fläschchen innerhalb einer Stunde. Die Wahrscheinlichkeit, dass in dieser Zeit ein Duftmolekül aus dem Raum wieder zurück in das Fläschchen gelangt, liegt nur bei 2 %.

→ Geben Sie eine passende Übergangsmatrix für die Zeitspanne von einer Stunde an.

Lösung

Bezeichnet man den Raum mit R und das Fläschchen mit F, so kann man die folgende Tabelle mit den Übergangswahrscheinlichkeiten aufstellen:

Wechsel eines Duftmoleküls	von F	von R
nach F	0,85	0,02
nach R	0,15	0,98

Direkt daraus erhält man die Übergangsmatrix $M = \begin{pmatrix} 0,85 & 0,02 \\ 0,15 & 0,98 \end{pmatrix}$.

→ Zu Beginn befinden sich alle Duftmoleküle im Fläschchen.
Geben Sie den passenden Zustandsvektor $\vec{d_0}$ an.
Berechnen Sie die Zustandsvektoren $\vec{d_1}$ und $\vec{d_2}$ nach einer bzw. zwei Stunden.

Lösung

$$\vec{d_0} = \begin{pmatrix} 1 \\ 0 \end{pmatrix}$$

$$\vec{d_1} = M \cdot \vec{d_0} = M \cdot \begin{pmatrix} 1 \\ 0 \end{pmatrix} = \begin{pmatrix} 0,85 \\ 0,15 \end{pmatrix}$$

$$\vec{d_2} = M \cdot \vec{d_1} = M \cdot \begin{pmatrix} 0,85 \\ 0,15 \end{pmatrix} = \begin{pmatrix} 0,7525 \\ 0,2745 \end{pmatrix}$$

→ Bestimmen Sie die Übergangsmatrix, die die Übergangswahrscheinlichkeiten für zwei Stunden angibt. Überprüfen Sie das Ergebnis durch Multiplikation der Matrix mit $\vec{d_0}$.

Lösung

- Um in zwei Stunden von F nach F zu gelangen, gibt es zwei Möglichkeiten für ein Molekül: Entweder es bleibt die ganze Zeit in der Flasche (FFF) oder es wechselt erst in den Raum und dann wieder zurück in die Flasche (FRF). Insgesamt ergibt sich somit $0{,}85 \cdot 0{,}85 + 0{,}15 \cdot 0{,}02 = 0{,}7255$.

- Für die Wahrscheinlichkeit, dass ein Duftmolekül in zwei Stunden von F nach R gelangt, ergibt sich entsprechend $0{,}85 \cdot 0{,}15 + 0{,}15 \cdot 0{,}95 = 0{,}2745$.

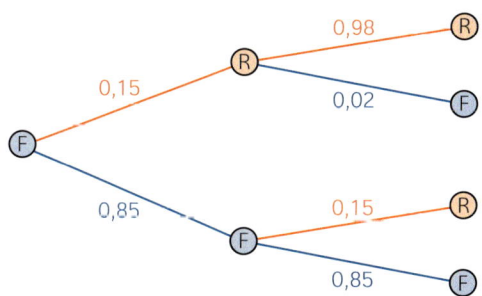

- Die Wahrscheinlichkeit, dass ein Duftmolekül in zwei Stunden von R nach F gelangt, beträgt insgesamt $0{,}02 \cdot 0{,}85 + 0{,}98 \cdot 0{,}02 = 0{,}0366$.

- Mit einer Wahrscheinlichkeit von insgesamt $0{,}02 \cdot 0{,}15 + 0{,}98 \cdot 0{,}98 = 0{,}9634$ bleibt ein Duftmolekül im Raum (RRR) bzw. wechselt vom Raum in die Flasche und wieder zurück (RFR).

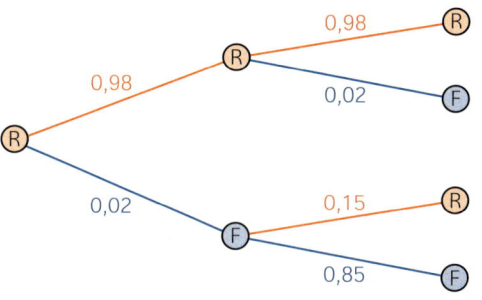

Aus diesen Übergangswahrscheinlichkeiten erhält man die Übergangsmatrix für zwei Stunden:

$$\begin{pmatrix} 0{,}85 \cdot 0{,}85 + 0{,}15 \cdot 0{,}02 & 0{,}02 \cdot 0{,}85 + 0{,}98 \cdot 0{,}02 \\ 0{,}85 \cdot 0{,}15 + 0{,}15 \cdot 0{,}98 & 0{,}02 \cdot 0{,}15 + 0{,}98 \cdot 0{,}98 \end{pmatrix} = \begin{pmatrix} 0{,}7255 & 0{,}0366 \\ 0{,}2745 & 0{,}9634 \end{pmatrix}$$

Die Multiplikation dieser Matrix mit dem Zustandsvektor $\vec{d_0}$ ergibt wie erwartet den Zustandsvektor $\vec{d_2}$:

$$\begin{pmatrix} 0{,}7255 & 0{,}0366 \\ 0{,}2745 & 0{,}9634 \end{pmatrix} \cdot \begin{pmatrix} 1 \\ 0 \end{pmatrix} = \begin{pmatrix} 0{,}7525 \\ 0{,}2745 \end{pmatrix} = \vec{d_2}$$

→ Der Vektor $\vec{d_2}$ wurde auf zwei verschiedene Arten berechnet. Vergleichen Sie beide Berechnungen und erläutern Sie daran, warum man die Matrix $\begin{pmatrix} 0{,}7255 & 0{,}0366 \\ 0{,}2745 & 0{,}9634 \end{pmatrix}$ als Produkt $\mathbf{M} \cdot \mathbf{M} = \begin{pmatrix} 0{,}85 & 0{,}02 \\ 0{,}15 & 0{,}98 \end{pmatrix} \cdot \begin{pmatrix} 0{,}85 & 0{,}02 \\ 0{,}15 & 0{,}98 \end{pmatrix}$ verstehen kann.

Lösung

(1) $\vec{d_2} = \mathbf{M} \cdot \left(\mathbf{M} \cdot \begin{pmatrix} 1 \\ 0 \end{pmatrix} \right)$

(2) $\vec{d_2} = \begin{pmatrix} 0{,}7255 & 0{,}0366 \\ 0{,}2745 & 0{,}9634 \end{pmatrix} \cdot \begin{pmatrix} 1 \\ 0 \end{pmatrix}$

Lässt man bei (1) die erste und die letzte Klammer weg, so steht dort $\vec{d_2} = \mathbf{M} \cdot \mathbf{M} \cdot \begin{pmatrix} 1 \\ 0 \end{pmatrix}$.

Bei (2) wird aber der Vektor $\begin{pmatrix} 1 \\ 0 \end{pmatrix}$ nur mit einer Matrix multipliziert. Deshalb kann man diese Matrix auch als Produkt $\mathbf{M} \cdot \mathbf{M}$ verstehen: Dabei ergibt sich die erste bzw. zweite Spalte von $\mathbf{M} \cdot \mathbf{M}$ aus dem Matrix-Vektor-Produkt von $\mathbf{M}$ mit der ersten bzw. zweiten Spalte von $\mathbf{M}$.

Information

Produkt zweier n × n-Matrizen

Das Produkt zweier n × n-Matrizen **A** und **B** ergibt eine n × n-Matrix **C**, die wie folgt berechnet wird:

$$\mathbf{C} = \mathbf{A} \cdot \mathbf{B}$$

$$= \begin{pmatrix} a_{11} & \cdots & \cdots & a_{1n} \\ \vdots & \vdots & \vdots & \vdots \\ a_{i1} & a_{i2} & \cdots & a_{in} \\ \vdots & \vdots & \vdots & \vdots \end{pmatrix} \cdot \begin{pmatrix} b_{11} & \cdots & b_{1k} & \cdots \\ \vdots & \vdots & b_{2k} & \vdots \\ \vdots & \vdots & \vdots & \vdots \\ b_{n1} & \cdots & b_{nk} & \cdots \end{pmatrix}$$

$$= \begin{pmatrix} c_{11} & \vdots & \vdots & \vdots \\ \cdots & \cdots & c_{ik} & \cdots \\ \vdots & \vdots & \vdots & c_{nn} \end{pmatrix}$$

mit $c_{ik} = a_{i1} \cdot b_{1k} + a_{i2} \cdot b_{2k} + \ldots + a_{in} \cdot b_{nk}$

> Die Zeile wird hierbei als Vektor geschrieben.

Die Zahl in der i-ten Zeile und der k-ten Spalte der Produktmatrix **C** ist das Skalarprodukt der i-ten Zeile von **A** mit der k-ten Spalte von **B**.

Einheitsmatrix

Definition

Eine n × n-Matrix **E** heißt **Einheitsmatrix**, wenn in ihrer Hauptdiagonalen nur Einsen stehen und sonst überall Nullen.

Satz

Für alle n × n-Matrizen **A** und für alle Vektoren $\vec{v}$ mit n Einträgen gilt:

(1) $\mathbf{A} \cdot \mathbf{E} = \mathbf{E} \cdot \mathbf{A} = \mathbf{A}$ (2) $\mathbf{E} \cdot \vec{v} = \vec{v}$

Potenzen stochastischer Matrizen

Wird ein stochastischer Prozess durch einen Zustandsvektor $\vec{z_0}$ und eine Übergangsmatrix **M** für eine bestimmte Zeiteinheit beschrieben, so erhält man den nächsten Zustandsvektor $\vec{z_1}$ nach einer Zeiteinheit aus $\vec{z_1} = \mathbf{M} \cdot \vec{z_0}$.
Die Zustandsvektoren nach zwei, drei bzw. r Zeiteinheiten lassen sich mithilfe der Matrixpotenzen $\mathbf{M}^2$, $\mathbf{M}^3$ bzw. $\mathbf{M}^r$ bestimmen:

$$\vec{z_2} = \mathbf{M} \cdot \left(\mathbf{M} \cdot \vec{z_0} \right) = \mathbf{M}^2 \cdot \vec{z_0}$$

$$\vec{z_3} = \mathbf{M} \cdot \left(\mathbf{M} \cdot \left(\mathbf{M} \cdot \vec{z_0} \right) \right) = \mathbf{M}^3 \cdot \vec{z_0}$$

$$\vec{z_r} = \mathbf{M}^r \cdot \vec{z_0}$$

$$A = \begin{pmatrix} 0{,}2 & 0{,}1 & 0{,}4 \\ 0{,}3 & 0{,}8 & 0{,}2 \\ 0{,}5 & 0{,}1 & 0{,}4 \end{pmatrix}$$

$$B = \begin{pmatrix} 0{,}3 & 0{,}6 & 0{,}8 \\ 0{,}7 & 0{,}2 & 0{,}1 \\ 0 & 0{,}2 & 0{,}1 \end{pmatrix}$$

$$C = A \cdot B = \begin{pmatrix} 0{,}2 & 0{,}1 & 0{,}4 \\ 0{,}3 & 0{,}8 & 0{,}2 \\ 0{,}5 & 0{,}1 & 0{,}4 \end{pmatrix} \cdot \begin{pmatrix} 0{,}3 & 0{,}6 & 0{,}8 \\ 0{,}7 & 0{,}2 & 0{,}1 \\ 0 & 0{,}2 & 0{,}1 \end{pmatrix}$$

$$= \begin{pmatrix} 0{,}13 & 0{,}22 & 0{,}21 \\ 0{,}65 & 0{,}38 & 0{,}34 \\ 0{,}22 & 0{,}40 & 0{,}45 \end{pmatrix}$$

$$0{,}34 = \begin{pmatrix} 0{,}3 \\ 0{,}8 \\ 0{,}2 \end{pmatrix} * \begin{pmatrix} 0{,}8 \\ 0{,}1 \\ 0{,}1 \end{pmatrix}$$

$$= 0{,}3 \cdot 0{,}8 + 0{,}8 \cdot 0{,}1 + 0{,}2 \cdot 0{,}1$$

$$E = \begin{pmatrix} 1 & 0 & 0 \\ 0 & 1 & 0 \\ 0 & 0 & 1 \end{pmatrix}$$

$$A = \begin{pmatrix} 0{,}2 & 0{,}1 & 0{,}4 \\ 0{,}3 & 0{,}8 & 0{,}2 \\ 0{,}5 & 0{,}1 & 0{,}4 \end{pmatrix}; \ \vec{v} = \begin{pmatrix} 3 \\ -1 \\ 2 \end{pmatrix}$$

$$A \cdot E = E \cdot A = \begin{pmatrix} 0{,}2 & 0{,}1 & 0{,}4 \\ 0{,}3 & 0{,}8 & 0{,}2 \\ 0{,}5 & 0{,}1 & 0{,}4 \end{pmatrix}$$

$$E \cdot \vec{v} = \begin{pmatrix} 1 & 0 & 0 \\ 0 & 1 & 0 \\ 0 & 0 & 1 \end{pmatrix} \cdot \begin{pmatrix} 3 \\ -1 \\ 2 \end{pmatrix} = \begin{pmatrix} 3 \\ -1 \\ 2 \end{pmatrix}$$

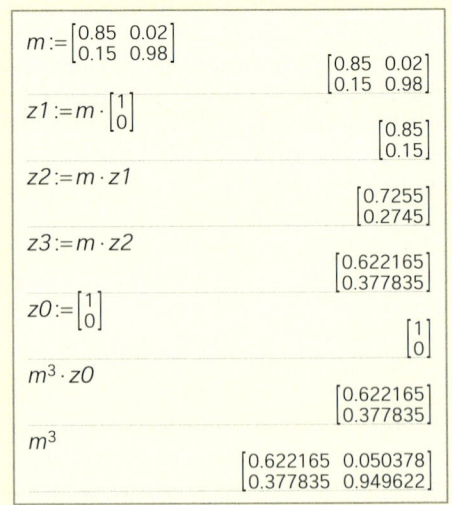

$$m := \begin{bmatrix} 0.85 & 0.02 \\ 0.15 & 0.98 \end{bmatrix}$$

$$\begin{bmatrix} 0.85 & 0.02 \\ 0.15 & 0.98 \end{bmatrix}$$

$$z1 := m \cdot \begin{bmatrix} 1 \\ 0 \end{bmatrix}$$

$$\begin{bmatrix} 0.85 \\ 0.15 \end{bmatrix}$$

$$z2 := m \cdot z1$$

$$\begin{bmatrix} 0.7255 \\ 0.2745 \end{bmatrix}$$

$$z3 := m \cdot z2$$

$$\begin{bmatrix} 0.622165 \\ 0.377835 \end{bmatrix}$$

$$z0 := \begin{bmatrix} 1 \\ 0 \end{bmatrix}$$

$$\begin{bmatrix} 1 \\ 0 \end{bmatrix}$$

$$m^3 \cdot z0$$

$$\begin{bmatrix} 0.622165 \\ 0.377835 \end{bmatrix}$$

$$m^3$$

$$\begin{bmatrix} 0.622165 & 0.050378 \\ 0.377835 & 0.949622 \end{bmatrix}$$

Üben

1 ≡ Berechnen Sie die Matrixprodukte $\mathbf{A} \cdot \mathbf{B}$ und $\mathbf{B} \cdot \mathbf{A}$, ohne einen Rechner zu verwenden. Vergleichen Sie die Ergebnisse. Was fällt auf?

a) $\mathbf{A} = \begin{pmatrix} 0{,}2 & 0 & 0{,}1 \\ 0{,}4 & 0{,}8 & 0{,}6 \\ 0{,}4 & 0{,}2 & 0{,}3 \end{pmatrix}$; $\mathbf{B} = \begin{pmatrix} 0 & 0{,}5 & 0{,}3 \\ 0 & 0{,}3 & 0{,}2 \\ 1 & 0{,}2 & 0{,}5 \end{pmatrix}$

b) $\mathbf{A} = \begin{pmatrix} 0{,}3 & 0{,}5 & 0 \\ 0{,}3 & 0 & 1 \\ 0{,}4 & 0{,}5 & 0 \end{pmatrix}$; $\mathbf{B} = \begin{pmatrix} 0 & 0{,}6 & 0{,}9 \\ 0{,}7 & 0{,}2 & 0 \\ 0{,}3 & 0{,}2 & 0{,}1 \end{pmatrix}$

2 ≡ Berechnen Sie die Matrixpotenz $\mathbf{M}^2$, ohne einen Rechner zu verwenden.

a) $\mathbf{M} = \begin{pmatrix} 0{,}5 & 0{,}1 \\ 0{,}5 & 0{,}9 \end{pmatrix}$

b) $\mathbf{M} = \begin{pmatrix} 0 & 0 & 1 \\ 1 & 0 & 0 \\ 0 & 1 & 0 \end{pmatrix}$

c) $\mathbf{M} = \begin{pmatrix} 0 & 0{,}5 & 0{,}3 \\ 0{,}1 & 0 & 0{,}3 \\ 0{,}9 & 0{,}5 & 0{,}4 \end{pmatrix}$

d) $\mathbf{M} = \begin{pmatrix} a & 1-b \\ 1-a & b \end{pmatrix}$

3 ≡ Berechnen Sie für die gegebene Matrix $\mathbf{M}$ die Matrixpotenzen $\mathbf{M}^2$, $\mathbf{M}^3$ und $\mathbf{M}^4$, ohne einen Rechner zu verwenden. Was fällt auf?

$\mathbf{M} = \begin{pmatrix} 0 & 1 & 0 \\ 0 & 0 & 1 \\ 1 & 0 & 0 \end{pmatrix}$

4 ≡ Berechnen Sie die Matrixpotenzen $\mathbf{M}^3$, $\mathbf{M}^5$ und $\mathbf{M}^{10}$ mit einem Rechner.

a) $\mathbf{M} = \begin{pmatrix} 0{,}3 & 0{,}4 \\ 0{,}7 & 0{,}6 \end{pmatrix}$

b) $\mathbf{M} = \begin{pmatrix} 0{,}8 & 1 & 0 \\ 0 & 0 & 1 \\ 0{,}2 & 0 & 0 \end{pmatrix}$

c) $\mathbf{M} = \begin{pmatrix} 0{,}8 & 0{,}6 & 0{,}4 \\ 0{,}2 & 0 & 0{,}2 \\ 0 & 0{,}4 & 0{,}4 \end{pmatrix}$

d) $\mathbf{M} = \begin{pmatrix} 0{,}4 & 0{,}5 & 0{,}1 & 0{,}2 \\ 0{,}3 & 0{,}2 & 0{,}6 & 0 \\ 0{,}2 & 0 & 0{,}1 & 0{,}4 \\ 0{,}1 & 0{,}3 & 0{,}2 & 0{,}4 \end{pmatrix}$

5 ≡ Eine Autoversicherung führt ein neues Tarifmodell ein:

- Unfallfreie Fahrer sind in Klasse A.
- Wer einen Unfall im Jahr verursacht, kommt von Klasse A in Klasse B.
- Wer sogar mehr als einen Unfall pro Jahr baut, kommt direkt in Klasse C.
- Fahrer in Klasse C kommen durch ein unfallfreies Jahr zurück in Klasse B.

- Bleiben Fahrer in Klasse B ein Jahr unfallfrei, kommen sie zurück in Klasse A; bei Unfällen werden sie dagegen sofort in Klasse C zurückgestuft.

In langjährigen Studien wurde herausgefunden, dass 70 % der Autofahrer im Jahr unfallfrei bleiben, 20 % einen Unfall, die restlichen 10 % sogar mehr Unfälle verursachen.

a) Stellen Sie den Sachverhalt in einer Übergangsmatrix $\mathbf{M}$ dar.

b) Im Jahr 2021 befinden sich 70 % der Versicherungskunden in Klasse A, 20 % in Klasse B und 10 % in Klasse C.
Berechnen Sie, welche Anteile an Versicherten sich in den Jahren 2022, 2023 und 2024 jeweils in den Klassen A, B und C befinden.
Berechnen Sie außerdem jeweils die Zahl der Versicherten in den einzelnen Klassen, wenn es konstant 400 000 Versicherte gibt.

c) Begründen Sie, dass sich die Anteile der Versicherten in den drei Schadensklassen im Jahr 2025 auch wie folgt berechnen lassen: $\overrightarrow{x_{2025}} = \mathbf{M}^4 \cdot \overrightarrow{x_{2021}}$

245

Stabilisierung von Zuständen

6 ≡ In einer Kleinstadt können am Bahnhof, am Einkaufszentrum und am Kino tageweise Fahrräder ausgeliehen werden. Die Fahrräder müssen an einer der drei Stationen wieder abgegeben werden.
Das Ausleihen und Zurückstellen der Fahrräder an den verschiedenen Standorten wird in der folgenden Tabelle beschrieben:

Fahrradverleih		Ausleihe bei		
		Bahnhof	Einkaufszentrum	Kino
Rückgabe bei	Bahnhof	0,5	0,1	0,4
	Einkaufszentrum	0,3	0,3	0,2
	Kino	0,2	0,6	0,4

Untersuchen Sie die Verteilung der Fahrräder auf die drei Verleihstandorte nach einer Woche (7 Tagen), 14 Tagen und einem Monat (30 Tagen), wenn zunächst an allen Standorten gleich viele Fahrräder stehen. Was stellen Sie fest?

Information

Stabilisierung von Zuständen

Oft stabilisieren sich die Zustandsvektoren $\vec{z_n} = \mathbf{M}^n \cdot \vec{z_0}$ für eine stochastische Matrix $\mathbf{M}$ für $n \to \infty$ unabhängig vom Anfangsvektor $\vec{z_0}$.
Mit zunehmendem n ändern sich die Zahlen der Zustandsvektoren und der Matrixpotenzen kaum noch. Alle Spalten der Matrixpotenzen und der Zustandsvektor sind dann näherungsweise gleich.

Satz

Wenn sich bei den Potenzen einer stochastischen Matrix $\mathbf{M}$ alle Spalten demselben Vektor $\vec{z}$ annähern, so gilt:
$\mathbf{M} \cdot \vec{z} = \vec{z}$
Der Vektor $\vec{z}$ ist dann sogar der einzige Vektor mit Spaltensumme 1, für den dies gilt.

$$m := \begin{bmatrix} 0.2 & 0.1 & 0.3 \\ 0.4 & 0.7 & 0.5 \\ 0.4 & 0.2 & 0.2 \end{bmatrix} \quad \begin{bmatrix} 0.2 & 0.1 & 0.3 \\ 0.4 & 0.7 & 0.5 \\ 0.4 & 0.2 & 0.2 \end{bmatrix}$$

$$m^{20} \cdot \begin{bmatrix} 0.1 \\ 0.6 \\ 0.3 \end{bmatrix} \quad \begin{bmatrix} 0.162791 \\ 0.604651 \\ 0.232558 \end{bmatrix}$$

$$m^{30} \cdot \begin{bmatrix} 0.1 \\ 0.6 \\ 0.3 \end{bmatrix} \quad \begin{bmatrix} 0.162791 \\ 0.604651 \\ 0.232558 \end{bmatrix}$$

$$m^{20} \cdot \begin{bmatrix} 1 \\ 0 \\ 0 \end{bmatrix} \quad \begin{bmatrix} 0.162791 \\ 0.604651 \\ 0.232558 \end{bmatrix}$$

$$m^{30} \quad \begin{bmatrix} 0.162791 & 0.162791 & 0.162791 \\ 0.604651 & 0.604651 & 0.604651 \\ 0.232558 & 0.232558 & 0.232558 \end{bmatrix}$$

$$m \cdot \begin{bmatrix} 0.162791 \\ 0.604651 \\ 0.232558 \end{bmatrix} \quad \begin{bmatrix} 0.162791 \\ 0.604651 \\ 0.232558 \end{bmatrix}$$

7 ≡ Bestimmen Sie mithilfe von Matrixpotenzen einen stabilen Zustandsvektor für die gegebene Matrix.

a) $\begin{pmatrix} 0,2 & 0,1 \\ 0,8 & 0,9 \end{pmatrix}$ **b)** $\begin{pmatrix} 0,5 & 0,4 \\ 0,5 & 0,6 \end{pmatrix}$ **c)** $\begin{pmatrix} 0,3 & 0,2 & 0,6 \\ 0,4 & 0,1 & 0,2 \\ 0,3 & 0,7 & 0,2 \end{pmatrix}$ **d)** $\begin{pmatrix} 0,1 & 0,3 & 0,3 \\ 0,4 & 0,2 & 0,4 \\ 0,5 & 0,5 & 0,3 \end{pmatrix}$

8 ≡ Berechnen Sie das Produkt der Matrix **A** jeweils mit dem gegebenen Vektor.
Was fällt auf?

$$\mathbf{A} = \begin{pmatrix} 0{,}3 & 0{,}3 & 0{,}3 \\ 0{,}2 & 0{,}2 & 0{,}2 \\ 0{,}5 & 0{,}5 & 0{,}5 \end{pmatrix} \qquad \vec{x} = \begin{pmatrix} 0{,}2 \\ 0{,}4 \\ 0{,}2 \end{pmatrix}; \ \vec{z} = \begin{pmatrix} 0{,}1 \\ 0{,}6 \\ 0{,}3 \end{pmatrix}; \ \vec{v} = \begin{pmatrix} 0{,}5 \\ 0 \\ 0{,}5 \end{pmatrix}$$

9 ≡ 🎲 Mila spielt ein Spiel mit einem Würfel. Wirft sie eine 6, hat sie gewonnen;
bei einer 1 hat sie verloren und bei allen anderen Zahlen darf sie weiterwürfeln.
Erstellen Sie für die drei Fälle *Gewonnen*, *Verloren* und *Weiterwürfeln* ein passendes
Übergangsdiagramm und die zugehörige Übergangsmatrix.
Untersuchen Sie die Potenzen dieser Matrix. Was fällt auf?

10 ≡ Bei den Filialen einer Baumarkt-Kette
kann man günstig Anhänger ausleihen, um
sperrige Baumaterialien zu transportieren.
Als besondere Leistung bietet die Firma
an, dass die Rückgabe eines Anhängers
auch in den benachbarten Niederlassungen
erfolgen kann.

In den drei Filialen A, B und C einer
Großstadt sind ursprünglich gleich viele
Anhänger vorhanden.

Die über einen gewissen Zeitraum beobachteten Übergänge zwischen den Filialen
lassen sich mit der Matrix **M** beschreiben.

$$\mathbf{M} = \begin{pmatrix} 0{,}75 & 0{,}08 & 0{,}04 \\ 0{,}10 & 0{,}80 & 0{,}06 \\ 0{,}15 & 0{,}12 & 0{,}90 \end{pmatrix}$$

Bestimmen Sie eine kostenoptimale Aufteilung der Leihanhänger-Bestände auf die drei
Filialen mithilfe von Matrixpotenzen.

11 ≡ Bei Marktuntersuchungen wurde das Wechselverhalten von Käufern zwischen vier
Sorten Frühstückssaft innerhalb eines Monats untersucht.
Die Beobachtungen ergaben:
- von der Sorte *Fit am Morgen* wechseln 5 % der Käufer zur Sorte *Morgentrunk*,
  2 % zur Sorte *Frühstückstrunk* und 3 % zur Sorte *Obst am Morgen*;
- von der Sorte *Morgentrunk* wechseln 10 % der Käufer zur Sorte *Fit am Morgen*,
  6 % zur Sorte *Frühstückstrunk* und 8 % zur Sorte *Obst am Morgen*;
- von der Sorte *Frühstückstrunk* wechseln 11 % der Käufer zur Sorte *Morgentrunk*,
  5 % zur Sorte *Fit am Morgen* und 20 % zur Sorte *Obst am Morgen*;
- von der Sorte *Obst am Morgen* wechseln 32% der Käufer zur Sorte *Morgentrunk*,
  12 % zur Sorte *Frühstückstrunk* und 6 % zur Sorte *Fit am Morgen*;

a) Geben Sie eine passende Übergangsmatrix an.

b) Anfangs kaufen 25 % der Kunden *Fit am Morgen*, 40 % *Morgentrunk*, 20 % *Frühstücks-*
trunk und 15 % *Obst am Morgen*.
Untersuchen Sie, nach wie vielen Monaten sich die Marktanteile stabilisieren.

12 ≡ Gegeben ist die Matrix $\mathbf{M} = \begin{pmatrix} 0 & 1 \\ 1 & 0 \end{pmatrix}$.

a) Zeigen Sie, dass sich die Zustandsvektoren $\vec{z_n}$ für den Anfangsvektor $\vec{z_0} = \begin{pmatrix} 0{,}2 \\ 0{,}8 \end{pmatrix}$ nicht stabilisieren.

b) Bestimmen Sie einen speziellen stabilen Zustandsvektor $\vec{z}$, für den gilt: $\mathbf{M} \cdot \vec{z} = \vec{z}$

13 ≡ Gegeben ist die Matrix $\mathbf{A} = \begin{pmatrix} 0{,}4 & 0{,}4 & 0 \\ 0{,}6 & 0{,}6 & 0 \\ 0 & 0 & 1 \end{pmatrix}$.

a) Erläutern Sie, warum man mit den Matrixpotenzen in diesem Fall keinen stabilen Zustandsvektor bestimmen kann.

b) Zeigen Sie, dass es dennoch beliebig viele stabile Zustandsvektoren $\vec{x}$ mit $\mathbf{A} \cdot \vec{x} = \vec{x}$ gibt, und geben Sie alle dieser Vektoren an.

14 ≡ Ein Marienkäfer wandert auf dem Drahtmodell eines Tetraeders entlang.

Ist er in einer Ecke angekommen, so wählt er zufällig einen der drei Wege zu den anderen Ecken aus, d. h., er kann auch den Weg wieder zurücklaufen, den er gerade gekommen ist.

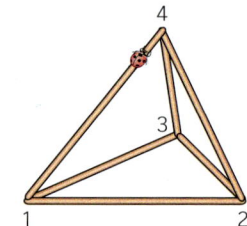

a) Bestimmen Sie die Übergangsmatrix $\mathbf{M}$ und die Matrixpotenzen $\mathbf{M}^2$, $\mathbf{M}^4$, $\mathbf{M}^8$.

b) Nach einiger Zeit rastlosen Wanderns merkt der Käfer, dass die Wege von den Ecken 1, 2, 3 nach der Ecke 4 beschwerlicher sind als die anderen. Daher entscheidet er sich für diese Wege nur noch halb so oft wie für die beiden anderen Möglichkeiten. Untersuchen Sie die Veränderung der Übergangsmatrix $\mathbf{M}$ und ihrer Potenzen.

Weiterüben

15 ≡ Eine Maus kann in zwei Versuchslabyrinthen an den Stellen A, B, C, D und E Futter aufnehmen. Wenn sie eine Futterstelle verlassen hat, wird sofort Futter nachgefüllt.

(1) Im Labyrinth 1 bewegt sich die Maus mit der Wahrscheinlichkeit 0,6 im Uhrzeigersinn von einer Futterstelle zur nächsten, also von A nach E, von E nach D, von D nach C, von C nach B und von B nach A. Mit der Wahrscheinlichkeit 0,4 bewegt sie sich in entgegengesetzter Richtung.

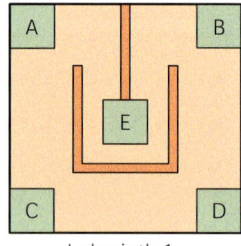

Labyrinth 1

(2) Im Labyrinth 2 geht die Maus mit der Wahrscheinlichkeit 0,5 von einer Futterstelle aus nach links bzw. nach rechts. Wenn sie an ein Ende des Gangs kommt, kehrt sie jeweils um, d. h., geht sie beispielsweise von A aus nach links, dann ist A auch ihre nächste Futterstelle.

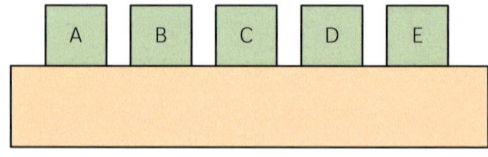

Labyrinth 2

a) Untersuchen Sie, wie viel Futter die Maus auf lange Sicht an den einzelnen Futterstellen aufnehmen wird.

b) Spielt es eine Rolle, wo die Maus startet?

16 ≡ Ein Logistikunternehmen hat Standorte in Hamburg, Düsseldorf, Dresden und München. Dem Unternehmen liegen näherungsweise die folgenden Erfahrungswerte für die Übergänge der Fahrzeuge zwischen den Standorten innerhalb eines Arbeitstages vor:

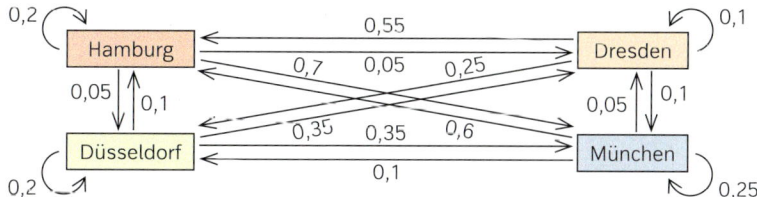

Aufgrund einer vorangegangenen technischen Überprüfung sind zu Beginn der Woche 22 % der Fahrzeuge in Hamburg stationiert, 18 % der Fahrzeuge in Düsseldorf und je 30 % der Fahrzeuge in Dresden und in München.

a) Stellen Sie die gegebenen Übergänge in einer geeigneten Übergangsmatrix **M** dar.

b) Untersuchen Sie die langfristige Verteilung der Fahrzeuge auf die verschiedenen Standorte nach einer Woche (7 Tagen), 14 Tagen und einem Monat (30 Tagen).

c) Um kostenintensive Leerfahrten möglichst zu vermeiden, sollen die Fahrzeuge so auf die vier Standorte verteilt werden, dass sich im Laufe der Zeit möglichst wenig ändert. Prüfen Sie, ob es eine solche stabile Verteilung $\vec{x_s}$ der Fahrzeuge gibt, die sich im Zeitverlauf nicht ändert, d. h. für die gilt: $\mathbf{M} \cdot \vec{x_s} = \vec{x_s}$

17 ≡ Ein Versicherungsunternehmen versichert ein bestimmtes Risiko in drei Tarifklassen SF_0, SF_1 und SF_2. Im Laufe eines Jahres erfolgen aufgrund mehrjähriger Erfahrung folgende Übergänge:

- Von den Versicherungsnehmern der Tarifklasse SF_0 werden 40 % in die Tarifklasse SF_1 umgestuft, 50 % verbleiben in dieser Tarifklasse.
- Von den Versicherungsnehmern der Tarifklasse SF_1 wechseln 20 % in die Tarifklasse SF_0, 40 % verbleiben in dieser Tarifklasse, 30 % wechseln in die Tarifklasse SF_2.
- 50 % der Versicherungsnehmer der Tarifklasse SF_2 verbleiben in ihrer Tarifklasse, 30 % wechseln in die Tarifklasse SF_1 und 10 % in die Tarifklasse SF_0.
- Die übrigen Versicherungsnehmer wechseln den Versicherer.
- Im Laufe eines Jahres erfolgen außerdem etwa 10 000 neue Versicherungsabschlüsse. Davon werden 20 % in die Tarifklasse SF_0 und der Rest in die Tarifklasse SF_1 eingruppiert.

a) Zu Beginn eines Jahres befanden sich von den insgesamt 106 560 Versicherungsnehmern 27,08 % in der Tarifklasse SF_0 und 44,87 % in der Tarifklasse SF_1. Berechnen Sie jeweils die Anzahl der Versicherungsnehmer in den einzelnen Tarifklassen nach 5 Jahren.

b) Berechnen Sie ausgehend von der in Teilaufgabe a) gegebenen Verteilung die Verteilung des Vorjahres.

c) Untersuchen Sie, ob es eine stabile Verteilung gibt.

Matrizen bei linearen Gleichungssystemen

1 Ein Tierreservat wird durch seine Wasserstellen in drei Regionen A, B und C unterteilt. Das Übergangsdiagramm zeigt, mit welchen Wahrscheinlichkeiten die Kudu-Antilopen zwischen diesen Regionen innerhalb einer Woche wechseln.

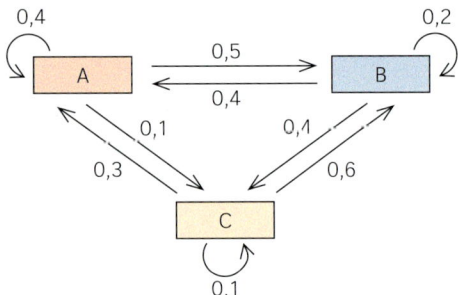

a) Erstellen Sie die zugehörige Übergangsmatrix.

b) In einer Woche halten sich 159 Kudus in der Region A auf, 171 in der Region B und 90 in der Region C.

Bestimmen Sie die Verteilung der Kudus auf die drei Regionen für die Woche davor. Beschreiben Sie Ihr Vorgehen.

Lineare Gleichungssysteme mithilfe von Matrizen und Vektoren schreiben und lösen

Matrix-Vektor-Schreibweise

Das Beispiel zeigt, wie ein lineares Gleichungssystem in der Form $\mathbf{A} \cdot \vec{x} = \vec{b}$ geschrieben werden kann.

Die Matrix **A** besteht aus den Koeffizienten des Gleichungssystems und der Vektor $\vec{b}$ aus den Zahlen der rechten Seite.

Gesucht wird ein Lösungsvektor $\vec{x}$.

Lineares Gleichungssystem:

$$\begin{vmatrix} 2x_1 + 5x_2 - 3x_3 = 11 \\ 4x_1 - x_2 - 6x_3 = 13 \\ 7x_1 - 3x_2 - x_3 = -4 \end{vmatrix}$$

Übertragung als Matrix mal Vektor:

$$\begin{pmatrix} 2 & 5 & 3 \\ 4 & -1 & 6 \\ 7 & -3 & -1 \end{pmatrix} \cdot \begin{pmatrix} x_1 \\ x_2 \\ x_3 \end{pmatrix} = \begin{pmatrix} 11 \\ 13 \\ -4 \end{pmatrix}$$

$$\mathbf{A} = \begin{pmatrix} 2 & 5 & 3 \\ 4 & -1 & 6 \\ 7 & -3 & -1 \end{pmatrix}; \; \vec{x} = \begin{pmatrix} x_1 \\ x_2 \\ x_3 \end{pmatrix}; \; \vec{b} = \begin{pmatrix} 11 \\ 13 \\ -4 \end{pmatrix}$$

2 Notieren Sie die linearen Gleichungssysteme in der Matrix-Vektor-Schreibweise.

a) $\begin{vmatrix} 3x_1 + 2x_2 = 1 \\ 5x_1 - 3x_2 = -4 \end{vmatrix}$

b) $\begin{vmatrix} 2a - 3b = 4 \\ a + 2b = 1 \end{vmatrix}$

c) $\begin{vmatrix} 2x_1 + 5x_2 + 3x_3 = 3 \\ 4x_1 - 7x_2 - 6x_3 = 13 \\ x_1 + 5x_2 - x_3 = 4 \end{vmatrix}$

d) $\begin{vmatrix} 2a - b + 3c = 11 \\ 4a - 6c = 13 \\ a + 6b - c = 0 \end{vmatrix}$

3 Bestimmen Sie den Lösungsvektor $\vec{x}$ durch Lösen des linearen Gleichungssystems mit dem Gauß-Algorithmus, ohne einen Rechner zu verwenden.

a) $\begin{pmatrix} 2 & 5 & 3 \\ 4 & -1 & 6 \\ 7 & -3 & -1 \end{pmatrix} \cdot \begin{pmatrix} x_1 \\ x_2 \\ x_3 \end{pmatrix} = \begin{pmatrix} 3 \\ -5 \\ 13 \end{pmatrix}$

b) $\begin{pmatrix} 3 & 5 & -3 \\ 6 & 20 & -6 \\ 1 & -23 & 17 \end{pmatrix} \cdot \begin{pmatrix} x_1 \\ x_2 \\ x_3 \end{pmatrix} = \begin{pmatrix} 6 \\ 12 \\ 20 \end{pmatrix}$

Gleichungssystem mithilfe der inversen Matrix lösen

Für Matrizen ist keine Division definiert. Um also die Gleichung $A \cdot \vec{x} = \vec{b}$ nach $\vec{x}$ aufzulösen, kann man nicht beide Seiten der Gleichung durch A dividieren.

Besitzt aber das lineare Gleichungssystem $A \cdot \vec{x} = \vec{b}$ genau eine Lösung, so gibt es eine **inverse Matrix** A^{-1}, für die die beiden Produkte $A \cdot A^{-1}$ und $A^{-1} \cdot A$ immer die Einheitsmatrix E ergeben:

$$A \cdot A^{-1} = A^{-1} \cdot A = E$$

Multipliziert man beide Seiten der Gleichung $A \cdot \vec{x} = \vec{b}$ mit A^{-1}, so erhält man:

$$A^{-1} \cdot A \cdot \vec{x} = A^{-1} \cdot \vec{b}$$
$$E \cdot \vec{x} = A^{-1} \cdot \vec{b}$$
$$\vec{x} = A^{-1} \cdot \vec{b}$$

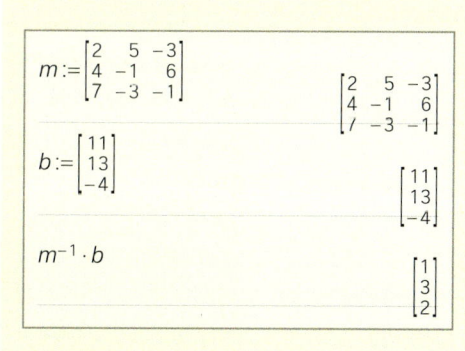

$$m := \begin{bmatrix} 2 & 5 & -3 \\ 4 & -1 & 6 \\ 7 & -3 & -1 \end{bmatrix} \qquad \begin{bmatrix} 2 & 5 & -3 \\ 4 & -1 & 6 \\ 7 & -3 & -1 \end{bmatrix}$$

$$b := \begin{bmatrix} 11 \\ 13 \\ -4 \end{bmatrix} \qquad \begin{bmatrix} 11 \\ 13 \\ -4 \end{bmatrix}$$

$$m^{-1} \cdot b \qquad \begin{bmatrix} 1 \\ 3 \\ 2 \end{bmatrix}$$

4 Bestimmen Sie den Lösungsvektor $\vec{x}$ mithilfe der inversen Matrix.

a) $\begin{pmatrix} 4 & 2 & 3 \\ 5 & -4 & 0 \\ 3 & -6 & -1 \end{pmatrix} \cdot \begin{pmatrix} x_1 \\ x_2 \\ x_3 \end{pmatrix} = \begin{pmatrix} 12 \\ 8 \\ -6 \end{pmatrix}$

b) $\begin{pmatrix} 6 & -5 & -2 \\ -4 & 9 & 8 \\ 7 & -13 & 27 \end{pmatrix} \cdot \begin{pmatrix} x_1 \\ x_2 \\ x_3 \end{pmatrix} = \begin{pmatrix} 64 \\ 21 \\ 55 \end{pmatrix}$

5 Die Blüten einer Tulpensorte sind rot, rosa oder weiß.

Kreuzt man eine rot blühende Tulpe mit einer ebenfalls rot blühenden Tulpe, so entsteht wieder eine rot blühende Tulpe.

Kreuzt man eine rot blühende Tulpe mit einer rosa blühenden Tulpe, so entstehen in 75 % aller Fälle eine rot blühende und sonst eine rosa blühende Tulpe.

Kreuzt man eine rot blühende Tulpe mit einer weiß blühenden Tulpe, so entsteht in je 50 % aller Fälle eine rot bzw. rosa blühende Tulpe.

a) Geben Sie eine Übergangsmatrix an.

b) Es werden 50 rot blühende, 20 rosa blühende und 10 weiß blühende Tulpen jeweils mit einer rot blühenden Tulpe gekreuzt.

Berechnen Sie, wie viele Tulpen man von jeder Farbe erwarten kann.

c) Es sollen 100 rot blühende und 40 rosa blühende Tulpen gezüchtet werden.

Bestimmen Sie alle Möglichkeiten, die zu diesem Ergebnis führen.

6 Die Matrix **M** beschreibt die Änderung der Marktanteile von vier Markenprodukten innerhalb eines Zeitabschnitts.

Am Ende eines Teilabschnitts kann die Marktverteilung durch den Vektor $\vec{z}$ beschrieben werden.

$$M = \begin{pmatrix} 0{,}4 & 0{,}6 & 0{,}8 & 0{,}1 \\ 0{,}2 & 0{,}1 & 0{,}05 & 0{,}3 \\ 0{,}1 & 0{,}1 & 0{,}1 & 0{,}3 \\ 0{,}3 & 0{,}2 & 0{,}05 & 0{,}3 \end{pmatrix} \qquad \vec{z} = \begin{pmatrix} 0{,}53 \\ 0{,}14 \\ 0{,}12 \\ 0{,}21 \end{pmatrix}$$

a) Bestimmen Sie die Marktverteilung zu Beginn des Zeitabschnitts.

b) Machen Sie Aussagen über die weitere Entwicklung der Marktverteilung.

Erwartungswert und Standardabweichung einer Binomialverteilung

Eine binomialverteilte Zufallsgröße mit n Versuchen und der Erfolgswahrscheinlichkeit p hat den Erwartungswert $\mu = n \cdot p$ und die Standardabweichung $\sigma = \sqrt{n \cdot p \cdot (1 - p)}$.

In einem Land haben 35 % der Wahlberechtigten die Partei B gewählt.
X: *Anzahl der Wähler der Partei B in einer Stichprobe von 500 Wahlberechtigten*
$\mu = 500 \cdot 0,35 = 175$
$\sigma = \sqrt{500 \cdot 0,35 \cdot 0,65} \approx 10,7 > 3$

Schluss von der Gesamtheit auf die Stichprobe – Prognoseintervalle

Für eine n-stufige Bernoulli-Kette mit der Erfolgswahrscheinlichkeit p, dem Erwartungswert μ und der Standardabweichung $\sigma > 3$ kann man folgende Prognosen über die erwartete Anzahl an Erfolgen machen:

Punktschätzung: $\mu = n \cdot p$

Prognoseintervalle:
(1) Mit 90 % Wahrscheinlichkeit gilt:
$\mu - 1,64\sigma \leq X \leq \mu + 1,64\sigma$
(2) Mit 95 % Wahrscheinlichkeit gilt:
$\mu - 1,96\sigma \leq X \leq \mu + 1,96\sigma$
(3) Mit 99 % Wahrscheinlichkeit gilt:
$\mu - 2,58\sigma \leq X \leq \mu + 2,58\sigma$

Man sagt, ein Stichprobenergebnis **weicht signifikant vom Erwartungswert ab**, wenn es außerhalb der 1,96σ-Umgebung von μ liegt.
Liegt es außerhalb der 2,58σ-Umgebung von μ, nennt man es **hochsignifikant abweichend**.

Man kann unter 500 Wahlberechtigten etwa 175 Wähler der Partei B erwarten.

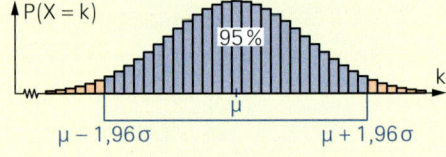

Mit 95 % Wahrscheinlichkeit gilt:
$175 - 1,96 \cdot 10,7 \leq X \leq 175 + 1,96 \cdot 10,7$
$154,03 \leq X \leq 195,97$

Diese Schätzung wird nach außen gerundet und danach mit dem Rechner kontrolliert. Zusätzlich kann man prüfen, ob auch nach innen gerundet werden kann.

binomCdf(500, 0.35, 154, 196)	
	0.956315
binomCdf(500, 0.35, 155, 195)	
	0.945541

Mit 95,6 % Wahrscheinlichkeit gilt:
$154 \leq X \leq 196$

Schluss von der Stichprobe auf die Gesamtheit – Entscheidungsregel

Um die Zusammensetzung einer Grundgesamtheit zu prüfen, wird ein Intervall mit einem **unteren kritischen Wert** und einem **oberen kritischen Wert** festgelegt.

Liegt das Ergebnis einer Stichprobe außerhalb dieses Intervalls, so wird an der Zusammensetzung der Grundgesamtheit gezweifelt.

Es sollen 500 Wahlberechtigte gefragt werden, welche Partei sie heute wählen würden.
Entscheidungsregel:
Liegt die Anzahl der Wähler der Partei B unter 154 oder über 196, so hat man Anlass zu der Vermutung, dass sich die Zusammensetzung der Wähler geändert hat und dass nicht mehr 35 % der Wahlberechtigten die Partei B wählen würden.

Das Wichtigste auf einen Blick

Stochastische Prozesse

Häufigkeitsverteilungen können sich zufällig innerhalb einer festgelegten Zeiteinheit ändern. Man spricht dann von einem stochastischen Prozess und notiert die Übergangswahrscheinlichkeiten in einem Diagramm.

Ein Pay TV Sender bietet drei Programmpakete A, B und C an. Das Diagramm zeigt die Wahrscheinlichkeiten, mit denen die Kunden etwa jedes Jahr zwischen den Programmpaketen wechseln.

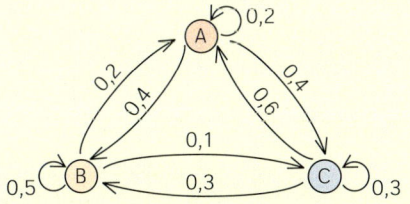

$$M = \begin{pmatrix} 0{,}2 & 0{,}2 & 0{,}6 \\ 0{,}4 & 0{,}5 & 0{,}1 \\ 0{,}4 & 0{,}3 & 0{,}3 \end{pmatrix}$$
(A B C)

10 % wechseln von C nach B

Alle Wechselwahrscheinlichkeiten von A stehen in der ersten Spalte, von B in der zweiten und von C in der dritten. Deshalb ist die Spaltensumme auch jeweils 1.

Stochastische Matrix

Eine **stochastische n×n-Matrix** oder auch **Übergangsmatrix** ist eine Zahlentabelle aus n Zeilen und n Spalten, die nur aus nichtnegativen Zahlen besteht und deren Spaltensummen jeweils den Wert 1 haben.

Multiplikation einer Matrix mit einem Vektor

Häufigkeitsverteilungen bei stochastischen Prozessen werden oft durch Zustandsvektoren $\vec{z_0} = \begin{pmatrix} z_1 \\ \vdots \\ z_n \end{pmatrix}$ beschrieben.

Der nachfolgende Zustandsvektor $\vec{z_1}$ ergibt sich durch Multiplikation der Übergangsmatrix mit dem Vektor $\vec{z_0}$. Dabei bildet man von jeder Zeile der Matrix das Skalarprodukt mit dem Vektor $\vec{z_0}$.

Aktueller Zustandsvektor:

$$\vec{z_0} = \begin{pmatrix} 0{,}2 \\ 0{,}5 \\ 0{,}3 \end{pmatrix}$$

20 % A, 50 % B, 30 % C

Neuer Zustandsvektor nach einem Jahr:

$$\vec{z_1} = M \cdot \vec{z_0}$$

$$\vec{z_1} = \begin{pmatrix} 0{,}2 & 0{,}2 & 0{,}6 \\ 0{,}4 & 0{,}5 & 0{,}1 \\ 0{,}4 & 0{,}3 & 0{,}3 \end{pmatrix} \cdot \begin{pmatrix} 0{,}2 \\ 0{,}5 \\ 0{,}3 \end{pmatrix}$$

$$= \begin{pmatrix} 0{,}2 \cdot 0{,}2 + 0{,}2 \cdot 0{,}5 + 0{,}6 \cdot 0{,}3 \\ 0{,}4 \cdot 0{,}2 + 0{,}5 \cdot 0{,}5 + 0{,}1 \cdot 0{,}3 \\ 0{,}4 \cdot 0{,}2 + 0{,}3 \cdot 0{,}5 + 0{,}3 \cdot 0{,}3 \end{pmatrix} = \begin{pmatrix} 0{,}32 \\ 0{,}36 \\ 0{,}32 \end{pmatrix}$$

Produkt zweier n×n-Matrizen

Das Produkt zweier n×n-Matrizen **A** und **B** ergibt eine n×n-Matrix **C**, die wie folgt berechnet wird:
Die Zahl in der i-ten Zeile und k-ten Spalte der Produktmatrix **C** ist das Skalarprodukt der i-ten Zeile von **A** mit der k-ten Spalte von **B**.

$$A = \begin{pmatrix} 0{,}2 & 0{,}1 & 0{,}4 \\ 0{,}3 & 0{,}8 & 0{,}2 \\ 0{,}5 & 0{,}1 & 0{,}4 \end{pmatrix}; \quad B = \begin{pmatrix} 0{,}3 & 0{,}6 & 0{,}8 \\ 0{,}7 & 0{,}2 & 0{,}1 \\ 0 & 0{,}2 & 0{,}1 \end{pmatrix}$$

$$C = A \cdot B$$

$$= \begin{pmatrix} 0{,}2 & 0{,}1 & 0{,}4 \\ 0{,}3 & 0{,}8 & 0{,}2 \\ 0{,}5 & 0{,}1 & 0{,}4 \end{pmatrix} \cdot \begin{pmatrix} 0{,}3 & 0{,}6 & 0{,}8 \\ 0{,}7 & 0{,}2 & 0{,}1 \\ 0 & 0{,}2 & 0{,}1 \end{pmatrix}$$

$$= \begin{pmatrix} 0{,}13 & 0{,}22 & 0{,}21 \\ 0{,}65 & 0{,}38 & 0{,}34 \\ 0{,}22 & 0{,}40 & 0{,}45 \end{pmatrix}$$

$$0{,}34 = 0{,}3 \cdot 0{,}8 + 0{,}8 \cdot 0{,}1 + 0{,}2 \cdot 0{,}1$$

Potenzen stochastischer Matrizen – Stabilisierung von Zuständen

Wird ein stochastischer Prozess durch einen Zustandsvektor $\vec{z_0}$ und eine Übergangsmatrix **M** für eine bestimmte Zeiteinheit beschrieben, so erhält man den Zustandsvektor nach einer, zwei, drei bzw. r Zeiteinheiten mithilfe von Matrixpotenzen:

$$\vec{z_1} = \mathbf{M} \cdot \vec{z_0}$$
$$\vec{z_2} = \mathbf{M} \cdot \left(\mathbf{M} \cdot \vec{z_0}\right) = \mathbf{M}^2 \cdot \vec{z_0}$$
$$\vec{z_3} = \mathbf{M} \cdot \left(\mathbf{M} \cdot \left(\mathbf{M} \cdot \vec{z_0}\right)\right) = \mathbf{M}^3 \cdot \vec{z_0}$$
$$\vec{z_r} = \mathbf{M}^r \cdot \vec{z_0}$$

Oft stabilisieren sich die Zustandsvektoren $\vec{z_n} = \mathbf{M}^n \cdot \vec{z_0}$ für eine stochastische Matrix **M** für $n \to \infty$ unabhängig vom Anfangsvektor $\vec{z_0}$. Mit zunehmendem n ändern sich die Zahlen der Zustandsvektoren und der Matrixpotenzen kaum noch.

$$m := \begin{bmatrix} 0.2 & 0.2 & 0.6 \\ 0.4 & 0.5 & 0.1 \\ 0.4 & 0.3 & 0.3 \end{bmatrix}$$

$$\begin{bmatrix} 0.2 & 0.2 & 0.6 \\ 0.4 & 0.5 & 0.1 \\ 0.4 & 0.3 & 0.3 \end{bmatrix}$$

$$m^5 \cdot \begin{bmatrix} 0.2 \\ 0.5 \\ 0.3 \end{bmatrix}$$

$$\begin{bmatrix} 0.333312 \\ 0.333376 \\ 0.333312 \end{bmatrix}$$

$$m^{10} \cdot \begin{bmatrix} 0.2 \\ 0.5 \\ 0.3 \end{bmatrix}$$

$$\begin{bmatrix} 0.333333 \\ 0.333333 \\ 0.333333 \end{bmatrix}$$

$$m^{11} \cdot \begin{bmatrix} 0.2 \\ 0.5 \\ 0.3 \end{bmatrix}$$

$$\begin{bmatrix} 0.333333 \\ 0.333333 \\ 0.333333 \end{bmatrix}$$

Klausurtraining

Lösungen im Anhang

Teil A

Lösen Sie die folgenden Aufgaben ohne Formelsammlung und ohne Taschenrechner.

1 Das Glücksrad mit drei gleich großen Feldern wird 450-mal gedreht. Als Erfolg wird gewertet, wenn der Zeiger auf dem gelben Feld steht.

a) Berechnen Sie Erwartungswert und Standardabweichung.

b) Das Glücksrad bleibt bei 450 Drehungen nur 120-mal auf dem gelben Feld stehen.
Erklären Sie, warum dies eine hochsignifikante Abweichung vom Erwartungswert darstellt.

c) Um zu prüfen, ob alle drei Felder noch die gleiche Wahrscheinlichkeit haben, wird das Glücksrad wieder 450-mal gedreht. Wenn dabei eine Farbe weniger als 130-mal oder mehr als 170-mal vorkommt, soll das Glücksrad repariert oder ausgetauscht werden.
Erklären Sie, wie man zu dieser Entscheidungsregel gelangen kann.

2 **a)** Erläutern Sie, welche Bedeutung die in der Matrix **M** stehende Übergangswahrscheinlichkeit 0,5 hat.

b) Ergänzen Sie die fehlenden Einträge der Matrix.

c) Zeichnen Sie das zu der Matrix **M** gehörende Übergangsdiagramm.

$$\mathbf{M} = \begin{pmatrix} 0,1 & \blacksquare & 0,5 \\ \blacksquare & 0,2 & 0,3 \\ 0,6 & 0,4 & \blacksquare \end{pmatrix}$$

3 Ein Reiseanbieter organisiert jedes Jahr für seinen festen Kundenstamm an Schulen Städtereisen nach Rom, Prag und Berlin. Für Planungen hat das Reiseunternehmen das jährliche Wechselverhalten der Schulen beobachtet und im abgebildeten Übergangsdiagramm beschrieben.

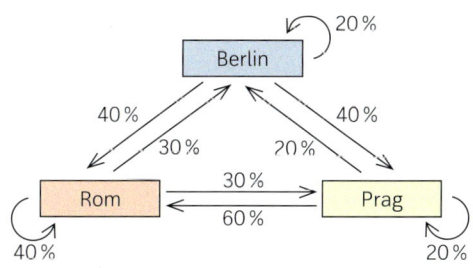

a) Bestimmen Sie die zum Übergangsdiagramm gehörende Matrix **M**.

b) In diesem Jahr fahren 60 % der Schulklassen nach Rom, 20 % nach Berlin und 20 % nach Prag. Geben Sie den zugehörigen Zustandsvektor an und berechnen Sie die Häufigkeitsverteilung für das nächste Jahr.

4 Berechnen Sie das Produkt.

a) $\begin{pmatrix} 0 & 0{,}5 & 0{,}3 \\ 0{,}1 & 0 & 0{,}3 \\ 0{,}9 & 0{,}5 & 0{,}4 \end{pmatrix} \cdot \begin{pmatrix} 0{,}2 \\ 0{,}5 \\ 0{,}3 \end{pmatrix}$
  b) $\begin{pmatrix} 0{,}2 & 0{,}1 \\ 0{,}8 & 0{,}9 \end{pmatrix} \cdot \begin{pmatrix} 0{,}2 & 0{,}1 \\ 0{,}8 & 0{,}9 \end{pmatrix}$
  c) $\begin{pmatrix} 1 & 0 & 0 \\ 0 & 0 & 1 \\ 0 & 1 & 0 \end{pmatrix} \cdot \begin{pmatrix} a \\ b \\ c \end{pmatrix}$

Teil B

Bei den folgenden Aufgaben können Sie die Formelsammlung und den Taschenrechner verwenden.

5 In einer Kleinstadt gibt es zwei große Einkaufsmärkte für Lebensmittel und einige Einzelhändler. Das monatliche Wechselverhalten der 8 200 Haushalte wird durch das abgebildete Übergangsdiagramm veranschaulicht.

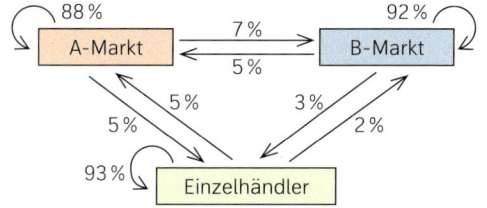

Für die Rechnungen wird angenommen, dass sich die Anzahl der Haushalte nicht verändert.

a) Geben Sie die zugehörige Übergangsmatrix **M** an.

b) Berechnen Sie für eine Anfangsverteilung von 3 900 Haushalten, die beim A-Markt, 2 700 Haushalten, die beim B-Markt, und 1 600 Haushalten, die bei Einzelhändlern einkaufen, die Verteilungen der nächsten drei Monate.
Berechnen Sie außerdem die Verteilung des Vormonats.

c) Untersuchen Sie, ob es eine Verteilung bezüglich des Einkaufsverhaltens der Haushalte gibt, die sich bei dem angegebenen Wechselverhalten in den folgenden Monaten nicht mehr ändert.

6 **a)** Vergleichen Sie die Bernoulli-Ketten   (1) n = 40; p = 0,5   (2) n = 50; p = 0,4 hinsichtlich ihrer Streuung um den Erwartungswert. Bei welcher Bernoulli-Kette liegt die größere Streuung vor? Erläutern Sie an einem konkreten Beispiel, was dies bedeutet.

b) Vervollständigen Sie die folgenden Sätze für jede Bernoulli-Kette aus Teilaufgabe a).

(1) Mit einer Wahrscheinlichkeit von 99 % liegt die Anzahl der Erfolge …

(2) In 95,5 % aller Fälle gilt …

(3) $|X - \mu| > 1{,}64\,\sigma$ gilt nur in …

7 In Mitteleuropa haben 38 % der Menschen die Blutgruppe 0. Bei 100 zufällig ausgewählten Personen wird die Blutgruppe bestimmt.

Geben Sie eine Umgebung um den Erwartungswert an, in der mit einer Wahrscheinlichkeit von 90 % die Anzahl der Personen liegt, die die Blutgruppe 0 haben.

8 Von einer Maschine werden zwei gleichartige grobkörnige chemische Substanzen gemischt. Die Mischung soll 20 % der einen und 80 % der anderen Substanz enthalten.

Zur Kontrolle der Mischung werden mit einem kleinen Gefäß stichprobenweise Körner entnommen. Ungewöhnliche Abweichungen vom Erwartungswert weisen auf eine schlechte Mischung hin.

a) Stellen Sie eine Entscheidungsregel (Sicherheitswahrscheinlichkeit 95 %) für den Fall auf, dass man eine Stichprobe mit 400 Körner entnimmt.

b) In einer Stichprobe findet man 17 Körner der ersten und 110 Körner der zweiten Sorte. Beurteilen Sie die Qualität der Mischung.

9 Der Hersteller eines Pestizids ist überzeugt, dass ein bestimmtes Präparat aus seiner Produktion in mindestens 90 % aller Anwendungsfälle hilft.

An dieser Aussage wurden Zweifel geäußert. Der Hersteller ist daraufhin bereit, seine Angaben zu überprüfen, und will für 2 000 Anwendungsfälle testen, ob der Einsatz des Präparats erfolgreich war.

Geben Sie eine Entscheidungsregel (Sicherheitswahrscheinlichkeit 95 %) für ihn an.

10

Tischtennisbälle, die bei Wettkämpfen verwendet werden, müssen hohe Qualitätsanforderungen erfüllen:
Der Ball muss aus Zelluloid oder einem ähnlichen Kunststoffmaterial hergestellt sein. Er muss gleichmäßig rund sein mit einem Durchmesser von 40 mm (±0,5 mm) und 2,7 g (±0,3 g) wiegen. Wenn man ihn aus einer Höhe von 30,5 cm auf einen Stahlblock fallen lässt, muss er 24 bis 26 cm hochspringen.

Ein Großhändler bietet einem Sportgeschäft billige Tischtennisbälle an und behauptet, dass mindestens 80 % der gelieferten Tischtennisbälle die Wettkampfbedingungen erfüllen. Der Ladenbesitzer will diese Aussage mithilfe einer Stichprobe vom Umfang 75 überprüfen. Er sagt: „Wenn weniger als 53 Tischtennisbälle die Wettkampfbedingungen erfüllen, kaufe ich bei diesem Großhändler keine Tischtennisbälle mehr."

a) Erklären Sie, warum diese Entscheidungsregel vernünftig ist.
Bestimmen Sie die Wahrscheinlichkeit dafür, dass weniger als 53 Tischtennisbälle die Wettkampfbedingungen erfüllen, wenn die Erfolgswahrscheinlichkeit wirklich 80 % beträgt.

b) In der Stichprobe vom Umfang 75 befinden sich nur 50 Tischtennisbälle, die die Wettkampfbedingungen erfüllen. Der Ladenbesitzer sagt: „Damit ist bewiesen, dass weniger als 80 % der Tischtennisbälle die Wettkampfbedingungen erfüllen."
Erklären Sie, warum das nicht richtig ist.

Aufgaben zur Vorbereitung auf das Abitur

7

▲ *In der schriftlichen Abiturprüfung müssen Aufgaben sowohl ohne als auch mit Formelsammlung und Taschenrechner gelöst werden.*

In diesem Kapitel

finden Sie Aufgaben wie im Abitur zu den Themengebieten Analysis, vektorielle Geometrie und Stochastik, mit denen Sie sich gezielt auf die Abiturprüfung vorbereiten können. ▶

7.1   Aufgaben ohne Hilfsmittel

Lösen Sie die folgenden Aufgaben ohne Formelsammlung und ohne Taschen-rechner.

1 **a)** Geben Sie einen passenden Funktions-term $f(x)$ zu der abgebildeten Parabel an.

b) Erläutern Sie die Bedeutung der Terme und ermitteln Sie die jeweiligen Werte.

(1) $\dfrac{f(3) - f(1)}{3 - 1}$ (2) $\lim\limits_{h \to 0} \dfrac{f(3 + h) - f(3)}{h}$

c) Geben Sie die Bedeutung des Terms

$16 - \int\limits_{0}^{4} f(x)\,dx$ an und veranschaulichen Sie

seinen Wert in der Abbildung.

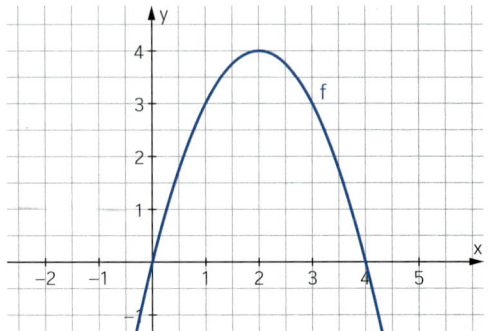

2 Die Funktion f ist gegeben durch $f(x) = x^3 - 3x^2$.

a) Bestimmen Sie die Nullstellen von f und das Verhalten von f für $x \to \infty$ und $x \to -\infty$.

b) Begründen Sie: Der Funktionsgraph hat an der Stelle $x = 0$ einen Hochpunkt.

c) Skizzieren Sie den Verlauf des Graphen der Funktion f.

d) Zeigen Sie, dass die Wendetangente durch die Gleichung $y = -3x + 1$ beschrieben werden kann.

3 Die Abbildung zeigt den Graphen der Ableitungsfunktion f′ einer Funktion f. Untersuchen Sie, welche der folgenden Aussagen über die Funktion f wahr, falsch oder unentscheidbar sind.

a) Die Funktion f ist für $-2 \leq x \leq 1$ streng monoton fallend.

b) Der Graph von f hat an der Stelle $x = -3$ einen Hochpunkt.

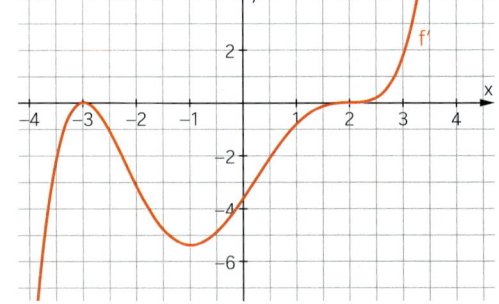

c) Der Graph von f hat im Intervall $[-4; 3]$ genau zwei Wendepunkte.

d) Der Tiefpunkt des Graphen von f liegt unterhalb der x-Achse.

4 Die Abbildung zeigt den Graphen der Ableitungsfunktion f′ einer Funktion f. Untersuchen Sie anhand der Abbildung, an welchen Stellen im Intervall $[-3; 4]$ der Graph der Funktion f Hoch-, Tief- oder Wendepunkte hat.
Begründen Sie Ihre Aussagen.

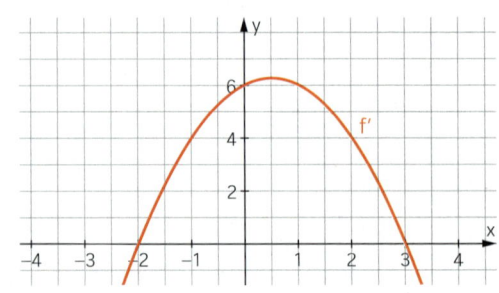

5 Die Abbildungen zeigen die Graphen der drei Funktionen f, F_1 und F_2.

Welche der beiden Funktionen F_1 und F_2 kann eine Stammfunktion der Funktion f sein? Begründen Sie Ihre Entscheidung.

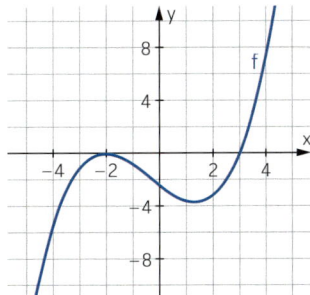
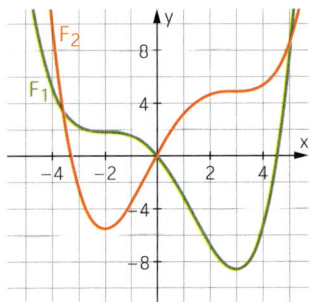

6 Gegeben sind die Funktionen f und g mit $f(x) = -x^2 + 4$ und $g(x) = 2x + 1$.

Berechnen Sie den Flächeninhalt der Fläche, die von den Graphen von f und g eingeschlossen wird.

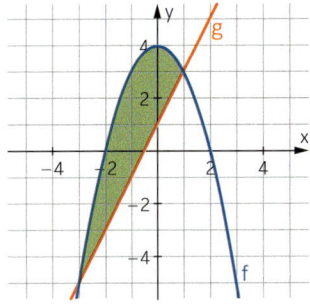

7 Gegeben ist die Funktion f mit $f(x) = 4 \cdot e^{-0,5x}$.

a) Zeigen Sie, dass die Tangente im Schnittpunkt des Graphen von f mit der y-Achse durch die Gleichung $y = -2x + 4$ beschrieben werden kann.

b) Der Graph von f, die Tangente, die x-Achse und die Gerade mit der Gleichung $x = 4$ begrenzen eine Fläche. Bestimmen Sie deren Flächeninhalt.

Parallele zur y-Achse an der Stelle $x = 4$

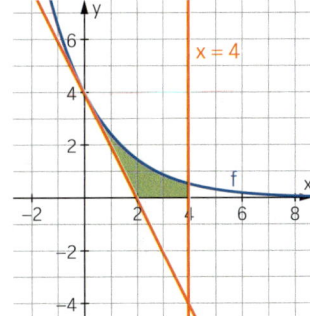

8 Gegeben ist die Funktion f mit $f(x) = (x + 2) \cdot e^{-x}$.

a) Ermitteln Sie die Schnittpunkte des Graphen von f mit den Koordinatenachsen.

b) Weisen Sie rechnerisch nach, dass der Graph von f an der Stelle $x = -1$ einen Hochpunkt hat.

c) Der Graph von f soll so in Richtung der x-Achse verschoben werden, dass er durch den Koordinatenursprung verläuft.

Entscheiden Sie, welche Funktionsgleichung zum verschobenen Graphen gehört.

$a(x) = x \cdot e^{-x}$ $\qquad\qquad$ $b(x) = x \cdot e^{-(x-2)}$ $\qquad\qquad$ $c(x) = (x - 2) \cdot e^{-x}$

9 Gegeben ist die Funktion f mit $f(x) = x^4 - x^3$.

a) Bestimmen Sie die Nullstellen der Funktion f.

b) Bestimmen Sie den Tiefpunkt des Graphen von f.

c) Berechnen Sie den Flächeninhalt der Fläche, den der Graph von f mit der x-Achse einschließt.

10 Gegeben sind die Punkte A(1|2|3), B(1|10|3) und C(1|6|7).
Weisen Sie nach, dass es sich um ein rechtwinkliges gleichschenkliges Dreieck handelt.

11 Gegeben sind die Punkte A(3|2|−1) und B(7|−4|6) sowie die Gerade g mit

$$g: \vec{x} = \begin{pmatrix} 6 \\ 4 \\ 5 \end{pmatrix} + r \cdot \begin{pmatrix} -2 \\ 1 \\ 2 \end{pmatrix}.$$

Zeigen Sie, dass der Punkt C(8|3|3) auf der Geraden g liegt und dass das Dreieck ABC einen rechten Winkel bei C hat.

12 Die Gerade g verläuft durch die Punkte P(6|−2|−1) und Q(−4|3|4) und schneidet die $x_2 x_3$-Ebene im Punkt S.
a) Berechnen Sie die Koordinaten von S.
b) Begründen Sie, dass S zwischen P und Q liegt.
c) Geben Sie die Parameterdarstellung einer Geraden h an, die durch den Punkt S verläuft und orthogonal zur Geraden g ist.

13 Die dargestellte gerade Pyramide hat eine quadratische Grundfläche mit der Kantenlänge 4 und die Höhe 4.
a) Geben Sie die Koordinaten aller Eckpunkte und der Spitze S an.
b) Weisen Sie nach, dass das Dreieck ABS ein gleichschenkliges Dreieck ist.
c) Der Punkt L liegt in der Mitte der Grundfläche. Zeigen sie, dass der Vektor $\overrightarrow{SL}$ orthogonal zum Vektor $\overrightarrow{AC}$ ist.
d) Geben Sie eine Parameterdarstellung für die Ebene an, in der das Dreieck ABS liegt.

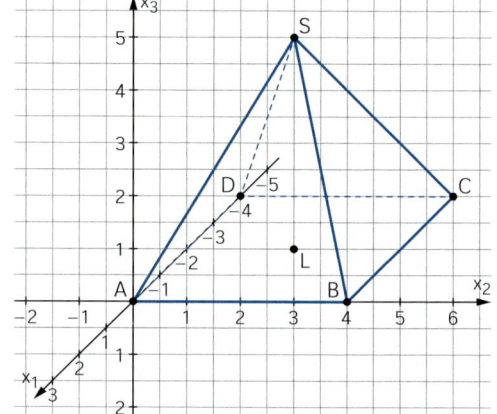

14 **a)** Berechnen Sie die Lösung des linearen Gleichungssystems.

$$\begin{vmatrix} x - 3y + 3z = 2 \\ 2y + 2z = 12 \\ 2y - 4z = 6 \end{vmatrix}$$

b) Bestimmen Sie die Werte für den Parameter a so, dass das lineare Gleichungssystem keine Lösung bzw. unendlich viele Lösungen hat.

$$\begin{vmatrix} 2x - 4y + 3z = 6 \\ 3y - 6z = 12 \\ 3y - 6z = 8 - a \end{vmatrix}$$

15 Gegeben sind die Geraden g und h mit $g: \vec{x} = \begin{pmatrix} 0,5 \\ -1,5 \\ 3 \end{pmatrix} + k \cdot \begin{pmatrix} 0 \\ 1 \\ -2 \end{pmatrix}$ und $h: \vec{x} = \begin{pmatrix} 1 \\ -3 \\ 6 \end{pmatrix} + s \cdot \begin{pmatrix} 0 \\ 2 \\ -4 \end{pmatrix}$.

a) Untersuchen Sie, wie die Geraden g und h zueinander liegen.
b) Die Gerade $s: \vec{x} = \begin{pmatrix} 0,5 \\ -1,5 \\ 3 \end{pmatrix} + r \cdot \begin{pmatrix} 1 \\ 1 \\ -2 \end{pmatrix}$ schneidet die Geraden g und h.
Bestimmen Sie die Schnittpunkte.

16 Bei einem Spiel wird das abgebildete Glücksrad zweimal gedreht. Der Zeiger kann auf einem der gleich großen, weiß (w), blau (b) oder gelb (g) gefärbten Sektoren stehen bleiben.

a) Stellen Sie die möglichen Abläufe des Zufallsversuchs in einem Baumdiagramm dar.

b) Bestimmen Sie die Wahrscheinlichkeit für das Ereignis E:
Das Rad bleibt zweimal hintereinander auf einem Sektor mit gleicher Färbung stehen.

c) Der Spielveranstalter plant für das Spiel einen Einsatz von 1 € und man soll 2 € ausgezahlt bekommen, wenn das Ereignis E eintritt. Bewerten Sie diese Spielregel.

17 a) Begründen Sie, warum das blaue Säulendiagramm zur Binomialverteilung mit n = 4 und p = 0,5 gehört.

b) Begründen Sie: Wenn die Erfolgswahrscheinlichkeit p = 0,5 ist, dann ist für jede Stufenzahl n das Säulendiagramm der Binomialverteilung symmetrisch.

c) Auch das Säulendiagramm zu der Binomialverteilung mit p = 0,5 und n = 5 ist symmetrisch. Beschreiben Sie den Unterschied zum Fall n = 4.

d) Begründen Sie, warum das rote Säulendiagramm nicht zur Binomialverteilung mit n = 3 und p = 0,5 passt.

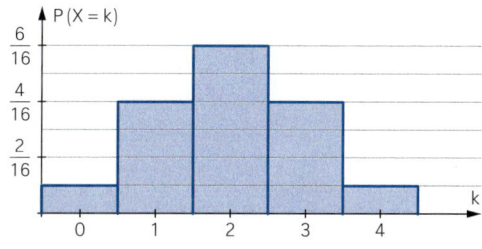

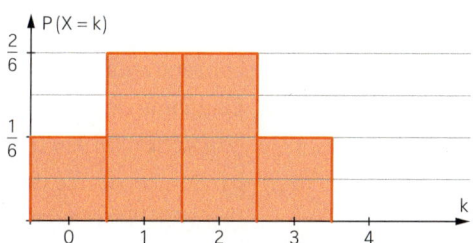

18 Zwei Kreuz-Asse, zwei Pik-Asse, zwei Herz-Asse und zwei Karo-Asse werden gut gemischt und nebeneinander verdeckt ausgelegt.

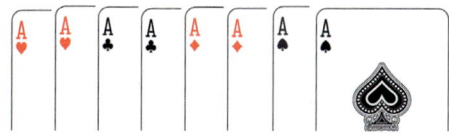

a) Berechnen Sie die Wahrscheinlichkeit, dass die beiden zuerst ausgelegten Karten die beiden Herz-Asse sind.

b) Die verdeckt ausgelegten Karten werden nacheinander umgedreht.
Bestimmen Sie die Wahrscheinlichkeit dafür, dass spätestens die dritte umgedrehte Karte eine rote Karte ist.

19 Gegeben ist eine Binomialverteilung mit n = 150 und p = 0,4.

a) Berechnen Sie den Erwartungswert und die Standardabweichung zu dieser Wahrscheinlichkeitsverteilung.

b) Bei einem Spiel gewinnt man mit einer Wahrscheinlichkeit von p = 0,4.
Machen Sie eine Prognose, wie oft man in 150 Spielrunden wohl gewinnen wird.

c) Jemand wettet darauf, dass die Anzahl X der in 150 Runden gewonnenen Spiele im Intervall 54 ≤ X ≤ 66 liegen wird. Beurteilen Sie, ob dies eine günstige Wette ist.

7.2 Aufgaben zur Analysis

Bei der Lösung dieser Aufgaben können Sie die Formelsammlung und den Taschenrechner verwenden.

1 Durch die Einnahme eines Medikamentes zum Zeitpunkt $t = 0$ gelangt ein bestimmter Wirkstoff in das Blut des Patienten.

Die Wirkstoffkonzentration, die zum Zeitpunkt $t \in [0; 24]$ im Körper des Patienten ist, kann durch eine Funktion der Form $f_k(t) = 20t \cdot e^{-k \cdot t}$ mit einem Parameter $k > 0$ beschrieben werden. Dabei wird die Zeit t in Stunden und die Wirkstoffkonzentration in $\frac{mg}{l}$ angegeben.

Die Abbildung zeigt einen zeitlichen Verlauf, bei dem die Wirkstoffkonzentration im Blut des Patienten zwei Stunden nach der Einnahme des Medikamentes $26{,}813 \frac{mg}{l}$ beträgt.

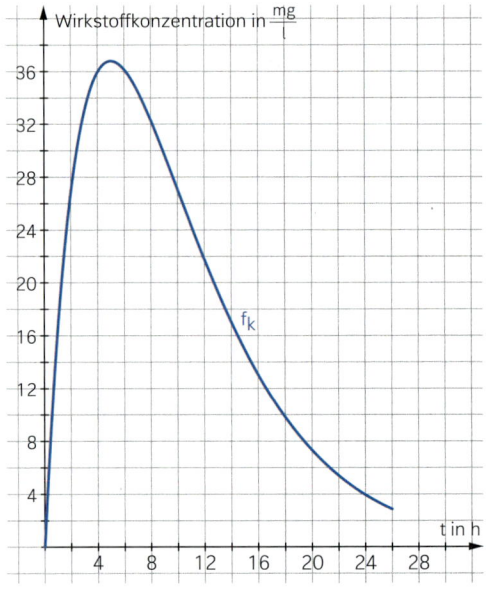

a) Berechnen Sie den Parameter k der Funktion f_k sowie die Höhe der Wirkstoffkonzentration 12 Stunden nach der Einnahme des Medikamentes.

[Zur Kontrolle: $k \approx 0{,}2$]

b) Berechnen Sie den Zeitpunkt und den Wert der maximalen Konzentration des Wirkstoffs im Blut.

c) Weisen Sie nach, dass die Wirkstoffkonzentration nach 24 Stunden kleiner als $4 \frac{mg}{l}$ ist.

d) Berechnen Sie den Zeitpunkt, an dem die Wirkstoffkonzentration am stärksten abnimmt.

e) Untersuchen Sie das Verhalten der Funktion $f_{0,2}$ für $t \to \infty$.

Interpretieren Sie das Ergebnis im Hinblick auf einen langfristigen Abbau des Wirkstoffs.

2 Bei einem Rückhaltebecken kann der Zufluss und der Abfluss von Wasser gesteuert werden. Während eines Tages kann die momentane Zuflussrate durch die Funktion f mit $f(t) = 5000t^2 \cdot e^{-\frac{1}{2}t}$, $0 \le t \le 24$, beschrieben werden. Dabei wird t in Stunden und f(t) in m³ pro Stunde angegeben.

a) (1) Berechnen Sie die momentane Zuflussrate nach 10 Stunden.

(2) Zeigen Sie: $f'(t) = 5000\left(-\frac{1}{2}t^2 + 2t\right) \cdot e^{-\frac{1}{2}t}$

(3) Bestimmen Sie rechnerisch die maximale momentane Zuflussrate und den Zeitpunkt, an dem diese erreicht ist.

(4) Bestimmen Sie die Wendestellen des Graphen von f und interpretieren Sie diese im Sachzusammenhang.

b) Ermitteln Sie die insgesamt während des Tages zugeflossene Wassermenge.

c) Die momentane Abflussrate kann während des Tages durch die Funktion g mit
$g(t) = 400\, t^2 \cdot e^{-\frac{1}{4}t}$, $0 \le t \le 24$, beschrieben werden. Dabei wird t in Stunden und $g(t)$ in m^3 pro Stunde angegeben.

(1) Bestimmen Sie den Zeitpunkt, bis zu dem $30\,000\,m^3$ aus dem Becken geflossen sind.

(2) Ermitteln Sie die Schnittstelle t_0 der Graphen von f und g mit $0 < t_0 \le 24$ und die von den beiden Graphen in den Intervallen $[0, t_0]$ und $[t_0, 24]$ eingeschlossenen Flächeninhalte. Deuten Sie beide Werte und ihre Differenz im Sachzusammenhang.

3 Der symmetrische Giebel eines Barockhauses soll rekonstruiert werden. Der Giebel ist in der Abbildung in einem Koordinatensystem mit der Einheit Meter dargestellt.
Eine ganzrationale Funktion f beschreibt im entsprechenden Intervall den oberen Giebelrand. Die x-Achse ist die Tangente an den Graphen der Funktion f in den Punkten $P_1(-2|0)$ und $P_2(2|0)$. Die maximale Höhe des Giebels über der Dachkante beträgt 2,0 m.

 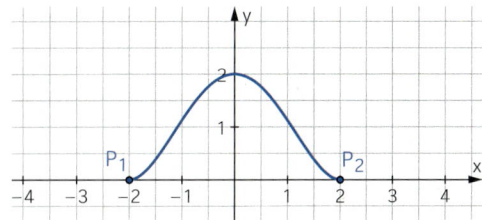

a) Begründen Sie, dass f eine Funktion mindestens 4. Grades sein muss.

b) Ermitteln Sie eine Gleichung der Funktion f.

c) Ein Architekt beschreibt einen solchen Giebelrand durch die Funktion g mit
$g(x) = \frac{1}{8} \cdot (x^2 - 4)^2$. Dieser Giebel soll durch eine waagerechte Linie in zwei flächeninhaltsgleiche Teile zerlegt werden. Während der untere Teil des Giebels mit Ornamenten verziert wird, ist beabsichtigt, im oberen Teil des Giebels Fenster anzubringen.
Ermitteln Sie auf Dezimeter genau, bis zu welcher Höhe der Giebel mit Ornamenten versehen werden soll.

4 Gegeben ist die Funktion f mit $f(x) = 7x \cdot e^{-\frac{5}{8}x}$.

a) Ermitteln Sie die Koordinaten des Schnittpunktes des Graphen von f mit der x-Achse sowie die Koordinaten des Extrempunktes und des Wendepunktes.
Zeichnen Sie den Graphen.

b) Zeigen Sie, dass die Funktion F mit $F(x) = -\frac{56}{25} \cdot (5x + 8) \cdot e^{-\frac{5}{8}x}$ eine Stammfunktion der Funktion f ist.

c) Der Graph von f, die x-Achse und die Gerade mit der Gleichung $x = 4$ umschließen eine Fläche. Bestimmen Sie den Inhalt dieser Fläche.

Parallele zur y-Achse an der Stelle $x = 4$

d) Die Funktion f beschreibt für $x \ge 0$ die Konzentration eines Medikaments im Blut eines Patienten mit x in Stunden ab der Einnahme des Medikaments und $f(x)$ in mg pro Liter Blut.
Geben Sie den Zeitpunkt an, an dem die Konzentration am höchsten ist.
Geben Sie auch die Zeitpunkte an, an denen der Anstieg der Konzentration am größten bzw. der Abbau der Konzentration am stärksten ist.

e) Das Medikament wirkt, wenn die Konzentration im Blut mindestens 1,5 mg pro Liter Blut beträgt. Bestimmen Sie die Wirkungsdauer des Medikaments.

7.3 Aufgaben zur vektoriellen Geometrie

Bei der Lösung dieser Aufgaben können Sie die Formelsammlung und den Taschenrechner verwenden.

1 Der Würfel OABCDEFG hat die Kantenlänge 6. Drei Kanten des Würfels liegen auf den Koordinatenachsen.

Die Figur ACDF ist eine Pyramide mit vier dreieckigen Seitenflächen.

a) Berechnen Sie die Länge der Kante $\overline{AC}$ der Pyramide und begründen Sie, dass die übrigen fünf Kanten der Pyramide die gleiche Länge haben.

b) Zeigen Sie, dass sich die beiden Raumdiagonalen $\overline{BD}$ und $\overline{AG}$ des Würfels schneiden.

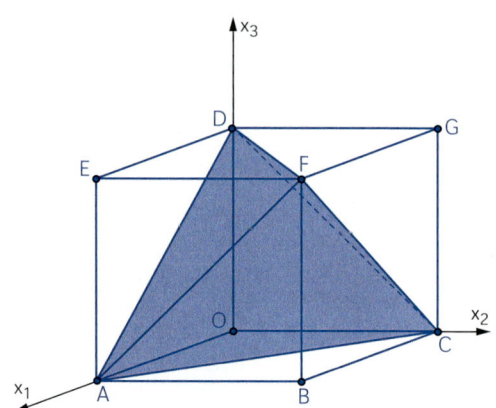

Berechnen Sie die Größe des Schnittwinkels dieser beiden Raumdiagonalen.

c) Die Punkte A, C und D liegen in der Ebene E.

Berechnen Sie die Koordinaten des Schnittpunktes S der Geraden durch die Punkte O und F mit der Ebene E. [Zur Kontrolle: S(2|2|2)]

d) Zeigen Sie, dass der Vektor $\overrightarrow{SF}$ orthogonal zu beiden Richtungsvektoren der Ebene E ist.

e) Ermitteln Sie das Volumen der Pyramide.

2 In einem Koordinatensystem mit der Einheit km befindet sich eine Radarstation im Punkt P(61|−110|1). Ein Verkehrsflugzeug, das über einen längeren Zeitraum mit nahezu konstanter Geschwindigkeit auf geradlinigem Kurs fliegt, wird um 18:37 Uhr vom Radar im Punkt $F_1(−9|−54|7)$ und 5 Minuten später im Punkt $F_2(−4|−99|7)$ erfasst.

a) Bestimmen Sie die Geschwindigkeit des Flugzeugs.

b) Wie weit ist das Flugzeug um 18:51 Uhr von der Radarstation entfernt?

c) Bestimmen Sie den Punkt Q, an dem sich das Flugzeug um 18:44 Uhr befindet.

Zeigen Sie, dass die Vektoren $\overrightarrow{PQ}$ und $\overrightarrow{F_1F_2}$ orthogonal zueinander sind, und interpretieren Sie dies im Sachkontext.

d) Um 19:00 Uhr ändert das Flugzeug seine Richtung und seine Geschwindigkeit. Es wird um 19:05 Uhr von einer zweiten Radarstation im Punkt $G_1(14|−276|6)$ und 10 Minuten später im Punkt $G_2(14|−346|4)$ geortet.

Wenn das Flugzeug diesen geradlinigen Flugkurs beibehält, erreicht es ohne weitere Kurskorrektur den Flughafen, der in 1000 m Höhe liegt. Die Landung des Flugzeugs ist für 19:20 Uhr geplant.

Prüfen Sie, ob dieser Zeitplan eingehalten werden kann.

3 Der in der Abbildung skizzierte 4 m breite und 5 m lange Carport ist an der Einfahrt 3 m und am Ende 2,5 m hoch. In einem Koordinatensystem mit der Einheit Meter haben die Punkte F und H die Koordinaten $F(4|0|3)$ und $H(0|5|2,5)$.

a) Bestimmen Sie die Koordinaten der übrigen Eckpunkte des Carports.

b) Die Punkte P und Q sind die Mittelpunkte der Kanten EH und $\overline{FG}$.
Bestimmen Sie ihre Koordinaten.

c) Berechnen Sie die Länge des Dachsparrens $\overline{EH}$ sowie der Stützbalken $\overline{AP}$ und $\overline{PD}$.

d) Berechnen Sie die Winkel, die die Balken $\overline{AP}$ und $\overline{PD}$ mit dem Dachsparren $\overline{EH}$ bilden.

e) Oberhalb des Carports befindet sich im Punkt $L(1|-2|4)$ eine Straßenlaterne.
Bestimmen Sie die Koordinaten des Schattens der Eckpunkte E, F, G und H der Dachfläche auf dem Boden.
Folgern Sie, welche geometrische Form der Schatten hat.

4 Beim Training von zukünftigen Fluglotsinnen und Fluglotsen an einem Simulator werden zwei Flugobjekte, die sich auf geradlinigen Flugbahnen gleichförmig bewegen, in einem Koordinatensystem betrachtet.
Flugobjekt F_1 startet bei Beobachtungsbeginn im Punkt $A_1(-1|11|0)$ und ist auf der Geraden g_1 nach 3 Sekunden im Punkt $B_1(0|9|2)$.
Flugobjekt F_2 beginnt im Punkt $A_2(0|0|2)$ und erreicht auf der Geraden g_2 nach 6 Sekunden den Punkt $B_2(2|2|3)$.

a) Berechnen Sie die Koordinaten des Punktes, den das Flugobjekt F_1 nach 30 Sekunden erreicht hat.

b) Zeigen Sie, dass der Punkt $C(-2|13|-2)$ auf der Geraden g_1 liegt, und begründen Sie, warum dieser Punkt nicht vom Flugobjekt F_1 erreicht wird.

c) Untersuchen Sie, ob die Geraden g_1 und g_2 gemeinsame Punkte haben.

d) (1) Bestimmen Sie die Entfernung zwischen den Startpunkten A_1 und A_2 der beiden Flugobjekte.
Zeigen Sie, dass 6 Sekunden nach Beobachtungsbeginn die Entfernung zwischen den beiden Flugobjekten geringer geworden ist.
(2) Begründen Sie, dass es einen zweiten Zeitpunkt gibt, an dem die beiden Flugobjekte genau so weit voneinander entfernt sind wie zu Beginn der Beobachtung.

7.4 Aufgaben zur Stochastik

Bei der Lösung dieser Aufgaben können Sie die Formelsammlung und den Taschenrechner verwenden.

1 Die Reisebusse eines Reiseunternehmers verfügen über 54 Sitzplätze.

a) Gewöhnlich werden 90 % der gebuchten Fahrten tatsächlich wahrgenommen.
Für eine Busreise sind 54 Plätze verkauft worden. Ermitteln Sie, mit welcher Wahrscheinlichkeit mehr als drei Plätze frei bleiben.

b) Wegen der kurzfristigen Absagen von gebuchten Reisen verkauft der Unternehmer mehr Plätze als vorhanden sind. Für eine Fahrt mit zwei Bussen werden 120 Buchungen angenommen.
Untersuchen Sie, mit welcher Wahrscheinlichkeit der Reiseunternehmer keinen Ärger bekommt.

c) Der Unternehmer ändert die Vertragsbedingungen dahingehend, dass bei kurzfristigen Absagen dennoch 50 % des Reisepreises gezahlt werden muss. Dadurch will er erreichen, dass der Anteil der Absagen sinkt. Während der nächsten 200 Buchungen soll untersucht werden, wie sich die neue Regelung auswirkt.
Bestimmen Sie die Wahrscheinlichkeit, dass der Unternehmer trotzdem wieder mindestens 20 Absagen hat, obwohl die neue Vertragsbedingung mittelfristig dazu führt, dass 95 % der Buchungen auch tatsächlich wahrgenommen werden.

d) Der Unternehmer hat aufgrund einiger Rückmeldungen den Eindruck, dass möglicherweise Fahrt-Interessenten durch die verschärften Bedingungen abgeschreckt werden.
Bis zur Einführung der neuen Regelung war es so, dass 45 % der Personen, die Prospekte über eine Fahrt angefordert hatten, die Fahrt auch tatsächlich gebucht haben.
Auf die 150 nächsten Prospektanforderungen folgen tatsächlich nur 59 Buchungen.
Berechnen Sie $P(X \leq 59)$ für eine binomialverteilte Zufallsgröße mit $n = 150$ und $p = 0,45$ und erklären Sie, wie dieser Wert dem Unternehmer helfen kann, seine Vermutung zu untersuchen.

e) Bei 23 % der Buchungen für zwei- oder mehrtägige Fahrten werden Übernachtungen in Einzelzimmern bestellt. Man kann davon ausgehen, dass die Reihenfolge der Buchungen für Einzel- und Doppelzimmer zufällig ist.
Berechnen Sie, wie viele Buchungen mindestens abgewartet werden müssen, bis darunter mit einer Wahrscheinlichkeit von mindestens 99 % eine Buchung für ein Einzelzimmer ist.

2 Nach einer Studie des Internationalen Zentralinstituts für das Jugend- und Bildungs-
fernsehen (IZI) dürfen 60 % der 2-Jährigen und 89 % der 3-Jährigen regelmäßig fernsehen.
Kinder in diesem Alter sind von den bewegten Bildern äußerst fasziniert; sie können jedoch
noch nicht zwischen der Welt im Fernsehen und der realen Welt unterscheiden. Daher ist es
für die Entwicklung der Kinder sehr wichtig, dass die Eltern den Fernsehkonsum ihrer Kinder
kontrollieren und mit ihnen über das Gesehene sprechen.

a) Bestimmen Sie die Wahrscheinlichkeit, dass man bei einer Stichprobe unter 100 zufällig
ausgewählten 2-Jährigen

(1) genau 60 Kinder;   (2) mehr als 55, aber weniger als 65 Kinder   erfasst,
die regelmäßig fernsehen dürfen.

b) Bestimmen Sie, wie viele Familien mit 3-Jährigen man mindestens auswählen müsste,
damit unter diesen mit einer Wahrscheinlichkeit von mindestens 90 % mindestens eine
Familie ist, in der das 3-jährige Kind nicht regelmäßig fernsehen darf.

c) Es wird eine Stichprobe von 500 2-jährigen erhoben.

Bestimmen Sie ein möglich kleines zum Erwartungswert symmetrisches Intervall, in
dem die Anzahl der 2-Jährigen, die regelmäßig fernsehen dürfen, mit mindestens 95 %
Wahrscheinlichkeit liegt.

Erklären Sie, welche Folgerungen man ziehen kann, wenn das Stichprobenergebnis

(1) innerhalb;   (2) außerhalb   dieses Intervalls liegt.

3 Personen, die in einem Schaltjahr am
29. Februar geboren wurden, können nur
alle vier Jahre „richtig" Geburtstag feiern.

a) Begründen Sie:

Die Wahrscheinlichkeit, am 29.02. geboren
worden zu sein, beträgt etwa $\frac{1}{1461}$.

b) Geben Sie einen Schätzwert an, wie viele Personen, die am 29.02. Geburtstag haben,
in einer Stadt wie Viersen (77 000 Einwohner) leben.

c) Ermitteln Sie die Wahrscheinlichkeit, dass von 800 Schülerinnen und Schülern

(1) keiner;   (2) einer;   (3) mehr als einer   am 29.02. Geburtstag hat.

d) Bei der Recherche in mehreren Grundschulen eines Kreises bekommt ein Journalist
den Eindruck, dass ungewöhnlich viele Kinder am 29.02. Geburtstag haben. Er vermutet,
dass bei den werdenden Müttern der Wunsch nach einem „besonderen" Geburtstag für ihr
Kind zu einer Häufung der Geburten am Schalttag geführt hat. Der Journalist hat bei seinen
Recherchen Grundschulen mit insgesamt 2100 Kindern erfasst.

Geben Sie eine mögliche Anzahl von Kindern mit Geburtstag 29.02. an, die dieser Journalist
in der Stichprobe vorgefunden hat, die ihn zu seiner Vermutung veranlasste. Berechnen Sie
die Wahrscheinlichkeit, mit der man diese Anzahl oder eine größere rein zufällig antrifft.

e) Von 2100 zufällig ausgewählten Personen wird der Geburtstag erfasst.

Bestimmen Sie die Wahrscheinlichkeit, dass an einem bestimmten Tag des Jahres keine
dieser Personen Geburtstag hat.

4 Die 2017 entstandene Gesundheitsstudie der DAK (Deutsche Angestelltenkrankenkasse) hatte das Schwerpunktthema „Schlafstörungen unter Arbeitnehmern". Dabei traten alarmierende Befunde auf. Unter der besonders schweren Schlafstörung Insomnie litten 9,4 % der befragten Arbeitnehmerinnen und Arbeitnehmer.

a) Berechnen Sie die Wahrscheinlichkeit, dass in einer Abteilung mit 20 Angestellten

(1) genau eine Person;

(2) mindestens 3 Personen;

(3) höchstens 5 Personen;

(4) mindestens 3, aber höchstens 5 Personen

an Insomnie leiden.

b) Berechnen Sie, wie viele Mitarbeiterinnen und Mitarbeiter ein Unternehmen mindestens haben muss, damit sich mit einer Wahrscheinlichkeit von mindestens 95 % mindestens eine Person darunter befindet, die unter Insomnie leidet.

c) Die Studie ergab folgende Daten:

9,4 % der Befragten litten an Insomnie.

Von diesen Personen ließen sich 30 % ärztlich wegen Schlafstörungen behandeln.

Von den nicht an Insomnie leidenden Personen ließen sich nur 2,1 % wegen Schlafstörungen behandeln.

(1) Stellen Sie diesen Sachverhalt in einem geeigneten Baumdiagramm dar.

(2) Berechnen Sie den Anteil derjenigen Menschen, die weder an Insomnie leiden noch wegen einer Schlafstörung beim Arzt waren.

(3) Berechnen Sie die Wahrscheinlichkeit, dass jemand, der wegen Schlafproblemen zum Arzt geht, an Insomnie erkrankt ist.

d) Das Verhalten vieler Arbeitnehmerinnen und Arbeitnehmer fördert einen schlechten Schlaf. 12,5 % der Befragten kümmern sich vor dem Einschlafen noch um dienstliche Dinge wie das Checken von E-Mails oder das Planen des nächsten Arbeitstages.

Der Betriebsrat will daher eine umfassende Aufklärungskampagne über die gesundheitsschädlichen Auswirkungen dieses Verhaltens starten.

Diese Kampagne soll danach evaluiert werden und als erfolgreich gelten, wenn unter 100 Befragten höchstens 6 Befragte angeben, kurz vor dem Einschlafen noch dienstliche Dinge zu erledigen.

(1) Ermitteln Sie die Wahrscheinlichkeit, dass die Kampagne als erfolgreich angesehen wird, obwohl sich der Anteil der Personen, die kurz vor dem Einschlafen noch dienstliche Dinge erledigen, nicht verändert hat.

(2) Angenommen, die Kampagne hatte Erfolg: Nur noch 8 % der Arbeitnehmerinnen und Arbeitnehmer kümmern sich kurz vor dem Einschlafen um dienstliche Dinge.

Bestimmen Sie für $n = 100$ und $p = 0,08$ die Wahrscheinlichkeit $P(X \geq 7)$ und deuten Sie diesen Wert im Sachkontext.

7.5 Aufgaben im Stil einer Abiturklausur

Teil A   **Aufgaben ohne Hilfsmittel**

a) Den Graphen der Funktion f mit $f(x) = 3x^2 - 3$ ist in
der Abbildung dargestellt.
(1) Zeigen Sie, dass die Nullstellen exakt an den Stellen -1
und 1 liegen.
(2) Berechnen Sie den Flächeninhalt der Fläche, die von
dem Graphen und der x-Achse eingeschlossen wird.

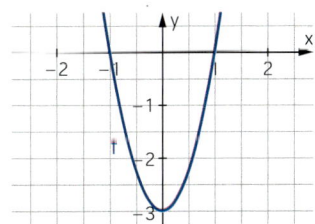

b) Die Abbildung zeigt den Graphen einer der drei Funktionen f, g und h mit $f(x) = 0,5\,e^{0,5x}$, $g(x) = -0,25x + 0,5$
und $h(x) = 0,5\,e^{-0,5x}$.

(1) Geben Sie an, welcher der drei Funktionsgraphen
abgebildet ist, und begründen Sie, warum der abgebildete
Graph nicht zu den anderen beiden Funktionen passt.

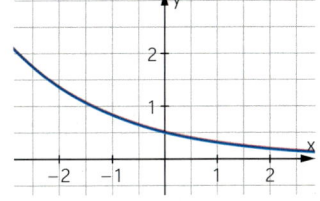

(2) Erläutern Sie die Bedeutung der beiden Terme $\dfrac{h(1) - h(0)}{1}$ und $\lim\limits_{s \to 0} \dfrac{h(s) - h(0)}{s}$.

c) Gegeben ist die Funktion f mit $f(x) = (2 - x) \cdot e^x$.
(1) Untersuchen Sie die Funktion f auf ihr Verhalten für $x \to \infty$ und $x \to -\infty$.
(2) Zeigen Sie, dass die Funktion F mit $F(x) = (3 - x) \cdot e^x$ eine Stammfunktion von f ist,
und berechnen Sie den Flächeninhalt der Fläche, die der Graph von f mit der x-Achse über
dem Intervall [0; 3] einschließt.

d) Gegeben sind die Punkte $A(2|1|3)$ und $B(3|2|2)$ sowie die Gerade g mit
$$g: \vec{x} = \begin{pmatrix} 5 \\ 6 \\ 8 \end{pmatrix} + r \cdot \begin{pmatrix} 1 \\ 2 \\ 3 \end{pmatrix}.$$
(1) Überprüfen Sie, ob der Punkt B auf der Geraden g liegt.
(2) Zeigen Sie, dass der Vektor $\overrightarrow{AB}$ orthogonal zu der Geraden g ist.

e) Laut Angaben des Statistischen Bundesamtes sind ca. 60 % der Jugendlichen im Alter
von 10 bis 15 Jahren in einem sozialen Netzwerk aktiv. In einer Klasse sind 22 Jugendliche
dieser Altersgruppe.
(1) Geben Sie einen Term an zur Berechnung der Wahrscheinlichkeit des Ereignisses
Genau 10 dieser Jugendlichen sind in sozialen Netzwerken aktiv.
(2) Die Zufallsgröße X gibt an, wie viele der 22 Jugendlichen soziale Netzwerke nutzen.
Eine der Abbildungen auf der nächsten Seite stellt die Wahrscheinlichkeitsverteilung dieser
Zufallsgröße dar.
Geben Sie an, welche Abbildung dies ist. Begründen Sie, warum die anderen Abbildungen
dies nicht sind.

Abbildung 1

Abbildung 2

Abbildung 3

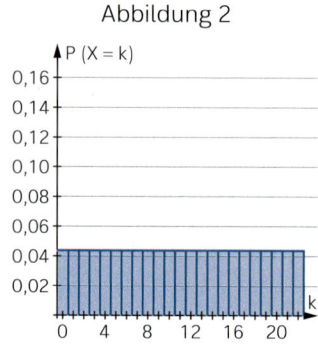
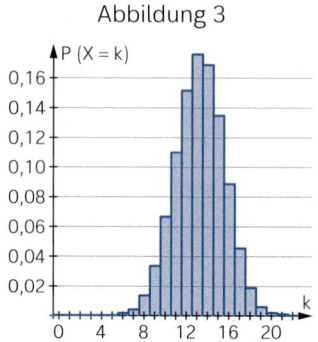

Teil B

Aufgaben mit Hilfsmitteln

1 Eine Infektionskrankheit, die durch ein neuartiges Virus hervorgerufen wurde, breitet sich in einem kleinen Land rasch aus. Die Tabelle zeigt die Gesamtzahl der nachgewiesenen Krankheitsfälle zum Ende jeder Woche nach dem ersten Auftreten der Krankheit.

Woche	0	1	2	3	4
Zahl der Fälle	794	1551	3049	5997	11767

a) Die Entwicklung der Fallzahlen soll durch eine Exponentialfunktion f der Form $f(t) = a \cdot e^{kt}$ modelliert werden.

Bestimmen Sie die Parameter a und k, indem Sie die Tabellendaten zu den Zeitpunkten $t = 0$ und $t = 4$ verwenden. Runden Sie k auf 3 Stellen nach dem Komma.

[Zur Kontrolle: $f(t) = 794 \cdot e^{0,674\,t}$]

b) Berechnen Sie mithilfe der Modellfunktion f die Zahl der Krankheitsfälle nach der 2. Woche und ermitteln Sie die prozentuale Abweichung vom Wert in der Tabelle.

c) Bestimmen Sie mithilfe der Modellfunktion f eine Prognose für die Zahl der Erkrankten nach der 6. Woche und ermitteln Sie, wann bei ungebremstem Wachstum mehr als 100 000 Personen erkrankt sein würden.

Eine andere Modellierung geht davon aus, dass sich die Epidemie durch geeignete Maßnahmen zum Infektionsschutz mit der Zeit eindämmen lässt.

Für dieses Szenario gibt die Funktion r mit $r(t) = \left(4t - \frac{1}{2}t^2\right) \cdot e^{-\frac{1}{4}t}$ die erwartete Änderungsrate der Krankheitsfälle in 1000 pro Woche an. Der Graph von r ist hier abgebildet.

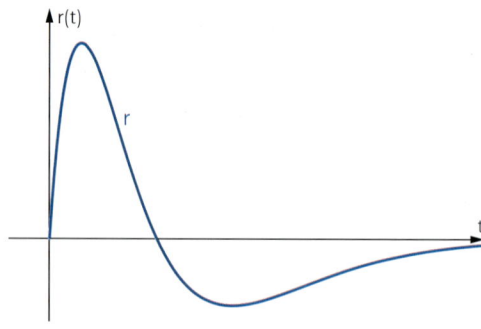

d) Bestimmen Sie die Nullstellen sowie die lokalen Extremstellen des Graphen von r und erklären Sie möglichst genau die Bedeutung dieser Stellen für der Verlauf der Epidemie.

Aus der Änderungsrate r lässt sich eine Funktion g ermitteln, die den prognostizierten Verlauf der Zahl der Krankheitsfälle für jede Woche wiedergibt.

e) Weisen Sie rechnerisch nach, dass r die Änderungsrate der Funktion g mit $g(t) = 2t^2 \cdot e^{-\frac{1}{4}t}$ ist, und geben Sie die Höchstzahl an Fällen an, die nach diesem Modell erreicht wird.

f) Leiten Sie aus dem Funktionsterm der Funktion g eine begründete Aussage über die langfristige Entwicklung der Fallzahlen ab.

Bestimmen Sie mithilfe der Funktion g, nach vielen Wochen die Zahl der Erkrankten unter 1000 sinkt.

2 In einem kartesischen Koordinatensystem sind die fünf Eckpunkte $O(0|0|0)$, $A(4|3|0)$ $B(0|3|-3)$, $C(-4|0|-3)$ und $F(-3|0|3)$ eines schiefen Prismas mit der viereckigen Grundfläche OABC gegeben.

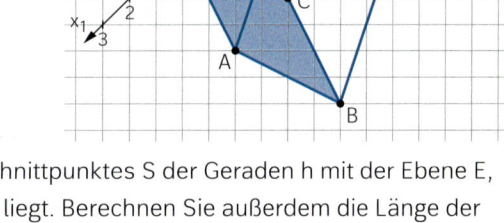

a) Geben Sie eine Parameterform der Geraden g an, die durch die Punkte O und F verläuft. Bestimmen Sie die Koordinaten der Punkte D, E und G.

b) Gegeben ist außerdem die Gerade h mit der Gleichung $\vec{x} = \begin{pmatrix} 3 \\ -8 \\ -5 \end{pmatrix} + r \cdot \begin{pmatrix} -3 \\ 4 \\ 4 \end{pmatrix}$.

(1) Zeigen Sie, dass der Punkt F auf der Geraden h liegt.

(2) Berechnen Sie die Koordinaten des Schnittpunktes S der Geraden h mit der Ebene E, in der die Grundfläche OABC des Prismas liegt. Berechnen Sie außerdem die Länge der Strecke $\overline{FS}$.

c) Zeigen Sie, dass das Viereck OABC eine Raute ist. Berechnen Sie die Größe der Innenwinkel dieser Raute.

d) Das Prisma soll durch eine Ebene in zwei volumengleiche Teile zerlegt werden. Geben Sie zu einer solchen Ebene eine Parameterdarstellung an.

3 Viele Menschen verzichten inzwischen auf ein eigenes Auto und nutzen stattdessen Carsharing-Angebote. In einer Großstadt stellt ein Anbieter 300 Autos bereit.

a) Durchschnittlich wird jedes Auto an 80 % der Tage gebucht.

(1) Erklären Sie, welche Modellannahmen man treffen muss, um die Anzahl der Buchungen an einem Tag als binomialverteilt mit $p = 0{,}8$ anzunehmen.

(2) Die Anzahl der Buchungen an einem Tag wird als binomialverteilt mit $p = 0{,}8$ angenommen.

Bestimmen Sie für einen Tag die Wahrscheinlichkeit folgender Ereignisse:

E_1: *Mindestens 250 Autos werden gebucht.*

E_2: *Es werden weniger als 230 Autos gebucht.*

b) Der Anbieter hat zwei Fahrzeugtypen: Kleinwagen und Vans. Diese werden insgesamt mit einer Wahrscheinlichkeit von 80 % gebucht, die Kleinwagen aber häufiger, nämlich mit einer Wahrscheinlichkeit von 85 %, die Vans nur mit 70 %.

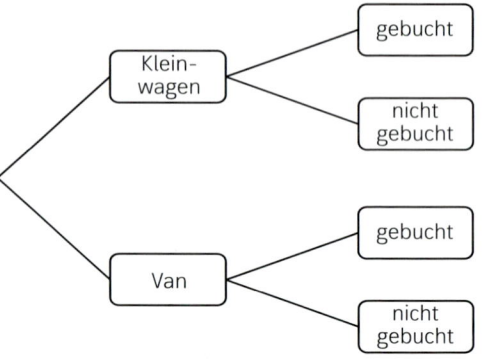

(1) Tragen Sie alle Wahrscheinlichkeiten in das zugehörige Baumdiagramm ein.

(2) Zufällig sehen Sie in der Stadt ein Auto des Anbieters umherfahren.

Mit welcher Wahrscheinlichkeit ist es ein Van?

c) Nicht immer bringen die Nutzer ausgeliehene Wagen fristgerecht zurück, sodass mitunter eine Person ihr gebuchtes Auto am Tag der Buchung nicht vorfindet. Vereinfachend wird angenommen, dass das täglich bei 0,5 % der 240 gebuchten Autos vorkommt.

(1) Ermitteln Sie die Wahrscheinlichkeit, dass an einem Tag mindestens ein solcher Fall eintritt.

(2) Laut Geschäftsbedingungen gilt: „Wenn wir Ihnen das gebuchte Fahrzeug nicht zur Verfügung stellen können, erhalten Sie zur Entschädigung eine Gutschrift von 15 Euro."

Ermitteln Sie die in der Tabelle fehlenden Wahrscheinlichkeiten.

Anzahl k der gebuchten, nicht vorzufindenden Wagen	1	2	3	4
$P(X = k)$				
zu leistende Entschädigung in €	15	30	45	60

Für eine grobe Kalkulation werden nur die in der Tabelle aufgeführten Fälle betrachtet, weil es recht unwahrscheinlich ist, dass noch mehr gebuchte Wagen fehlen.

Welche zu leistende Entschädigungssumme ist dann täglich zu erwarten?

d) Die Geschäftsführung hat den Eindruck, dass in letzter Zeit die Zuverlässigkeit der Kundschaft nachgelassen hat. Um das zu überprüfen, will sie die Daten der folgenden 2000 Buchungen auswerten.

Wenn mehr als 16 Autos nicht fristgerecht zurückgegeben werden, geht die Geschäftsführung davon aus, dass die Zuverlässigkeit der Kundschaft nachgelassen hat und $p = 0,5\%$ nicht mehr zutreffend ist.

(1) Bestimmen Sie die Wahrscheinlichkeit, mit der dieser Fall eintritt, falls sich p nicht geändert hat.

(2) Bestimmen Sie die Wahrscheinlichkeit, mit der dieser Fall nicht eintritt, auch wenn tatsächlich $p = 0,6\%$ gilt.

(3) Beurteilen Sie die Entscheidungsregel der Geschäftsführung mithilfe dieser beiden Wahrscheinlichkeiten.

Kapitel 1 (Seite 59 – 60)

Teil A

1 • Globalverlauf:

Für $x \to -\infty$ gilt $f(x) \to \infty$.

Für $x \to \infty$ gilt $f(x) \to \infty$.

• Nullstellen:

$x = 0$ doppelte Nullstelle ohne Vorzeichenwechsel

• Extrem- und Wendepunkte:

$f'(x) = \frac{4}{9}x^3 + \frac{8}{3}x^2 + 4x$; $f''(x) = \frac{4}{3}x^2 + \frac{16}{3}x + 4$

Tiefpunkt $T(0|0)$

Wendepunkte:

$W_1(-3|3)$ Sattelpunkt; $W_2\left(-1\left|\frac{11}{9}\right.\right)$

Graph der Funktion:

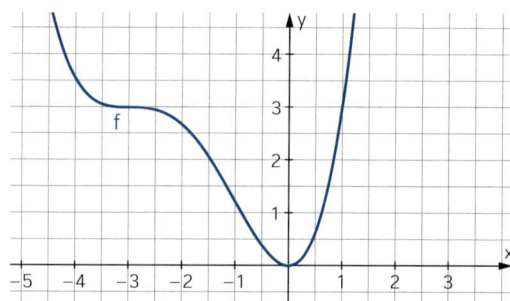

2 a) Nullstellen:

$x_1 = 0$ doppelte Nullstelle ohne Vorzeichenwechsel,

$x_2 = 2$ einfache Nullstelle mit Vorzeichenwechsel

Globalverlauf:

Für $x \to -\infty$ gilt $f(x) \to -\infty$.

Für $x \to \infty$ gilt $f(x) \to \infty$.

b) Aufgrund des Globalverlaufs muss an der doppelten Nullstelle $x_1 = 0$ ein Hochpunkt liegen, also $H(0|0)$.

Im Intervall $]0; 2[$ sind die Funktionswerte negativ, für $x > 2$ immer positiv. Also muss im Intervall $]0; 2[$ ein Tiefpunkt liegen.

Zwischen dem Hoch- und dem Tiefpunkt liegt ein Wendepunkt. Da die zweite Ableitung f'' eine Funktion der Art $ax^3 - b$ ist, hat die zweite Ableitung nur eine Nullstelle. Es kann also keine weiteren Wendepunkte geben.

2 c)

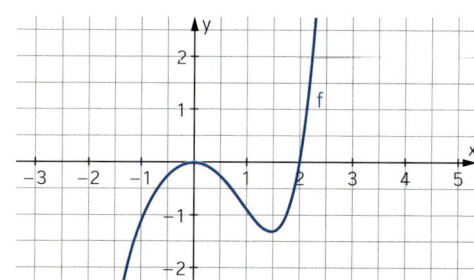

3 a) $f'(x) = 3x^2 - 8x + 4$; $m = f'(0) = 4$

Gleichung der Tangente im Ursprung: $y = 4x$

b) Gesucht ist x so, dass $f'(x) = 4$,

also $3x^2 - 8x = 0$.

Diese Gleichung hat die Lösungen $x_1 = 0$, $x_2 = \frac{8}{3}$.

$f\left(\frac{8}{3}\right) = \frac{32}{27}$

Der gesuchte Punkt ist $B\left(\frac{8}{3}\left|\frac{32}{27}\right.\right)$.

4 $f'(x) = 3x^2 - 12x + 9$; $f''(x) = 6x - 12$

Koordinaten des Wendepunktes: $W(2|-2)$

Steigung der Wendetangente: $m = f'(2) = -3$

Gleichung der Wendetangente: $y = -3x + b$

Einsetzen von $f(2) = -2$ ergibt $-2 = -3 \cdot 2 + b$, also $b = 4$.

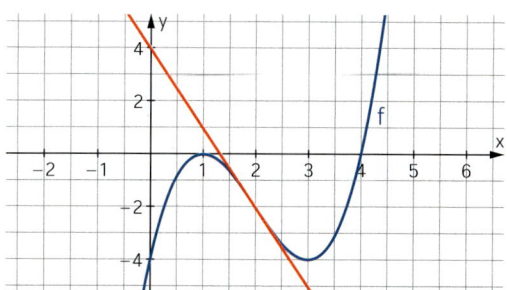

Schnittstelle der Wendetangente mit der x-Achse:

$-3 \cdot x + 4 = 0$, also $x = \frac{4}{3}$

Längen der Katheten des rechtwinkligen Dreiecks:

$a = \frac{4}{3}$; $b = 4$

Flächeninhalt des Dreiecks: $A = \frac{1}{2} \cdot \frac{4}{3} \cdot 4 = \frac{8}{3}$

5 (1) Die Aussage ist richtig.

Da die Ableitungsfunktion f' an der Stelle $x = 2$ eine einfache Nullstelle mit einem Vorzeichenwechsel von – nach + hat, hat die Funktion f dort einen Extrempunkt, an dem die Monotonie von fallend zu wachsend übergeht, also einen Tiefpunkt.

(2) Die Aussage ist richtig, da über diesem Intervall $f'(x) \leq 0$ gilt.

(3) Die Aussage ist richtig.

Außer der Stelle $x = 2$ existiert keine weitere einfache Nullstelle von f' über dem Intervall $[-1; 2,5]$.

(4) Die Aussage ist nicht entscheidbar.

An der Stelle $x = 0$ besitzt die Ableitungsfunktion f' einen Extrempunkt und damit die Funktion f dort einen Wendepunkt. Da an der Stelle $x = 0$ zudem noch der Tangentenanstieg 0 beträgt, ist der Wendepunkt sogar ein Sattelpunkt. Somit besitzt die Funktion f bei $x = 0$ eine Sattelstelle. Aussagen zum Funktionswert an dieser Stelle sind jedoch nicht möglich.

(5) Die Aussage ist falsch, da die Funktion f im Intervall $[0; 2]$ monoton fallend ist.

(6) Die Aussage ist richtig.

Die Funktion f' ist in diesem Intervall monoton steigend, d. h., f'' ist in diesem Intervall positiv. Aus $f''(x) > 0$ folgt, dass der Graph der Funktion f in diesem Intervall linksgekrümmt ist.

6 **a)** $L = \{(1 \mid 2 \mid -1)\}$

b) $L = \{(z + 3 \mid z \mid z) \mid z \in \mathbb{R}\}$

c) $L = \{ \ \}$

7 $f(1) = 2$

$f'(x) = -\dfrac{4}{x^3}$

$m = f'(1) = -4$

$2 = -4 \cdot 1 + b$, also $b = 6$

Gleichung der Tangente im Punkt $P(1 \mid 2)$:

$y = -4x + 6$

Teil B

8 **a)** Tiefsttemperatur: ca. 12,0 °C;

Höchsttemperatur: ca. 24 °C

b) Schnittstellen des Graphen von f mit der Geraden mit der Gleichung $y = 20$:

$t_1 \approx 12,9$, $t_2 \approx 22,1$

Die Temperaturen lagen etwa 9,2 Stunden lang über 20 °C.

c) Die Temperaturen stiegen im Zeitintervall $[4,6; 18]$ und fielen in den Zeitintervallen $[0; 4,6]$ und $[18; 24]$.

d) Der Hochpunkt des Graphen der Ableitungsfunktion f' liegt an der Stelle $t \approx 11,3$.

Die maximale momentane Änderungsrate betrug an diesem Tag nach ca. 11,3 Stunden etwa $1,3 \, \frac{K}{h}$ (Kelvin pro Stunde).

9 **a)** $f(x) = x^3 - \frac{7}{2}x^2 - 6x$; $f'(x) = 3x^2 - 7x - 6$

Nullstellen von f': $x_1 = -\frac{2}{3}$; $x_2 = 3$;

beides einfache Nullstellen mit Vorzeichenwechsel

An der Stelle $x_1 = -\frac{2}{3}$ hat f' einen Vorzeichenwechsel von + nach –, an dieser Stelle hat der Graph von f einen Hochpunkt.

An der Stelle $x_2 = 3$ hat f' einen Vorzeichenwechsel von – nach +, an dieser Stelle hat der Graph von f einen Tiefpunkt.

Nullstellen von f:

Aus $f(x) = x^3 - \frac{7}{2}x^2 - 6x = x \cdot \left(x^2 - \frac{7}{2}x - 6\right) = 0$ erhält man die Nullstellen:

$x_1 = 0$; $x_2 = \dfrac{7 - \sqrt{145}}{4} \approx -1,3$; $x_3 = \dfrac{7 + \sqrt{145}}{4} \approx 4,8$

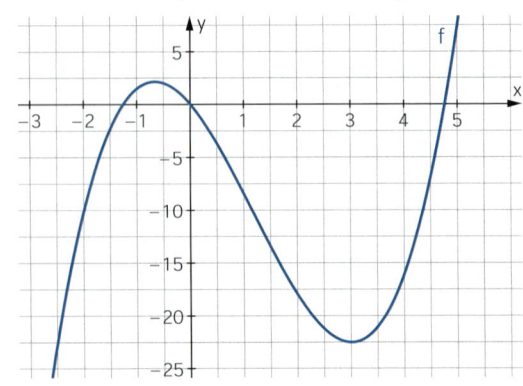

9 **b)** $f(x) = x^4 - 10x^2 + 9$; $f'(x) = 4x^3 - 20 \cdot x$

Nullstellen von f': $x_1 = -\sqrt{5}$; $x_2 = 0$; $x_3 = \sqrt{5}$;

alle drei sind einfache Nullstellen mit Vorzeichen-

wechsel

An den Stellen $x_1 = -\sqrt{5}$ und $x_3 = \sqrt{5}$ hat f' einen

Vorzeichenwechsel von – nach +, an diesen beiden

Stellen hat der Graph von f jeweils einen Tiefpunkt.

An der Stelle $x_2 = 0$ hat f' einen Vorzeichenwech-

sel von + nach –, an dieser Stelle hat der Graph von

f einen Hochpunkt.

Nullstellen von f:

Aus $f(x) = 0$ erhält man die Nullstellen:

$x_1 = -3$; $x_2 = -1$; $x_3 = 1$; $x_4 = 3$

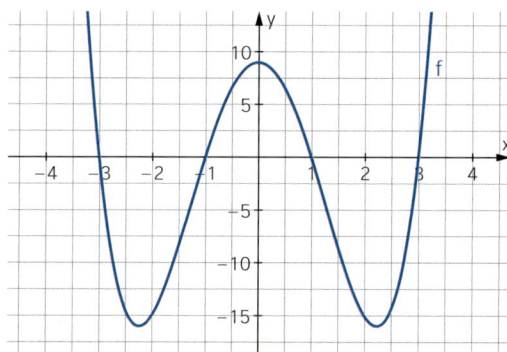

10 $f(x) = ax^3 + bx^2 + cx + d$

Bedingungen:

(1) $f(-1) = 0$

(2) $f''(-2) = 0$

(3) y-Wert des Wendepunktes:

$y = 3 \cdot (-2) + 2,5 = -3,5$; also $f(-2) = -3,5$

(4) $f'(-2) = 3$

Hieraus erhält man das lineare Gleichungssystem

$$\begin{vmatrix} -a + & b - & c + d = & 0 \\ -12a + 2b & & = & 0 \\ -8a + 4b & - 2c + d = & -3,5 \\ 12a - 4b + & c & = & 3 \end{vmatrix}$$

mit der Lösung $a = 0,5$; $b = 3$; $c = 9$; $d = 6,5$

Also: $f(x) = 0,5x^3 + 3x^2 + 9x + 6,5$

11 $f(x) = ax^4 + bx^2 + c$

Bedingungen:

(1) $f(0) = 2$

(2) $f(2) = 0$

(3) $f'(2) = 2$

Hieraus erhält man das lineare Gleichungssystem

$$\begin{vmatrix} & c = 2 \\ 16a + 4b + c = 0 \\ 32a + 4b & = 2 \end{vmatrix}$$

mit der Lösung $a = \frac{1}{4}$; $b = -\frac{3}{2}$; $c = 2$

Also: $f(x) = \frac{1}{4}x^4 - \frac{3}{2}x^2 + 2$

12 **a)** Zu Beginn sind keine Personen erkrankt. Die

Anzahl der Erkrankten steigt bis zum 5. Tag an,

wobei der Anstieg am 2. Tag (Wendepunkt) am

stärksten ist. Nach dem Hochpunkt am 5. Tag mit

der Maximalzahl von ca. 640 Erkrankten nimmt die

Anzahl erst langsam und dann immer stärker ab,

bis am 8. Tag niemand mehr erkrankt ist.

b) Die Gleichung einer ganzrationalen Funktion

4. Grades lautet $f(x) = ax^4 + bx^3 + cx^2 + dx + e$.

Ihre Ableitungen sind

$f'(x) = 4ax^3 + 3bx^2 + 2cx + d$ sowie

$f''(x) = 12ax^2 + 6bx + 2c$.

Der Grafik kann man folgende Bedingungen

entnehmen:

$f(0) = 0$

$f(1) = 125$

$f''(2) = 0$

$f'(5) = 0$

$f(8) = 0$

Diese führen zu dem linearen Gleichungssystem

$$\begin{vmatrix} & & & & e = 0 \\ a + & b + & c + & d + e = 125 \\ 48a + & 12b + 2c & & = 0 \\ 500a + & 75b + 10c + & d & = 0 \\ 4096a + 512b + 64c + 8d + e = 0 \end{vmatrix}$$

mit der Lösung

$a = \frac{125}{917}$; $b = -\frac{7500}{917}$; $c = \frac{6000}{131}$; $d = \frac{80000}{917}$; $e = 0$.

Die gesuchte Funktionsgleichung lautet also:

$f(x) = \frac{125}{917}x^4 - \frac{7500}{917}x^3 + \frac{6000}{131}x^2 + \frac{80000}{917}x$

Zeichnen des Graphen mit einem Funktionenplotter

bestätigt die Lösung.

c) Für den Hochpunkt zum Zeitpunkt $t = 5$ gilt

$f(5) \approx 644,1$. Es waren also ca. 644 Personen er-

krankt.

13 Mit x in cm, y in cm, V in cm³ gilt: $V = x^2 \cdot y$

Nebenbedingung: $4x + y = 360$, also $y = 360 - 4x$

Einsetzen der Nebenbedingung ergibt:

$V(x) = x^2 \cdot (360 - 4x) = -4x^3 + 360x^2$

Die Definitionsmenge ergibt sich aus den Bedingungen für y:

$y = 0$: $4x = 360$, also $x < 90$

$y = 200$: $4x + 200 = 360$, also $x \geq 40$

Damit gilt: $40 \leq x < 90$

Aus $V'(x) = -12x^2 + 720x = (-12x + 720) \cdot x = 0$

folgt $x = 0$ oder $x = 60$. Wegen $x \geq 40$ kommt nur $x = 60$ als Lösung infrage.

$V(x)$ hat bei $x = 60$ ein Maximum.

Das größte Volumen erhält man bei den Maßen $120\,\text{cm} \cdot 60\,\text{cm} \cdot 60\,\text{cm}$ (Länge · Breite · Höhe).

Das Volumen beträgt dann

$432\,000\,\text{cm}^3 = 0{,}432\,\text{m}^3$.

Kapitel 2 (Seite 95 – 96)

Teil A

1 W bezeichnet das Wasservolumen im Speicher.

$W(60) - W(0) = (-4) \cdot 15 + 5 \cdot 20 - 6 \cdot 10 + 2 \cdot 15$
$= 10$

Das Wasservolumen nimmt innerhalb einer Stunde nach Beginn der Messung um 10 l zu.

$W(60) = W(0) + 10 = 800 + 10 = 810$

Eine Stunde nach Messbeginn befinden sich 810 l Wasser im Speicher.

2 a) (1) $A = 2 \cdot 1{,}5 + \frac{1}{2} \cdot 1{,}5 + \frac{1}{2} + 2$
$= 6{,}25$

(2) $A = \frac{1}{2} \cdot 4 + 0{,}5 + 0{,}5 + 0{,}5 + 1$
$= 4{,}5$

b) (1) $\int_{-3}^{3} f(x)\,dx = 2 \cdot 1{,}5 + \frac{1}{2} \cdot 1 \cdot 1{,}5 - \frac{1}{2} - 2$
$= 1{,}25$

(2) $\int_{-3}^{3} f(x)\,dx = \frac{1}{2} \cdot 4 - 0{,}5 - 0{,}5 + 0{,}5 + 1$
$= 2{,}5$

3 a) $\int_{0}^{3} x^2\,dx = \left[\frac{1}{3}x^3\right]_{0}^{3} = 9$

b) $\int_{-10}^{10} 3x^2 - 2x\,dx = \left[x^3 - x^2\right]_{-10}^{10} = 2\,000$

c) $\int_{-4}^{4} x^3 - x\,dx = \left[\frac{1}{4}x^4 - \frac{1}{2}x^2\right]_{-4}^{4} = 0$

d) $\int_{-1}^{1} 10x^4 - 8x^3\,dx = \left[2x^5 - 2x^4\right]_{-1}^{1} = 4$

4 a) Der Graph von f ist punktsymmetrisch zum Koordinatenursprung.

$\int_{-1}^{1} f(x)\,dx = -A_1 + A_2 = 0$, da $A_1 = A_2$.

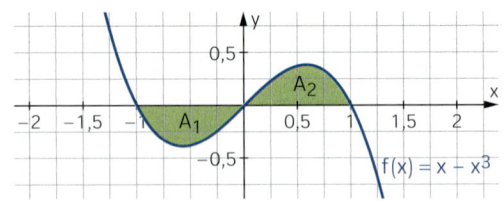

Rechnerischer Nachweis:

$\int_{-1}^{1} f(x)\,dx = \int_{-1}^{1} x - x^3\,dx = \left[\frac{1}{2}x^2 - \frac{1}{4}x^4\right]_{-1}^{1} = 0$

b) $A = 2 \cdot \int_{0}^{1} x - x^3\,dx = 2 \cdot \left[\frac{1}{2}x^2 - \frac{1}{4}x^4\right]_{0}^{1} = \frac{1}{2}$

5 **a)** Aus $f(x) = g(x)$, also $\frac{3}{4}x^2 = -\frac{1}{4}x^2 + 4$,

folgt $x^2 - 4 = 0$.

Schnittstellen: $x_1 = -2$; $x_2 = 2$

$A_1 = \int\limits_{-2}^{2} g(x) - f(x)\, dx = \int\limits_{-2}^{2} 4 - x^2\, dx$

$= \left[4x - \frac{1}{3}x^3\right]_{-2}^{2} - \left(8 - \frac{1}{3} \cdot 8\right) - \left(-8 + \frac{1}{3} \cdot 8\right)$

$= 16 - \frac{2}{3} \cdot 8 = \frac{32}{3}$

b) $A_2 = \int\limits_{-2}^{2} h(x) - f(x)\, dx = \int\limits_{-2}^{2} 2 - \frac{1}{2}x^2\, dx$

$= \left[2x - \frac{1}{6}x^3\right]_{-2}^{2} = \left(4 - \frac{1}{6} \cdot 8\right) - \left(-4 + \frac{1}{6} \cdot 8\right)$

$= 8 - \frac{1}{3} \cdot 8 = \frac{16}{3} = \frac{1}{2}A_1$

Der Graph von h halbiert die von den Graphen von f und g eingeschlossene Fläche.

Teil B

6 **a)** Der Wasserzufluss nimmt in den ersten 20 Stunden zu. Bei 20 Stunden erreicht er sein Maximum von etwa 32000 $\frac{m^3}{h}$. Danach nimmt er ständig ab. Nach 60 Stunden liegt er bei null.

b) Der Graph einer quadratischen Funktion ist symmetrisch zu einer Geraden, die durch den Scheitelpunkt der Parabel parallel zur y-Achse verläuft.

Dieser Graph ist aber nicht symmetrisch.

c) Aus $w(10) = 25$ ergibt sich

$25 = a \cdot (10 - 60)^2 \cdot 10 = 25000 \cdot a$, also $a = \frac{1}{1000}$

d) $w(t) = \frac{1}{1000} \cdot (t - 60)^2 \cdot t$

$= \frac{1}{1000} \cdot (t^2 - 120t + 3600) \cdot t$

$= 0{,}001 \cdot t^3 - 0{,}12\,t^2 + 3{,}6\,t$

$W(t) = 0{,}00025 \cdot t^4 - 0{,}04\,t^3 + 1{,}8\,t^2 + c$

$W(0) = 20$, also $c = 20$

Somit: $W(t) = 0{,}00025\,t^4 - 0{,}04\,t^3 + 1{,}8\,t^2 + 20$

e) Mit einem Rechner erhält man: $W(60) = 1\,100$

Nach 60 Stunden befinden sich $1\,100\,000\,m^3$ Wasser im Reservoir

7 **a)** $A(0\,|\,2)$; $B(0\,|\,3)$; $C(2\,|\,5)$; $D(-4\,|\,0)$; $E(4\,|\,0)$

• Ansatz für Parabel:

$f(x) = a \cdot (x + 4) \cdot (x - 4) = a \cdot (x^2 - 16)$

$f(0) = 2 = -16\,a$, also $a = -\frac{1}{8}$

$f(x) = \left(-\frac{1}{8}\right) \cdot (x + 4) \cdot (x - 4) = -\frac{1}{8}x^2 + 2$

• Ansatz für ganzrationale Funktion 4. Grades unter Ausnutzung der Symmetrie zur y-Achse:

$g(x) = a\,x^4 + b\,x^2 + c$

Aus $g(0) = 3$ ergibt sich $c = 3$.

Aus $g(4) = 0$ ergibt sich:

(1) $256\,a + 16\,b + 3 = 0$

Aus $g(-2) = 5$ ergibt sich:

(2) $16\,a + 4\,b + 3 = 5$

Man löst das lineare Gleichungssystem

$\left|\begin{matrix} 256\,a + 16\,b + 3 = 0 \\ 16\,a + 4\,b + 3 = 5 \end{matrix}\right|$ und erhält

$a = -\frac{11}{192} \approx -0{,}0573$ und $b = \frac{35}{48} \approx 0{,}7292$.

Somit: $g(x) = -\frac{11}{192}x^4 + \frac{35}{48}x^2 + 3$

b) $A_1 = \int\limits_{-4}^{4} g(x) - f(x)\, dx$

$= \int\limits_{-4}^{4} \left(-\frac{11}{192}x^4 + \frac{41}{48}x^2 + 1\right) dx$

Mit einem Rechner erhält man $A_1 \approx 21$.

c) $A_2 = \int\limits_{-4}^{4} g(x) - \frac{2}{3}g(x)\, dx = \int\limits_{-4}^{4} \frac{1}{3}g(x)\, dx$

$= \frac{1}{3} \cdot \int\limits_{-4}^{4} -\frac{11}{192}x^4 + \frac{35}{48}x^2 + 3\, dx$

Mit einem Rechner erhält man $A_2 \approx 10{,}5$.

Der Schatzmeister hat recht.

Kapitel 3 (Seite 134 – 136)

Teil A

1 **a)** $f'(x) = 4 \cdot \left(-\frac{3}{4}\right) \cdot e^{2 - \frac{3}{4} \cdot x} = -3 \cdot e^{2 - \frac{3}{4} \cdot x}$

b) $f'(x) = 2 \cdot \frac{1}{2\sqrt{x}} \cdot e^{\sqrt{x}} = \frac{1}{\sqrt{x}} e^{\sqrt{x}}$

c) $f'(x) = -2 e^{-2x} + \sqrt{5} = \sqrt{5} - 2 e^{-2x}$

d) $f'(x) = -4 \cdot e^{2x+1}$

2 **a)** $\displaystyle\int_0^2 e^x + e^{-x}\, dx = [e^x - e^{-x}]_0^2$
$$= e^2 - e^{-2} - (e^0 - e^0)$$
$$= e^2 - e^{-2}$$

b) $\displaystyle\int_0^2 e^{1+2x}\, dx = \left[\frac{1}{2} \cdot e^{1+2x}\right]_0^2 = \frac{1}{2} \cdot (e^5 - e)$

c) $\displaystyle\int_0^3 e^{-2x} + 1\, dx = \left[x - \frac{1}{2} e^{-2x}\right]_0^3 = 3{,}5 - 0{,}5\,e^{-6}$

d) $\displaystyle\int_{-1}^0 2 e^{2x}\, dx = [e^{2x}]_{-1}^0 = 1 - e^{-2}$

3

		Begründung
f	(2)	f hat an der Stelle $x = 0$ eine einfache Nullstelle mit Vorzeichenwechsel. Für $x \to \infty$ gilt $f(x) \to \infty$. Für $x \to -\infty$ gilt $f(x) \to 0$.
g	(4)	g hat an der Stelle $x = 0$ eine doppelte Nullstelle ohne Vorzeichenwechsel. Für $x \to \infty$ gilt $g(x) \to \infty$. Für $x \to -\infty$ gilt $g(x) \to 0$.
h	(3)	h hat an der Stelle $x = 0$ eine einfache Nullstelle mit Vorzeichenwechsel. Für $x \to \infty$ gilt $h(x) \to 0$. Für $x \to -\infty$ gilt $h(x) \to -\infty$.
i	(1)	i hat an der Stelle $x = 0$ eine doppelte Nullstelle ohne Vorzeichenwechsel. Für $x \to \infty$ gilt $i(x) \to 0$. Für $x \to -\infty$ gilt $i(x) \to \infty$.

4 **a)** Nullstelle: $x = -1$

Für $x \to \infty$ gilt $f(x) \to 0$.

Für $x \to -\infty$ gilt $f(x) \to -\infty$.

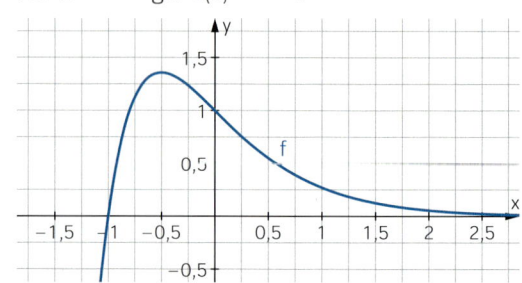

b) $F(x) = -\frac{1}{4} \cdot (2x + 3) \cdot e^{-2x}$

$F'(x) = -\frac{1}{4} \cdot [2 \cdot e^{-2x} + (2x + 3) \cdot e^{-2x} \cdot (-2)]$

$\qquad = -\frac{1}{4} \cdot e^{-2x} \cdot [2 - 4x - 6]$

$\qquad = -\frac{1}{4} \cdot e^{-2x} \cdot (-4x - 4)$

$\qquad = (x + 1) \cdot e^{-2x} = f(x)$

5 **a)**

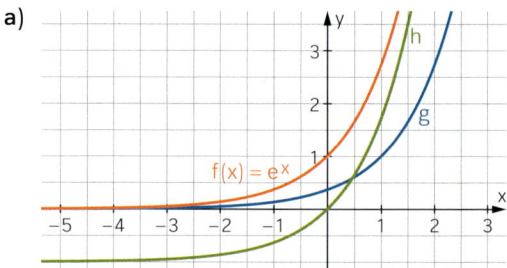

Der Graph von g entsteht aus dem Graphen von f durch eine Verschiebung in Richtung der x-Achse um eine Einheit nach rechts.

Der Graph von h entsteht aus dem Graphen von f durch eine Verschiebung in Richtung der y-Achse um eine Einheit nach unten.

b) Schnittpunkte der Graphen von g und h:

$e^{x-1} = e^x - 1$, also $e^{x-1} - e^x = -1$

$e^{x-1} \cdot (1 - e) = -1$ bzw. $e^{x-1} = \frac{1}{e - 1}$,

also $x - 1 = \ln\left(\frac{1}{e - 1}\right)$

Somit: $x = 1 + \ln\left(\frac{1}{e - 1}\right)$

6 a) Für $x \to \infty$ gilt $f(x) \to -\infty$.

Für $x \to -\infty$ gilt $f(x) \to 5$.

Schnittpunkte mit den Koordinatenachsen:

$f(0) = 5 - e^0 = 4$, somit $M(0 \mid 4)$

$f(x) = 0$, also $x = \ln(5)$, somit $N(\ln(5) \mid 0)$

b) $A = \int\limits_0^{\ln(5)} 5 - e^x \, dx$

$= [5x - e^x]_0^{\ln(5)}$

$= 5 \cdot \ln(5) - e^{\ln(5)} - (0 - e^0)$

$= 5 \cdot \ln(5) - 5 + 1$

$= 5 \cdot \ln(5) - 4$

Teil B

7 a) $f(0) = 800$, somit $f(t) = 800 \cdot e^{k \cdot t}$

$f(10) = 2500$, also $2500 = 800 \cdot e^{k \cdot 10}$,

somit $k \approx 0{,}114$

Damit: $f(t) = 800 \cdot e^{0{,}114 t}$

b) Prozentuale Wachstumsrate:

$\dfrac{f(t+1)}{f(t)} = \dfrac{800 \cdot e^{0{,}114(t+1)}}{800 \cdot e^{0{,}114 t}} = e^{0{,}114} = 1{,}12 = 112\,\%$

Also jährliches Wachstum um $12\,\%$

Verdopplungszeit:

$Z = \dfrac{f(t + Z_V)}{f(t)} = \dfrac{800 \cdot e^{0{,}114(t + t_V)}}{800 \cdot e^{0{,}114 t}} = e^{0{,}114 t_V}$

$\ln(2) = 0{,}144 \, t_V$

$t_V = \dfrac{\ln 2}{0{,}114} \approx 6{,}08$

Die Verdopplungszeit beträgt ca. 6 Jahre.

8 Aus der Halbwertszeit $t_H = 12{,}3\,a$ ermittelt man

die Zerfallskonstante $k = \dfrac{-\ln(2)}{12{,}3} \approx -0{,}05635$.

Damit ergibt sich das Zerfallgesetz

$N(t) = N(0)\,e^{-0{,}05635 t}$.

Mit $\dfrac{N(t)}{N(0)} = 30\,\% = 0{,}3$ erhält man daraus

$t = 21{,}37$ Jahre für das Alter des Whiskys.

9 a) Für die momentane Änderungsrate gilt:

$w(t) > 0$ für alle $t \in \mathbb{R}$, d.h., das Wasservolumen nimmt ständig zu.

b) Das Wasservolumen zum Zeitpunkt t wird beschrieben durch die Funktion V mit

$V(t) = 190 + \int\limits_0^t w(x) \, dx$

$= 190 + \left[1{,}36 \cdot e^{-0{,}0272 \cdot x} \cdot \left(-\dfrac{1}{0{,}0272} \right) \right]_0^t$

$= 190 + \left[-50 \cdot e^{-0{,}0272 \cdot x} \right]_0^t$

$= 190 - 50 \cdot e^{-0{,}0272 \cdot t} - (-50),$

also $V(t) = 240 - 50 \cdot e^{-0{,}0272 \cdot t}$

Wasservolumen nach zwei Wochen: $V(14) \approx 205{,}8$

Zeit, bis $220\,m^3$ Wasser im Behälter sind:

$V(t) = 220$, also $t \approx 33{,}7$

Es dauert ca. 33,7 Tage, bis $220\,m^3$ Wasser im Behälter sind.

c) Für $t \to \infty$ gilt $V(t) \to 240$.

Langfristig ist eine maximale Wassermenge von $240\,m^3$ im Behälter zu erwarten.

10 a) Nullstelle: $x = 4$

Extremstelle: $x = 3$, da $f'(x) = \left(\dfrac{3}{2} - \dfrac{1}{2} x \right) \cdot e^x$

b) Die Gleichung $f'(x) = \dfrac{3}{2}$ hat die Lösungen

$x_1 = 0$; $x_2 \approx 2{,}82$.

Es gilt: $f(0) = 2$ und $f(2{,}82) \approx 9{,}90$ sowie

$g(0) = 2$ und $g(2{,}82) \approx 6{,}23$

Da $f(2{,}82)$ und $g(2{,}82)$ nicht übereinstimmen, scheidet diese Stelle für den Berührpunkt aus.

Somit ist $B(0 \mid 2)$.

c) Schnittstellen der beiden Graphen:

$\left(2 - \dfrac{1}{2} x \right) \cdot e^x = \dfrac{3}{2} x + 2$, also $x_1 = 0$; $x_2 \approx 3{,}59$

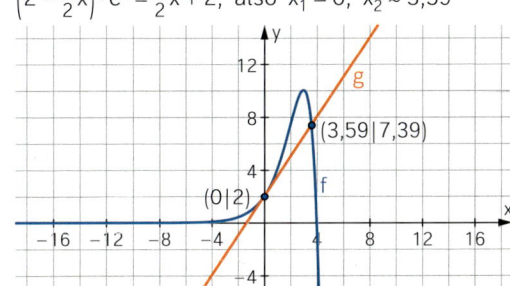

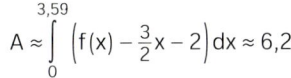

$A \approx \int\limits_0^{3{,}59} \left(f(x) - \dfrac{3}{2} x - 2 \right) dx \approx 6{,}20$

11 a) Koordinaten des Schnittpunktes:

Aus $f(x) = g(x)$ erhält man $e^{\frac{1}{2}x} \cdot (x - 4) = 0$,

also $x = 4$

Einsetzen: $g(4) = 4 \cdot e^2$, somit $S(4 \mid 4 \cdot e^2)$

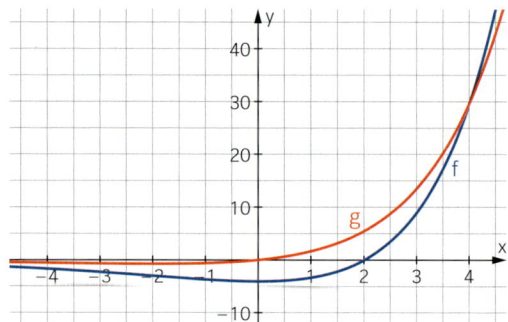

b) Es muss gelten: $f'(u) = g'(u)$

Ableitungen:

$f'(x) = x \cdot e^{\frac{1}{2}x}$; $g'(x) = \left(\frac{x}{2} + 1\right) \cdot e^{\frac{1}{2}x}$

Gleichsetzen: $u \cdot e^{\frac{1}{2}u} = \left(\frac{u}{2} + 1\right) \cdot e^{\frac{1}{2}u}$,

also $e^{\frac{1}{2}u} \cdot \left(\frac{u}{2} - 1\right) = 0$,

also $u = 2$

Es gilt: $f'(2) = g'(2) = 2 \cdot e$

Somit: $P(2 \mid 0)$, $Q(2 \mid 2e)$

c)

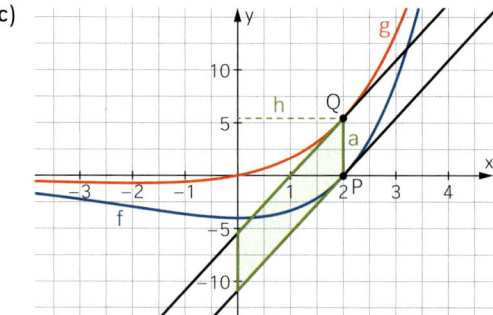

Tangentengleichungen:

t_1 Tangente in P an den Graphen von f:

$y = 2e \cdot x - 4e$

t_2 Tangente in Q an den Graphen von g:

$y = 2e \cdot x - 2e$

Flächeninhalt des Parallelogramms:

Grundseite: $a = 2e$;

Höhe: $h = 2$

Somit: $A = 2e \cdot 2 = 4e$

12 a) Der Bestand an Fliegen kann durch die Funktion f mit $f(t) = a \cdot e^{k \cdot t}$ mit t in Tagen und $a = f(0) = 50$ beschrieben werden.

$f(8) = 300$, also $50 \cdot e^{8k} = 300$,

also $k = \frac{\ln(6)}{8} \approx 0{,}2240$

Somit: $f(t) = 50 \cdot e^{0{,}224 \cdot t}$

$f(t) = 1\,000$, also $t \approx 13{,}4$

Es dauert ca. 13,4 Tage, bis ca. 1 000 Fliegen vorhanden sind.

b) Bestand zum Zeitpunkt $t = 10$:

$f(10) = 50 \cdot e^{0{,}224 \cdot 10} \approx 469{,}7$

Nach der Entnahme sind nur noch 40 % dieses Bestands vorhanden, also $0{,}4 \cdot 470 = 188$.

Für $t \geq 10$ kann die Entwicklung des Bestands durch eine Funktion g mit $g(t) = 188 \cdot e^{0{,}224 \cdot t}$ beschrieben werden, mit t in Tagen ab dem Zeitpunkt 10.

Gesucht ist der Zeitpunkt t so, dass gilt

$g(t) = f(10)$,

also $188 \cdot e^{0{,}224 \cdot t} = 470$,

also $e^{0{,}224 \cdot t} = 2{,}5$ bzw. $t = \frac{\ln(2{,}5)}{0{,}224} \approx 4{,}1$

Nach ca. 4,1 Tagen wird der ursprüngliche Bestand wieder erreicht.

13 a)

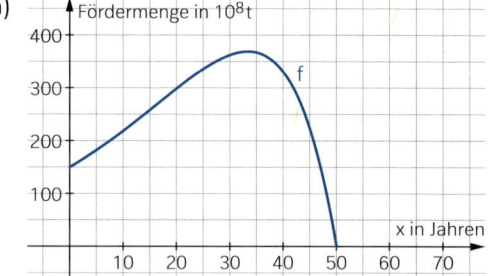

Die Erdölfördermenge nimmt ab dem Jahr 2001 zu bis zur maximalen Fördermenge etwa im Jahr 2034. Danach nimmt die Fördermenge schnell ab, ab etwa dem Jahr 2050 wird kein Erdöl mehr gefördert.

13 **b)** $f'(x) = (6 \quad 0,18x) \cdot e^{0,06x}$;

$f''(x) = (0,18 - 0,0108x) \cdot e^{0,06x}$

Die Gleichung $f'(x) = 0$ hat die Lösung

$x = \frac{100}{3} \approx 33,3$.

$f''\left(\frac{100}{3}\right) = -0,18 \cdot e^2 < 0$

Im Jahr 2034 ist die Fördermenge maximal.

$f\left(\frac{100}{3}\right) = 50 \cdot e^2 \approx 369,45$

Es werden ca. $369 \cdot 10^8$ Tonnen Erdöl in diesem Jahr gefördert.

f'' hat die einfache Nullstelle $x = \frac{50}{3} \approx 16,7$ mit einem Vorzeichenwechsel.

Der Zuwachs der Fördermenge ist etwa im Jahr 2018 maximal.

c) Die Gleichung $f(x) = 200$ hat die Lösungen

$x_1 \approx 7,5$; $x_2 \approx 45,7$.

Etwa zwischen 2009 und 2046 werden mehr als $200 \cdot 10^8$ Tonnen Erdöl jährlich gefördert.

d) Die Gleichung $f(x) = 0$ hat die Lösung $x = 50$.

Der Gesamtförderzeitraum läuft von 2001 bis 2051.

$\int\limits_{0}^{50} f(x)\,dx \approx 13\,404,6$

In diesem Zeitraum werden ca.

$13\,405 \cdot 10^8 \approx 1,3 \cdot 10^{12}$ Tonnen Erdöl gefördert.

14 **a)** Verlauf und Eigenschaften von f:

• Der Graph von f beginnt im Punkt $(0\,|\,0)$;

für $x \to \infty$ gilt $f(x) \to 0$.

• keine Symmetrie erkennbar

• Nullstelle: $x = 0$

• Extrempunkte:

$f'(x) = \left(3 - \frac{3}{2}x\right) \cdot e^{-\frac{1}{2}x}$; $f''(x) = \left(\frac{3}{4}x - 3\right) \cdot e^{-\frac{1}{2}x}$

Nullstelle von f': $x = 2$

$f''(2) = -\frac{3}{2e} < 0$, also Hochpunkt $H\left(2\,\Big|\,\frac{6}{e}\right)$

• Wendepunkte:

Nullstelle von f'':

$x = 4$ Nullstelle mit Vorzeichenwechsel,

also Wendepunkt $W\left(4\,\Big|\,\frac{2}{e^2}\right)$

b) Die maximale Konzentration ist nach 2 Stunden erreicht. Sie beträgt $\frac{6}{e} \approx 2,21$ mg pro Liter Blut.

Der Abbau ist nach 4 Stunden am stärksten.

c) Schnittstellen des Graphen von f mit der Geraden $y = 0,75$:

$x_1 \approx 0,29$; $x_2 \approx 6,52$

Die Wirkungsdauer beträgt ca. 6,23 Stunden, also ca. 6 Stunden 14 Minuten.

Kapitel 4 (Seite 181 – 182)

Teil A

1 **a)** Für einen beliebigen Wert von k erhält man einen weiteren Punkt der Geraden g, z. B. für $k = 3$ den Punkt $P(14\,|\,0\,|\,-2)$.

Als Richtungsvektor der Geraden g kann man jedes Vielfache des Vektors $\begin{pmatrix} 4 \\ 1 \\ -2 \end{pmatrix}$ verwenden.

Eine zweite Parameterdarstellung von g ist dementsprechend z. B. $g\colon \vec{x} = \begin{pmatrix} 14 \\ 0 \\ -2 \end{pmatrix} + k \cdot \begin{pmatrix} -8 \\ -2 \\ 4 \end{pmatrix}$.

b) Der Richtungsvektor $\begin{pmatrix} -20 \\ -5 \\ 10 \end{pmatrix}$ ist ein Vielfaches

von $\begin{pmatrix} 4 \\ 1 \\ -2 \end{pmatrix}$: $\begin{pmatrix} -20 \\ -5 \\ 10 \end{pmatrix} = -5 \cdot \begin{pmatrix} 4 \\ 1 \\ -2 \end{pmatrix}$

Nun muss noch überprüft werden, ob der Punkt $(86\,|\,18\,|\,-38)$ auf g liegt.

Die Gleichung $\begin{pmatrix} 86 \\ 18 \\ -38 \end{pmatrix} = \begin{pmatrix} 2 \\ -3 \\ 4 \end{pmatrix} + k \cdot \begin{pmatrix} 4 \\ 1 \\ -2 \end{pmatrix}$ ist erfüllt

für $k = 21$.

Also ist $\vec{x} = \begin{pmatrix} 86 \\ 18 \\ -38 \end{pmatrix} + r \cdot \begin{pmatrix} -20 \\ -5 \\ 10 \end{pmatrix}$ ebenfalls eine

Parameterdarstellung von g.

2 Die drei Punkte liegen auf einer Geraden, falls die Vektoren $\overrightarrow{AB}$ und $\overrightarrow{AC}$ Vielfache voneinander sind.

Es gilt: $\overrightarrow{AB} = \begin{pmatrix} 3 \\ -2 \\ -3 \end{pmatrix}$ und $\overrightarrow{AC} = \begin{pmatrix} -6 \\ 4 \\ 6 \end{pmatrix} = (-2) \cdot \overrightarrow{AB}$

Somit liegen die drei Punkte A, B und C auf einer Geraden.

3 **a)** $g: \vec{x} = \begin{pmatrix} -5 \\ -11 \\ 6 \end{pmatrix} + k \cdot \begin{pmatrix} 15 \\ 21 \\ -9 \end{pmatrix}$

Für den Spurpunkt von g mit der x_1x_2-Ebene gilt:

$x_3 = 6 - 9k = 0$, also $k = \frac{2}{3}$

Somit: $S_{12}(5 \mid 3 \mid 0)$

Entsprechend erhält man die Spurpunkte mit den beiden anderen Koordinatenebenen: $S_{13}\left(\frac{20}{7} \mid 0 \mid \frac{9}{7}\right)$ und $S_{23}(0 \mid -4 \mid 3)$.

b)

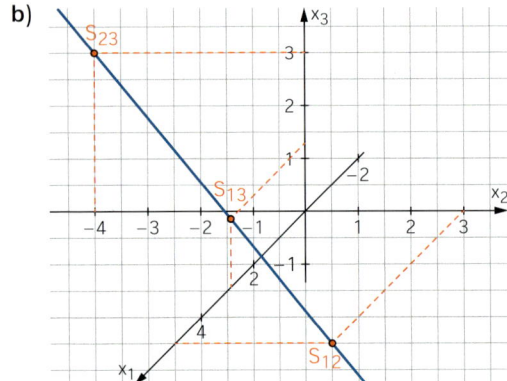

4 **a)** $\vec{u} * \vec{v} = 1 \cdot 2 + (-2) \cdot 1 + 3 \cdot 3 = 9 \neq 0$

$\vec{u} * \vec{w} = 1 \cdot (-1) + (-2) \cdot 1 + 3 \cdot 1 = 0$

$\vec{v} * \vec{w} = 2 \cdot (-1) + 1 \cdot 1 + 3 \cdot 1 = 2 \neq 0$

Es gilt $\vec{u} \perp \vec{w}$.

b) $\vec{a} = \begin{pmatrix} a_1 \\ a_2 \\ a_3 \end{pmatrix}$

$\vec{u} \perp \vec{a}$ genau dann, wenn $\vec{u} * \vec{a} = 0$, also wenn

$1 \cdot a_1 + (-2) \cdot a_2 + 3 a_3 = 0$;

$\vec{v} \perp \vec{a}$ genau dann, wenn $\vec{v} * \vec{a} = 0$,

also wenn $2 \cdot a_1 + 1 \cdot a_2 + 3 a_3 = 0$.

Wenn $\vec{u} \perp \vec{a}$ und $\vec{v} \perp \vec{a}$, muss also das folgende Gleichungssystem erfüllt sein:

$\begin{vmatrix} a_1 - 2a_2 + 3a_3 = 0 \\ 2a_1 + a_2 + 3a_3 = 0 \end{vmatrix}$

Dieses lineare Gleichungssystem hat die Lösungsmenge $\{(-1,8t \mid 0,6t \mid t) \mid t \in \mathbb{R}\}$.

4 **b)** **Fortsetzung:**

Somit sind alle Vektoren $\vec{a} = \begin{pmatrix} -1,8t \\ 0,6t \\ t \end{pmatrix}$ mit $t \in \mathbb{R}$ und $t \neq 0$ orthogonal zu $\vec{u}$ und zu $\vec{v}$.

Zum Beispiel ergibt sich $\vec{a} = \begin{pmatrix} -18 \\ 6 \\ 10 \end{pmatrix}$ für $t = 10$ oder

$\vec{a} = \begin{pmatrix} -9 \\ 3 \\ 5 \end{pmatrix}$ für $t = 5$.

5 **a)** $\overrightarrow{AB} = \begin{pmatrix} 4 \\ 4 \\ -3 \end{pmatrix}$; $\overrightarrow{DC} = \begin{pmatrix} 4 \\ 4 \\ -3 \end{pmatrix}$

Die gegenüberliegenden Seiten $\overline{AB}$ und $\overline{DC}$ sind parallel zueinander und gleich lang.

$\overrightarrow{AD} = \begin{pmatrix} -2 \\ 1 \\ 1 \end{pmatrix}$; $\overrightarrow{BC} = \begin{pmatrix} -2 \\ 1 \\ 1 \end{pmatrix}$

Auch die gegenüberliegenden Seiten $\overline{AD}$ und $\overline{BC}$ sind parallel zueinander und gleich lang.

Somit ist das Viereck ABCD ein Parallelogramm.

b) Sind zwei der nicht zueinander parallelen Seiten, z. B. $\overline{AB}$ und $\overline{AD}$, ebenfalls gleich lang, dann ist das Parallelogramm eine Raute.

$|\overrightarrow{AB}| = \left| \begin{pmatrix} 4 \\ 4 \\ -3 \end{pmatrix} \right| = \sqrt{41}$

$|\overrightarrow{AD}| = \left| \begin{pmatrix} -2 \\ 1 \\ 1 \end{pmatrix} \right| = \sqrt{6}$

Das Parallelogramm ist keine Raute.

c) Der Schnittpunkt der beiden Diagonalen $\overline{AC}$ und $\overline{BD}$ ist der Mittelpunkt der beiden Strecken, also $M(4 \mid 1,5 \mid 3)$.

6 **a)** Als einfachste Möglichkeit ergibt sich hier:

$E: \vec{x} = \begin{pmatrix} 3 \\ -1 \\ 5 \end{pmatrix} + s \cdot \begin{pmatrix} -1 \\ 0 \\ 2 \end{pmatrix} + t \cdot \begin{pmatrix} 3 \\ 1 \\ 2 \end{pmatrix}$

b) Zum Beispiel:

$P_1(5 \mid 0 \mid 9)$ für $s = 1$ und $t = 1$

$P_2(2 \mid -1 \mid 7)$ für $s = 1$ und $t = 0$

$P_3(6 \mid 0 \mid 7)$ für $s = 0$ und $t = 1$

c) Als einfachste Möglichkeiten ergeben sich hier:

$g: \vec{x} = \begin{pmatrix} 3 \\ -1 \\ 5 \end{pmatrix} + s \cdot \begin{pmatrix} -1 \\ 0 \\ 2 \end{pmatrix}$

$h: \vec{x} = \begin{pmatrix} 3 \\ -1 \\ 5 \end{pmatrix} + t \cdot \begin{pmatrix} 3 \\ 1 \\ 2 \end{pmatrix}$

Teil B

7 **a)** $g: \vec{x} = \begin{pmatrix} 11 \\ 1 \\ 6 \end{pmatrix} + k \cdot \begin{pmatrix} -6 \\ -2 \\ -4 \end{pmatrix}$

Man erhält einen Punkt auf g, der zwischen den Punkten A und B liegt, wenn man für k einen Wert zwischen 0 und 1 einsetzt, z. B.

für $k = \frac{1}{4}$: $\vec{p_1} = \begin{pmatrix} 11 \\ 1 \\ 6 \end{pmatrix} + \frac{1}{4} \cdot \begin{pmatrix} -6 \\ -2 \\ -4 \end{pmatrix} = \begin{pmatrix} \frac{19}{2} \\ \frac{1}{2} \\ 5 \end{pmatrix}$,

also $P_1\left(\frac{19}{2} \middle| \frac{1}{2} \middle| 5\right)$.

für $k = \frac{1}{2}$: $\vec{p_2} = \begin{pmatrix} 11 \\ 1 \\ 6 \end{pmatrix} + \frac{1}{2} \cdot \begin{pmatrix} -6 \\ -2 \\ -4 \end{pmatrix} = \begin{pmatrix} 8 \\ 0 \\ 4 \end{pmatrix}$,

also $P_2(8|0|4)$.

b) Es gibt einen Punkt mit drei gleichen Koordinaten, falls es einen Wert für k gibt, der

das Gleichungssystem $\begin{vmatrix} 11 - 6k = 1 - 2k \\ 11 - 6k = 6 - 4k \end{vmatrix}$ erfüllt.

Dies ist der Fall für $k = \frac{5}{2}$.

Für diesen Wert erhält man den Punkt $P(-4|-4|-4)$.

8 **a)** Der Ballon bewegt sich pro Sekunde um die Strecke $|\vec{v}| = \sqrt{1{,}2^2 + (-1{,}8)^2 + 0{,}5^2} \approx 2{,}2$ (Einheit: m).

Seine Geschwindigkeit beträgt

$2{,}2\,\frac{m}{s} = 2{,}2 \cdot \frac{3600}{1000}\,\frac{km}{h} \approx 7{,}9\,\frac{km}{h}$.

b) $\vec{OP_2} = \vec{OP_1} + 120 \cdot \vec{v} = \begin{pmatrix} 232 \\ 98 \\ 159 \end{pmatrix} + \begin{pmatrix} 144 \\ -216 \\ 601 \end{pmatrix} = \begin{pmatrix} 376 \\ -118 \\ 219 \end{pmatrix}$

Nach 2 Minuten befindet sich der Ballon im Punkt $P_2(376|-118|219)$.

c) Der Ballon passiert den Punkt Q, falls es eine reelle Zahl k gibt, sodass $\vec{OQ} = \vec{OP_1} + k \cdot \vec{v}$ gilt.

Also: $\begin{pmatrix} 340 \\ -80 \\ 204 \end{pmatrix} = \begin{pmatrix} 232 \\ 98 \\ 159 \end{pmatrix} + k \cdot \begin{pmatrix} 1{,}2 \\ -1{,}8 \\ 0{,}5 \end{pmatrix} = \begin{pmatrix} 232 + 1{,}2 \cdot k \\ 98 - 1{,}8 \cdot k \\ 159 + 0{,}5 \cdot k \end{pmatrix}$

Vergleicht man die Koordinaten, erhält man aus der ersten Zeile die Gleichung $340 = 232 + 1{,}2 \cdot k$ mit der Lösung $k = 90$.

$\begin{pmatrix} 232 \\ 98 \\ 159 \end{pmatrix} + 90 \cdot \begin{pmatrix} 1{,}2 \\ -1{,}8 \\ 0{,}5 \end{pmatrix} = \begin{pmatrix} 340 \\ -64 \\ 204 \end{pmatrix}$

Der Ballon passiert den Punkt Q nicht.

9 **a)** Ansatz:

$\begin{pmatrix} 2 \\ -3 \\ 4 \end{pmatrix} + k \cdot \begin{pmatrix} 4 \\ 1 \\ -2 \end{pmatrix} = \begin{pmatrix} -6 \\ -5 \\ 8 \end{pmatrix} + t \cdot \begin{pmatrix} 3 \\ 2 \\ 1 \end{pmatrix}$

Umgestellt als Gleichungssystem:

$\begin{vmatrix} 4k - 3t = -8 \\ k - 2t = -2 \\ -2k - t = 4 \end{vmatrix}$

Lösung: $k = -2$; $t = 0$

Schnittpunkt: $S(-6|-5|8)$

Schnittwinkel:

$\cos(\varphi) = \frac{\begin{pmatrix} 4 \\ 1 \\ -2 \end{pmatrix} * \begin{pmatrix} 3 \\ 2 \\ 1 \end{pmatrix}}{\left\| \begin{pmatrix} 4 \\ 1 \\ -2 \end{pmatrix} \right\| \cdot \left\| \begin{pmatrix} 3 \\ 2 \\ 1 \end{pmatrix} \right\|} = \frac{12}{\sqrt{21} \cdot \sqrt{14}} \approx 0{,}69985$

$\varphi \approx 45{,}58°$

b) Für $t = 3$ ergibt sich $P(3|1|11)$ als Punkt der Geraden h.

Da P auf der Geraden g_2 liegt, wählt man z. B. den Vektor $\vec{OP}$ als Stützvektor der Geraden. Die Gerade g_2 soll parallel zur Geraden g sein, also wählt man z. B. denselben Richtungsvektor. Damit ergibt sich:

$g_2: \vec{x} = \begin{pmatrix} 3 \\ 1 \\ 11 \end{pmatrix} + t \cdot \begin{pmatrix} 4 \\ 1 \\ -2 \end{pmatrix}$.

10 **a)** $\vec{OE} = \vec{OA} + \vec{BF} = \begin{pmatrix} 2 \\ 1 \\ -1 \end{pmatrix} + \begin{pmatrix} -2 \\ 2 \\ 6 \end{pmatrix} = \begin{pmatrix} 0 \\ 3 \\ 5 \end{pmatrix}$,

also $E(0|3|5)$

$\vec{OG} = \vec{OC} + \vec{BF} = \begin{pmatrix} 5 \\ 6 \\ 0 \end{pmatrix} + \begin{pmatrix} -2 \\ 2 \\ 6 \end{pmatrix} = \begin{pmatrix} 3 \\ 8 \\ 6 \end{pmatrix}$,

also $G(3|8|6)$

b) $\vec{AD} = \begin{pmatrix} -1 \\ 2 \\ 2 \end{pmatrix}$; $\vec{BC} = \begin{pmatrix} -1 \\ 2 \\ 2 \end{pmatrix}$; $\vec{AB} = \begin{pmatrix} 4 \\ 3 \\ -1 \end{pmatrix}$;

$\vec{DC} = \begin{pmatrix} 4 \\ 3 \\ -1 \end{pmatrix}$

Die gegenüberliegenden Seiten sind parallel und gleich lang. Das Viereck ABCD ist also ein Parallelogramm.

$\vec{AB} * \vec{AD} = -4 + 6 - 2 = 0$,

d. h., der Winkel bei A ist ein rechter Winkel.

Ein Parallelogramm mit einem rechten Winkel ist ein Rechteck.

10 c) AG: $\vec{x} = \begin{pmatrix} 2 \\ 1 \\ -1 \end{pmatrix} + r \cdot \begin{pmatrix} 1 \\ 7 \\ 7 \end{pmatrix}$;

BH: $\vec{x} = \begin{pmatrix} 6 \\ 4 \\ -2 \end{pmatrix} + s \cdot \begin{pmatrix} -7 \\ 1 \\ 9 \end{pmatrix}$

Untersuchen, ob sich AG und BH schneiden:

$\begin{pmatrix} 2 \\ 1 \\ -1 \end{pmatrix} + r \cdot \begin{pmatrix} 1 \\ 7 \\ 7 \end{pmatrix} = \begin{pmatrix} 6 \\ 4 \\ -2 \end{pmatrix} + s \cdot \begin{pmatrix} -7 \\ 1 \\ 9 \end{pmatrix}$

also: $\begin{vmatrix} r + 7s = 4 \\ 7r - s = 3 \\ 7r - 9s = -1 \end{vmatrix}$ (1)
(2)
(3)

Lösung: $r = \frac{1}{2}$; $s = \frac{1}{2}$

Somit schneiden sich AG und BH im Punkt
$S\left(\frac{5}{2} \mid \frac{9}{2} \mid \frac{5}{2}\right)$.

Weitere Raumdiagonalen:

EC: $\vec{x} = \begin{pmatrix} 0 \\ 3 \\ 5 \end{pmatrix} + k \cdot \begin{pmatrix} 5 \\ 3 \\ -5 \end{pmatrix}$;

DF: $\vec{x} = \begin{pmatrix} 1 \\ 3 \\ 1 \end{pmatrix} + l \cdot \begin{pmatrix} 3 \\ 3 \\ 3 \end{pmatrix}$

Überprüfen, ob S auf EC bzw. DF liegt:

$\begin{pmatrix} \frac{5}{2} \\ \frac{9}{2} \\ \frac{5}{2} \end{pmatrix} = \begin{pmatrix} 0 \\ 3 \\ 5 \end{pmatrix} + k \cdot \begin{pmatrix} 5 \\ 3 \\ -5 \end{pmatrix}$, erfüllt für $k = \frac{1}{2}$;

$\begin{pmatrix} \frac{5}{2} \\ \frac{9}{2} \\ \frac{5}{2} \end{pmatrix} = \begin{pmatrix} 1 \\ 3 \\ 1 \end{pmatrix} + l \cdot \begin{pmatrix} 3 \\ 3 \\ 3 \end{pmatrix}$, erfüllt für $l = \frac{1}{2}$

Alle Raumdiagonalen schneiden sich im Punkt
$S\left(\frac{5}{2} \mid \frac{9}{2} \mid \frac{5}{2}\right)$.

11 Die Gerade g verläuft durch die Punkte
$S_{13}(7 \mid 0 \mid 1)$ und $S_{23}(0 \mid 2 \mid 4)$. Daraus ergibt sich
z. B. folgende Parameterdarstellung:

g: $\vec{x} = \begin{pmatrix} 7 \\ 0 \\ 1 \end{pmatrix} + t \cdot \begin{pmatrix} 7 \\ -2 \\ -3 \end{pmatrix}$

Die Ebene E hat die Spurpunkte $S_2(0 \mid 4 \mid 0)$ und
$S_3(0 \mid 0 \mid 5)$. Ein weiterer Punkt der Ebene ist
$P(8 \mid 0 \mid 2)$. Aus diesen drei Punkten kann man eine
Parameterdarstellung der Ebene aufstellen.

E: $\vec{x} = \begin{pmatrix} 8 \\ 0 \\ 2 \end{pmatrix} + r \cdot \begin{pmatrix} 8 \\ 0 \\ -3 \end{pmatrix} + s \cdot \begin{pmatrix} 8 \\ -4 \\ 2 \end{pmatrix}$

11 **Fortsetzung:**

Mithilfe eines Rechners bestimmt man durch
Gleichsetzen der Geraden- und der Ebenengleichung die Parameter t, r und s.

linSolve $\left(\begin{pmatrix} 7 + 7 \cdot t = 8 + 8 \cdot r + 8 \cdot s \\ -2 \cdot t = -4 \cdot s \\ 1 - 3 \cdot t = 2 - 3 \cdot r + 2 \cdot s \end{pmatrix}, \{t,r,s\} \right)$

$\left\{ \frac{-11}{23}, \frac{-7}{23}, \frac{-11}{46} \right\}$

Für $t = -\frac{11}{23}$ erhält man den Schnittpunkt
$S\left(\frac{84}{23} \mid \frac{22}{23} \mid \frac{56}{23}\right)$ der Geraden g mit der Ebene E.

12 Mit einem Rechner erhält man:

linSolve $\left(\begin{pmatrix} a = 2 - 2 \cdot s - 0.8 \cdot t \\ 0 = 1 + s \\ 0 = t \end{pmatrix}, \{a,s,t\} \right)$
$\{4, -1, 0\}$

linSolve $\left(\begin{pmatrix} 0 = 2 - 2 \cdot s - 0.8 \cdot t \\ a = 1 + s \\ 0 = t \end{pmatrix}, \{a,s,t\} \right)$
$\{2, 1, 0\}$

linSolve $\left(\begin{pmatrix} 0 = 2 - 2 \cdot s - 0.8 \cdot t \\ 0 = 1 + s \\ a = t \end{pmatrix}, \{a,s,t\} \right)$
$\{5, -1, 5\}$

Einsetzen der jeweiligen Lösung in die Ebenengleichung ergibt die folgenden Spurpunkte:
$S_1(4 \mid 0 \mid 0)$; $S_2(0 \mid 2 \mid 0)$; $S_3(0 \mid 0 \mid 5)$

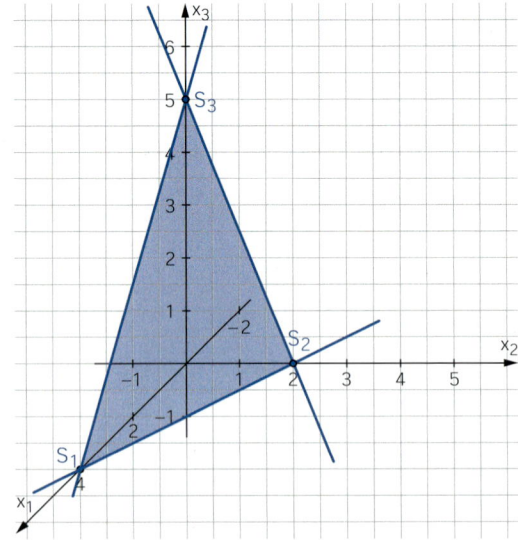

Kapitel 5 (Seite 219 – 220)

Teil A

1 Wenn der Zufallsgenerator der Maschine die vier Möglichkeiten tatsächlich mit gleicher Wahrscheinlichkeit zufällig auswählt und die Ergebnisse vorangegangener Torschüsse nicht berücksichtigt, dann sind die Voraussetzungen für das Vorliegen einer Bernoulli-Kette gegeben (Unabhängigkeit der Stufen, feste Erfolgswahrscheinlichkeit).

Was man als Erfolg ansieht, ist willkürlich.
Beispiele könnten sein:

• Schuss in die linke untere (linke obere, rechte untere, rechte obere) Torecke; die Erfolgswahrscheinlichkeit beträgt 25 %

• Schuss in die linke (rechte) Torecke, egal ob oben oder unten; die Erfolgswahrscheinlichkeit beträgt 50 %

• flacher (hoher) Schuss; die Erfolgswahrscheinlichkeit beträgt 50 %

• Schuss, der nicht in die linke untere (linke obere, rechte untere, rechte obere) Torecke geht; die Erfolgswahrscheinlichkeit beträgt 75 %

2 **a) und b)**

Die Zufallsgröße X: *Anzahl der benötigten Ziehungen* kann mithilfe eines Baumdiagramms (sehr aufwendig) oder durch einfache kombinatorische Überlegungen bestimmt werden.

• X = 3: Bei den drei Ziehungen werden jeweils eine rote, eine grüne und eine blaue Kugel gezogen. Hierfür gibt es $3 \cdot 2 \cdot 1 = 6$ mögliche Reihenfolgen. Die Wahrscheinlichkeiten der zugehörigen Pfade sind jeweils gleich, nämlich $\frac{3 \cdot 2 \cdot 1}{6 \cdot 5 \cdot 4} = \frac{1}{20}$.

Demnach gilt:

$P(X = 3) = \frac{6}{20} = \frac{9}{30}$

2 **a) und b) Fortsetzung:**

• X = 4: Bei den ersten drei Ziehungen dürfen nur zwei verschiedenfarbige Kugeln gezogen worden sein; bei der 4. Ziehung wird dann eine Kugel einer anderen Farbe gezogen.
Mögliche Fälle sind (r g g | b), (r b b | g), (g b b | r), (b g g | r); dabei kann die Reihenfolge der ersten drei Würfe auch anders sein (jeweils 3 Möglichkeiten). Daher gilt:

$P(X = 4)$

$= 3 \cdot \left(\frac{1 \cdot 2 \cdot 1}{6 \cdot 5 \cdot 4} \cdot \frac{3}{3} + \frac{1 \cdot 3 \cdot 2}{6 \cdot 5 \cdot 4} \cdot \frac{2}{3} + \frac{2 \cdot 3 \cdot 2}{6 \cdot 5 \cdot 4} \cdot \frac{1}{3} + \frac{3 \cdot 2 \cdot 1}{6 \cdot 5 \cdot 4} \cdot \frac{1}{3} \right) = \frac{9}{30}$

• X = 5: Bei den ersten vier Ziehungen dürfen nur zwei verschiedenfarbige Kugeln gezogen worden sein; bei der 5. Ziehung wird dann eine Kugel einer anderen Farbe gezogen.
Mögliche Fälle sind (g b b b | r), (g g b b | r), (r b b b | g); dabei kann die Reihenfolge der ersten vier Würfe auch anders sein (4 bzw. 6 bzw. 4 Möglichkeiten). Daher gilt:

$P(X = 5)$

$= 4 \cdot \frac{2 \cdot 3 \cdot 2 \cdot 1}{6 \cdot 5 \cdot 4 \cdot 3} \cdot \frac{1}{2} + 6 \cdot \frac{2 \cdot 1 \cdot 3 \cdot 2}{6 \cdot 5 \cdot 4 \cdot 3} \cdot \frac{1}{2} + 4 \cdot \frac{1 \cdot 3 \cdot 2 \cdot 1}{6 \cdot 5 \cdot 4 \cdot 3} \cdot \frac{2}{2} = \frac{7}{30}$

• X = 6: Bei den ersten fünf Ziehungen dürfen nur grüne und blaue Kugeln gezogen worden sein; die rote Kugel wird erst bei der 6. Ziehung gezogen.
Für die fünf ersten Ziehungen gibt es

$\binom{5}{2} = \binom{5}{3} = 10$ Möglichkeiten, die alle die Wahrscheinlichkeit $\frac{3 \cdot 2 \cdot 1 \cdot 2 \cdot 1}{6 \cdot 5 \cdot 4 \cdot 3 \cdot 2}$ haben,

d. h. $P(X = 6) = \frac{5}{30}$.

(Es ist auch möglich, eine der oben angeführten Wahrscheinlichkeiten mithilfe der Komplementärregel zu bestimmen.)

c) Für den Erwartungswert μ von X gilt:

$\mu = 3 \cdot \frac{9}{30} + 4 \cdot \frac{9}{30} + 5 \cdot \frac{7}{30} + 6 \cdot \frac{5}{30} = \frac{128}{30} \approx 4{,}3$

3 $n = 6$; $p = \frac{1}{3}$;

X: *Anzahl der Erfolge*

(1) $P(X = 0) = \binom{6}{0} \cdot \left(\frac{1}{3}\right)^0 \cdot \left(\frac{2}{3}\right)^6 = 1 \cdot \frac{2^6}{3^6}$

$P(X = 1) = \binom{6}{1} \cdot \left(\frac{1}{3}\right)^1 \cdot \left(\frac{2}{3}\right)^5$

$= 6 \cdot \frac{2^5}{3^6} = 3 \cdot \frac{2^6}{3^6} = 3 \cdot P(X = 0)$

(2) $P(X = 4) = \binom{6}{4} \cdot \left(\frac{1}{3}\right)^4 \cdot \left(\frac{2}{3}\right)^2 = \binom{6}{2} \cdot \frac{2^2}{3^6}$

$= \frac{6 \cdot 5}{2} \cdot \frac{2^2}{3^6} = 5 \cdot \frac{2^2}{3^5}$

$P(X = 2) = \binom{6}{2} \cdot \left(\frac{1}{3}\right)^2 \cdot \left(\frac{2}{3}\right)^4 = \frac{6 \cdot 5}{2} \cdot \frac{2^4}{3^6}$

$= 4 \cdot \left(5 \cdot \frac{2^2}{3^5}\right) = 4 \cdot P(X = 4)$

(3) $P(X = 5) = \binom{6}{5} \cdot \left(\frac{1}{3}\right)^5 \cdot \left(\frac{2}{3}\right)^1 = \binom{6}{1} \cdot \frac{2^1}{3^6}$

$= 6 \cdot \frac{2^1}{3^6} = \frac{2^2}{3^5}$

$P(X = 4) = 5 \cdot \left(\frac{2^2}{3^5}\right) = 5 \cdot P(X = 5)$

Teil B

4 mittlere Größe: $\frac{5\,982}{30} = 199{,}4$

Standardabweichung: $8{,}76$

5 Auch wenn bei einer Erhebung sicherlich darauf geachtet würde, dass keine Person mehr als einmal erfasst wird, kann hier näherungsweise der Ansatz einer Bernoulli-Kette gemacht werden.

$n = 100$, $p = 0{,}20$; X: *die ausgewählte Person ist jünger als 20 Jahre*;

bzw.

$n = 100$, $p = 0{,}80$; Y: *die ausgewählte Person ist mindestens 20 Jahre alt.*

(1) $P(X = 17) = P(X \leq 17) - P(X \leq 16)$

$\approx 0{,}271 - 0{,}192 = 0{,}079$

(2) $P(15 \leq X \leq 25) = P(X \leq 25) - P(X \leq 14)$

$\approx 0{,}9125 - 0{,}0804 = 0{,}832$

(3) $P(Y > 80) = 1 - P(Y \leq 80) \approx 1 - 0{,}540$

$= 0{,}460 \approx P(X \leq 19)$

(4) $P(Y \leq 75) = P(X \geq 25) = 1 - P(X \leq 24)$

$\approx 1 - 0{,}869 = 0{,}131$

6 $n = 50$; $p = 0{,}3$;

X: *Anzahl der Angestellten, die mit dem Fahrrad zur Arbeit kommen*

a) Eine Interpretation als Bernoulli-Kette setzt voraus, dass die Entscheidungen der 50 Angestellten, ob sie mit dem Fahrrad zur Arbeit kommen oder nicht, unabhängig voneinander erfolgen. Das heißt insbesondere, dass im Prinzip jeder von ihnen ein Fahrrad benutzen würde.

Der Ansatz einer Erfolgswahrscheinlichkeit von 30 % bedeutet auch, dass der Anteil unabhängig von den Witterungsbedingungen ist.

b) $P(X \leq 20) = 0{,}952$

c) Gesucht ist der kleinste Wert für k, für den $P(X \leq k) \geq 0{,}90$ gilt.

Dazu betrachtet man die kumulierte Binomialverteilung für $n = 50$ und $p = 0{,}3$ und findet $P(X \leq 18) = 0{,}859$ und $P(X \leq 19) = 0{,}915$. Also sollte $k \geq 19$ sein, damit die Bedingung erfüllt ist.

7 $n = 100$; $p = \frac{10}{240}$;

X: *Anzahl der zu einem beliebigen Zeitpunkt benötigten Mitarbeiter*

$P(X > 5) = 1 - (0{,}014 + 0{,}062 + 0{,}133$

$+ 0{,}188 + 0{,}199 + 0{,}166)$

$= 1 - 0{,}762 = 0{,}238$

Mit einer Wahrscheinlichkeit von 23,8 % muss ein Kunde warten.

Vereinfachende Annahmen:

Die Kunden kommen alle unabhängig voneinander und benötigen alle genau dieselbe Zeit.

8 X: *Anzahl defekter Bauteile*

(bei einem Anteil von 4 %)

$E(\text{Stückpreis}) = 1{,}60 \,€ \cdot P(X = 0)$

$+ 1{,}50 \,€ \cdot \big(P(X = 1) + P(X = 2)\big)$

$+ 1{,}40 \,€ \cdot P(X > 2)$

$= 1{,}48 \,€$

Der zu erwartende Stückpreis beträgt 1,48 € und damit für die gesamte Einheit 74,00 €.

Kapitel 6 (Seite 254 – 256)

Teil A

1 a) $n = 450$; $p = \frac{1}{3}$; $\mu = 450 \cdot \frac{1}{3} = 150$;

$\sigma = \sqrt{450 \cdot \frac{1}{3} \cdot \frac{2}{3}} = \sqrt{100} = 10$

b) Mit 99 % Wahrscheinlichkeit liegt das Stichprobenergebnis im Intervall $[150 - 2{,}58 \cdot 10; 150 + 2{,}58 \cdot 10]$, also etwa $[124; 176]$. Ein Ergebnis von 120 Erfolgen liegt außerhalb dieses Intervalls und ist deshalb hochsignifikant abweichend vom Erwartungswert 150.

c) Mit 95 % Wahrscheinlichkeit liegt das Stichprobenergebnis im Intervall $[150 - 1{,}96 \cdot 10; 150 + 1{,}96 \cdot 10]$, also etwa $[130; 170]$. Ergebnisse außerhalb dieses Intervalls weichen signifikant vom Erwartungswert 150 ab.

2 a) Die Wahrscheinlichkeit 0,5 gibt an, dass der Übergang von Zustand A_3 nach Zustand A_1 mit dieser Wahrscheinlichkeit erfolgt.

b)

$M = \begin{pmatrix} 0{,}1 & 0{,}4 & 0{,}5 \\ 0{,}3 & 0{,}2 & 0{,}3 \\ 0{,}6 & 0{,}4 & 0{,}2 \end{pmatrix}$

c)

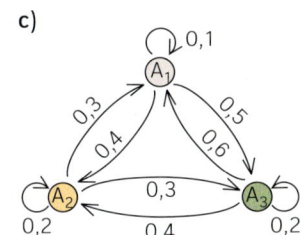

3 a) Reihenfolge hier: Rom, Prag, Berlin

$M = \begin{pmatrix} 0{,}4 & 0{,}6 & 0{,}4 \\ 0{,}3 & 0{,}2 & 0{,}4 \\ 0{,}3 & 0{,}2 & 0{,}2 \end{pmatrix}$

b) $\begin{pmatrix} 0{,}4 & 0{,}6 & 0{,}4 \\ 0{,}3 & 0{,}2 & 0{,}4 \\ 0{,}3 & 0{,}2 & 0{,}2 \end{pmatrix} \cdot \begin{pmatrix} 0{,}6 \\ 0{,}2 \\ 0{,}2 \end{pmatrix} = \begin{pmatrix} 0{,}44 \\ 0{,}3 \\ 0{,}26 \end{pmatrix}$

4 a) $\begin{pmatrix} 0 \cdot 0{,}2 + 0{,}5 \cdot 0{,}5 + 0{,}3 \cdot 0{,}3 \\ 0{,}1 \cdot 0{,}2 + 0 \cdot 0{,}5 + 0{,}3 \cdot 0{,}3 \\ 0{,}9 \cdot 0{,}2 + 0{,}5 \cdot 0{,}5 + 0{,}4 \cdot 0{,}3 \end{pmatrix} = \begin{pmatrix} 0{,}34 \\ 0{,}11 \\ 0{,}55 \end{pmatrix}$

b) $\begin{pmatrix} 0{,}2 \cdot 0{,}2 + 0{,}1 \cdot 0{,}8 & 0{,}2 \cdot 0{,}1 + 0{,}1 \cdot 0{,}9 \\ 0{,}8 \cdot 0{,}2 + 0{,}9 \cdot 0{,}8 & 0{,}8 \cdot 0{,}1 + 0{,}9 \cdot 0{,}9 \end{pmatrix} = \begin{pmatrix} 0{,}12 & 0{,}11 \\ 0{,}88 & 0{,}89 \end{pmatrix}$

c) $\begin{pmatrix} a \\ c \\ b \end{pmatrix}$

Teil B

5 a)

$\begin{array}{c} \\ A \\ B \\ E \end{array} \begin{array}{ccc} A & B & E \\ \end{array}$
$\begin{array}{l} A \\ B \\ E \end{array} \begin{pmatrix} 0{,}88 & 0{,}05 & 0{,}05 \\ 0{,}07 & 0{,}92 & 0{,}02 \\ 0{,}05 & 0{,}03 & 0{,}93 \end{pmatrix} = M$

b) Anfangsvektor: $\vec{a} = \begin{pmatrix} 3\,900 \\ 2\,700 \\ 1\,600 \end{pmatrix}$

1 Monat später: $M \cdot \vec{a} = \begin{pmatrix} 3\,647 \\ 2\,789 \\ 1\,764 \end{pmatrix}$

2 Monate später: $M^2 \cdot \vec{a} \approx \begin{pmatrix} 3\,437 \\ 2\,856 \\ 1\,907 \end{pmatrix}$

3 Monate später: $M^3 \cdot \vec{a} \approx \begin{pmatrix} 3\,263 \\ 2\,906 \\ 2\,031 \end{pmatrix}$

Verteilung des Vormonats:

$M \cdot \vec{x} = \vec{a}$ führt auf das lineare Gleichungssystem

$\begin{vmatrix} 0{,}88\,x_1 + 0{,}05\,x_2 + 0{,}05\,x_3 = 3\,900 \\ 0{,}07\,x_1 + 0{,}92\,x_2 + 0{,}02\,x_3 = 2\,700 \\ 0{,}05\,x_1 + 0{,}03\,x_2 + 0{,}93\,x_3 = 1\,600 \end{vmatrix}$

Lösung: $\vec{x} \approx \begin{pmatrix} 4\,205 \\ 2\,584 \\ 1\,411 \end{pmatrix}$

c) Mit einem Rechner erhält man:

$M^{100} \approx \begin{pmatrix} 0{,}294 & 0{,}294 & 0{,}294 \\ 0{,}347 & 0{,}347 & 0{,}347 \\ 0{,}359 & 0{,}359 & 0{,}359 \end{pmatrix}$ und $M^{100} \cdot \vec{a} \approx \begin{pmatrix} 2411 \\ 2845 \\ 2944 \end{pmatrix}$

6 a) (1) $\mu = 20$; $\sigma \approx 3{,}16$

(2) $\mu = 20$; $\sigma \approx 3{,}46$

Eine größere Streuung bedeutet, dass die Wahrscheinlichkeit für gleiche Umgebungen um den Erwartungswert kleiner ist, z. B.

(1) $P(16 \leq X \leq 24) = 0{,}846$

(2) $P(16 \leq X \leq 24) = 0{,}807$

b) (1) Mit einer Wahrscheinlichkeit von 99 % liegt die Anzahl der Erfolge zwischen $\mu - 2{,}58\,\sigma$ und $\mu + 2{,}58\,\sigma$.

$n = 40$; $p = 0{,}5$; $2{,}58\,\sigma \approx 8{,}15$:

$P(12 \leq X \leq 28) = 0{,}994$

bzw.

$n = 50$; $p = 0{,}4$; $2{,}58\,\sigma \approx 8{,}93$:

$P(11 \leq X \leq 29) = 0{,}994$

6 **b) Fortsetzung:**

(2) In 95,5 % der Fälle gilt:

X liegt zwischen $\mu - 2\sigma$ und $\mu + 2\sigma$.

$n = 40$; $p = 0{,}5$; $2\sigma \approx 6{,}32$:

$P(14 \leq X \leq 26) = 0{,}962$

bzw.

$n = 50$; $p = 0{,}4$; $2\sigma \approx 6{,}92$:

$P(13 \leq X \leq 27) = 0{,}971$

(3) $|X - \mu| > 1{,}64\,\sigma$ gilt nur in ca. 10 % der Fälle.

$n = 40$; $p = 0{,}5$; $1{,}64\,\sigma \approx 5{,}18$:

$P(X < 15 \text{ oder } X > 25) = 0{,}081$

bzw.

$n = 50$; $p = 0{,}4$; $1{,}64\,\sigma \approx 5{,}67$:

$P(X < 15 \text{ oder } X > 25) = 0{,}111$

7 $p = 0{,}38$; $\mu = 100 \cdot 0{,}38 = 38$;

$\sigma = \sqrt{100 \cdot 0{,}38 \cdot 0{,}62} \approx 4{,}85$

90 %-Intervall:

$[\mu - 1{,}64 \cdot \sigma; \ \mu + 1{,}64 \cdot \sigma] \approx [30; 46]$

Überprüfung mit einem Rechner:

$P(30 \leq X \leq 46) = 0{,}9207$ und

$P(31 \leq X \leq 45) = 0{,}8782$

8 **a)** $n = 400$; $p = 0{,}2$; $\mu = 80$;

$\sigma = \sqrt{400 \cdot 0{,}2 \cdot 0{,}8} = \sqrt{64} = 8$;

Kritische Werte:

$80 - 1{,}96 \cdot 8 \approx 64$ und $80 + 1{,}96 \cdot 8 \approx 96$

Entscheidungsregel:

Wenn weniger als 64 oder mehr als 96 Körner
von der Sorte Körner enthalten sind, von der 20 %
enthalten sein sollen, dann ist das ein Hinweis auf
eine schlechte Mischung.

b) $n = 127$; $p = 0{,}2$; $\mu = 25{,}4$;

$\sigma = \sqrt{127 \cdot 0{,}2 \cdot 0{,}8} = \sqrt{20{,}32} \approx 4{,}51$

Kritische Werte:

$25{,}4 - 1{,}96 \cdot 4{,}51 \approx 16$ und $25{,}4 + 1{,}96 \cdot 4{,}51 \approx 35$

Die Stichprobe gibt keinen Anlass, an der ge-
wünschten Qualität der Mischung zu zweifeln.

9 $n = 2\,000$; $p = 0{,}9$; $\mu = 1\,800$;

$\sigma = \sqrt{2\,000 \cdot 0{,}9 \cdot 0{,}1} = \sqrt{180} \approx 13{,}42$;

Kritischer Wert: $1\,800 - 1{,}96 \cdot 13{,}42 \approx 1773$

Wenn das Präparat bei 2 000 Anwendungsfällen
nicht weniger als 1 773-mal erfolgreich war, gibt
es keinen Anlass, an der Aussage des Herstellers
zu zweifeln.

10 **a)** $n = 75$; $p = 0{,}8$; $\mu = 60$;

$\sigma = \sqrt{75 \cdot 0{,}8 \cdot 0{,}2} = \sqrt{12} \approx 3{,}46$;

Kritischer Wert: $60 - 1{,}96 \cdot 3{,}46 \approx 53$

$P(X < 53) \approx 0{,}0187$

b) Auch wenn tatsächlich 80 % der Tischtennisbälle die Wettkampfbedingungen erfüllen, so
kann es mit 1,87 % Wahrscheinlichkeit trotzdem
vorkommen, dass in einer Stichprobe vom Umfang
75 weniger als 53 Bälle die Wettkampfbedingungen
erfüllen.

Mathematische Symbole

Mengen, Zahlen

$\mathbb{N}$	Menge der natürlichen Zahlen
$\mathbb{Z}$	Menge der ganzen Zahlen
$\mathbb{Q}$	Menge der rationalen Zahlen
$\mathbb{R}_+$	Menge der positiven reellen Zahlen einschließlich 0
$\mathbb{R} \setminus \{0\}$	Menge der reellen Zahlen ohne 0
$x \in M$	x ist Element von M
$\{x \in M \mid \dots\}$	Menge aller x aus M, für die gilt …
$\{a, b, c, d\}$	Menge mit den Elementen a, b, c, d
$\{\ \}$	leere Menge
$[a; b]$	abgeschlossenes Intervall, $\{x \in \mathbb{R} \mid a \le x \le b\}$
$]a; b[$	offenes Intervall, $\{x \in \mathbb{R} \mid a < x < b\}$
$a < b$	a kleiner b
$a \le b$	a kleiner oder gleich b
$\lvert x \rvert$	Betrag von x
$\sqrt{x}$	Quadratwurzel aus x
$\sqrt[n]{x}$	n-te Wurzel aus x
b^x	Potenz b hoch x
$e = 2{,}71828\dots$	Euler'sche Zahl e
$\ln(x)$	natürlicher Logarithmus von x; $e^{\ln(x)} = x$
$\sin(x)$	Sinus x
$\cos(x)$	Kosinus x
$f'(x_0)$	Ableitung der Funktion f an der Stelle x_0
$\displaystyle\int_a^b f(x)\,dx$	Integral von a bis b der Funktion f
t_V	Verdopplungszeit; ergibt sich aus der Gleichung $e^{k \cdot t_V} = 2$
t_H	Halbwertszeit; ergibt sich aus der Gleichung $e^{k \cdot t_H} = \dfrac{1}{2}$

Mathematische Symbole

Funktionen

$y = e^x$	e-Funktion
$y = \sin(x)$	Sinusfunktion
$y = \cos(x)$	Kosinusfunktion
$y = f'(x)$	(erste) Ableitung der Funktion f
$y = f''(x)$	zweite Ableitung der Funktion f
$y = F(x)$	Stammfunktion einer Funktion f; $F'(x) = f(x)$
$y = I_a(x) = \int_a^x f(t)\,dt$	Integralfunktion der Funktion f über dem Intervall [a; x]; $I_a'(x) = f(x)$
$f_a(x)$	Funktionsterm mit der Funktionsvariablen x und dem Parameter a

Geometrie

$P(x\,|\,y)$	Punkt mit den Koordinaten x und y
$P(x_1\,|\,x_2\,|\,x_3)$	Punkt mit den Koordinaten x_1, x_2 und x_3
AB	Gerade durch die Punkte A und B
$\overline{AB}$	Strecke mit den Endpunkten A und B
$|AB|$	Länge der Strecke $\overline{AB}$
ABC	Dreieck mit den Eckpunkten A, B und C
ABCD	Viereck mit den Eckpunkten A, B, C und D
$g \parallel h$	g parallel zu h
$g \perp h$	g orthogonal zu h
$\begin{pmatrix} v_1 \\ v_2 \\ v_3 \end{pmatrix}$	Vektor mit den Koordinaten v_1, v_2 und v_3
$\overrightarrow{OP}$	Ortsvektor des Punktes P
$\overrightarrow{PQ}$	Vektor vom Punkt P nach Punkt Q
$\vec{v}$	Vektor $\vec{v}$
$\vec{o}$	Nullvektor
$|\vec{v}|$	Länge (Betrag) des Vektors $\vec{v}$
$\vec{a} + \vec{b}$	Summe der Vektoren $\vec{a}$ und $\vec{b}$
$r \cdot \vec{a}$	r-Faches des Vektors $\vec{a}$
$\vec{a} * \vec{b}$	Skalarprodukt der Vektoren $\vec{a}$ und $\vec{b}$

Mathematische Symbole

Stochastik

A	Ereignis A
$\overline{A}$	Gegenereignis zum Ereignis A
$P(E)$	Wahrscheinlichkeit für das Ereignis E
$h(E)$	relative Häufigkeit des Ereignisses E
$\overline{x}$	arithmetisches Mittel
$\overline{s}$	empirische Standardabweichung
$n!$	n Fakultät; $n! = n \cdot (n-1) \cdot (n-2) \cdot \ldots \cdot 1$
$\binom{n}{k}$	Binomialkoeffizient n über k; $\binom{n}{k} = \dfrac{n!}{k! \cdot (n-k)!}$
X, Y, Z ...	Zufallsgrößen
$P(X = k)$	Wahrscheinlichkeit für das Ereignis $X = k$
$\mu, E(X)$	Erwartungswert der Zufallsgröße X
σ	Standardabweichung
$P(X \leq k)$	kumulierte Wahrscheinlichkeit für höchstens k Erfolge; $P(X \leq k) = P(X = 0) + \ldots + P(X = k)$
$P(X \geq k)$	kumulierte Wahrscheinlichkeit für mindestens k Erfolge; $P(X \geq k) = 1 - P(X \leq k - 1)$
$P(a \leq X \leq b)$	kumulierte Wahrscheinlichkeit für mindestens a und höchstens b Erfolge

Matrizen

A	Matrix **A**
a_{ij}	Eintrag der Matrix **A** in der i-ten Zeile und der j-ten Spalte
$\mathbf{A} = \begin{pmatrix} a_{11} & \cdots & a_{1n} \\ a_{21} & \cdots & a_{2n} \\ \vdots & & \vdots \\ a_{m1} & \cdots & a_{mn} \end{pmatrix}$	m x n-Matrix **A** mit den Elementen a_{ij}
E	Einheitsmatrix
$\mathbf{A} \cdot \vec{v}$	Multiplikation der Matrix **A** mit dem Vektor $\vec{v}$
$\mathbf{A} \cdot \mathbf{B}$	Produkt zweier n x n-Matrizen **A** und **B**
$\mathbf{A}^2$	zweite Potenz der Matrix **A**
$\mathbf{A}^r$	r-te Potenz der Matrix **A**

Stichwortverzeichnis

Stichwortverzeichnis

Bildquellenverzeichnis

|akg-images GmbH, Berlin: 46.1. |Alamy Stock Photo, Abingdon/Oxfordshire: imageBROKER 82.2, Lucca, Alessandro 4.2, 137.1; Underhill, Joanne 51.2. |Alamy Stock Photo (RMB), Abingdon/Oxfordshire: Popov, Andriy 271.2; Robert Convery 247.1; Sven Bachstrom 151.1. |Bundesministerium der Finanzen, Berlin: 226.1, 236.1, 236.2. |ddp images GmbH, Hamburg: Latz, M. 154.2. |Druwe & Polastri, Cremlingen/Weddel: 159.3, 165.2, 168.1, 168.2, 168.3. |fotolia.com, New York: kormanngraphics 256.1; peppi18 60.1; Popsy 40.2; searagen 135.2. |GICON Großmann Ingenieur Consult GmbH, Dresden: 172.3. |Gundlach, Andreas Dr., Carinerland OT Moitin: 80.1, 149.4. |Helga Lade Fotoagenturen GmbH, Frankfurt/M.: KI 89.2. |imprint, Zusmarshausen: 8.2, 8.3, 8.4, 9.1, 9.2, 10.1, 10.2, 10.3, 10.4, 10.5, 10.6, 10.7, 10.8, 10.9, 11.1, 11.2, 11.3, 11.4, 11.5, 11.6, 11.7, 12.1, 12.2, 13.5, 14.1, 14.2, 15.1, 16.2, 16.3, 17.1, 17.2, 18.1, 18.2, 18.3, 18.4, 19.1, 19.2, 19.3, 19.4, 20.2, 20.3, 21.1, 21.2, 22.1, 23.1, 23.2, 23.3, 23.5, 24.1, 24.2, 24.3, 24.4, 25.1, 25.2, 25.3, 25.4, 30.3, 32.1, 32.2, 33.2, 34.2, 35.1, 35.2, 35.3, 35.4, 35.5, 37.1, 37.2, 38.1, 38.2, 39.1, 39.2, 39.3, 40.1, 41.1, 41.2, 43.1, 49.3, 50.1, 50.2, 51.3, 52.1, 52.3, 52.4, 53.2, 53.3, 53.4, 53.5, 54.1, 55.1, 55.2, 55.3, 56.1, 56.2, 57.1, 57.2, 57.3, 59.1, 60.2, 62.2, 63.1, 63.2, 63.3, 64.1, 64.2, 65.1, 65.2, 65.3, 66.2, 66.3, 67.2, 67.3, 67.4, 67.5, 67.6, 68.1, 68.2, 68.3, 69.1, 69.2, 70.1, 70.2, 71.1, 73.1, 76.2, 76.3, 76.4, 76.5, 76.6, 76.7, 76.8, 76.9, 76.10, 77.1, 77.2, 77.3, 77.4, 78.1, 79.2, 79.3, 79.4, 80.2, 81.1, 82.1, 83.2, 83.3, 84.1, 84.2, 84.3, 84.4, 84.5, 85.2, 85.3, 86.1, 86.2, 86.3, 87.1, 87.2, 88.1, 88.2, 88.3, 89.1, 89.3, 90.1, 90.2, 90.3, 90.4, 90.5, 90.6, 91.1, 91.2, 91.3, 92.1, 92.2, 92.4, 92.5, 93.1, 93.2, 93.3, 94.1, 94.2, 94.3, 95.1, 95.2, 95.3, 96.1, 96.2, 96.3, 98.1, 98.2, 99.1, 100.3, 100.4, 101.1, 101.2, 103.1, 104.1, 104.2, 105.1, 105.2, 105.3, 106.2, 106.3, 106.4, 107.1, 108.1, 110.1, 111.2, 112.1, 112.2, 116.2, 117.1, 118.1, 118.2, 119.1, 119.2, 120.1, 120.2, 120.3, 120.4, 121.1, 122.1, 122.2, 123.1, 123.2, 123.4, 123.5, 123.6, 123.7, 123.8, 124.3, 125.1, 126.1, 126.2, 126.3, 126.4, 126.5, 131.2, 132.1, 132.2, 132.3, 133.1, 133.2, 133.3, 134.1, 134.2, 134.3, 134.4, 134.5, 136.1, 138.1, 138.2, 138.3, 138.4, 139.1, 139.2, 139.3, 139.4, 140.1, 141.1, 142.1, 142.2, 143.1, 143.2, 144.1, 144.3, 145.1, 145.2, 147.1, 147.2, 147.3, 147.4, 148.1, 148.2, 148.3, 149.1, 149.2, 149.3, 150.1, 150.2, 150.3, 150.4, 151.2, 151.3, 152.1, 152.2, 153.1, 153.2, 154.1, 155.1, 155.2, 156.1, 156.2, 157.1, 158.1, 158.2, 159.1, 159.2, 162.1, 163.1, 163.2, 163.3, 164.1, 164.3, 164.5, 165.1, 167.1, 167.2, 169.1, 170.1, 170.2, 171.1, 173.1, 173.2, 173.3, 174.1, 176.1, 176.2, 177.3, 178.2, 178.3, 179.1, 179.2, 179.3, 180.1, 180.2, 182.2, 182.3, 184.2, 184.3, 185.1, 185.2, 185.3, 186.1, 190.2, 190.3, 190.4, 190.5, 191.1, 191.2, 191.3, 191.4, 191.5, 191.6, 192.2, 194.2, 194.3, 194.4, 194.5, 194.6, 194.7, 195.1, 197.1, 199.1, 199.2, 199.3, 199.4, 200.3, 202.1, 205.1, 205.2, 206.1, 208.3, 209.1, 209.2, 209.3, 209.4, 211.1, 211.2, 211.3, 217.1, 223.1, 223.2, 223.3, 224.2, 224.3, 225.2, 225.3, 225.4, 225.5, 226.4, 226.5, 226.6, 226.7, 227.1, 227.2, 227.3, 228.1, 228.2, 229.1, 230.1, 234.1, 234.2, 236.3, 243.1, 243.2, 248.1, 248.2, 252.1, 254.1, 258.1, 258.2, 258.3, 259.1, 259.2, 259.3, 259.4, 260.1, 261.1, 261.2, 261.3, 262.1, 263.2, 264.1, 265.1, 269.1, 269.2, 270.1, 270.2, 271.1, 272.1, 273.1, 273.2, 273.3, 274.1, 275.1, 276.1, 278.1, 278.2, 279.1, 280.1, 280.2, 280.3, 282.1, 284.1. |iStockphoto.com, Calgary: Avesun Titel; carlosvelayos 105.4; GibsonPictures 49.2; gremlin 76.1; justme_yo 111.1; mipan 127.1; Pakornc 182.1; pollardt 177.2; spooh 83.1. |mauritius images GmbH, Mittenwald: fact 20.1. |Mettin, Markus, Offenbach: 36.1, 36.2, 36.3, 36.4, 42.1, 42.2, 42.3. |Minkus Images Fotodesignagentur, Isernhagen: 39.4. |Morath, Hanns-Jürgen, Karlsruhe: 144.2, 144.4. |OKAPIA KG - Michael Grzimek & Co., Frankfurt/M.: Scharf, David 103.2. |PantherMedia GmbH (panthermedia.net), München: nbvf89 224.1, 226.2. |Picture-Alliance GmbH, Frankfurt a.M.: dpa/Air Photo Service/Ho 114.2; HOCH ZWEI 67.1; Leemage 201.1; Photoshot 114.1. |Rau, Katja, Berglen: 113.2, 113.3. |Schlierf, Birgit und Olaf, Lachendorf: 233.1. |Shutterstock.com, New York: 3DStach 141.2; Abrignani, Francesco 261.4, 261.5, 261.8, 261.9; Adlam, Janice 24.5; Andronov, Leonid 4.1, 97.1; Angelaoblak 15.3; Animaflora PicsStock 164.4; Artush 184.1; Atlaspix 171.2; badahos 78.2; BlueOrange Studio 135.1; Campbell, Tony 5.1, 183.1; Chesky 238.2; curraheeshutter 100.1; Dashkevych, S. 43.2; Duzen, Nejdet 142.1; EB Adventure Photography 18.5; EcoPrint 250.1; EINHORN, Moshe 79.1; Eisenlohr, U. 62.1; Elisseeva, Elena 200.2; encierro 208.2; Fischer, Irina 266.1; Forstock 127.2; fotoJoost 129.1; Francesco Abrignani 261.6, 261.7, 261.10, 261.11; goodluz 240.1; guruXOX 212.1; Hadrian 164.2; Helga42 235.1; HopsAndYeast 194.1; Hulshof pictures 66.1; Iuliia, Volkova 150.5; Jackson, Brian A. 210.2; Jag_cz